# Pro/ENGINEER Wildfire 5.0
## 中文版基础教程

王咏梅 李春茂 张瑞萍 等编著

清华大学出版社
北京

## 内 容 简 介

本书对 Pro/ENGINEER Wildfire 5.0 各主要模块的功能进行了全面介绍，覆盖了使用 Pro/E 进行产品设计的全过程。全书共分 13 章，主要内容包括草图的绘制，零件建模的草绘特征、辅助特征、放置特征、高级特征、曲面特征，以及特征的各种编辑工具的使用方法。此外本书还介绍了组件装配、产品工程图，以及钣金件、产品模具的设计方法和机构的运动仿真分析。本书光盘提供了配音教学视频和主要实例工程文件。

本书结构清晰、内容丰富、图文并茂，适合作为高等院校机械相关专业 Pro/E 5.0 教学培训教材，也可作为工程技术人员学习 Pro/E 5.0 的重要参考资料。

本书封面贴有清华大学出版社防伪标签，无标签者不得销售。
版权所有，侵权必究。举报：010-62782989，beiqinquan@tup.tsinghua.edu.cn。

**图书在版编目（CIP）数据**

Pro/ENGINEER Wildfire 5.0 中文版基础教程 / 王咏梅等编著. —北京：清华大学出版社，2011.1
（2024.7重印）
ISBN 978-7-302-23992-5

Ⅰ. ①P… Ⅱ. ①王… Ⅲ. ①机械设计：计算机辅助设计－应用软件，Pro/ENGINEER Wildfire 5.0－教材 Ⅳ. ①TH122

中国版本图书馆 CIP 数据核字（2010）第 207205 号

责任编辑：夏兆彦
责任校对：徐俊伟
责任印制：刘　菲

出版发行：清华大学出版社
　　网　　址：https://www.tup.com.cn, https://www.wqxuetang.com
　　地　　址：北京清华大学学研大厦 A 座　　邮　　编：100084
　　社　总　机：010-83470000　　邮　　购：010-62786544
　　投稿与读者服务：010-62776969, c-service@tup.tsinghua.edu.cn
　　质　量　反　馈：010-62772015, zhiliang@tup.tsinghua.edu.cn
印　装　者：天津鑫丰华印务有限公司
经　　销：全国新华书店
开　　本：190mm×260mm　　印　张：23.75　　字　数：593 千字
　　　　　附光盘 1 张
版　　次：2011 年 1 月第 1 版　　印　次：2024 年 7 月第 16 次印刷
印　　数：31301～32100
定　　价：49.00 元

产品编号：039542-01

# Foreword

Pro/ENGINEER 是美国 PTC 公司开发的一款三维软件，是当前国内三维设计软件中的主流产品。其应用领域涉及机械、汽车、建筑和纺织等众多行业。该软件对加速工程和产品的开发、缩短产品设计制造周期、提高产品质量、降低成本、增强企业市场竞争能力与创新能力发挥着重要作用。

Pro/ENGINEER Wildfire 5.0（以下简称 Pro/E 5.0）是该软件的最新版本，新版本软件在参数化建模、产品的装配与图纸设计，以及机构运动仿真方面均作了较大的改进和增强。应用 Pro/E 5.0 的最新技术，可以迅速提高企业在产品工程设计与制造方面的效率，并对产品结构、产业结构、企业结构和管理结构等方面带来巨大的影响。

### 1．本书内容介绍

本书是真正面向实际应用的 Pro/E 5.0 设计与加工的基础图书，特别适合作为高职类大专院校机电一体化、模具设计与制造和机械制造与自动化等专业教材，而且还可以作为制造工程技术人员的自学用书。全书共分 13 章，具体内容如下。

第 1 章　介绍 Pro/E 5.0 软件性能、界面组成、基本功能和新增功能，以及管理图形文件和参数化建模方面的内容。

第 2 章　介绍使用基本绘图工具绘制图形的方法和技巧，并详细介绍一系列草图编辑工具的使用方法。

第 3 章　介绍零件建模的一些辅助特征，如基准特征和注释特征的创建方法。其中基准点、基准轴和基准平面是本章学习的重点。

第 4 章　介绍零件建模的一些草绘特征，如拉伸、旋转、扫描、混合和筋特征等的创建方法。

第 5 章　介绍零件建模的一些放置特征（也称为工程特征），如孔、壳、倒圆角和拔模等的创建方法和操作技巧。

第 6 章　介绍扫描混合、螺旋扫描、环形折弯和骨架折弯等，这些零件建模的高级特征的创建方法。其中扫描混合和螺旋扫描是本章学习的重点。

第 7 章　介绍特征的复制、镜像和阵列等的操作方法，并对特征的一些编辑工具如使用组和特征的动态编辑进行了介绍。

第 8 章　介绍曲面的概念和分类，并介绍了一些基础曲面和高级曲面的创建方法，以及一系列曲面编辑工具的操作技巧。

第 9 章　介绍组件装配的基本知识、装配工具的基本功能、装配元件之间的约束关系，以及装配体爆炸图的创建方法。

第 10 章　介绍钣金壁的创建、钣金壁的折弯与展平，以及钣金壁上凹槽、冲孔和成型特征的创建方法。

第 11 章　介绍工程图中各类视图的创建方法，视图的编辑与修改、视图的标注和文本注释，以及工程图打印的操作技巧。

第 12 章　介绍模具设计的基本知识，模具初始设置、模具的浇注和冷却系统，以及模具型腔的整个创建过程。其中模具分型面的设计是本章要掌握的重点。

第 13 章　介绍机构的各种连接、运动副和运动环境的设置方法，并介绍了机构运动的分析和分析结果的输出技巧。其中机构的各种连接、运动副的设置是本章的重点。

### 2．本书主要特色

本书将以 Pro/E 5.0 中文版为蓝本，继承 Pro/E 4.0 基础教程的理论框架，力求图书内容更具全面性、系统性和实用性，并将介绍重点集中在贴近工程设计的设计思路和应用技巧方面。此外在实例安排和过程讲解方面尽可能贴近工程实践。

- **内容的全面性**　本书从实际应用出发，以项目教学法为教学理念，将软件基础与实际应用技能完美结合。通过"基础知识"+"泛例操作"+"典型案例"+"扩展练习"4 个环节，全方位阐述 Pro/E 5.0 软件的操作方法与实际应用技巧，力争让用户全面了解该软件。

- **知识的系统性**　全书的内容讲解是一个循序渐进的过程，从讲解 Pro/E 5.0 的操作环境、绘制图形的基本方法、产品建模的方法起，直至产品的组装、运动仿真、工程图的输出，以及产品出模模具的设计等，环环相扣，紧密相联。使读者能够了解产品从设计模型到开模生产铸件的全过程。

- **案例的实用性**　本书无论从各种专业知识讲解的泛例挑选中，还是课后的典型案例选择中，都尽量选择实际生活中常见的零件，尽可能地与工程实践设计紧密联系在一起。使用户在制作过程中既能巩固知识，又能通过这些练习构建自己的产品设计思路。

### 3．本书适用对象

本书从职业院校的教学实际出发，理论联系实际，内容丰富、语言通俗、实用性强。适用于初学者入门，也可作为有一定软件操作基础的读者提高之用。全书共分 13 章，安排 30～35 个课时，并配以相应的上机实习，供读者实际上机操练。

对于不具备任何软件操作基础的读者，本书可作为软件的入门读物；对于具有三维软件操作基础的读者，可将重心放在学习钣金设计、模具设计和机构的运动仿真分析等方面；对于专业的编程加工设计人员而言，可针对性地学习 Pro/E 5.0 软件中强大的 CAE/CAM 功能，从而通过该软件辅助设计人员快速获得准确、有效的制造方案。

  参与本书编写的除了封面署名人员外，还有王敏、马海军、祁凯、孙江玮、田成军、刘俊杰、赵俊昌、王泽波、张银鹤、刘治国、何方、李海庆、王树兴、朱俊成、崔群法、孙岩、倪宝童、王立新、辛爱军、牛小平、贾栓稳、赵元庆、郭磊、杨宁宁、郭晓俊、方宁、王黎、安征、亢凤林、李海峰等。由于时间仓促，水平有限，书中疏漏之处在所难免，欢迎读者朋友登录清华大学出版社的网站 www.tup.com.cn 与我们联系，帮助我们改进提高。

编 者

# 目录 Contents

## 第1章　Pro/E 设计基础　1

1.1　参数化特征建模概述 ················1
　　1.1.1　三维模型类型 ···············1
　　1.1.2　三维模型的创建方法 ············2
1.2　Pro/E 5.0 软件性能与改进 ············4
　　1.2.1　Pro/E 5.0 软件性能 ············4
　　1.2.2　Pro/E 5.0 软件新增功能 ··········5
1.3　管理文件 ···················7
　　1.3.1　新建文件 ················7
　　1.3.2　打开文件 ················8
　　1.3.3　保存或备份文件 ··············8
　　1.3.4　重命名、拭除或删除文件 ·········9
1.4　视图操作 ··················10
　　1.4.1　设置视图视角 ··············10
　　1.4.2　设置视图显示样式 ············12
　　1.4.3　设置视图颜色 ··············12
1.5　界面组成与工作环境 ·············15
　　1.5.1　基本界面介绍 ··············15
　　1.5.2　工作环境介绍 ··············18

## 第2章　草绘基础　20

2.1　草绘环境概述 ················20
　　2.1.1　进入草绘环境 ··············20
　　2.1.2　设置草绘环境 ··············22
2.2　绘制基本图元 ················23
　　2.2.1　绘制直线 ················23
　　2.2.2　绘制圆类曲线【NEW】 ·········24
　　2.2.3　绘制圆弧 ················26
　　2.2.4　绘制矩形和多边形【NEW】 ······27

|     | 2.2.5 | 绘制圆角和倒角 ·················28 |
| --- | --- | --- |
|     | 2.2.6 | 绘制样条曲线 ·····················29 |
|     | 2.2.7 | 转换现有模型的边线 ·········29 |
|     | 2.2.8 | 创建文本 ·····························32 |
| 2.3 | 编辑草图 ··································33 | |
|     | 2.3.1 | 修剪和分割 ·························33 |
|     | 2.3.2 | 镜像工具 ·····························34 |
|     | 2.3.3 | 编辑工具 ·····························35 |
|     | 2.3.4 | 草图诊断工具 ·····················36 |
| 2.4 | 标注草图 ··································37 | |
|     | 2.4.1 | 尺寸标注方法 ·····················37 |
|     | 2.4.2 | 线性尺寸标注 ·····················38 |
|     | 2.4.3 | 角度标注 ·····························39 |
|     | 2.4.4 | 径向尺寸标注 ·····················39 |
|     | 2.4.5 | 基线标注 ·····························40 |
|     | 2.4.6 | 参照尺寸的标注 ·················40 |
|     | 2.4.7 | 周长尺寸的标注 ·················41 |
| 2.5 | 编辑尺寸 ··································41 | |
|     | 2.5.1 | 移动或删除尺寸 ·················41 |
|     | 2.5.2 | 控制尺寸显示 ·····················42 |
|     | 2.5.3 | 修改尺寸值 ·························42 |
|     | 2.5.4 | 锁定/解锁尺寸 ···················43 |
| 2.6 | 几何约束【*NEW*】 ·················43 | |
|     | 2.6.1 | 设定自动约束 ·····················44 |
|     | 2.6.2 | 添加手动几何约束 ·············44 |
|     | 2.6.3 | 编辑几何约束 ·····················45 |
| 2.7 | 典型案例 2-1：绘制手柄草图 ····46 | |
| 2.8 | 典型案例 2-2：绘制轴支架草图 ····47 | |
| 2.9 | 上机练习 ································49 | |

## 第 3 章　零件建模的辅助特征　51

| 3.1 | 基准特征 ··································51 | |
| --- | --- | --- |
|     | 3.1.1 | 基准点 ·································51 |
|     | 3.1.2 | 基准轴 ·································53 |
|     | 3.1.3 | 基准曲线 ·····························55 |
|     | 3.1.4 | 基准坐标系 ·························57 |
|     | 3.1.5 | 基准平面 ·····························59 |
| 3.2 | 注释特征 ··································60 | |
|     | 3.2.1 | 注释 ·····································60 |

|     | 3.2.2 | 符号 ·····································62 |
| --- | --- | --- |
|     | 3.2.3 | 几何公差 ·····························62 |
| 3.3 | 典型案例 3-1：创建端盖模型 ····63 | |
| 3.4 | 典型案例 3-2：创建支架模型 ····67 | |
| 3.5 | 上机练习 ································69 | |

## 第 4 章　零件建模的草绘特征　71

| 4.1 | 基础知识 ··································71 | |
| --- | --- | --- |
|     | 4.1.1 | 特征基本概念 ·····················71 |
|     | 4.1.2 | 认识特征工具 ·····················72 |
| 4.2 | 拉伸特征 ··································73 | |
|     | 4.2.1 | 创建拉伸特征 ·····················73 |
|     | 4.2.2 | 创建拉伸薄壁特征 ·············75 |
|     | 4.2.3 | 创建拉伸剪切特征 ·············76 |
| 4.3 | 旋转特征 ··································76 | |
|     | 4.3.1 | 创建旋转特征 ·····················77 |
|     | 4.3.2 | 创建旋转剪切特征 ·············78 |
| 4.4 | 扫描特征 ··································78 | |
|     | 4.4.1 | 创建恒定剖面扫描特征 ·····79 |
|     | 4.4.2 | 创建可变剖面扫描特征 ·····80 |
| 4.5 | 混合特征 ··································81 | |
|     | 4.5.1 | 平行混合特征 ·····················81 |
|     | 4.5.2 | 旋转混合特征 ·····················82 |
|     | 4.5.3 | 一般混合特征 ·····················83 |
| 4.6 | 筋特征 ······································83 | |
|     | 4.6.1 | 创建直立式筋特征 ·············84 |
|     | 4.6.2 | 创建旋转式筋特征 ·············84 |
|     | 4.6.3 | 创建轨迹筋特征【*NEW*】 ····84 |
| 4.7 | 典型案例 4-1：创建螺丝刀模型 ····85 | |
| 4.8 | 典型案例 4-2：创建测力计模型 ····87 | |
| 4.9 | 上机练习 ································90 | |

## 第 5 章　零件建模的放置特征　92

| 5.1 | 孔特征 ······································92 | |
| --- | --- | --- |
|     | 5.1.1 | 创建简单孔 ·························92 |
|     | 5.1.2 | 创建草绘孔 ·························94 |
|     | 5.1.3 | 创建标准孔 ·························94 |

| | | |
|---|---|---|
| 5.2 | 倒圆角·········································96 | |
| | 5.2.1 恒定倒圆角························96 | |
| | 5.2.2 完全倒圆角························97 | |
| | 5.2.3 可变倒圆角························98 | |
| | 5.2.4 曲线驱动倒圆角················98 | |
| 5.3 | 倒角特征······································99 | |
| | 5.3.1 边倒角·······························99 | |
| | 5.3.2 拐角倒角·························102 | |
| 5.4 | 壳特征········································103 | |
| | 5.4.1 删除面抽壳·····················103 | |
| | 5.4.2 保留面抽壳·····················104 | |
| | 5.4.3 不同厚度抽壳·················104 | |
| 5.5 | 拔模特征····································105 | |
| | 5.5.1 创建一般拔模特征··········105 | |
| | 5.5.2 创建分割拔模特征··········106 | |
| | 5.5.3 创建可变角度拔模特征··························107 | |
| 5.6 | 典型案例 5-1：创建手机模型·········································108 | |
| 5.7 | 典型案例 5-2：创建矿泉水瓶模型·········································112 | |
| 5.8 | 上机练习····································116 | |

## 第6章 零件建模的高级特征  118

| | | |
|---|---|---|
| 6.1 | 修饰特征····································118 | |
| | 6.1.1 修饰螺纹特征·················118 | |
| | 6.1.2 修饰草绘特征·················120 | |
| | 6.1.3 修饰凹槽特征·················121 | |
| 6.2 | 扫描混合特征····························122 | |
| 6.3 | 螺旋扫描特征····························125 | |
| 6.4 | 其他高级特征····························128 | |
| | 6.4.1 管道·································128 | |
| | 6.4.2 环形折弯·························129 | |
| | 6.4.3 骨架折弯·························129 | |
| | 6.4.4 唇特征和耳特征·············131 | |
| | 6.4.5 剖面圆顶和半径圆顶·····132 | |
| | 6.4.6 局部推拉·························133 | |
| | 6.4.7 将切面混合到曲面·········133 | |
| | 6.4.8 曲面和实体自由形状·····135 | |
| | 6.4.9 展平面组与折弯实体·····138 | |

| | | |
|---|---|---|
| 6.5 | 典型案例 6-1：创建轮毂模型·········································140 | |
| 6.6 | 典型案例 6-2：创建火车车厢模型·································144 | |
| 6.7 | 上机练习····································148 | |

## 第7章 编辑特征  149

| | | |
|---|---|---|
| 7.1 | 复制特征····································149 | |
| 7.2 | 镜像特征····································151 | |
| 7.3 | 阵列特征····································151 | |
| 7.4 | 编辑和修改特征························156 | |
| | 7.4.1 编辑尺寸·························156 | |
| | 7.4.2 编辑定义·························158 | |
| | 7.4.3 编辑参照·························158 | |
| 7.5 | 特征操作····································158 | |
| | 7.5.1 特征的复制操作·············158 | |
| | 7.5.2 特征重新排序·················161 | |
| | 7.5.3 特征插入操作·················162 | |
| 7.6 | 使用组········································162 | |
| | 7.6.1 创建与分解组·················162 | |
| | 7.6.2 阵列与复制组·················163 | |
| 7.7 | 动态编辑和容错性设计【New】····························163 | |
| | 7.7.1 动态编辑·························163 | |
| | 7.7.2 容错性设计·····················164 | |
| 7.8 | 典型案例 7-1：创建跳棋棋盘·································164 | |
| 7.9 | 典型案例 7-2：创建电话机底座面板·························167 | |
| 7.10 | 上机练习·································171 | |

## 第8章 曲面特征  173

| | | |
|---|---|---|
| 8.1 | 曲面概述····································173 | |
| | 8.1.1 曲面专业术语·················173 | |
| | 8.1.2 曲面分类·························174 | |
| 8.2 | 简单曲面特征····························175 | |
| | 8.2.1 创建拉伸曲面·················175 | |
| | 8.2.2 创建旋转曲面·················177 | |
| | 8.2.3 创建扫描曲面·················177 | |
| | 8.2.4 创建混合曲面·················178 | |
| 8.3 | 复杂曲面特征····························179 | |

- 8.3.1 可变截面扫描曲面·········179
- 8.3.2 创建边界混合曲面·········182
- 8.3.3 圆锥曲面和 N 侧曲面片·········186
- 8.4 编辑曲面·········189
  - 8.4.1 复制曲面·········189
  - 8.4.2 合并曲面·········190
  - 8.4.3 修剪曲面·········191
  - 8.4.4 镜像曲面·········193
  - 8.4.5 偏移曲面·········193
  - 8.4.6 延伸曲面·········196
  - 8.4.7 填充曲面·········197
  - 8.4.8 加厚·········198
  - 8.4.9 曲面实体化·········198
- 8.5 典型案例 8-1：创建吹风机模型·········199
- 8.6 典型案例 8-2：创建沐浴露瓶体·········204
- 8.7 上机练习·········209

## 第 9 章 组件装配  211

- 9.1 组件装配概述·········211
  - 9.1.1 组件装配方法·········211
  - 9.1.2 组件装配的基本知识·········212
- 9.2 放置约束·········215
  - 9.2.1 配对·········215
  - 9.2.2 对齐·········216
  - 9.2.3 插入·········217
  - 9.2.4 缺省、自动和坐标系·········217
  - 9.2.5 相切·········218
  - 9.2.6 线上点·········218
  - 9.2.7 曲面上的点和边·········218
- 9.3 调整元件或组件·········219
  - 9.3.1 定向模式·········219
  - 9.3.2 平移和旋转元件·········219
  - 9.3.3 调整元件·········220
  - 9.3.4 隐含和恢复·········220
- 9.4 编辑装配体·········221
  - 9.4.1 修改元件·········221
  - 9.4.2 重复装配·········222
  - 9.4.3 阵列装配元件·········223
  - 9.4.4 分解装配体·········224
- 9.5 典型案例 9-1：装配打磨机模型·········227
- 9.6 典型案例 9-2：装配插销模型···231
- 9.7 上机练习·········234

## 第 10 章 钣金设计  235

- 10.1 钣金设计概述·········235
  - 10.1.1 钣金件的特点·········235
  - 10.1.2 钣金件的设计准则·········236
- 10.2 钣金件的转换方式·········236
  - 10.2.1 壳方式转换·········237
  - 10.2.2 驱动曲面方式转换·········237
- 10.3 创建主要钣金壁·········237
  - 10.3.1 创建主要平整壁·········238
  - 10.3.2 创建拉伸薄壁·········239
- 10.4 创建附加钣金薄壁·········240
  - 10.4.1 附加平整壁特征·········240
  - 10.4.2 法兰壁特征·········242
  - 10.4.3 止裂槽的使用·········245
  - 10.4.4 创建扭转薄壁·········246
  - 10.4.5 创建延伸薄壁·········247
- 10.5 钣金折弯与展平·········247
  - 10.5.1 创建折弯·········247
  - 10.5.2 创建边折弯·········249
  - 10.5.3 创建展平·········250
  - 10.5.4 创建折弯回去·········251
- 10.6 钣金凹槽和冲孔·········251
  - 10.6.1 创建凹槽及冲孔·········251
  - 10.6.2 钣金切割特征的使用·········253
- 10.7 创建钣金成型特征·········254
  - 10.7.1 模具冲压成型特征·········254
  - 10.7.2 冲孔冲压成型特征·········255
- 10.8 典型案例 10-1：创建风机上盖钣金件模型·········257
- 10.9 典型案例 10-2：创建机箱底板钣金件模型·········260
- 10.10 上机练习·········265

# 第 11 章　绘制工程图　266

- 11.1 工程图基础 266
  - 11.1.1 认识工程图环境 266
  - 11.1.2 工程图要素 267
- 11.2 创建基本工程图视图 268
  - 11.2.1 主视图 268
  - 11.2.2 投影视图 269
  - 11.2.3 轴测图 270
- 11.3 视图操作 271
  - 11.3.1 移动或锁定视图 271
  - 11.3.2 对齐视图 272
  - 11.3.3 删除、拭除和恢复视图 273
- 11.4 设置视图显示模式 274
  - 11.4.1 视图显示 274
  - 11.4.2 边显示控制 275
  - 11.4.3 显示视图栅格 276
- 11.5 创建高级工程图视图 278
  - 11.5.1 全视图和全剖视图 278
  - 11.5.2 半视图与半剖视图 279
  - 11.5.3 局部视图与局部剖视图 280
  - 11.5.4 辅助视图 281
  - 11.5.5 详细视图 281
  - 11.5.6 旋转视图和旋转剖视图 283
  - 11.5.7 破断视图 284
- 11.6 视图编辑与修改 284
  - 11.6.1 视图属性 285
  - 11.6.2 修改视图剖面线 286
- 11.7 尺寸标注与文本注释 287
  - 11.7.1 标注尺寸 288
  - 11.7.2 注释文本 290
  - 11.7.3 插入表格 291
  - 11.7.4 编辑尺寸标注 294
  - 11.7.5 创建几何公差 296
- 11.8 工程图打印预览【NEW】 300
- 11.9 典型案例 11-1：绘制轴工程图 302
- 11.10 典型案例 11-2：绘制端盖工程图 306
- 11.11 上机练习 311

# 第 12 章　模具设计　312

- 12.1 模具设计的基本内容 312
- 12.2 模具设计入门 315
  - 12.2.1 创建模具模型 315
  - 12.2.2 设置收缩率 318
  - 12.2.3 创建成型工件 319
- 12.3 浇注与冷却系统 320
  - 12.3.1 创建浇注系统 320
  - 12.3.2 创建冷却系统 322
- 12.4 创建模具型腔 323
  - 12.4.1 创建分型面 324
  - 12.4.2 分割模具体积块 327
  - 12.4.3 创建模具元件 328
  - 12.4.4 模具开模分析 329
- 12.5 典型案例 12-1：卡通车壳模具设计 330
- 12.6 典型案例 12-2：电吹风壳体模具设计 334
- 12.7 上机练习 337

# 第 13 章　机构运动仿真　338

- 13.1 运动仿真概述 338
  - 13.1.1 机构设计的基本知识 338
  - 13.1.2 运动仿真专业术语 339
  - 13.1.3 运动仿真操作界面 340
- 13.2 连接与连接类型 340
  - 13.2.1 连接 340
  - 13.2.2 连接类型 341
- 13.3 创建运动模型 344
  - 13.3.1 伺服电动机 344
  - 13.3.2 运动副 346
  - 13.3.3 拖动和快照 350
- 13.4 设置运动环境 352
  - 13.4.1 重力 352
  - 13.4.2 执行电动机 353

| | |
|---|---|
| 13.4.3 增加弹簧·············353 | 13.6.1 回放分析·············360 |
| 13.4.4 设置阻尼器···········354 | 13.6.2 分析测量结果·········362 |
| 13.4.5 力/扭矩·············355 | 13.7 典型案例 13-1：棘轮机构 |
| 13.4.6 初始条件············355 | 仿真运动··············363 |
| 13.4.7 质量属性············356 | 13.8 典型案例 13-2：活塞机构 |
| 13.5 定义分析················357 | 仿真运动··············365 |
| 13.6 获得分析结果·············359 | 13.9 上机练习················368 |

# 第1章

# Pro/E 设计基础

Pro/E 是美国参数技术公司（PTC）推出的新一代 CAD/CAE/CAM 软件，具有基于特征、全参数、全相关和单一数据库等特点。自推出以来，由于其强大的功能，很快得到业内人士的普遍欢迎，并迅速成为当今世界最为流行的 CAD 软件之一。自 20 世纪 90 年代中期，国内许多大型企业开始选用 Pro/E，发展至今已拥有相当大的用户群。

本章将介绍 Pro/E 5.0 的性能及新增功能、工作界面、基本操作方法和参数化建模方面等内容。

**本章学习目的：**
- 了解 Pro/E 5.0 软件的性能和新增功能
- 了解参数化建模的概念和设计思路
- 掌握管理文件的方法
- 掌握视图的各种操作方法
- 熟悉 Pro/E 5.0 的界面和工作环境

## 1.1 参数化特征建模概述

参数化就是将模型所有尺寸定义为参数形式。用户可以定义各参数之间的相互关系，这样使得特征之间存在依存关系。当修改某一单独特征的参数值时，会牵动其他与之存在依存关系的特征进行变更，以保持整体的设计意图。

### 1.1.1 三维模型类型

三维模型就是具有形体、质量和大小等属性的物体。在 Pro/E 中，三维模型可简单地分为基本三维模型和复杂三维模型两种，分别介绍如下。

#### 1．基本三维模型

基本三维模型都是具有长、宽（或是直径、半径等）、高的三维几何体。图1-1所示为几种典型的基本模型，它们是由三维空间的几个面拼成的实体模型，即由点、线、面而形成了体。

使用CAD软件创建基本三维模型时，首先选取或定义一个用于定位的三维坐标系或3个相互垂直的空间平面，效果如图1-2所示。然后选取一个面作为二维几何图形的草绘平面，在该草绘平面上绘制所需的截面、轨迹线等二维平面几何图形。接着利用建模工具将其创建为三维图形。

#### 2．复杂三维模型

复杂三维模型是指一些结构比较复杂的三维物体。图1-3所示是一个由基本三维几何体构成的较复杂的三维模型。

### 1.1.2　三维模型的创建方法

使用不同的方法创建三维模型，其成型原理也是不同的，而且在后期应用方面存在着很大区别。复杂三维模型的创建方法主要有以下3种。

#### 1．布尔运算创建模型

该方法是通过对一些基本的三维模型做求和、求差以及求交的布尔运算，所创建的复杂实体模型，效果如图1-4所示。

该方法的优点在于创建范围广，几乎各类形状的实体都能创建。但也存在着缺点，使用CAD软件所创建的产品，将进行生产、加工和装配，以获得最终产品，所以从创建原理、方法和表达方式上，应该有很强的工程意义。但用布尔运算方法创建模型时，从创建原理和表达方式上，其工程意义并不明确。

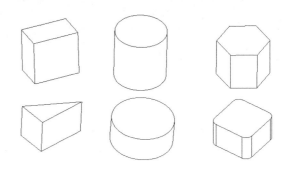

图1-1　基本三维模型

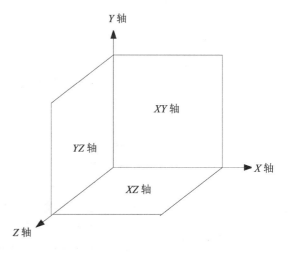

图1-2　坐标系

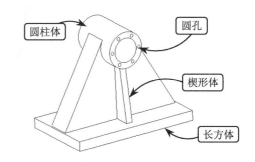

图1-3　复杂三维模型

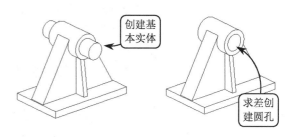

图1-4　通过布尔运算创建复杂实体模型

## 2．特征添加法创建模型

该方法是 Pro/E 所采用的建模方法，在创建三维模型时，普遍认为这是一种更为直接、更为逼真的创建方法。

❑ **特征**

Pro/E 是一个基于特征的实体建模软件，它利用每次独立构建一个块模型的方式来创建出整体模型。特征是构成一个零件或者装配件的单元，从几何形状上看，它包含作为一般三维模型基础的点、线、面或者实体单元，并且改变与特征相关的形状或位置的定义，就可以改变与模型相关的形位关系。

❑ **使用特征创建三维物体的方法**

使用添加特征的方法创建三维模型，首先创建或选取作为模型空间定位的基准特征，如基准面或基准坐标系等。然后创建出物体的基体，并在基体上添加其他实体。接着添加孔和倒圆角等特征，效果如图 1-5 所示。

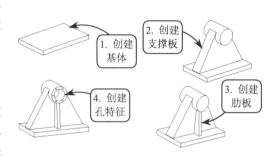

图 1-5　添加特征创建复杂三维模型

使用添加特征的方法创建三维模型具有以下特点。

- ➢ 表达更符合工程技术人员的习惯，并且三维模型的创建过程与其加工过程十分相近，软件容易上手和深入。
- ➢ 添加特征时，可附加三维模型的工程制造等信息。
- ➢ 在模型的创建阶段，由于特征结合于零件模型中，并且采用来自数据库的参数化通用特征定义几何形状，这样进行 CAPP 时，在设计阶段就很容易做出更为丰富的产品工艺，能够有效地支持以后工作的自动化，如模具和刀具等的准备、加工成本的早期评估等。

## 3．基于特征的 Pro/E 三维建模

Pro/E 是一个基于特征的全参数化软件。其创建的三维模型是一种全参数化的三维模型，即特征截面几何的全参数化、零件模型的全参数化和装配组件模型的全参数化。该建模方式的优点在于同一零件的特征，任何一处改动后，其他地方也会随之变化。

截面的全参数化是指 Pro/E 自动为每个特征的二维截面中的每个尺寸赋予参数，并进行排序。通过对参数的调整即可改变几何的形状和大小。如图 1-6 所示的特征截面，左图为尺寸的几何值，右图为尺寸的参数序号。

零件的全参数化是指 Pro/E 自动给零件中特征间的相对位置尺寸、外形尺寸赋予参数并排序，通过对参数的调整即可改变特征间的相对位置关系，以及特征的几何形状和大小。

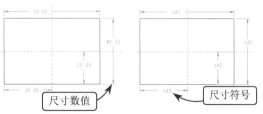

图 1-6　特征截面的参数化

## 1.2 Pro/E 5.0 软件性能与改进

Pro/E 是一套由设计至生产的机械自动化软件，是一款具有参数化设计并基于特征的实体模型化系统。由于其所有模块都是全相关的，因此在产品开发过程中某一处进行的修改，能够扩展到整个设计中。而其基于特征的特点，能够将从设计至生产的全过程集成到一起，实现并行工程设计。

### 1.2.1 Pro/E 5.0 软件性能

Pro/E 是全方位的 3D 产品开发软件，集零件设计、产品组、模具开发、数据加工、钣金设计、铸造件设计、造型设计、逆向工程、自动测量、动态仿真和应力分析等功能于一体。Pro/E 5.0 是其最新版本，该最新版本的性能概括起来主要有以下几点。

**1. 速度更快、更加直观的 3D CAD 设计**

使用直观的用户界面命令和简化的工作流程，可以更快地创建和编辑设计；通过实时动态编辑功能，可以即时看到设计修改；无中断设计功能可以更快捷、更轻松地处理设计变更；借助速度更快的部件、钣金和其他设计任务，可以大大缩短生产效率，效果如图 1-7 所示。

图 1-7 摩托车装配模型

**2. 二维工程出图的新工作流程**

经过简化的、上下文关联的工程图界面能让用户专注于简单的、连续的任务。新增的绘图树和新型表单选项卡有助于提高浏览速度；精确的预览功能可以缩短打印时间、降低打印成本；新的 TrueType 字体可以提高质量、缩小文件大小，效果如图 1-8 所示。

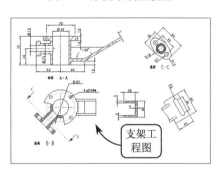

图 1-8 支架工程图

**3. 高效的模塑制件设计**

借助创新型加强筋工具功能，塑料制件的设计效率提高多达 80%。在创建和修改模塑制件时，创建曲率连续的倒圆，使用阵列草绘点，观看实时几何图形 UDF（用户定义特征）的预览结果，充分使用动态阵列修改功能，速度均比以往更快，效果如图 1-9 所示。

**4. 优化的焊接设计和分析**

新的焊接特性、符号注解和仿真增强功能，支持对

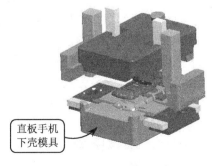

图 1-9 直板手机下壳模具设计

焊接结构进行设计、存档和分析。分析焊件模型的速度可以提高 10 倍。

### 5．增强后的图形真实感

借助增强型图像逼真渲染功能，创建出色的图像和装配动画。通过阴影、反射、透视图和分解状态动画等新增支持功能，可以在尽可能最佳的光线条件下展现用户设计的产品，效果如图 1-10 所示。

图 1-10　汽车模型效果

### 6．更为强大的仿真功能

机器的仿真比以往更为轻松。现在用户可沿曲线驱动槽式电机组件，快速创建机构运动与动态耦合中的皮带、动态齿轮分析、建立 3D 接触模型和更多的高端分析功能。另外，通过对异构单元的扩展支持、对图标和标签显示的改进、针对曲面和体积区的直观功能板用户界面，使得校验机构设计的速度更快，效果如图 1-11 所示。

图 1-11　蒸汽机运动仿真结构

### 7．更为强大的生产加工功能

借助直观的工作流程、易学易用的刀具管理器、基于 HTML 的工艺过程，生产加工的效率比以往更好。创建平面刀路轨迹的速度提高 5 倍之多，用户可以快捷而轻松地复制刀路轨迹，充分利用工艺管理器完成车削操作，诸如区域车削、开槽和轮廓车削等。

### 8．更好的互操作性

借助扩展数据交换功能，包括针对 Autodesk Inventor 和 SolidWorks 的免费支持可以从导入设计获得更高效率。而借助行业领先的非几何数据交换功能，用户可以以中间格式的形式保留 3D 注解、注解和元数据。

## 1.2.2　Pro/E 5.0 软件新增功能

Pro/E 5.0 相对于旧版本而言，在用户界面、草绘、建模、装配和工程图等多个方面，均进行了改进或添加了许多新功能。主要的改进功能介绍如下。

### 1．新增多种草绘工具

Pro/E 5.0 中的草绘功能做了比较大的改进，新添加了多种草绘工具，如【几何中心线】、【平行四边形】和【斜椭圆】工具。此外，草绘环境中的各个几何约束功能统一集中在一列表框中，效果如图 1-12 所示。

### 2．强大的动态编辑功能

该版本中新增加特征的动态编辑功能。即通过鼠标拖拉特征直接进行修改，系统将实时预览，动态更新模型修改后的效果，且不会出现父子关系类错误，效果如图 1-13 所示。

### 3．新增任意轨迹筋和点阵列工具

在该版本的建模模块中，筋工具得到了进一步加强，可以一次性创建多条加强筋。此外，新增的【点阵列】工具可将源特征沿着现有的点为阵列参照进行阵列，效果如图 1-14 所示。

### 4．新增镜像零件工具

该镜像零件工具与特征的镜像工具不同，后者是在一个窗口中对单个或多个特征的镜像进行操作。而镜像零件工具是将整个零件镜像复制，并在一新建的窗口中显示整体复制的模型，效果如图 1-15 所示。

### 5．新增模型实时渲染功能

除了以前版本中可以设置模型以着色、线框、隐藏线或消隐样式显示之外，新版本中又增加了一新的显示样式，即模型的实时渲染。通过该功能可将模型以系统自动赋予的材质贴图进行渲染，以使模型看起来更加接近真实，效果如图 1-16 所示。

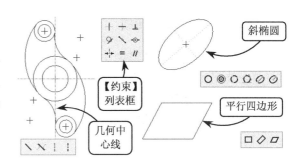

图 1-12　草绘各种新功能

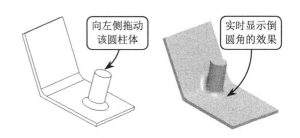

图 1-13　动态编辑特征

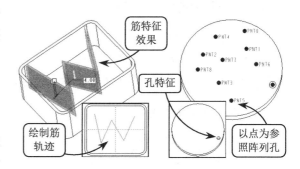

图 1-14　建模新增工具

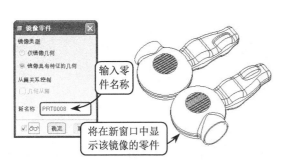

图 1-15　镜像零件

图 1-16　模型的实时渲染功能

## 6. 全新的工程图界面

Pro/E 5.0 的工程图模块是改进最大的模块。其中工程图中所有的操作指令均变为了图标，增加了可操作性。此外还增加了工程图绘图树，而模型树则显示在了工程图绘图树之下。在工程图界面的下方，可以单击标签来切换不同的页面，效果如图 1-17 所示。

## 7. 增强的机构运动仿真功能

Pro/E 5.0 的机构运动仿真比之前版本更加完善、功能更多，新增多种连接类型和运动副类型。如机构的带传动、动态齿轮分析和建立 3D 接触模型，以及更多的高端分析功能，使得校验和验证机构设计合理性的速度更快，效果如图 1-18 所示。

图 1-17 工程图界面

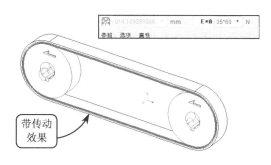

图 1-18 带传动效果

## 1.3 管理文件

相比 Windows 程序，Pro/E 在管理文件操作方面有其独特的优势。如新建文件时必须指定文件类型、提供了不同于删除文件的拭除功能等。

### 1.3.1 新建文件

新建文件是使用 Pro/E 创建图形的基础操作。在新建图形文件时，可以分别指定文件的类型、名称和所使用的模板。

单击【新建】按钮，打开【新建】对话框，效果如图 1-19 所示。该对话框包括建模的所有模块类型，并且【零件】、【组件】和【制造】类型中还包括许多子模块。

在该对话框的【类型】和【子类型】选项组中可指定所需的文件类型；在【名称】和【公用名称】文本框中输入文件的名称和文件的公用说明。Pro/E 的文件名主要由文件名、文件类型和版本号 3 部分组成，并且文件名不支持汉字，中间也不能有空格。因此只

图 1-19 新建文件

能使用英文字母、数字和下划线的组合来命名文件。

### 1.3.2 打开文件

通过打开文件可以查看文件属性，并在此基础上编辑或重定义模型文件。Pro/E 5.0 提供了以下两种打开文件的方式。

#### 1．传统方式

选择【文件】|【打开】选项或者单击【打开】按钮，打开【文件打开】对话框。然后指定要打开的文件后，单击【打开】按钮，即可打开该文件，效果如图 1-20 所示。

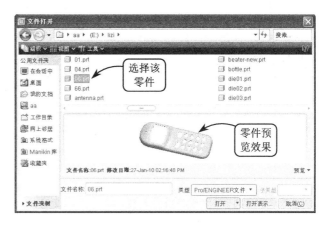

图 1-20　打开文件

#### 2．通过浏览器

将导航器切换至【文件浏览器】选项卡，然后在其下拉列表中选择文件所在的文件夹路径，接着在右侧的浏览器中双击该文件或者单击右键，在打开的快捷菜单中选择【打开】选项，系统将打开所选的文件，效果如图 1-21 所示。

### 1.3.3 保存或备份文件

图 1-21　通过浏览器打开文件

当创建完一模型后，即可将该文件保存或备份，以便于后续加工时或对设计模型进行审核时使用。可通过以下 3 种方式保存或备份文件。

#### 1．文件保存

选择【文件】|【保存】选项，或者单击【保存】按钮，将打开【保存对象】对话框。然后便可以在【模型名称】文本框中输入新的文件名称，在【保存到】文本框中可设置保存路径，效果如图 1-22 所示。

#### 2．保存副本

选择【文件】|【保存副本】选项，将打开

图 1-22　保存文件

【保存副本】对话框，然后便可保存当前活动对象的副本，只需在【新建名称】文本框中输入新文件名称，即可将源文件另存为一个新文件，效果如图1-23所示。

> **提示**
>
> 在【保存对象】或【保存副本】对话框中，也可以通过其上方的搜索栏设置保存路径，来保存文件或创建文件的副本。

### 3．文件备份

选择【文件】|【文件备份】选项，然后在打开的【备份】对话框中指定备份路径，即可将备份文件保存到指定的目录，效果如图1-24所示。

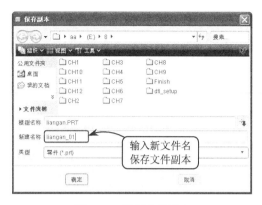

图1-23　保存文件副本

## 1.3.4　重命名、拭除或删除文件

通过重命名、拭除或删除操作，可以更改文件名称，直接将该文件从进程中拭除或从硬盘中删除。这样不仅有助于文件的分类管理，而且还可以减少磁盘的空间占用。

图1-24　保存备份到指定目录

### 1．重命名文件

重命名文件有助于文件的另存和分类管理。选择【文件】|【重命名】选项，即可在打开的【重命名】对话框中设置新名称，效果如图1-25所示。

在该对话框中，选择下方的【在磁盘上和会话中重命名】单选按钮，则新名称将应用到会话中，并保存到磁盘上；选择【在会话中重命名】单选按钮，则新名称仅应用于会话中。

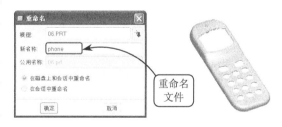

图1-25　重命名文件

### 2．拭除文件

拭除操作只是将文件从内存进程中删除，对文件本身没有影响。选择【文件】|【拭除】选项，其子菜单包括【当前】、【不显示】和【元件表示】3个选项。其中【当前】指从会话中拭除活动窗口的对象；【不显示】指从会话中拭除所有不在窗口中的对象；【元件表示】则仅应用于装配环境，效果如图1-26所示。

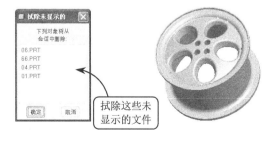

图1-26　拭除文件

### 3. 删除文件

删除是从硬盘上删除文件，即该文件将被永久删除。选择【文件】|【删除】选项，其子菜单包括【旧版本】和【所有版本】两个选项。其中【旧版本】是指删除文件对象中除最高版本号的旧版本；【所有版本】指删除所有的版本，真正删除该文件，效果如图1-27所示。

> **提 示**
> 
> 这里的版本指Pro/E在对一个文件保存时，以时间顺序对该文件进行编号，时间越接近当前时间的，版本越高。

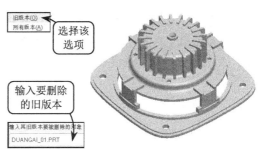

图1-27 删除文件

## 1.4 视图操作

在建模过程中为了时刻了解设计情况，可以利用模型的各种视图操作，如控制视图的不同视角、控制视图的显示样式，来实时地观察模型效果。此外通过设置视图的颜色，可以使模型看起来更加接近真实。

### 1.4.1 设置视图视角

基于特征建模的需要，通常需要将模型切换至不同方向以查看建模效果。此时可以利用【重定向】工具设置视图显示模式，以实现模型不同方位的视图切换。

选择【视图】|【方向】|【重定向】选项，或者单击【重定向】按钮，将打开【方向】对话框，效果如图1-28所示。该对话框包括以下3种定义视图方向的方式。

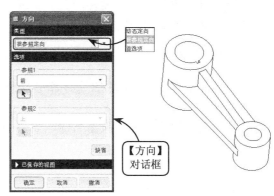

图1-28 【方向】对话框

#### 1. 按参照定向

该方式为默认方式，其定位模型方向的依据取决于所选取的参照。当定位模型显示视图时，一般需要定义两个相互垂直方向的参照，效果如图1-29所示。在【参照1】下拉列表中各参照方向位置的含义介绍如下。

❑ 前　选取平面作为模型的前面，即正法线方向由屏幕指向用户。

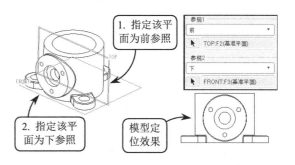

图1-29 参照定向效果

# 第1章 Pro/E设计基础

- **后面** 选取平面作为模型的背面，即正法线方向由用户指向屏幕。
- **上** 选取平面作为模型的顶面，即正法线方向由下指向屏幕的上方。
- **下** 选取平面作为模型的底面，即正法线方向由上指向屏幕的下方。
- **左** 选取平面作为模型的左侧面，即正法线方向由右指向屏幕的左侧。
- **右** 选取平面作为模型的右侧面，即正法线方向由左指向屏幕的右侧。
- **水平轴** 选取水平轴线。该选项只需一个参照即可定位模型的方向。
- **垂直轴** 选取竖直轴线。该选项只需一个参照即可定位模型的方向。

> **提示**
> 
> 在【方向】对话框中单击下方的【撤销】按钮，即可将模型返回至原来的视图角度。

### 2. 动态定向

选择该方式，则模型的定位依据动态旋转、平移或缩放的方式进行。只需拖动对话框中各选项后的滑块，即可进行模型方向上的定位，效果如图1-30所示。动态操作中各选项的含义介绍如下。

- **平移** 通过设置模型的上下、左右平移距离，或直接拖动对应的滑块来定义模型的显示。
- **缩放** 通过设置模型放大或缩小的缩放比例，或者直接拖动滑块来缩放模型。
- **旋转** 通过旋转模型定义模型显示方向。包括两种方式：一是单击【旋转中心轴】按钮，以坐标系作为参照模型定位，该方法需要设置坐标轴和旋转角度；二是单击【屏幕中心轴】按钮，以屏幕作为参照旋转定位模型。

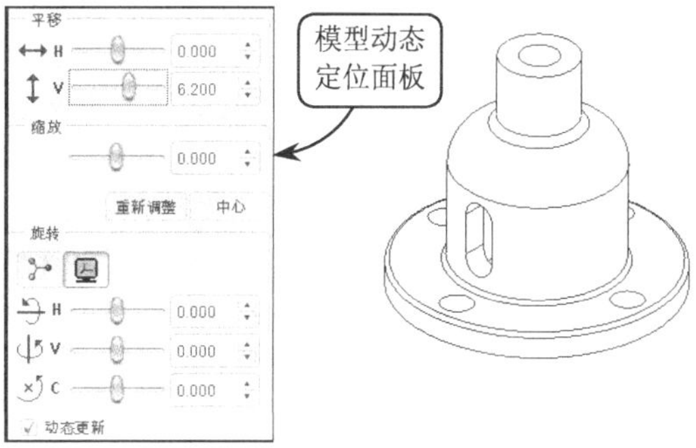

图1-30 模型动态定位

### 3. 首选项

该方式通过定义模型显示的默认旋转中心和默认方向，对模型进行定位，效果如图1-31所示。模型首选项定位中各选项含义介绍如下。

- **模型中心** 模型旋转定位的参照旋转中心是模型的几何中心。

图1-31 模型首选项定位

- **屏幕中心** 模型旋转定位的参照旋转中心是屏幕中心。
- **点或顶点** 模型旋转定位的参照旋转中心是选取的基准点或模型的顶点。
- **边或轴** 模型旋转定位的参照旋转中心是选取的模型实体边或轴线。

11

❑ **坐标系** 模型旋转定位的参照旋转中心是选取的坐标系。在【缺省方向】下拉列表中提供了【等轴测】、【斜轴测】和【用户定义】3 种选取方式。其中使用【用户定义】方式定义默认方向时，需设置绕 $X$ 轴（水平轴）和 $Y$ 轴（竖直轴）的旋转角度。

在建模过程中为了快速查看模型的缩放、平移或旋转效果，可通过一些快捷键如鼠标结合键盘的方法进行快速操作。这些操作说明如表 1-1 所示。

表 1-1  鼠标操作说明

| 执行的操作 | 三维模型 | 二维环境 |
| --- | --- | --- |
| 旋转 | 按住鼠标中键拖动 | 无 |
| 平移 | 按住 Shift 键+鼠标中键拖动 | 拖动鼠标中键 |
| 缩放 | 按住 Ctrl 键+鼠标中键拖动 | 按住 Ctrl 键+鼠标中键拖动 |

## 1.4.2 设置视图显示样式

显示样式主要用于设置视图中模型的显示效果，包括着色、隐藏线、无隐藏线、线框和实时渲染 5 种类型。在这 5 种类型中进行切换，即可改变模型的显示状态，获得所需的显示效果。

在【模型显示】工具栏中提供了这 5 种类型的按钮，单击对应的按钮，即可改变模型的显示样式，效果如图 1-32 所示。

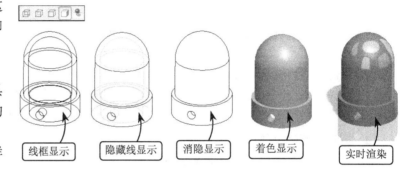

图 1-32  模型显示样式

## 1.4.3 设置视图颜色

视图颜色的设置主要包括两个方面，即系统颜色的设置和模型颜色的设置。通过设置系统颜色可以改变系统背景、图元对象和用户界面的显示效果。而设置模型的颜色和外观，可以使模型看起来更加接近真实。

**1. 设置系统颜色**

通过设置系统颜色可以改变系统背景显示，以及几何图形、辅助参照和尺寸注释等项目的颜色显示，从而直观上改变系统的视觉效果。

选择【视图】|【显示设置】|【系统颜色】选项，将打开【系统颜色】对话框，效果如图 1-33 所示。该对话框中主要选项的含义介绍如下。

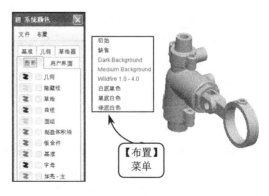

图 1-33  【系统颜色】对话框

## 第1章 Pro/E设计基础

❑ **布置**

在【系统颜色】对话框上方选择【布置】选项,在打开的菜单中提供了以下5种系统背景和模型主体颜色的定义方式。

➢ **白底黑色** 系统背景的颜色为白色,模型的主体颜色为黑色。
➢ **黑底白色** 系统背景的颜色为黑色,模型的主体颜色为白色。
➢ **绿底白色** 系统背景的颜色为绿色,模型的主体颜色为白色。
➢ **初始** 系统背景恢复初始背景颜色。
➢ **缺省** 系统背景恢复默认配置的颜色。

❑ **图形**

该选项卡是系统默认打开的面板,主要用于设置草绘图形、基准曲线、基准特征,以及预选加亮的显示颜色。

在该选项卡的列表框中选择任一颜色块选项,并单击其左侧的颜色块按钮,即可在打开的【颜色编辑器】对话框中设置模型线框或草绘图形的显示颜色,效果如图1-34所示。在该对话框中包括以下3种颜色设定方式。

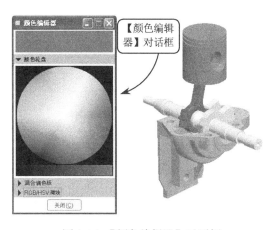

图1-34 【颜色编辑器】对话框

➢ **颜色轮盘** 使用该方式设定图形颜色,只需在轮盘中选择一种颜色,并在轮盘下方的横条中选择颜色的深浅即可,效果如图1-35所示。

➢ **混合调色板** 当在颜色轮盘中选择一种颜色后,可以通过在调色板上移动鼠标来精确设置图形的颜色。图1-36所示为精确调整模型线框颜色。

➢ **RGB/HSV 滑块** 同混合调色板一样,通过拖动RGB/HSV滑块,或者在其右侧的文本框中设置颜色值,也可以精确设置图形的颜色。

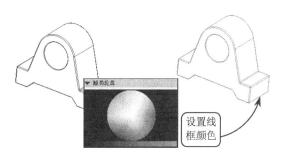

图1-35 通过【颜色轮盘】设置几何颜色

❑ **基准**

在该选项卡中可通过继承其他图形的颜色而改变基准特征的颜色显示。如图1-37所示,在【平面】选项组中单击【正侧】左侧的颜色块,并在其下拉菜单中选择继承的颜色即可。此外,对于同一基准特征也可以设置不同的颜色显示,如基准平面的正反两面。

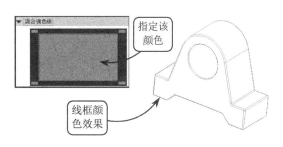

图1-36 通过【混合调色板】设置几何颜色

13

❏ 几何

在该选项卡中可以设置所选参照、面组、钣金件曲面和模具或铸造曲面等几何对象的显示颜色，效果如图 1-38 所示。其操作方法同设置基准特征颜色显示基本相同，这里不再赘述。

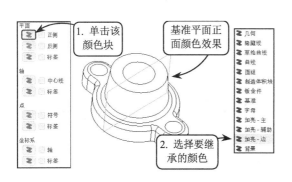

图 1-37　设置基准平面正面颜色　　　　　　图 1-38　【几何】选项卡

❏ 用户界面

在该选项卡中可以设置 Pro/E 5.0 操作界面的文本、选定文本、背景和选定区域等界面颜色显示。

选择一选项，并单击该选项左侧的颜色块按钮，然后在打开的颜色面板设置界面的颜色显示，效果如图 1-39 所示。

❏ 草绘器

在该选项卡中可以设置草绘截面、中心线、尺寸、注释文本和样条控制线等二维草绘图元颜色的显示，效果如图 1-40 所示。

**2. 设置模型颜色**

通过设置颜色和外观，可以赋予模型颜色，使模型看起来更加接近真实。此外模型上的各个表面可以分别赋予不同的颜色，以加以区分。

单击【外观库】按钮，即可在打开的下拉列表框中指定一颜色球。然后选取模型上的曲面，也可以按住 Ctrl 键选取模型上的多个曲面。接着单击中键即可在指定的部位上应用所选颜色，效果如图 1-41 所示。

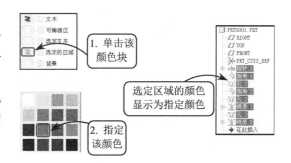

图 1-39　设置界面选定区域的颜色

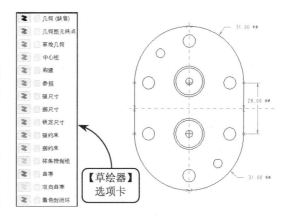

图 1-40　设置草绘截面颜色

如果要从对象上删除已应用的材质颜色，可在【清除外观】下拉菜单中选择【清除颜色】选项，并选取模型上已应用该颜色的曲面，单击中键即可将该颜色从模型表面上清除。而如果选择【清除所有颜色】选项，则可以直接清除模型上的所有颜色，恢复模型原来状态。

> **提示**
>
> 赋予零件模型颜色可以赋予其上一个或多个表面的颜色。而赋予装配体上元件的颜色，可以直接赋予整个元件模型所指定的颜色。

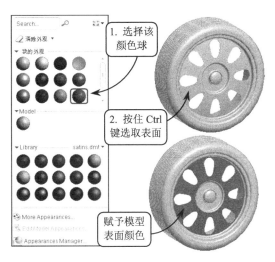

图 1-41　赋予曲面颜色

## 1.5　界面组成与工作环境

界面是指应用程序与用户之间的信息交互接口，显示整个应用程序的布置情况。而工作环境是指软件的当前工作领域，即工作重心的放置领域，是用户当前操作所处的环境。

### 1.5.1　基本界面介绍

Pro/E 5.0 操作界面除包含 Windows 程序的菜单和工具栏之外，还包括导航器、浏览器和绘图区等区域。直接双击桌面上的 Pro/E 图标，即可运行 Pro/E 程序，进入 Pro/E 5.0 操作界面，效果如图 1-42 所示。

图 1-42　Pro/E 5.0 操作界面

#### 1．菜单栏

Pro/E 5.0 的菜单栏提供了基本的窗口操作和模型处理命令。菜单栏中各选项的功能含义如表 1-2 所示。

表 1-2　菜单栏中各选项的功能介绍

| 名称 | 功能说明 |
| --- | --- |
| 文件 | 处理文件，如创建新文件、保存、重命名、打印文件、导入和打印不同格式的文件等 |
| 编辑 | 包含镜像、复制、投影、设置、阵列表、修剪、设计变更、删除和动态修改等编辑功能 |
| 视图 | 控制模型的显示设置与视角 |
| 插入 | 插入特征 |
| 分析 | 测量模型的物理性质，对曲线和曲面的性质进行分析 |
| 信息 | 显示实体模型的各种相关信息 |
| 应用程序 | 包含钣金件、逆向工程、有限单元分析、机制加工后处理和会议等不同模块的应用程序 |

续表

| 名称 | 功能说明 |
|---|---|
| 工具 | 包括关系、参数、程序、族表、工作环境与其他功能 |
| 窗口 | 对模型窗口进行管理 |
| 帮助 | 提供在线辅助说明和关键字查询等功能 |

### 2．工具栏

工具栏将下拉菜单中经常用到的命令以图标按钮的形式提供给用户，并且工具栏上的各个图标按钮都可以在对应的下拉菜单中找到。

根据位置的不同，工具栏又分为主工具栏和特征工具栏。主工具栏一般位于界面的顶部，主要包括新建、打开和保存等文件操作，以及放大、缩小和定位等视图操作。而特征工具栏主要用于创建模型的各种组合特征，如拉伸、旋转和扫描等类型。

### 3．绘图区

绘图区是建模时的工作区域，位于界面的中间。既可以在该区域绘制特征的截面，也可以创建所需的各种基础实体或曲面。用户的所有设计意图都将在该区域中以图形形式表现出来。图1-43所示为通过阵列复制孔特征。

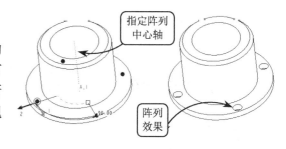

图1-43　在绘图区阵列特征

### 4．导航器

导航器主要用于查看硬盘或网络上的文件，主要包括模型树、文件夹浏览器和个人收藏夹3个选项卡，效果如图1-44所示。在导航器中通过单击对应的图标按钮，可以切换各选项卡的打开或关闭状态。各个选项卡的功能介绍如下。

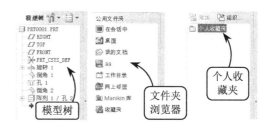

图1-44　界面导航器

- ❑ **模型树**　以节点形式记录零件或组件中所有特征的创建顺序、名称、编号和状态等相关数据，每一类特征名称前均有该类特征的图标。此外模型树也是进行编辑操作的区域。

- ❑ **文件夹浏览器**　主要用于查看硬盘或网络上的文件。在文件夹浏览器中双击文件夹，即可在右侧的浏览器中显示全部文件。此时如果在浏览器中选择Pro/E文件，系统则会在下方显示预览窗口，效果如图1-45所示。

图1-45　预览零件

❏ **个人收藏夹**　用于保存用户常用的网页地址。单击上方的【添加】按钮 或【组织】按钮 ，即可收藏网页。

**5．信息栏**

信息栏记录当前窗口进行的一切操作和操作结果，并同时显示工具栏图标的功能解释。在操作过程中信息栏将显示相关信息，如特征常见的步骤提示、警告信息、出错信息、结果和数值输入等，效果如图1-46所示。

图1-46　信息栏

**6．过滤器**

过滤器提供不同的对象选择范围，使选择操作更为快捷和方便。过滤器下拉列表中包括6种过滤方式。通过指定过滤器中的类型，来限制对象的选取范围，进而准确地选取所需的对象。图1-47所示为使用【基准】方式选取模型上的基准轴线。过滤器中各类型的含义介绍如下。

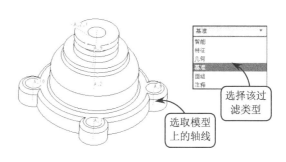

图1-47　使用【基准】方式选择轴线

❏ **智能**　该方式是最常用的一种方式。即在默认的选择范围内，由鼠标直接选取对象。
❏ **特征**　选取的对象限制为组件环境或零件环境中的特征。
❏ **几何**　选取的对象为模型的表面、边线和顶点。
❏ **基准**　选取的对象为基准面、基准轴和基准点等基准特征。
❏ **面组**　选取的对象为空间曲面。
❏ **注释**　选取的对象为3D注释或2D注释。

**7．特征操控面板**

特征操控面板是各种特征命令的载体。许多复杂的命令都涉及多个操作对象、多个参数和多种控制选项的设置，这些设置操作均在特征操控面板上进行。图1-48所示为在创建拉伸特征时，打开的【拉伸】操控面板。

在特征操控面板中，一般包括主设定区、扩展选项区和确认区3个部分。

❏ **主设定区**　列出特征操作过程中的主要步骤。
❏ **扩展选项区**　包含其他辅助性的选项设置。其中对于扩展选项区所打开的面板称为下滑面板。针对不同特征所打开的下滑面板也不同。

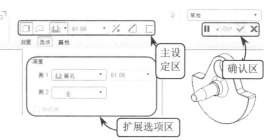

图1-48　【拉伸】操控面板

❑ **确认区** 单击该区域的【预览】按钮，可以预览操作结果。单击【暂停】、【确认】或【取消】按钮可以分别暂停、确认或取消当前的特征操作。

## 1.5.2 工作环境介绍

Pro/E 包含的功能模块较多，由于通常只在其中一个模块环境下工作，当需要使用其他功能模块时，则必须切换工作环境，或者调用其他功能模块。

单击【新建】按钮，打开【新建】对话框，效果如图 1-49 所示。该对话框中包括建模的所有模块类型，并且【零件】、【组件】和【制造】类型中还包括许多子模块。

❑ **草绘** 选择该类型，可以直接进入草绘环境，绘制特征剖截面和二维平面草图。但是由于线条关系复杂，通常不使用该模块。在建模过程中，通过选择【草绘】|【数据来自文件】选项，可以直接调用在该模块中创建的草绘文件。

❑ **零件** 选择该类型，可进入三维建模环境。通过其右侧的【子类型】选项组，可以将建模模块进一步细分为实体、复合、钣金件和主体 4 种类型。

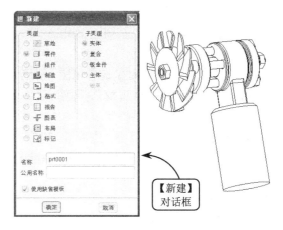

图 1-49 【新建】对话框

❑ **组件** 选择该类型，并选择其右侧的子类型，可以执行组件装配、互换性设计和组件检验等操作。

❑ **制造** 选择该类型，并选择其右侧的子类型，可以执行 NC 组件、钣金件、模具型腔和铸造型腔等模具设计。

❑ **绘图** 选择该类型，可以直接进入零件或装配体的工程图设计。

❑ **格式** 选择该类型，可以设置图幅格式、大小和附属的标题栏等制图标准。

❑ **报告** 选择该类型，可以设置组件的产品或材料明细表、标准件规格表等统一性表格。

❑ **图表** 选择该类型，可通过新建的图表文件执行电路或集成电路图的设计。

❑ **布局** 选择该类型，可以新建布局文件。实际上这是在工程图环境下草绘装配元件的布置方式，以实施装配元件的自动装配。

❑ **标记** 选择该类型，可以新建装配模型的标记文件。其中标记文件的扩展名为 .mrk。

模块的各种类型只是一个典型的应用环境，选择一个类型，即能进入一个功能模块环境中。在一个功能环境中，也可以随时切换到其他相关功能环境。图 1-50 所示为从建模环境切换至钣金件环境。

此外，Pro/E 还向用户提供了很多功能比较强的浮动模块。选择【工具】|【浮动模块】选项，打开【浮动模块】对话框。通过启用或禁用各模块复选框，即可将指定浮动模块调入到当前工作环境。其中单击【全部应用】按钮，可选取所有浮动模块；单击【全部清除】

按钮 ,则可消除列表中所有已选择的浮动模块,效果如图 1-51 所示。

图 1-50　切换至钣金件环境　　　　　　　图 1-51　启用浮动模块

# 第 2 章

# 草绘基础

草图是指在某个指定平面上的点、线等二维图形的集合或总称。绘制草图是创建实体模型的基础。在创建实体模型时，首先要在建模环境中调用已存在的草图截面，或根据实体截面轮廓来绘制新的草图截面。然后利用相应的实体建模工具将草图截面转化为实体模型。

本章主要介绍草绘环境、草图标注、草图几何约束和草图编辑等一系列工具的作用和使用方法。

**本章学习目的：**
➢ 了解草绘的概念和认识草绘环境
➢ 掌握草图绘制的方法
➢ 掌握草图的标注方法
➢ 掌握草图的约束方法
➢ 掌握草图的编辑方法

## 2.1 草绘环境概述

草绘环境是 Pro/E 的一个独立模块，在其中绘制的所有截面图形都具有参数化尺寸驱动特性。在该环境下不仅可以绘制特征的截面草图、轨迹线和基准曲线，还可以根据个人的使用习惯设定草绘环境的绘图区背景、栅格密度和参考坐标的形式等多种属性。

### 2.1.1 进入草绘环境

草绘环境是进行二维草图截面绘制的基本环境，零件截面的绘制一般均要在该环境中进行。进入草绘环境的方法主要有以下3种。

## 1. 新建草绘文件进入草绘环境

新建文件时在【新建】对话框中选择【草绘】单选按钮，并指定文件名称。然后单击【确定】按钮，即可进入草绘环境，如图 2-1 所示。

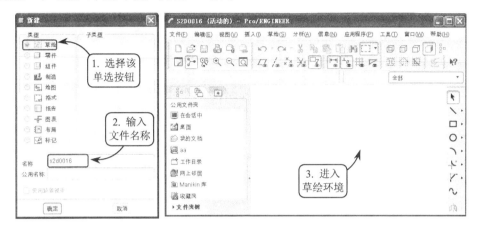

图 2-1　新建草绘文件进入草绘环境

## 2. 单击【草绘】按钮 进入草绘环境

在新建的【零件】或【组件】环境界面中，单击右侧工具栏中的【草绘】按钮，进入草绘环境。

## 3. 利用建模工具进入草绘环境

在特征建模过程中，单击特征操控面板中的【放置】按钮，并在下滑面板中单击【定义内部草绘】按钮。然后在打开的【草绘】对话框中分别指定草绘平面和视图参照方向，即可进入草绘环境，效果如图 2-2 所示。【草绘】对话框中各选项的含义介绍如下。

❑ **草绘平面**　绘制实体剖截面轮廓时指定的草绘平面，所绘制的草图曲线都在该平面内。

❑ **草绘视图方向**　视图方向为用户查看草绘平面的观察方向，其中草绘平面上箭头的方向为用户视线指向草绘平面的方向。

❑ **参照**　参照是确定草图位置和尺寸标注的依据。当指定了草绘平面后，系统将自动寻找可以作为的参照。其中

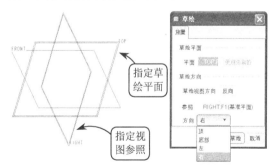

图 2-2　从建模环境进入草绘环境

可以作为草绘参照的对象包括与草绘平面垂直的基准平面、模型表面、基准曲线和基准轴等。

❑ **方向**　通过选择该下拉菜单中的 4 个选项，可以指定所选参照对象相对于草图绘制方向的方位。

## 2.1.2 设置草绘环境

草绘环境界面是绘制草图的基本界面，所有草图的绘制都要在这个界面中进行。该界面提供了各种绘制工具。可以单击右侧工具栏中的各工具按钮，也可以选择【草绘】下拉菜单中的各选项，来激活相应的草绘工具，从而进行草图绘制。

### 1．设置草绘环境背景颜色

当进入草绘环境后，系统默认的绘图区背景颜色是蓝色，用户可以根据需要来设定自己喜爱的颜色，具体设置方法如下。

选择【视图】|【显示设置】|【系统颜色】选项，打开【系统颜色】对话框。然后切换至【图形】选项卡，在该选项卡中单击【背景】选项左侧的颜色块按钮，即可在打开的【颜色编辑器】对话框中设置不同颜色的背景，效果如图2-3所示。

在【颜色编辑器】对话框中，共有3种调整背景颜色的方式，其中拖动混合调色板和RGB/HSV 滑块可以精确地设定背景颜色，而颜色轮盘方式可以更为方便、快捷地调整背景颜色。

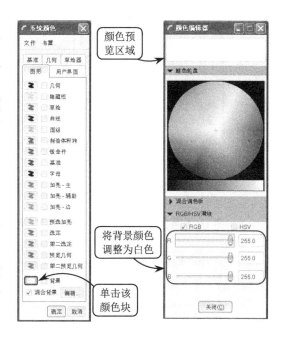

图 2-3 背景颜色设置

### 2．设置草图图元颜色

利用草图颜色设置功能可以对草图中的几何图元、几何约束和曲率显示等草图各类元素的显示颜色进行修改。这在绘制包含较多图元线条和尺寸标注复杂截面图形时，方便设置不同的颜色加以区分，并给图形绘制和修改带来很大帮助。

选择【视图】|【显示设置】|【系统颜色】选项，在打开的【系统颜色】对话框中切换至【草绘器】选项卡。该选项卡中列出了各类图形元素的名称和名称所对应的图形颜色，单击各选项左侧的颜色块按钮，即可打开图元颜色列表框。此时选择所需的颜色选项，草图中相应的图元颜色也将随之变化，效果如图2-4所示。

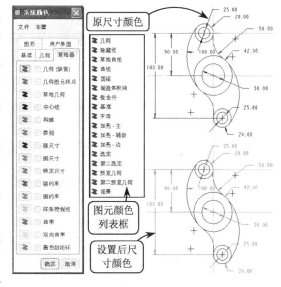

图 2-4 设置草图颜色

> **提 示**
> 
> 在【草绘器】选项卡中单击各选项左侧的□按钮，可以在新颜色和初始颜色之间进行切换。

## 2.2 绘制基本图元

基本图元包括直线、圆、矩形和样条曲线等类型。能够熟练地绘制这些基本图元是绘制其他复杂草绘截面的基础，而只有灵活地掌握了这些基本图元的绘制方法，才能准确快速地绘制出满足设计要求的草图。

### 2.2.1 绘制直线

直线是构成几何图形的基本图元，包括直线、直线相切、中心线和几何中心线4种类型线的绘制。直线可以用来绘制具有平面特征的投影轮廓线。

在【草绘器工具】工具栏中单击【直线】按钮╲右侧的扩展按钮，在打开的级联菜单中单击所需的按钮，即可进行相应线型绘制。下面介绍3种不同直线线型的绘制方法。

**1．绘制两点直线**

两点线是由起点和终点所定义的线。当需要绘制水平或竖直的直线时，系统会自动添加水平或竖直约束。

单击【线】按钮╲，在绘图区分别指定起点和终点位置，并单击中键确认，即可完成直线的绘制，效果如图2-5所示。

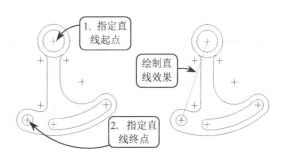

图2-5 绘制两点直线

**2．绘制与两个图元相切的直线**

利用该工具可在两个已有图元之间，绘制一条与两图元均相切的直线。使用该方法绘制直线的前提是绘图区至少存在两个提供相切的图元。

单击【直线相切】按钮╲，打开【选取】对话框。然后移动至一个图元上并单击左键，

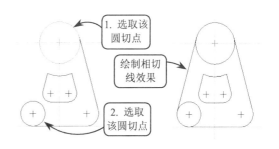

图2-6 绘制与两个图元相切的直线

即可确定第一相切点。此时移动至另一个图元上，当与图元相切时鼠标会自动依附到图元相切点上，单击左键并按住中键即可。图2-6所示为绘制两圆间的公切线。

**3．绘制中心线**

中心线是一种参考辅助线，通过其辅助特性可以用来绘制具有对称、等分等特点的点或

线。此外还可以用来绘制控制角度约束的一些辅助曲线。

单击【中心线】按钮，依次指定中心线所通过的第一点和控制中心线倾斜角度的第二点，即可绘制通过这两点的中心线，效果如图 2-7 所示。

### 2.2.2 绘制圆类曲线【NEW】

圆类曲线包括圆和椭圆两类。圆具有圆滑过渡、美观柔和的特点，并且圆曲线是产品设计安全规定中最常用的一种曲线。而椭圆是一种含有两个轴向定位特殊类型的圆类曲线。

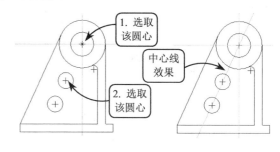

图 2-7 绘制中心线

**1. 绘制圆**

在创建轴类、盘类和圆环等具有圆形截面特征的头体模型时，往往需要先在草绘环境中绘制出具有截面特征的圆轮廓线。然后通过拉伸或旋转，创建出实体。

单击【圆】按钮○右侧的扩展按钮，在打开的级联菜单中提供了以下 4 种绘制圆的方法。

❑ **选取圆心和点绘制圆**

该方法是通过指定圆心和圆上一点绘制圆。其中指定好圆心后，可以任意指定一点为圆上一点。然后通过修改系统自动标注的圆弧尺寸来确定圆大小。

单击【圆】按钮○，在绘图区指定一点以确定圆心。然后拖动圆周至适当位置后，单击左键确定圆周上一点，即可完成圆的绘制，效果如图 2-8 所示。

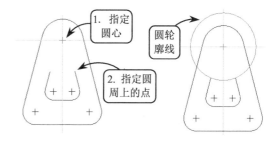

图 2-8 选取圆心和圆上一点绘制圆

❑ **绘制同心圆**

利用该工具可以在现有圆的基础上绘制一个与该圆同心的圆。该工具在绘制孔轴零件的截面图形时经常使用。

单击【同心】按钮◎，打开【选取】对话框。然后移动鼠标至绘图区现有的圆上，并在图元改变颜色后单击左键。接着拖动圆周到适当位置后再次单击左键，即可完成同心圆的绘制，效果如图 2-9 所示。

❑ **选取三点绘制圆**

三点圆是通过指定任意 3 个点来绘制圆。其中所指定的 3 个点可以是任意的点或图元上的任意点。

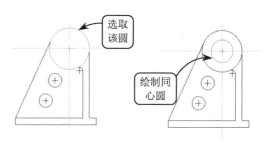

图 2-9 同心圆的绘制

单击【3 点】按钮○，在绘图区依次指定三点，即可绘制出过这 3 个点的圆，效果如图 2-10 所示。

❑ 绘制相切圆

利用该工具可以绘制一个与已有的 3 个图元均相切的圆。其中切点位置选取的不同，所绘制圆的大小也不相同。

单击【3 相切】按钮○，移动至一个图元上，当图元改变颜色后单击左键。然后选取第二个图元，此时跟随鼠标的线自动依附到与之相切的第二个点上，再次单击左键。接着移动至第三个图元上，在相切点处单击左键并按住中键确认，效果如图 2-11 所示。

2．绘制椭圆

椭圆是到一个定点和一条定直线的距离之比为一个常数的点的轨迹。利用【椭圆】工具可以绘制草图中的椭圆或椭圆弧。

单击【圆】按钮○右侧的扩展按钮，在打开的级联菜单中提供了以下两种绘制椭圆的方法。

❑ 指定长轴端点绘制椭圆

利用该工具可以通过指定椭圆一轴和另一半轴来绘制椭圆。单击【轴端点椭圆】按钮○，依次指定两点确定椭圆一轴。然后移动至合适位置单击左键，确定椭圆的另一条半轴，即可完成椭圆的绘制。

图 2-12 所示为依次选取两个圆的圆心分别作为椭圆一轴的两个端点，并在合适位置单击左键确定椭圆另一半轴，即可完成椭圆的绘制。

❑ 指定中心点和长轴端点绘制椭圆

利用该工具可以通过指定椭圆一半轴和另一半轴来绘制椭圆。单击【中心和轴椭圆】按钮○，指定一点为椭圆中心点，并指定另一点为椭圆一半轴的端点。然后移动鼠标并单击确定椭圆的另一半轴，即可完成椭圆的绘制。

图 2-13 所示为依次选取两个圆的圆心分别作为椭圆中心点和一半轴的端点，并在合适位置单击左键确定椭圆另一半轴，即可完成椭圆的绘制。

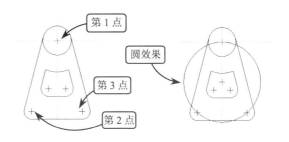

图 2-10　三点圆的绘制

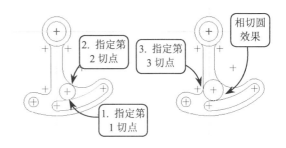

图 2-11　相切圆的绘制

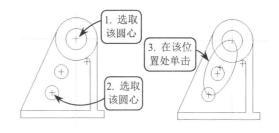

图 2-12　指定长轴端点绘制椭圆

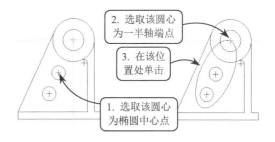

图 2-13　指定中心点和一半轴端点绘制椭圆

### 2.2.3 绘制圆弧

圆弧是圆的一部分。当一实体模型的棱边比较光顺、圆弧面较多时,绘制其截面曲线便可以利用该工具绘制模型截面圆角过渡和棱边连接处。

单击【圆弧】按钮右侧的扩展按钮,在打开的级联菜单中提供了以下 5 种绘制圆弧的方法。

#### 1. 三点/相切端的圆弧

该方式包括相切端和三点弧两种类型。其中三点弧既可以独立使用,也可从现有图元的端点开始绘制。而相切端绘制圆弧时,在绘图区必须存在已有的图元,该图元可以为直线、圆弧、圆锥线或样条曲线等。

❑ 三点弧

该方式是指依次指定三点为圆弧上的 3 个点来绘制圆弧,其中这 3 个点不能位于同一条直线上。

单击【三点/相切端】按钮,依次选取圆弧的起始点、终止点和圆弧上一点,并单击中键确认,即可完成三点圆弧的绘制,效果如图 2-14 所示。

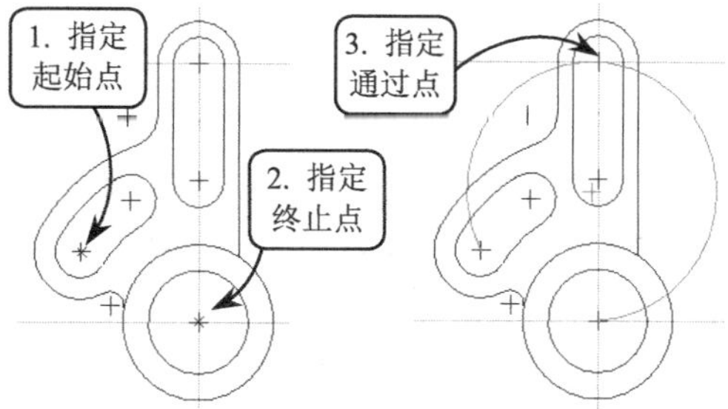

图 2-14 三点弧的绘制

❑ 相切端的圆弧

该方式是指绘制与现有图元相切的圆弧。单击【三点/相切端】按钮,在绘图区选取一点为圆弧的起点,并选取直线、圆弧或样条曲线的一个端点作为终点。然后拖动圆弧直至出现约束条件 T。此时单击左键即可完成相切端圆弧的绘制,效果如图 2-15 所示。

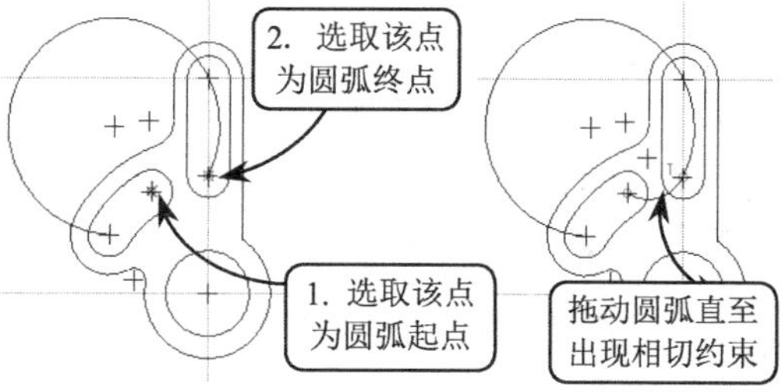

图 2-15 相切端弧的绘制

#### 2. 圆心和端点的圆弧

在创建盘类零件的圆弧槽和一些定位零件的角度调整槽时,经常利用该工具绘制所需的圆弧截面。

单击【圆心和端点】按钮,在绘图区分别选取两点以确定圆弧的圆心和圆弧起点。然后选取第三点确定圆弧的终点即可,效果如图 2-16 所示。

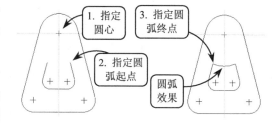

图 2-16 圆心和端点圆弧的绘制

#### 3. 同心圆弧

利用该工具可以现有的圆弧为参照,绘制一与其圆心在一条直线上的圆弧曲线。

单击【同心】按钮，打开【选取】对话框。然后移动鼠标至现有的圆弧上，并在图元改变颜色后单击左键。此时将动态显示一虚构的圆，拖动该圆至适当位置单击确定圆弧起点。再次单击确定圆弧终点，即可完成同心圆弧的绘制，效果如图 2-17 所示。

### 4．3 相切圆弧

利用该工具可以绘制一个与已有的 3 个图元均相切的圆弧，所绘圆弧为 3 个图元的公切圆弧。

单击【3 相切】按钮，移动鼠标至一图元上，当图元改变颜色后单击左键。然后选取第二个图元，此时跟随鼠标的线自动依附到与之相切的第二个点上，再次单击左键。接着移动鼠标至第三个图元上，在相切点处单击左键，并按住中键，效果如图 2-18 所示。

### 5．锥形弧

锥形弧可分为抛物线、双曲线和椭圆形 3 种类型。它是通过依次指定起点、终点和通过点来决定所绘弧线的具体形状。其中前两个点用以确定锥形弧的两个端点，第三点可以调整锥形弧的外形。

单击【锥形】按钮，在绘图区依次选取两个点，此时出现一条可任意变化的圆锥形曲线弧。然后在所需位置处单击确定第三点即可，效果如图 2-19 所示。

通过设置锥形弧曲线的曲率数值，可以创建 3 种不同类型的曲线：当设置曲率数值为 0.5 时，即为抛物线曲线；当设置曲率数值为 0.05～0.5 时，即为椭圆形曲线；当设置曲率数值为 0.5～0.95 时，即为双曲线曲线，效果如图 2-20 所示。

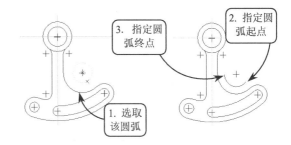

图 2-17　同心圆弧的绘制

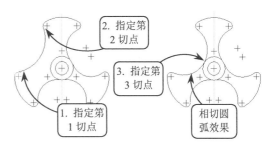

图 2-18　3 相切圆弧的绘制

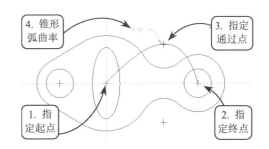

图 2-19　锥形弧的绘制

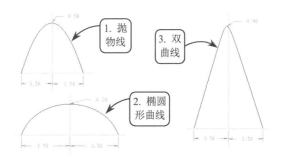

图 2-20　3 种不同样式的锥形弧

## 2.2.4　绘制矩形和多边形【NEW】

在创建箱体或具有矩形截面特征的拉伸或回转体特征时，利用矩形工具可以快捷地绘制出所需草图截面曲线。然后结合相应的拉伸或旋转工具即可创建出长方体或回旋体特征。而多边形是 Pro/E 5.0 新增的功能，可绘制平行的四边形。

### 1．绘制矩形

单击【矩形】按钮□右侧的扩展按钮，在打开的级联菜单中提供了以下两种绘制不同矩形的方法。

❑ **普通矩形**

利用该工具可绘制一般的水平或竖直矩形。单击【矩形】按钮□，分别指定两点作为矩形的对角点，并单击中键确认，即可完成矩形的绘制，效果如图 2-21 所示。

❑ **斜矩形**

利用该工具可绘制倾斜的矩形。单击【斜矩形】按钮◇，依次指定两点确定矩形的一条边。然后向一侧拖动至合适位置并单击确定另一条边，效果如图 2-22 所示。

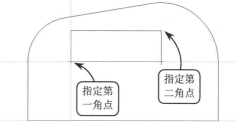

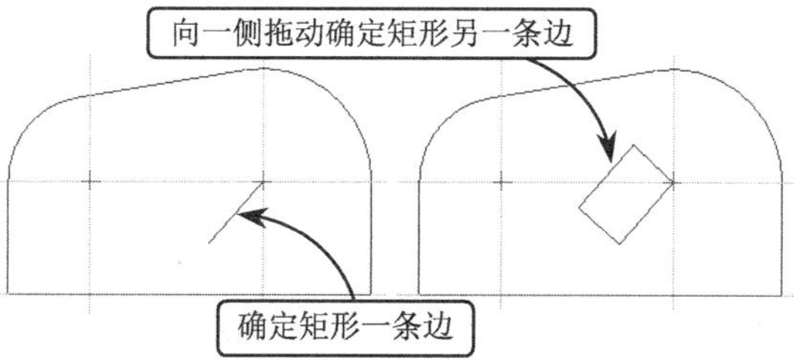

图 2-21 指定两点绘制矩形

### 2．绘制四边形

利用该工具可以绘制平行四边形。单击【平行四边形】按钮▱，在绘图区依次指定两点确定平行四边形的一条边。然后向一侧拖动至合适位置单击确定另一条边，效果如图 2-23 所示。

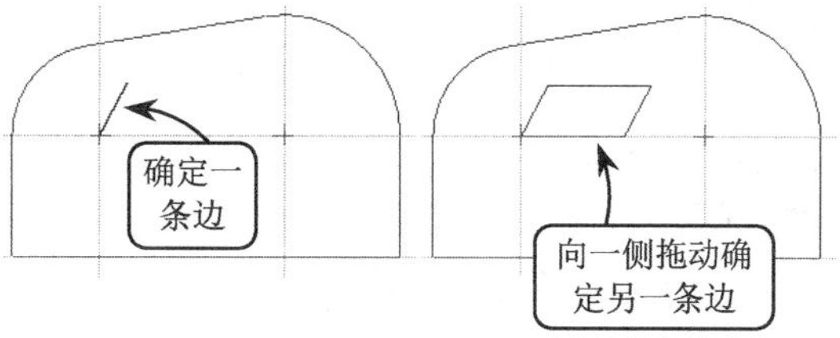

## 2.2.5 绘制圆角和倒角

倒圆角在机械零件的设计中非常重要。它首先满足了工艺需要，其次可防止零件应力过于集中而产生的损坏。而倒角是将竖直的棱边转换为斜边。

图 2-22 绘制斜矩形

图 2-23 绘制平行四边形

### 1．绘制圆角

圆角在创建平滑的截面时经常使用，可以用来圆滑尖锐的棱边。在 Pro/E 中，倒圆角可以分为圆形圆角和椭圆形圆角两种形式。

❑ **圆形圆角**

利用该工具可以在两图元间添加圆形的圆角。单击【圆形】按钮，依次选取两个图元，系统自动为两图元间添加圆形的圆角，效果如图 2-24 所示。

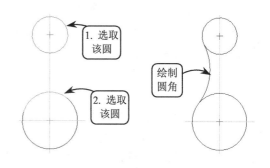

图 2-24 绘制圆形圆角

❑ 椭圆形圆角

利用该工具可以在两图元间添加椭圆形的圆角。单击【椭圆形】按钮，依次选取两个图元，系统自动为两图元间添加椭圆形的圆角。其中鼠标单击的位置决定了椭圆形圆角的形状，效果如图 2-25 所示。

2．绘制倒角

倒角是将两个非平行的对象，通过延伸或修剪的方法使它们相交或利用斜线进行连接。可以进行倒角的对象有直线、矩形、圆弧和多段线等。

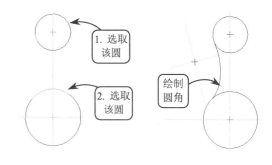

图 2-25　绘制椭圆形圆角

❑ 绘制倒角并延伸

利用该工具可以在两图元间添加倒角，并以虚线的方式将这两个倒角边延伸相交于一点。

单击【倒角】按钮，依次选取两个图元，系统自动为两图元间添加倒角，效果如图 2-26 所示。

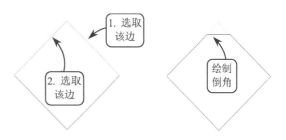

图 2-26　绘制倒角

❑ 绘制倒角

利用该工具可以在两个图元间添加倒角，并且不延伸两个倒角边。单击【倒角修剪】按钮，依次选取两个图元，系统自动为两图元间添加倒角，效果如图 2-27 所示。

### 2.2.6　绘制样条曲线

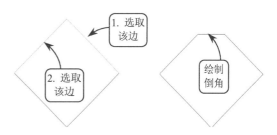

图 2-27　绘制倒角

样条曲线是由一系列控制点定义的可以任意弯曲的光滑曲线。该类曲线是一种灵活性很大的曲线类型，在数控加工中应用很广泛。

单击【样条】按钮，在绘图区依次指定样条曲线的起点、各控制点和终点，并单击鼠标中键，即可完成样条曲线的绘制，效果如图 2-28 所示。

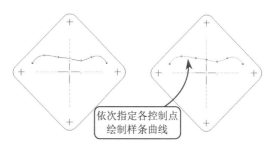

图 2-28　绘制样条曲线

### 2.2.7　转换现有模型的边线

利用该工具可将现有模型的边转换为后续特征的草图截面图元，也可以以现有模型边线为参照创建偏移图元，还可以以现有模型边线为参照创建两侧的加厚图元。

单击【使用】按钮右侧的扩展按钮,在打开的级联菜单中提供了以下 3 种转换边线的方法。

### 1. 使用边

单击【使用】按钮,将打开【类型】和【选取】面板。其中在【类型】面板中包括单一、链和环 3 种选取类型,这 3 种选取类型分别介绍如下。

❑ **使用单个边**

使用该方式可以选取现有模型边线,将其转换为当前草图图元。而转换后的图元既可以作为当前草图图元,也可以作为绘制其他图元的参照。

在【类型】面板中选择【单一】单选按钮,并选取需要转换的边线,单击【确定】按钮,即可将该边线转换为当前草图图元,效果如图 2-29 所示。

❑ **使用链**

链是由相互关联,如通过公共顶点或相切的多条边或曲线组成。使用该方式可以一次选取多条连续的边线,并将其转换为当前草图图元。

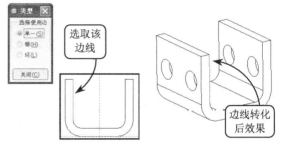

图 2-29 转换单个边

在【类型】面板中选择【链】单选按钮,并在模型上选取两条边线,将打开【菜单管理器】面板。然后在该面板的【选取】菜单中选择【下一个】选项,切换可能的边线链。接着选择【接受】选项即可将所选的边线链

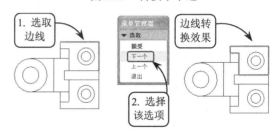

图 2-30 转换边线链

转换为当前草图图元。最后选择【退出】选项将返回到选取状态,效果如图 2-30 所示。

> **提示**
> 在边线链的创建过程中,首先选取的边线分别作为边线链的起始和结束线段,因此存在顺时针和逆时针两种生成结果,可以通过选择【下一个】选项来切换边线链的选取效果。

❑ **使用环**

利用该选项选取实体边线时,系统会自动搜索轮廓中的封闭轮廓线框。如果实体表面上有多个封闭环,还可以在多个封闭环上进行切换选取。

在【类型】面板中选择【环】单选按钮后,在模型表面上单击,系统将自动搜索模型表面上的封闭轮廓。然后选择【选取】菜单中的【下一个】或【上一个】选项,可以切换封闭环的选取。接着选择【接受】选项即可,效果如图 2-31 所示。

### 2. 偏移边

该工具和【使用边】工具类似,不同之处在于利用该工具可以以现有模型边线为参照,

以指定的距离为偏移距离，偏移出新的边线作为草图图元。

单击【偏移】按钮，在打开的【类型】面板中同样包括单一、链和环3种选取类型。其操作方法同【使用边】工具基本相同。下面以单一和环两种类型为例，进行偏移边操作的介绍。

❑ **偏移单一边**

利用该选项可以选取模型中的单个边为偏移对象，输入偏移距离，进行草图图元的偏移。

在【类型】面板中选择【单一】单选按钮，并在图中选取单个边。此时图中将出现指示偏移方向的箭头，并打开【于箭头方向输入偏移】文本框。然后输入偏移距离，并单击【确定】按钮，即可完成单个边的偏移操作，效果如图2-32所示。

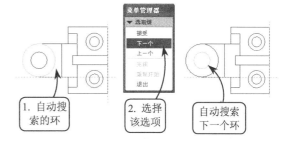

图2-31 转换环

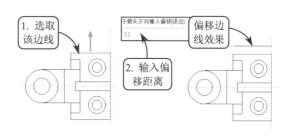

图2-32 单个边的偏移

┌─ 技 — 巧 ─────────────────────────────
│ 如果需要偏移的方向与箭头指示的方向相反，则可以在【于箭头方向输入偏移】文本框内输入负值参数，便可以沿箭头的反方向偏移。
└─────────────────────────────────────

❑ **偏移环**

利用该选项可以以系统自动选取的环为偏移对象，输入偏移距离，进行草图图元的偏移转换。

在【类型】面板中选择【环】单选按钮，系统将自动搜索轮廓中的封闭轮廓。然后选择【选取】菜单中的【下一个】或【上一个】选项，来切换封闭环的选取。接着选择【接受】选项，将出现一个指示偏移方向的箭头，在【于箭头方向输入偏移】文本框中输入偏移距离，并单击【确定】按钮，即可完成环的偏移，效果如图2-33所示。

**3．加厚边**

利用该工具可以以现有模型边线为参照，通过在两侧偏移边来创建新的草图图元。

单击【加厚】按钮，在打开的【类型】

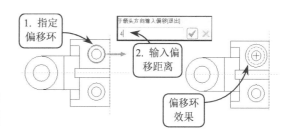

图2-33 偏移环效果

面板中选择【单一】单选按钮，并在图中选取单个边，输入厚度值。此时图中将出现指示偏移方向的箭头，输入该方向上的偏移距离，即可在该参照边两侧创建两条偏移边，效果如图2-34所示。

## 2.2.8 创建文本

在绘制复杂的工程图时为了方便阅读人员对所绘图形的理解,可在图形上添加文本注释,这样更加直观地让用户了解图形所要表达的意思。此外还可以利用该工具创建产品上的铭牌标识。

单击【文本】按钮 A,在绘图区绘制一条直线。然后在打开对话框中的【文本行】文本框内输入文本,并设置该文本的放置属性,单击【确定】按钮即可完成文本的创建,效果如图 2-35 所示。

【文本】对话框包含多个用于对所添加文字进行编辑的选项,各选项的含义和功能说明如下。

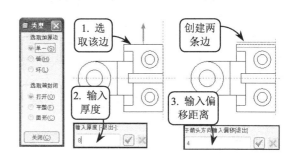

图 2-34 加厚边效果

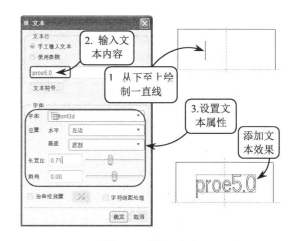

图 2-35 添加文本

- **文本行** 该选项可用来设置文本的内容。除了手工输入文本外,还可以选择【使用参数】单选按钮,在打开的【选取参数】对话框中选择相应的参数。另外也可以单击【文本符号】按钮,在打开的【文本符号】对话框中选择文本符号,效果如图 2-36 所示。
- **字体** 该选项用于指定所添加字体的样式。可在其下拉列表中选择系统提供的字体和 TrueType 字体样式。
- **位置** 调整文本相对于直线的位置。水平位置可以指定文本相对于直线的对齐位置,包括左边、右边和中部 3 个位置;垂直位置可以指定文本相对于直线的放置位置,包括顶部、中间和底部 3 个位置。

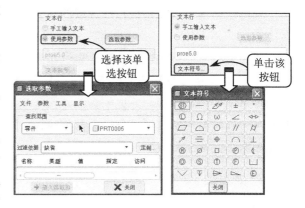

图 2-36 选取参数和文本符号对话框

- **长宽比** 拖动滑块增大或减小文本的长宽比。
- **斜角** 拖动滑块增大或减小文本的倾斜角度。
- **沿曲线放置** 启用该复选框,所添加文字将沿着指定的曲线放置,效果如图 2-37 所示。

> **提 示**
>
> 在创建文本时，所绘直线的长度和角度分别决定文本的高度和放置角度；而直线的起点和终点可以确定文字的放置方向。

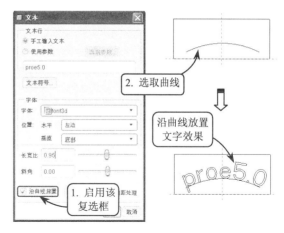

图 2-37 沿曲线放置文本效果

## 2.3 编辑草图

利用基本图元工具绘制出的图形一般情况下很难满足设计要求，往往还需要利用编辑工具，对其进行编辑和修改才能达到所需效果。草绘图元的编辑主要包括修剪、分割、镜像和样条曲线的编辑，以及通过鼠标对草图图元进行编辑。

### 2.3.1 修剪和分割

修剪工具是草图编辑中最常用的工具，可以将草图图元的多余部分删除，或将草图图元以指定点为分割点一分为二。Pro/E 提供了动态修剪、边界修剪和分割 3 种修剪方式，其中最常用的是动态修剪。这 3 种修剪工具的操作方法介绍如下。

**1．动态修剪**

利用该工具可以以画链的形式，将草图中的图元以交点为边界点将所绘链条所经过的图元删除。

单击【删除段】按钮，在图中单击并拖动鼠标，划过需要删除的图元部分。释放鼠标后，被划过的图元将以与其他图元的交点为边界点自动删除，效果如图 2-38 所示。

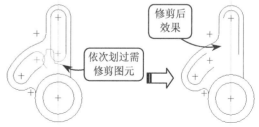

图 2-38 动态修剪图元

**2．边界修剪**

利用该工具可以同时处理两个线条之间交错的部分。如果两个线条之间没有交错，启用该命令后，系统会自动将两线条延长。

单击【拐角】按钮，在图中依次选取两个需要进行修剪或延长的草图图元，即可完成边界修剪操作，效果如图 2-39 所示。

图 2-39 边界修剪图元

> **注　意**
>
> 【边界修剪】选取的对象是欲保留的部分。如果两个线条之间没有交错，则系统会将两个线条自动延长，此时系统将保存鼠标单击一侧的部分。

### 3. 分割

利用该工具可以将图元在指定的交点处一分为二。其中在图元上单击所指定的点即为分割点。

单击【分割】按钮 ，在需要分割的图元上单击指定分割点，并按住鼠标中键，即可完成分割操作，效果如图 2-40 所示。

## 2.3.2 镜像工具

当所绘的草图对象为对称图形时，只需绘制出图形的一部分，通过镜像复制即可创建另一部分。只有选取了要镜像的图形后，镜像命令才会被激活，并且图中必须存在一条对称中心线作为镜像参照。

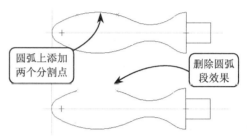

图 2-40　分割图元

单击【镜像】按钮 右侧的扩展按钮，在打开的级联菜单中提供了镜像和移动调整大小两个工具。其使用方法分别介绍如下。

### 1. 镜像

利用该工具可以以现有的中心线为对称中心线，将所选取的图元镜像，并能为图形自动添加对称约束。这样只要修改部分图元，就可以对整个图形进行修改。

进行镜像操作时，需要首先选取要镜像的图元。然后单击【镜像】按钮 ，并选取镜像中心线。此时系统将自动对所选图元进行对称复制，效果如图 2-41 所示。

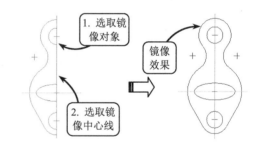

图 2-41　镜像图元

> **技　巧**
>
> 在选取需要对称复制的对象时，可以按住 Ctrl+鼠标左键选取，或者单击鼠标左键对图形进行框选。这样可以一次选取多个对象，进行镜像操作。

### 2. 旋转和缩放

利用该工具可以对所选图元的大小、放置角度和位置进行编辑。当绘制与现有图形形状相同，仅是大小和位置不同的图形时，经常利用该工具对现有图形进行编辑。

在图中选取图元后，单击【移动和调整大小】按钮 ，在打开的【移动和调整大小】对话框中可以设置缩放比例和旋转的角度值，还可以通过拖动移动⊗、旋转↻和缩放↖手柄，进行图元的编辑，效果如图 2-42 所示。

### 2.3.3 编辑工具

利用编辑工具可以对图形中的尺寸标注、文本注释，以及样条曲线进行相应的编辑，以获得所需的设计效果。

#### 1．编辑尺寸值

在编辑图形的尺寸标注时，不仅可以同时编辑多个尺寸的尺寸值，还可以根据各尺寸之间的比例进行尺寸的整体调整。

单击【修改】按钮，分别选取草图中需要修改的尺寸标注。然后在打开的【修改尺寸】对话框中拖动尺寸后方的滚轮调整尺寸，或直接在文本框中输入尺寸值，效果如图 2-43 所示。

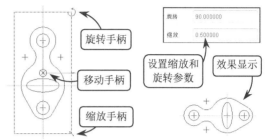

图 2-42　旋转和缩放图元

#### 2．编辑样条曲线

在利用【样条曲线】工具进行造型设计时，往往需要较为复杂的编辑操作，才能达到所需的设计要求。在 Pro/E 中可以通过以下两种方法进行样条曲线的编辑。

❑ **样条曲线的基本编辑**

利用样条曲线的基本编辑，可以对图形中现有样条曲线的曲率、大小和位置等参数进行粗略编辑。当对图形要求不是很严格的情况下，该编辑方法比较常用。

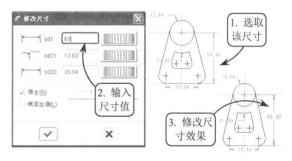

图 2-43　修改草图尺寸

对样条曲线进行基本编辑时，可以选取样条曲线上各差值点或端点并拖动，即可进行编辑操作。当选取的编辑点为端点时，可以对曲线进行总体的缩放和放置角度的编辑；当选取的编辑点为曲线上的差值点时，则可以对曲线进行曲率的编辑，效果如图 2-44 所示。

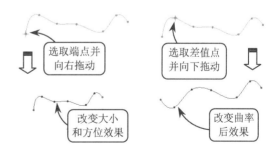

图 2-44　样条曲线的基本编辑

❑ **样条曲线的高级编辑**

利用样条曲线的高级编辑可以对样条曲线的曲率、大小和放置方位等进行精确编辑，从而使样条曲线达到较高精度的要求。样条曲线的高级编辑操作包括增加插入点、创建控制多边形、显示曲线曲率和修改点坐标值等，具体操作介绍如下。

在绘图区选取一样条曲线，并选择【编辑】|【修改】选项。此时在屏幕上方将打开【样条修改】操控面板，效果如图 2-45 所示。

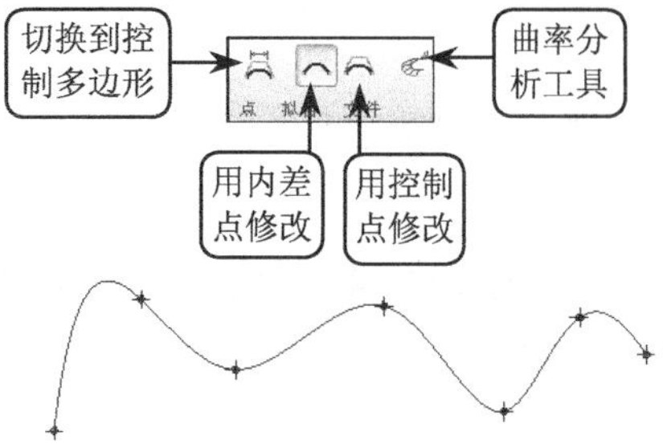

通过该操控面板中的各选项和工具按钮，即可对样条曲线进行各种参数的编辑。其中常用的操作介绍如下。

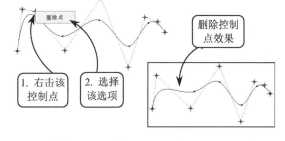

图 2-45　编辑样条曲线操控面板

- **点**　选择该选项，并选取样条曲线上需要编辑的点，即可在打开的下拉面板中修改该点的坐标值。
- **拟合**　选择该选项可以对样条曲线的拟合参数进行编辑。
- **文件**　选择该选项并选取相关联的坐标系，可以形成该样条曲线相对于所选坐标所有点的坐标数据文件。
- **控制多边形模式**　利用该工具可以在曲线上显示控制多边形。不仅可以拖动多边形上的各控制点对样条曲线进行编辑，还可以在控制点上右击将该点删除，效果如图 2-46 所示。
- **内插点修改样条**　可以在曲线上添加或删除差值点，并使用插值点编辑样条线。
- **控制点修改样条**　可以在曲线上添加或删除控制点，并使用控制点编辑样条线。
- **曲率分析**　显示样条曲线的曲率分析图，效果如图 2-47 所示。单击该按钮后，在操控面板上将打开一调整界面，通过拖动【比例】和【密度】滚轮或在其后侧的文本框中直接输入参数值，即可调整曲线曲率分析的显示效果。

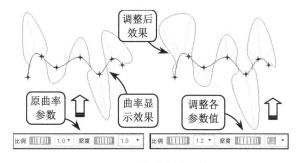

图 2-46　控制多边形编辑样条线

图 2-47　调整曲率分析效果

## 2.3.4　草图诊断工具

利用草图诊断功能可以对所绘草图的封闭性、开放端点、重叠的图元和是否满足后续建模的要求等，做出准确的判断，从而提高绘图精度、减少不必要的重复操作，进而提高工作效率。

### 1．着色封闭环

在创建拉伸、旋转或扫掠等实体模型时，需要在草图环境中绘制出封闭的截面图形。利用【着色封闭环】工具，可以对图形的封闭区域进行着色显示，从而可以快速准确地诊断出所绘草图截面的封闭性。

绘制完草图后，在【草绘器诊断工具】工具栏中单击【着色封闭环】按钮，图形中的封闭区域将以着色的形式显示，效果如图 2-48 所示。

### 2．加亮开放端点和重叠几何图元

利用这两个工具可以对草图中不被多个图元共有的图元顶点，或具有重叠关系的图元对象进行加亮显示，帮助用户查找形成开放或重叠图形的草图图元，便于图形的修改。

绘制完草图后，在【草绘器诊断工具】工具栏中分别单击【加亮开放端点】和【重叠几何】按钮，图形中的开放端点和重叠图元将加亮显示，效果如图 2-49 所示。

### 3．建模要求分析

利用该工具可以从草图截面的基本图元、图形闭合情况、图形中的环和草图的参照等方面，对所绘草图进行综合性的分析。然后以对话框的形式显示分析结果，帮助分析草图是否适用于当前的特征操作。

绘制完草图后，在【草绘器诊断工具】工具栏中单击【特征要求】按钮，即可打开用于显示特征要求以及是否满足该要求状态的【特征要求】对话框，效果如图 2-50 所示。

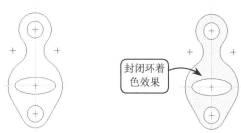

图 2-48　封闭环着色效果

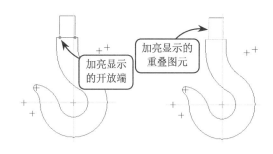

图 2-49　开放端点和重叠图元的亮显效果

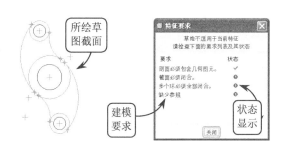

图 2-50　建模要求分析效果

## 2.4　标注草图

当草图图形绘制好后，尺寸标注即自动添加。但这些自动添加的尺寸与设计要求之间往往存在一定的差距，致使草图对象无法满足所需的设计要求。此时便可以利用系统提供的尺寸标注工具，对草图对象进行合适的尺寸标注，以创建出满足设计要求的草图。

### 2.4.1　尺寸标注方法

绘制完一幅草图后，系统给出的尺寸标注称之为"弱尺寸"，以灰色显示。修改后的尺寸或转换后的尺寸称为"强尺寸"。标注尺寸即是将弱尺寸转换为强尺寸的过程，在 Pro/E 中转换方式有以下 3 种。

### 1. 双击修改

如果草图上的弱尺寸符合标注要求，但尺寸数值需要修改时，双击图元尺寸值，将出现一个文本框。然后输入所需尺寸值，并按回车键即可，效果如图 2-51 所示。

### 2. 弱尺寸转换为强尺寸

如果弱尺寸的标注满足设计要求，可以直接选取该弱尺寸，并单击右键，在打开的快捷菜单中选择【强】选项，即可将弱尺寸转换为强尺寸，效果如图 2-52 所示。

### 3. 尺寸标注工具

如果弱尺寸的标注方式不符合设计要求，可采用手动标注的方式进行强尺寸的添加。

单击【创建定义尺寸】按钮，选取需要标注的图元，并在合适位置单击中键，即可完成尺寸的标注，效果如图 2-53 所示。

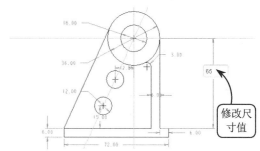

图 2-51 双击修改尺寸

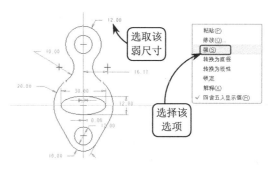

图 2-52 弱尺寸转换为强尺寸

## 2.4.2 线性尺寸标注

不论是哪种类型的尺寸标注，一般都是先选取标注对象，并在适当位置处单击中键，以确定尺寸放置位置，即可完成线性标注。

### 1. 标注直线长度

标注直线图元的长度，只需选取标注对象，并在适当位置处单击中键，以确定尺寸放置位置即可。

单击【创建定义尺寸】按钮，打开【选取】对话框。然后选取需标注尺寸的直线，并在尺寸放置位置处单击中键，即可完成直线的标注，效果如图 2-54 所示。

### 2. 标注直线垂直距离

标注两直线间的垂直距离，可利用【创建定义尺寸】工具分别选取两直线，并在尺寸放置位置单击中键确认即可，效果如图 2-55 所示。

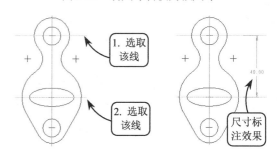

图 2-53 手动标注尺寸

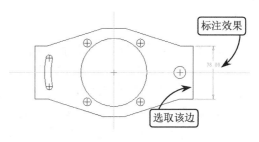

图 2-54 直线的标注

## 2.4.3 角度标注

利用该工具可以为两直线之间的夹角和圆弧的圆心角添加角度标注。这两种角度标注类型介绍如下。

#### 1. 标注两直线夹角

对于两条非平行的直线，利用【创建定义尺寸】工具依次选取两直线，并在两直线需标注尺寸的夹角侧单击中键确认，即可完成角度标注，效果如图 2-56 所示。

#### 2. 标注圆弧圆心角

该方式是标注某圆弧的圆心角度。利用【创建定义尺寸】工具分别选取圆弧的两个端点，并选取该圆弧轮廓线。然后在圆弧外侧单击中键即可，效果如图 2-57 所示。

## 2.4.4 径向尺寸标注

径向尺寸标注包括圆直径、半径的标注和椭圆半轴的标注两种类型。接下来分别介绍这两种类型的标注。

#### 1. 标注圆的直径和半径

标注圆的半径与直径或弧的曲率半径与直径时，在所选图元上单击则标注半径，双击则标注直径，效果如图 2-58 所示。

#### 2. 标注椭圆

椭圆是属于圆的一种特殊类型。椭圆的标注主要是对椭圆长半轴和短半轴的标注。

利用【创建定义尺寸】工具选取椭圆，并在适当位置单击中键，将打开【椭圆半径】对话框。然后在该对话框中选择【长轴】或【短轴】单选按钮，并单击【接受】按钮，即可完成椭圆的标注，效果如图 2-59 所示。

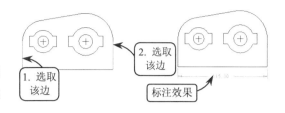

图 2-55 两直线间垂直距离的标注

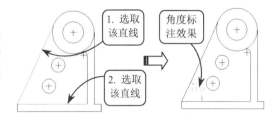

图 2-56 两直线间角度标注

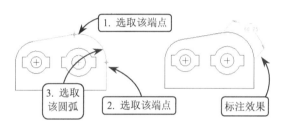

图 2-57 圆弧圆心角标注

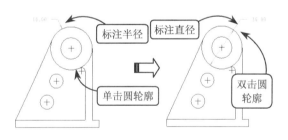

图 2-58 标注圆直径和半径

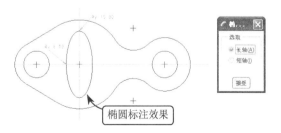

图 2-59 椭圆的标注

## 2.4.5 基线标注

当所绘制的草图具有统一的基准时，为了保证草图的精度和增加标注的清晰度，可以利用基线标注功能，指定基准图元为零坐标。然后添加出其他图元相对于该基准之间的尺寸标注。基线标注可分为两个步骤，即指定基线和确定坐标尺寸。

### 1．指定基线

为基线标注指定基准图元，以确定标注的零坐标位置。单击【基线】按钮，选取图中的基线图元，并单击中键确认，即可完成基线的指定，效果如图 2-60 所示。

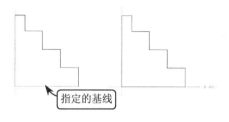

图 2-60　指定基线位置

### 2．添加基线标注

以基线为零基准，添加其他图元相对于该基准之间的坐标尺寸。单击【创建定义尺寸】按钮，选取已指定的基线，并选取要标注的坐标图元，单击中键确认。重复该操作，可连续进行基线标注，效果如图 2-61 所示。

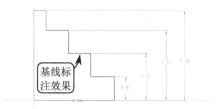

图 2-61　确定坐标尺寸

## 2.4.6 参照尺寸的标注

参照尺寸标注是基本标注外的附加标注，主要作为参照。此类尺寸值后都注有"参照"字样。它不能驱动草图变化，但可以随着其他尺寸的变化而改变。可以直接手动标注参照尺寸，当尺寸发生冲突时，可以将其中一个尺寸转换为参照尺寸。

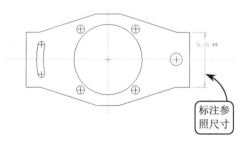

图 2-62　标注参照尺寸

### 1．标注参照尺寸

标注参照尺寸是直接选取草图图元添加参照尺寸标注。单击【参照】按钮，在绘图区选取要定义参照尺寸的图元，并在合适位置单击中键即可，效果如图 2-62 所示。

### 2．转换为参照尺寸

当标注的某尺寸与其他尺寸发生冲突时，系统将打开【解决草绘】对话框。然后在该对话框中单击【尺寸 > 参照】按钮，系统将该尺寸转换为参照尺寸，如图 2-63 所示。

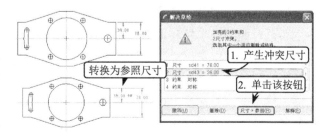

图 2-63　将冲突尺寸转换为参照尺寸

## 2.4.7 周长尺寸的标注

在标注周长尺寸时，必须指定一个被驱动的单边长度尺寸。这样在更改周长尺寸时，只有该边的尺寸发生变化，而其他边的尺寸不变。

按住 Ctrl 键选取要标注周长尺寸的图元，并单击【周长】按钮 。然后选取一个由周长驱动的尺寸后，系统将自动创建周长尺寸，效果如图 2-64 所示。

从图中可以看出，周长尺寸后有"周长"标志，被驱动的单边尺寸后有"变量"标志。如果周长尺寸发生改变，只有被驱动的单边尺寸发生改变。

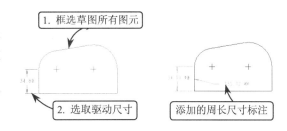

图 2-64 周长尺寸的标注

> **注意**
> 标注周长尺寸时，必须先选取一个周长驱动尺寸。周长驱动尺寸是被驱动尺寸，用户不能修改或删除该尺寸。删除该尺寸，周长尺寸也会相应地被删除。

## 2.5 编辑尺寸

编辑尺寸是利用尺寸和草图图元间的驱动关系，通过修改尺寸的方法进一步精确草图图元的大小和之间的距离，以创建出符合设计要求的草图截面。尺寸标注的修改包括移动或删除尺寸文本、控制尺寸显示和修改尺寸值。

### 2.5.1 移动或删除尺寸

在草绘的过程中，为了使标注清晰合理，往往需要调整尺寸文本的放置位置，或删除多余尺寸。具体的操作方法介绍如下。

**1．移动文本**

选取要移动的尺寸文本，并拖动至合适的位置后，松开左键即可完成所拖动尺寸文本的移动，效果如图 2-65 所示。

**2．删除文本**

在绘图区选取对象并按 Delete 键，或者选择【编辑】|【删除】选项，删除尺寸文本。另外也可以单击右键，在打开的快捷菜单中选择【删除】选项，直接删除尺寸文本。

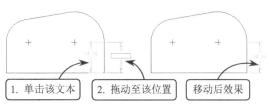

图 2-65 移动文本

利用这种方法，也可以删除图元对象和几何约束。

### 2.5.2 控制尺寸显示

尺寸标注在默认状态下都处于显示状态。但在创建模型的过程中，过多的尺寸显示会影响对模型的观察和创建，此时便需要对尺寸的显示状态进行所需的控制，可以用以下 3 种方式控制尺寸的显示。

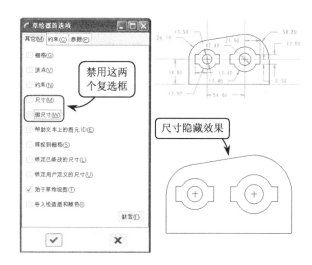

- 选择【草绘】|【选项】选项，将打开【草绘器首选项】对话框。然后在该对话框的【其他】选项卡中禁用【尺寸】和【弱尺寸】复选框，并单击【确定】按钮，即可将所有尺寸隐藏，效果如图 2-66 所示。

图 2-66　控制尺寸显示的选项设置

- 选择【工具】|【选项】选项，打开【选项】对话框。然后在【选项】文本框中输入控制尺寸显示的配置文件，并单击【查找】按钮。接着在打开的【查找选项】对话框中将该配置文件设置为 NO，即可将尺寸标注隐藏，效果如图 2-67 所示。

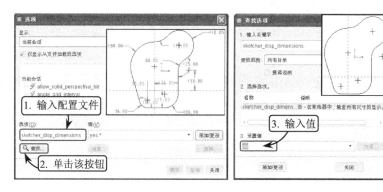

图 2-67　通过配置文件设置尺寸显示

- 在【草绘器】工具栏中单击【显示尺寸】按钮，可直接控制尺寸在草图中的显示。

> **提　示**
> 
> 在【草绘器首选项】对话框的【约束】选项卡中，可以设置几何约束的显示；在【参数】选项卡中可以设置几何图形的端点是否捕捉到栅格交叉点。

### 2.5.3 修改尺寸值

由于草绘具有参数化特征，决定了必须对尺寸参数进行必要的约束，这就需要在草绘阶段不断修改尺寸值，从而使草图满足设计的要求。

常用的尺寸标注修改方法是：双击一尺寸，在打开的编辑文本框中输入新的尺寸值，并按回车键，效果如图 2-68 所示。当修改某一尺寸值后，该尺寸约束所驱动的草图对象也将发生相应的变化。

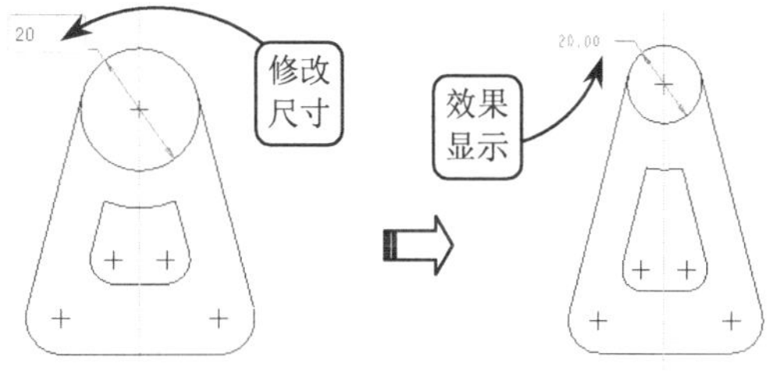

此外利用【修改尺寸】工具不仅可以一次修改多个尺寸，还可以编辑样条曲线和文本。单击【修改】按钮，或者选择【编辑】|【修改】选项，选取需要修改的尺寸，将打开如图 2-69 所示的【修改尺寸】对话框。该对话框列出了所选尺寸的编号和当前尺寸值，通过尺寸右侧的文本框或滑轮，即可对尺寸进行编辑修改。

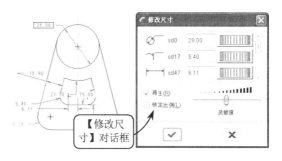

图 2-68　修改尺寸值

当图形的结构比较复杂时，更改一个尺寸可能会破坏当前的基本形状。此时就可以启用【锁定比例】复选框，使得调整个别尺寸后，其他尺寸同时发生相应的变化，从而保证草图轮廓整体形状不变。

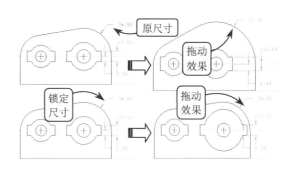

图 2-69　【修改尺寸】对话框

### 2.5.4　锁定/解锁尺寸

利用该工具可以将所选尺寸转换为锁定尺寸。由于 Pro/E 中尺寸与图元是相互驱动的，但当尺寸被锁定后，拖动与锁定尺寸图元相关的其他对象时，被锁定尺寸对象的图元不会发生变化，但与该尺寸连接的另一图元将被拖动。

选取一尺寸标注，并单击右键，在打开的快捷菜单中选择【锁定】选项，即可将该尺寸转换为锁定尺寸，效果如图 2-70 所示。

图 2-70　尺寸变化

─提─示─

选取已锁定的尺寸，并单击右键，在打开的快捷菜单中选择【解锁】选项，即可将锁定的尺寸解除锁定。

## 2.6　几何约束【NEW】

在草绘时可以对草图增加一些平行、相切和对称等约束来帮助图形进行几何定位。这在一定程度上可以替代某些尺寸标注，进而节省草绘时间、提高工作效率和草图的绘制精度。

### 2.6.1 设定自动约束

自动约束是指在绘制草图时，根据所设置的约束选项，系统自动为满足约束公差图元添加的几何约束。

选择【草绘】|【选项】选项，在打开的【草绘器首选项】对话框中切换至【约束】选项卡。然后在该选项卡中启用或禁用相应的复选框，并单击【确定】按钮即可完成自动约束的设置。启用自动约束后，在绘制草图时系统将自动添加符合约束条件的几何约束，效果如图 2-71 所示。

> **提示**
> 在【约束】选项卡中，单击【缺省】按钮可以使设定的约束重置到系统默认的状态。

图 2-71 【约束】选项卡

### 2.6.2 添加手动几何约束

当自动几何约束不能满足图形的约束要求时，可以为图形添加手动几何约束，对图形进一步进行编辑，以达到最终设计要求。对草图图元多进行手动约束，尺寸标注的数目就会越少，进而提高草绘效率。

单击【垂直】按钮 右侧的扩展按钮，在打开的级联菜单中单击相应的按钮，则可根据信息提示，进行手动约束的设置，效果如图 2-72 所示。

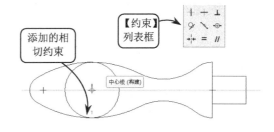

图 2-72 【约束】列表框

在【约束】列表框中包含 9 种几何约束。用户可以根据不同的需要单击相应的按钮，对几何图元进行约束。各约束的含义和功能说明如表 2-2 所示。

表 2-2 手动约束的种类说明

| 约束名称 | 图标 | 功能说明 |
| --- | --- | --- |
| 竖直 | ┼ | 使直线竖直或使顶点位于同一条竖直线上 |
| 水平 | ─ | 使直线水平或使顶点位于同一条水平线上 |
| 平行 | // | 约束两直线平行 |
| 垂直 | ⊥ | 使两直线垂直或使圆弧垂直 |
| 等长 | = | 约束两直线、两边线或者两个圆弧等长 |
| 共线 | ⊙ | 使两点重合或使点到直线上 |
| 对称 | ┼┼ | 使两点相对于中心线对称 |
| 中点 | \ | 使点或者顶点位于直线中点 |
| 相切 | 9 | 使直线、圆弧或者样条曲线两两相切 |

## 2.6.3 编辑几何约束

草图的几何约束和绘制草图与标注草图一样,有时添加的手动或自动几何约束并不一定符合要求,甚至产生负面影响。此时便需要对几何约束进行进一步的编辑。

### 1. 取消约束

在绘图过程中常常会出现多重约束的情况,这样极容易出现各图元之间产生相互干扰的现象。此时就需要取消重复的约束。

选取要删除的约束,按 Delete 键,或选择【编辑】|【删除】选项,也可以选取该约束并单击右键,在打开的快捷菜单中选择【删除】选项,即可将所选约束删除,效果如图 2-73 所示。

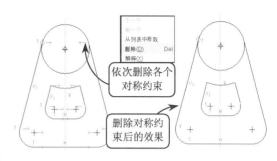

图 2-73 删除约束

### 2. 锁定约束

用户可根据需要锁定某些约束条件来绘制图元。只需在绘制图元的过程中,当出现当前自动设定的几何约束时,按住 Shift 键并单击右键,则该约束标记外将显示一个红色圆圈,指该约束已经被锁定,效果如图 2-74 所示。

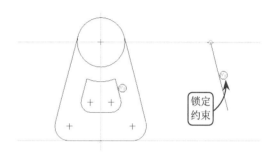

图 2-74 锁定约束

如果要取消约束锁定,只需按住 Shift 键,再次单击右键即可,效果如图 2-75 所示。此时应当注意当前的约束是否呈红色显示。如果禁用和恢复的约束不是当前约束,可以通过按 Tab 键进行切换。

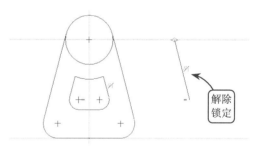

图 2-75 解除约束锁定

### 3. 解决过约束

当草图中的图元已经被相应的尺寸标注或几何约束限制后,还需要对其添加必要的几何约束时,就会出现过约束现象。此时在打开的【解决草绘】对话框中列出了冲突解决的方案。只需选取冲突的几何约束,将其删除即可,效果如图 2-76 所示。

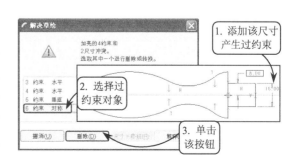

图 2-76 解决过约束

## 2.7 典型案例 2-1：绘制手柄草图

本例绘制一手柄草图，效果如图 2-77 所示。该手柄为盘形机构上的控制手柄，通过其手动的旋转带动整体进行运动。其整体结构呈旋转对称形，柄端的圆柱轴插入槽中，与槽紧密配合。柄身呈凸凹有致的弧形结构，方便人手握持。

绘制该手柄草图，由于其为对称结构，可以绘制其一侧轮廓，然后镜像创建另一侧轮廓。在绘制其一侧轮廓时，首先利用【圆】工具绘制两个定位圆，然后利用【圆】和相切约束，并结合尺寸标注绘制柄身的凹形弧。接着利用【圆角】工具绘制柄身凸形弧，并删除多余线段。最后利用【矩形】工具绘制柄端轮廓。

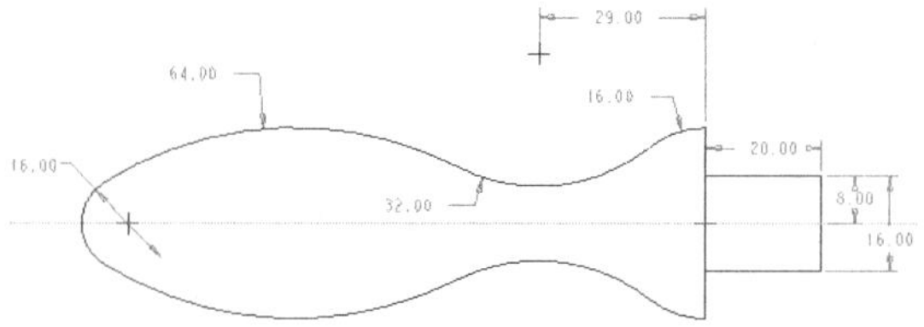

图 2-77 手柄草图效果

**操作步骤**

① 新建一名为"handle.sec"的草图文件，进入草绘环境。然后单击【中心线】按钮，绘制两条正交的中心线，效果如图 2-78 所示。

② 单击【中心线】按钮，绘制两条竖直的中心线。然后单击【圆】按钮，分别以中心线的交点为圆心，绘制两个直径分别为 16 和 32 的圆，效果如图 2-79 所示。

图 2-78 绘制中心线

③ 单击【圆】按钮，在任意位置绘制直径为 64 的圆。然后单击【创建定义尺寸】按钮，标注该圆圆心与竖直中心线的距离为 29。接着单击【相切约束】按钮，约束该圆与 32 的圆相切，效果如图 2-80 所示。

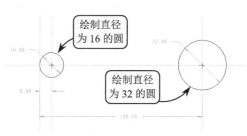

④ 单击【圆角】按钮，为直径为 64 的圆和直径为 16 的圆间添加半径为 64 的倒圆角。然后单击【删除段】按钮，删除多余图元，效果如图 2-81 所示。

图 2-79 绘制圆

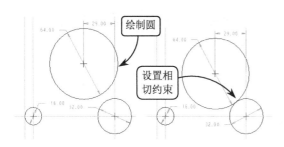

图 2-80 绘制圆并添加相切约束

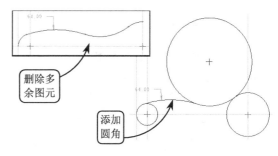

图 2-81 添加圆角并修剪

⑤ 单击【矩形】按钮囗，绘制如图 2-82 所示的一矩形，并利用【创建定义尺寸】修改矩形长为 20，宽为 8。然后利用【删除段】工具将该矩形底边和左边删除。

⑥ 单击【直线】按钮，过两个交点绘制一竖直线段。然后框选所有图形，并单击【镜像】按钮，指定水平中心线为镜像中心线，将图形镜像，效果如图 2-83 所示。

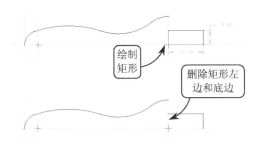

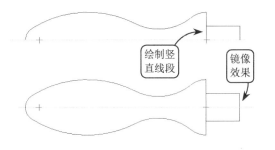

图 2-82　绘制矩形并删除多余线段　　　　图 2-83　绘制直线并镜像图形

## 2.8　典型案例 2-2：绘制轴支架草图

本例绘制一轴支架草图，效果如图 2-84 所示。该支架是轴的支撑架，包括主体、连接体和底座 3 部分，可支撑轴的旋转运动。底座固定在地面上，以减少在旋转过程中产生的震动，进而减少机器震动带来的不必要磨损，延长机器的使用寿命。

绘制该轴支架草图，由于其呈对称结构，因此可以绘制一侧轮廓，镜像创建另一侧。在绘制其一侧轮廓时，首先利用【圆】工具绘制各个圆轮廓线，并利用【倒圆角】工具添加相应的圆角。然后利用【直线】和【圆】工具绘制该零件的底座轮廓线，并利用【圆】和【相切约束】工具绘制出主体和底座间的连接体即可。

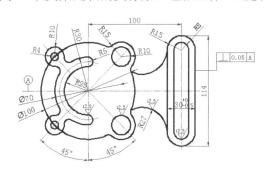

图 2-84　轴支架草图效果

**操作步骤**

① 单击【中心线】按钮，绘制两条正交的中心线。继续利用【中心线】工具绘制另一条竖直中心线，并添加距离约束，效果如图 2-85 所示。

② 单击【圆】按钮〇，以中心线的交点为圆心，绘制直径分别为 50、70 和 100 的圆，效果如图 2-86 所示。

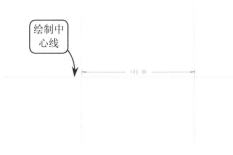

图 2-85　绘制中心线

③ 单击【中心线】按钮，绘制两条斜线，约束其与水平中心线的角度均为 45°，效果如图 2-87 所示。

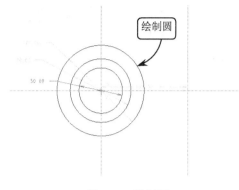
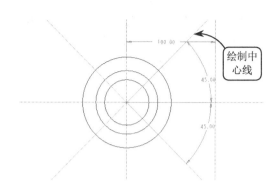

图 2-86 绘制圆　　　　　图 2-87 绘制斜中心线并添加约束

④ 单击【圆】按钮○，以斜线与圆的交点为圆心，分别绘制半径为 4、10、10 和 15 的圆，效果如图 2-88 所示。

⑤ 单击【3 点圆】按钮○，绘制与直径为 50 和直径为 70 的两圆均相切的圆，其圆心在中心线上。然后单击【倒圆角】按钮，在直径为 20 与 70 的两圆间添加半径均为 5 的倒圆角，效果如图 2-89 所示。

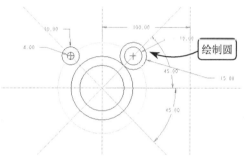

⑥ 单击【倒圆角】按钮，在直径为 30 与 100 的两圆间添加半径为 5 的倒圆角。然后单击【删除段】按钮，删除图形的多余线段，效果如图 2-90 所示。

图 2-88 绘制圆

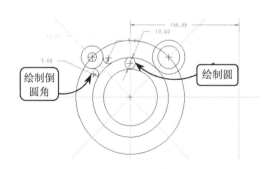
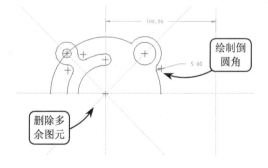

图 2-89 添加倒圆角　　　　　图 2-90 添加圆角并删除多余线段

⑦ 单击【直线】按钮，绘制与竖直中心线平行的 4 条直线，并约束其距离分别为 8 和 15，效果如图 2-91 所示。

⑧ 单击【直线】按钮，绘制一条与中心线垂直的直线，并约束其距离为 42。然后单击【圆】按钮○，以该直线与中心线的交点为圆心，绘制半径分别为 8 和 15 的两个圆，效果如图 2-92 所示。

⑨ 单击【删除段】按钮，删除图形的多余

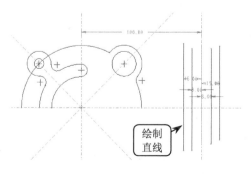

图 2-91 绘制直线

线段。然后单击【圆】按钮○，绘制半径为 27 的圆，其中圆心位于水平直线上。接着通过相切约束，使该圆与竖直线段相切，效果如图 2-93 所示。

⑩ 单击【删除段】按钮，删除多余线段，然后框选所有图形，单击【镜像】按钮，以水平中心线为镜像中心线，镜像获得另一半图形，效果如图 2-94 所示。

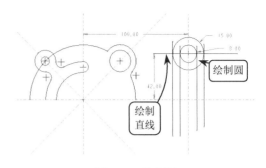

图 2-92 绘制圆

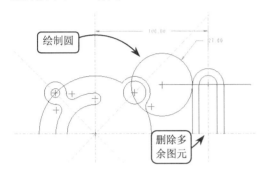

图 2-93 删除线段并绘制圆

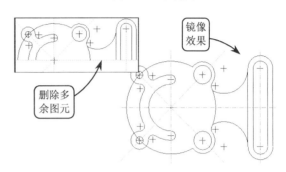

图 2-94 删除线段并镜像图形

## 2.9 上机练习

### 1. 绘制仪表指示盘草图

本练习绘制仪表指示盘草图，效果如图 2-95 所示。仪表指示盘是用于安装仪表及其有关装置（如外照明或附接控制台）的刚性平板或结构件。该零件主要由构成表盘外部轮廓的圆弧曲线、中部用于安装显示器的矩形通孔以及用于固定该表盘的螺钉孔组成。

由于该图形为对称图形，因此可以先绘制出图形的 1/4 轮廓，并通过镜像复制出其余轮廓线。然后利用【圆】工具绘制出各螺孔轮廓线，并利用【直线】和【圆弧】工具，绘制出中部其中一个矩形孔。接着通过镜像复制绘制另一个矩形孔，即可完成该仪表盘草图的绘制。

### 2. 绘制连杆草图

本练习绘制连杆的截面草图，效果如图 2-96 所示。连杆零件是连杆机构中的基本零件。连杆机构是机械运动中的一种常见机构，通过该机构可以实现运动方式的传递。例如将平移转化为转动、将摆动转化为转动、将转动转化为平移、将转动转化为摆动等。此外通过计算各个连杆的长度，还可以实现比较精确的运动传递。

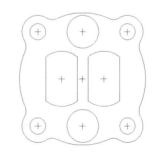

图 2-95 仪表指示盘平面图

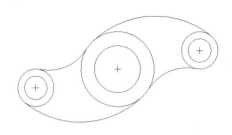

图 2-96　连杆草图

绘制该连杆草图，首先利用【圆】和【同心圆】工具绘制连杆中间的两个圆，这两个圆即为主轴截面。然后利用【复制】和【粘贴】工具将主轴截面按一定的缩放比例，复制至指定位置，即可完成一侧的从动轴绘制。接着利用【倒圆角】工具在两轴间添加倒圆角。最后按照同样的方法绘制另一侧的从动轴即可。

# 第3章

# 零件建模的辅助特征

辅助特征即零件建模过程中的基准特征和注释特征。其中基准特征包括基准点、基准曲线、基准轴、基准平面和基准坐标系5种类型。该类特征可以作为建模过程中所依附的草绘平面、定位或放置参照。而通过创建模型的注释特征可反映模型的加工或尺寸信息。

本章主要介绍各种辅助特征如基准点、基准轴、基准曲线和基准平面等基准特征的创建方法,并介绍注释、符号和几何公差等注释特征的使用技巧。其中基准点、基准轴和基准平面是本章学习的重点。

**本章学习目的:**
➢ 了解基准特征的概念及功能
➢ 掌握基准点、基准轴等基准特征的创建方法
➢ 掌握注释特征的创建方法

## 3.1 基准特征

基准特征是进行建模的重要参考。不管是绘制草图或实体建模,都需要一个或多个基准来确定其在空间的具体位置。因此基准特征在设计时主要起辅助作用,而在打印图纸时基准特征并不显示。

### 3.1.1 基准点

基准点既可以构造基准曲线和基准轴等基准特征,也可以作为创建倒圆角时的控制点。此外还可以作为创建拉伸、旋转等基础特征的终止参照平面,或作为创建孔特征、筋特征的偏移或放置参照对象来使用。

### 1. 一般基准点

一般基准点是在图元的交点或偏移某图元所创建的基准点。创建一般基准点首先需要定义基准点的放置参照（包括曲面、曲线、边或基准平面等），以指定基准点的位置。然后选择偏移参照，设置定位尺寸确定点的位置。

单击【基准点】按钮，打开【基准点】对话框。此时该对话框处于半激活状态，当在绘图区选取一个参照对象后，可以将其全部激活。图 3-1 所示为选取实体边线，此时基准点以白色方框显示，可通过设置该点在边线上的比例值来确定点的具体位置。

在【基准点】对话框中，可通过【偏移参照】选项组中的两种方式设置偏移参照。

❑ 【曲线末端】方式

该方式是以所选曲线或实体边的端点作为偏移参照，通过设置基准点与该偏移参照的距离来创建基准点。此时设置偏移距离有以下两种方式。

> ➢ 比率　表示基准点到曲线起始点的实际长度为整条曲线长度的倍数。一般规定选取曲线或实体边的长度比为 1，基准点的位置取值可以是 0 到 1 之间的任意数。一旦设定了相应数值，即可在相应位置创建基准点。

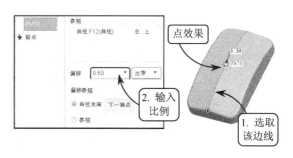

图 3-1　在边线上创建基准点

> ➢ 实数　该数值为创建的基准点到曲线或实体边线上起始点的实际长度。例如当比率为 0.5 时，切换到基准点到实际曲线或实体边上的长度值，如图 3-2 所示。

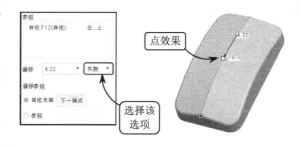

图 3-2　通过【实数】方式设置偏移距离

❑ 【参照】方式

该方式是以选取的平面作为尺寸标注参照。其中所选平面必须与所选曲线或实体边线相交，所设置的偏移距离为基准点到该参照平面的垂直距离，效果如图 3-3 所示。

此外对于圆或椭圆这类特殊的封闭曲线，既可以在圆弧或椭圆弧上创建基准点，也可以在圆弧中心创建基准点，效果如图 3-4 所示。

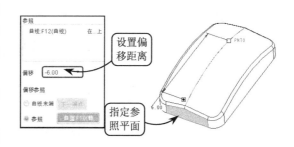

图 3-3　通过【参照】方式创建基准点

### 2. 偏移坐标系基准点

该方式是利用坐标系，通过输入坐标偏移值来创建基准点。其中参照坐标系包括笛卡尔、柱坐标和球坐标 3 种类型。如果连续设置多个坐标系的轴向坐标值，可以建立多个基准点，即基准点矩阵。

在【基准点】级联菜单中单击【偏移坐标系基准点】按钮，打开【偏移坐标系基准点】对话框，效果如图 3-5 所示。该对话框中主要选项的含义介绍如下。

- 【参照】选项　激活该收集器，可以指定基准点所参照的坐标系。
- 【类型】选项　设置输入坐标系的类型，包括笛卡尔、柱坐标和球坐标 3 种类型。
- 【使用非参数矩阵】复选框　启用该复选框，系统将移除尺寸，并将点数据转换为不可修改的非参数化形式。

选取用于参照的坐标系，并在对话框中指定坐标系类型。然后单击数值区域中的单元格，并设置相对于参照坐标系的坐标值，即可创建偏移坐标系基准点，效果如图 3-6 所示。

### 3．域基准点

域基准点是在曲线、实体边或曲面上的任意位置创建基准点，主要用于标识一个几何域的域点，是行为建模中用于分析的点。该操作方式简单方便，但具有不确定性，往往需要通过辅助特征才能准确定义基准点位置。

在【基准点】级联菜单中单击【域基准点】按钮，打开【域基准点】对话框。此时在绘图区直接选取参照（点的放置位置），即可创建域基准点，效果如图 3-7 所示。

> **注 意**
>
> 创建的域基准点不是以 PNT 作为标识，而是使用 FPNT 作为名称。【域基准点】工具在一般的模型设计工作中使用频率不高。

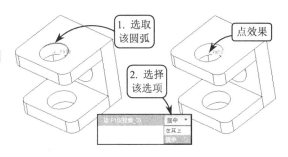

图 3-4　在圆弧中心创建基准点

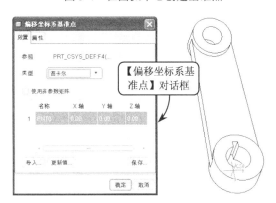

图 3-5　【偏移坐标系基准点】对话框

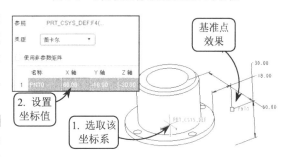

图 3-6　创建偏移坐标系基准点

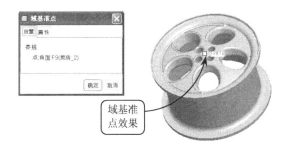

图 3-7　创建域基准点

## 3.1.2　基准轴

基准轴既可以作为盘类零件的中心轴线，还可以作为特征创建的定位参照，也可以用于特征环形阵列时的中心参照，此外还可以直接作为几何放置参照使用。

**1．通过两点**

该方式是使用过两个点确定一条直线的原理来创建基准轴。其中通过的两点可以是模型空间中任意两点，包括已存的端点、中点、圆心点、交点和创建的基准点等。

单击【基准轴】按钮，打开【基准轴】对话框。然后按住 Ctrl 键依次选取两个点，即可创建过这两个点的基准轴，效果如图 3-8 所示。

由于两点可确定一条直线，因此在创建基准轴时，可以直接选取模型中的实体边或空间任意一条直线创建基准轴，效果如图 3-9 所示。

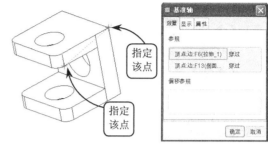

图 3-8  通过两点创建基准轴

**2．通过平面上一点且垂直于平面**

由于通过平面上一点有且只有一条直线与已知平面垂直，因此可通过该方法创建基准轴。其中过平面上的点可以是实体边线上的顶点、交点或在该平面上创建的其他基准点等。

选取一平面，并拖动两个绿色手柄分别指定偏移参照。然后输入各自的偏移距离，即可确定点的位置。接着单击【确定】按钮，即可创建垂直于平面的基准轴，效果如图 3-10 所示。

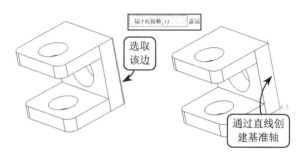

图 3-9  通过直线创建基准轴

**3．通过曲线上一点并与曲线相切**

在一平面中过曲线上一点并与该曲线相切，有且只有一条直线可以满足条件。因此可通过该方法创建基准轴。其中相切曲线可以是圆、圆弧、椭圆或样条曲线等。

按住 Ctrl 键依次选取曲线和曲线上一点，并单击【确定】按钮，即可创建过该点且与该曲线相切的基准轴，效果如图 3-11 所示。

**4．通过圆柱面的轴线**

对于圆柱体、圆台、孔和其他旋转特征，系统将自动创建其基准轴。而对于倒

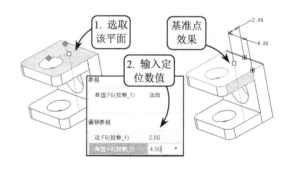

图 3-10  创建垂直于平面的基准轴

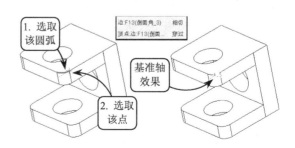

图 3-11  相切于曲线的基准轴

圆角和圆弧过渡曲面等特征,可以创建与圆弧曲面部分同轴的基准轴。

选取圆柱形曲面,并设置约束方式为【穿过】,单击【确定】按钮,创建与该曲面同轴线的基准轴,效果如图 3-12 所示。

### 3.1.3 基准曲线

曲线是创建曲面的基本元素,如何快速有效地创建曲线,是创建曲面的关键。基准曲线是创建基准曲面的基础,可作为扫描或扫描混合特征等的辅助线或参考线。

创建基准曲线可以在草绘环境中直接绘制,也可以由指定的基准点或剖截面来创建。下面介绍 6 种创建基准曲线的方法。

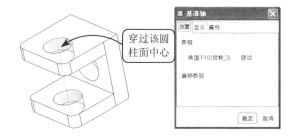

图 3-12　创建与圆柱形曲面同轴的基准轴

**1. 草绘基准曲线**

草绘基准曲线是利用【草绘】工具绘制所需曲线。这是一种十分灵活的创建曲线的方法,可以获得在二维草绘模块中所能绘制的所有曲线。

单击【草绘】按钮,进入草绘环境后即可利用各种草绘工具绘制基准曲线,单击【完成】按钮✓,即可完成基准曲线创建,效果如图 3-13 所示。

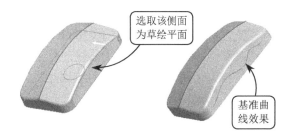

图 3-13　草绘基准曲线

**2. 曲面相交创建基准曲线**

该方式是利用两个曲面相交处的交线来创建基准曲线。其中两个相交的曲面可以是实体曲面,也可以是曲面特征或基准平面。

将过滤器设置为【面组】。然后按住 Ctrl 键选取两相交曲面,并选择【编辑】|【相交】选项,即可创建相交基准曲线,效果如图 3-14 所示。

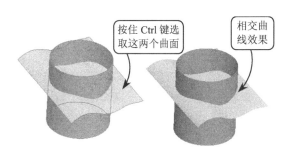

图 3-14　曲面相交创建基准曲线

**3. 经过点创建基准曲线**

经过点创建基准曲线需要事先创建出一系列点,包括起始点、终止点,以及中间节点等。然后再按照指定的方式经过选择的点创建基准曲线。

单击【基准曲线】按钮,打开【曲线选项】菜单。然后选择【通过点】|【完成】选项,将打开【连结类型】菜单和【曲线:通过点】对话框,效果如图 3-15 所示。在【连结类型】菜单中各选项的含义介绍如下。

- **样条** 由各点连接成一条平滑曲线。
- **单一半径** 点和点之间为直线线段连接。在线段与线段的交接处采用指定半径的圆角过渡。
- **多重半径** 使用直线连接各点，各点转折处以不同半径的圆角过渡。采用该方式的基准点之间有一定要求，否则该选项无法激活。
- **单个点** 在绘图区逐一选取所需的点。
- **整个阵列** 在绘图区逐一选取曲线所经过的点。但若点是通过偏移坐标系方式创建，一次读入所有点时，则可利用整个阵列一次选取所有文件读入的数据。

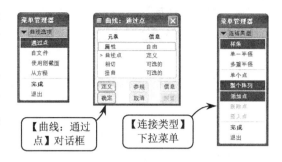

图 3-15　打开【曲线：通过点】对话框

如果选择【单个点】|【添加点】选项，并选取若干个顶点或者基准点来绘制样条曲线。然后选择【完成】选项，并在【曲线：通过点】对话框中单击【确定】按钮，即可创建通过点的基准曲线，效果如图 3-16 所示。

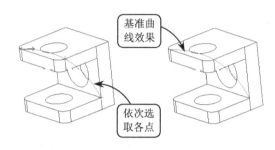

图 3-16　经过点的基准曲线

#### 4．自文件创建基准曲线

该方式是使用外部文件提供的点参照创建基准曲线。其中可输入的文件来自 IBI、IGES、SET 和 VDA 文件。

在【曲线选项】菜单中选择【自文件】|【完成】选项，并在打开的【得到坐标系】菜单中选择【选取】选项，选择默认的坐标系。然后在【打开】对话框中，选择需要打开的文件，效果如图 3-17 所示。

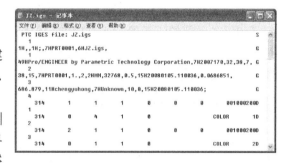

图 3-17　打开基准曲线数据文件

读取文件后，关闭打开的读取文件【信息窗口】对话框，则系统根据导入的文件自动创建基准曲线，效果如图 3-18 所示。

#### 5．从方程创建基准曲线

该方式是根据输入的参数方程创建基准曲线，常用于创建螺旋线、渐开线和心形线等非圆曲线。在工程设计中经常用于齿轮渐开线齿形的设计等。

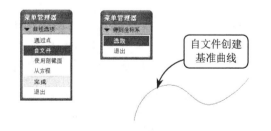

图 3-18　自文件创建基准曲线

首先选择参照坐标系，并选择坐标值输入的类型，包括笛卡尔、柱坐标和球坐标 3 种。然后在打开的记事本编辑窗口中输入确定曲线的方程。图 3-19 所示为创建螺旋曲线时所输入的曲线方程。

接下来选择【文件】|【保存】选项，保存所输入的曲线方程。然后关闭记事本，并在【曲线：从方程】对话框中单击【确定】按钮，即可创建基准曲线，效果如图3-20所示。

#### 6．使用剖截面创建基准曲线

该方式是通过一个平面与实体相截，从而创建相交边界线，以此边界线作为基准曲线。使用该方式创建基准曲线的关键是创建剖截面。

选择【视图】|【视图管理器】选项，在打开的对话框中切换至【X截面】选项卡。然后单击【新建】按钮并按住中键，在打开的【剖截面创建】菜单中选择【平面】|【单一】|【完成】选项。接着指定如图3-21所示的FRONT平面，即可创建剖截面。

单击【基准曲线】按钮～，在打开的【曲线选项】菜单中选择【使用剖截面】|【完成】选项。然后在打开的【截面名称】菜单中选择刚创建的剖截面，并单击【确定】按钮，即可创建基准曲线，效果如图3-22所示。

> **提 示**
>
> 创建的剖截面也许会不显示，可在【视图管理器】中选择创建的剖截面并单击右键，在打开的快捷菜单中选择【可见性】选项即可显示。

### 3.1.4 基准坐标系

坐标系由1个原点和3个坐标轴构成，它是创建特征的基础，也是零件设计或组装的基准。包括笛卡尔、柱坐标和球坐标3种类型。

#### 1．通过3个平面

该方式是指通过指定3个平面的交点确定坐标系的原点。其中第一平面法向为 $X$ 轴方向，第二个平面法向为 $Y$ 轴方向，第三个平面将坐标系定位。

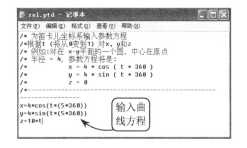

图3-19 输入曲线方程

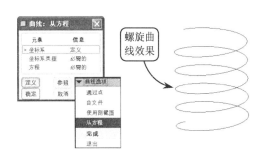

图3-20 通过方程创建基准曲线

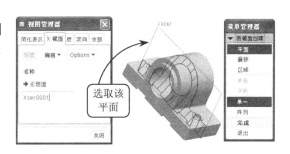

图3-21 创建剖截面

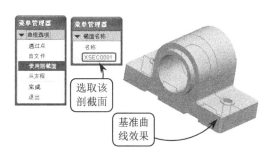

图3-22 使用剖截面创建基准曲线

单击【基准坐标系】按钮，打开【坐标系】对话框。然后按住 Ctrl 键依次选取相交的 3 个平面，在三面交汇点将自动创建原点。其中 $X$ 轴垂直于所选第一个面、$Y$ 轴垂直于所选第二个面、$Z$ 轴垂直于 $X$ 轴和 $Y$ 轴所在平面，效果如图 3-23 所示。

如果创建的坐标系不符合要求，可以通过对话框中的【方向】选项卡设置坐标系 $X$ 轴、$Y$ 轴方向。此时系统会根据右手原则确认坐标系的 $Z$ 轴方向。而单击【反向】按钮，则可将对应坐标轴的方向反向，效果如图 3-24 所示。

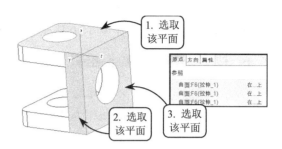

图 3-23　通过 3 个平面创建基准坐标系

**提　示**

即使 3 个平面不是两两相交，也可以通过 3 个平面来确定基准坐标。此时该坐标系的原点位于 3 个平面的延伸交汇处。

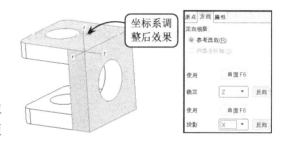

图 3-24　调整坐标系

### 2．通过两轴线

该方式是选取两个基准轴、直线型实体边或曲线创建基准坐标系。其中相交点或最短距离处将被确定为原点，原点落在所选第一条直线上。在指定任意两个轴向后，系统会根据右手定则确定第三个轴向。

按住 Ctrl 键选取两个基准轴或者实体边，系统将默认其相交点为原点。然后在【方向】选项卡中指定任意两个轴向，创建基准坐标系，效果如图 3-25 所示。

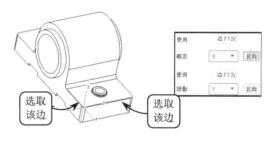

图 3-25　指定两轴线创建坐标系

### 3．偏移或旋转坐标系

该方式是以现有坐标系作为参照创建新坐标系。对现有坐标系的操作方式可以分为以下两种类型。

❑ **偏移创建坐标系**

选取原有坐标系，并在【坐标系】对话框的【偏移类型】下拉列表中选择一种偏移类型。然后分别设置在 $X$ 轴、$Y$ 轴、$Z$ 轴方向上的偏移距离即可，效果如图 3-26 所示。

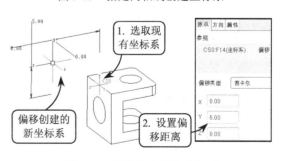

图 3-26　偏移方式创建坐标系

❑ **旋转创建坐标系**

如果用旋转方式创建坐标系，则需在打开的对话框中切换至【方向】选项卡。然后输入新坐标系相对于参照坐标系的旋转角度,即可重新定位坐标系的 X 轴、Y 轴方向,效果如图 3-27 所示。

### 3.1.5 基准平面

基准平面是一个作为后续特征的参考平面。它可以用作特征的尺寸标注参照、剖面草图的草绘平面、剖面草绘平面的定向参照面和视角方向的参考。此外,基准平面还可作为装配时零件相互配合的参照面、创建剖视图的参考面,以及镜像特征时的参考面等。

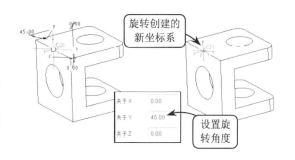

图 3-27 旋转方式创建坐标系

**1. 通过 3 个点创建基准平面**

该方式是在三维空间中选取任意 3 个点,系统将根据这 3 个点来创建基准平面。其中空间中的 3 个点可以是基准点、实体模型上的顶点或曲面、曲线上的边界点等。

单击【基准平面】按钮 □,将打开【基准平面】对话框。然后按住 Ctrl 键依次选取 3 个点,则选取的对象将显示在【参照】列表框中,各列表项右侧显示该对象与创建的基准平面的关系,效果如图 3-28 所示。

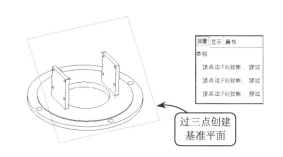

图 3-28 通过三点创建基准平面

> **注 意**
>
> 如果选取过多的点作为参照,将无法创建基准平面。例如假设选取 4 个点创建基准平面,系统将不会创建基准平面。即使这 4 个点真的可以确定一个平面,系统也不会创建基准平面。

**2. 通过一点和一直线创建基准平面**

该方式是指在三维空间中选取一点和一条直线来创建基准平面。由于一条直线有两个点,因此该方式还是通过三点创建基准平面。

按住 Ctrl 键依次选取一点和一直线,并在【参照】列表框中分别设置两约束条件皆为【穿过】,创建基准平面,效果如图 3-29 所示。

**3. 通过一直线与平面创建基准平面**

该方式是通过旋转一定角度、偏移一定距离或垂直于参照平面等方式来创建基准平面。其中

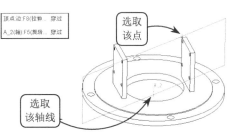

图 3-29 通过一点和一直线创建基准平面

选取的参照平面可以是基准平面、实体表面、任意形状的平面或圆弧曲面等。

按住 Ctrl 键依次选取一直线和参照平面，并设置与所选参照平面的约束方式为【偏移】。然后在【旋转】文本框中输入旋转角度，即可创建呈一定角度的基准平面，效果如图 3-30 所示。

此外，当设置约束方式为【平行】，则可创建过直线且与参照平面平行的基准平面；当设置约束方式为【法向】，则可创建过直线且与参照平面垂直的基准平面，效果如图 3-31 所示。

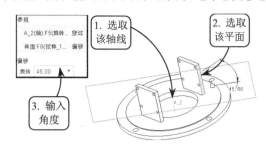

图 3-30　过直线且与参照面成一定角度

#### 4．通过一平面创建基准平面

该方式是通过选取的实体表面、基准平面或其他形状的任意平面为参照对象，通过偏移一定距离来创建基准平面。

选取偏移参照平面，并设置约束方式为【偏移】。然后在【平移】文本框中输入偏移距离，即可创建偏移平面，效果如图 3-32 所示。

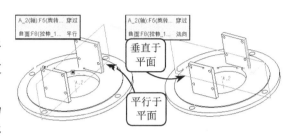

图 3-31　平行或垂直于参照面的基准平面

> 提　示
>
> 如果设置约束方式为穿过，则创建一与参照平面重合的基准平面；如果设置约束方式为平行或法向，还需一辅助点或直线作为参照。

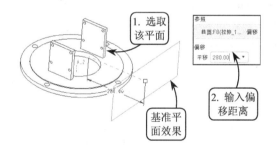

图 3-32　通过偏移平面创建基准平面

## 3.2　注释特征

注释特征是在三维模型中注释的文字、符号，以及关系式等信息内容，主要用于说明或反映模型加工的重要尺寸、精度、公差和公差配合等技术信息。

### 3.2.1　注释

注释是为了补充说明某一设计结构或表达特殊设计要求而加入的注释文本，如向模型中添加带引线或无导引线标志的注释信息，包括文字、几何图形等信息内容。

单击【插入注释特征】按钮，打开【添加注释】对话框和【注释特征】对话框。然后在【添加注释】对话框中单击【确定】按钮，便可在打开的【注解】对话框中设置注释文本名称和编辑注释信息，效果如图 3-33 所示。【注解】对话框中各主要选项的含义介绍如下。

1. 名称

在该文本框中可输入注释文本的名称。每一个注释文本对应一个不同的注释名称。

2. 文本

在该选项组中可编辑注释的文字信息。其中单击【插入】按钮，可以用来自文件或模型中已有的注释信息编辑文字注释；单击【样式】按钮，可修改注释文本的高度

图 3-33 【注解】对话框

和样式等；单击【符号】按钮，可在打开的【文本符号】对话框中指定图形符号，效果如图 3-34 所示。

3. 放置

在该选项组中单击【放置】按钮，便可在打开的【注解类型】菜单中指定文本的引线类型、输入方式、放置方向、对齐方式和文本样式等属性，效果如图 3-35 所示。该菜单中各主要选项的含义介绍如下。

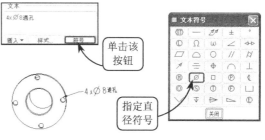

图 3-34 添加文本注释

- **无引线** 创建的注释不带有指引线，即引导线。
- **带引线** 创建带有方向指引的注释。
- **ISO 导引** 创建 ISO 样式的方向指引。
- **在项目上** 将注释连接在边或曲线等图元上。
- **偏移** 注释和选取的尺寸、公差和符号等间隔一定距离。
- **标准** 使用附属于图元的复合方向指引样式。
- **法向引线** 使用垂直于图元的单引线样式。
- **切向引线** 使用与图元相切的单引线样式。

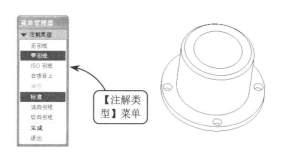

图 3-35 【注解类型】菜单

当设置好引线类型和指引方式后，选择【完成】选项，将打开【依附类型】菜单。在该菜单中选择【图元上】选项，指引线将依附到几何图形的顶点或曲线上；选择【在曲面上】选项，指引线将依附到所选曲面的任一点上，效果如图 3-36 所示。

此时在【注解】对话框中单击【确定】按钮，将激活【注释特征】对话框。其中在该对话框中单击【编辑方向】按钮，可定义新注释的活动方向；单击【添加】按钮，可添加新注释元素；单击【编辑】按钮，可编辑所选注释文字的属性；单击【参数】按钮，可编辑所选注释文字的参数；单击【移除】按钮，可移除所选注释文字，效果如图 3-37 所示。

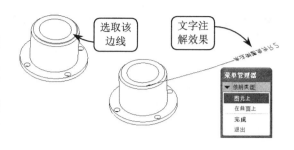

图 3-36　在图元上放置注释信息

### 3.2.2　符号

符号是通过选取或自定义方式向模型中添加的几何符号信息，包括表面粗糙度、电器符号和标牌等标志符号。

在【添加注释】对话框中选择【符号】单选按钮，并单击【确定】按钮，将打开【3D 符号】菜单，效果如图 3-38 所示。该菜单中两个选项的含义介绍如下。

- **定制**　选择该选项，在打开的对话框中可指定已创建的符号。
- **从调色板**　选择该选项，将打开【符号实例调色板】对话框。然后选取一个符号，并将光标移动到模型的相应位置放置即可，效果如图 3-39 所示。

图 3-37　编辑注释文字

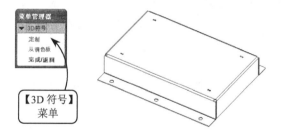

图 3-38　【3D 符号】菜单

### 3.2.3　几何公差

几何公差是用来指定在设计过程中产品零件的尺寸和形状与精确值之间允许的最大偏差。几何公差不会对模型几何的再生产生任何影响，主要包括形位公差、基准符号、公差值以及其附加文本等内容。

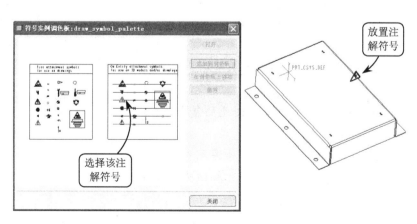

图 3-39　从调色板中添加注释符号

选择【插入】|【注释】|【几何公差】选项，在打开的【几何公差】菜单中选择【设置基准】选项，并选取如图 3-40 所示的 FRONT 平面。然后在打开的【基准】对话框中输入基准符号的名称，并指定基准符号的样式，单击【确定】按钮，即可创建基准。

在【几何公差】菜单中选择【指定公差】选项，在打开的【几何公差】对话框中指定几何公差类型。然后切换至【基准参照】选项卡指定基本参照，并切换至【公差值】选项卡，输入公差数值，效果如图 3-41 所示。

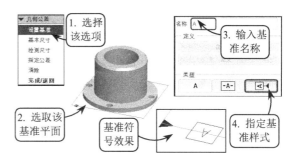

图 3-40　创建基准符号

切换至【模型参照】选项卡，在【参照类型】下拉列表中选择【轴】选项，指定如图 3-42 所示轴线为参照轴线。然后在【放置类型】下拉列表中选择【带引线】选项，选取模型的竖直曲面为放置参照，并选择【依附类型】菜单中的【完成】选项，在合适位置单击中键确定几何公差的放置位置即可。

图 3-41　指定几何公差类型

> **提　示**
> 在【几何公差】菜单中选择【清除】选项，并选取所创建的基准符号和几何公差，即可将其清除。

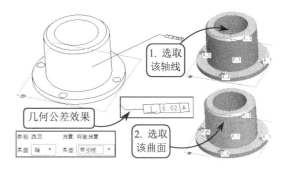

图 3-42　创建几何公差

## 3.3　典型案例 3-1：创建端盖模型

本例创建一端盖模型，效果如图 3-43 所示。该模型为发动机端盖。其中下方为固定座，上有 4 个固定孔。固定座上方为 4 个支脚支撑的圆形盘，其上均布有一圈散热棱条，中间为圆锥形的安装轴孔，用于与轴装配固定。

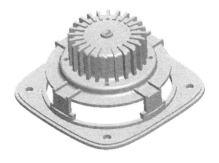

图 3-43　端盖效果

创建该端盖模型，首先拉伸创建底座，并为底座四周添加圆锥形圆角。然后通过旋转和旋转剪切创建底座之上的圆盘，并拉伸创建两者之间的一个支脚。接着利用【孔】工具创建固定孔，并将支脚和孔一并阵列。最后通过拉伸和阵列创建散热棱条，并通过拉伸和拉伸剪切创建中间的轴孔。

### 操作步骤

① 新建一名为"end_cover.prt"的零件文件，利用【拉伸】工具指定 FRONT 平面为草绘平面绘制草图截面，并设置拉伸深度为 3，创建拉伸实体特征。然后利用【倒圆角】工具按住 Ctrl 键选取该实体的 4 条棱边，添加圆锥形的倒圆角，效果如图 3-44 所示。

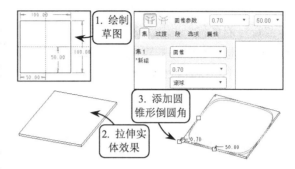

图 3-44 创建拉伸实体并添加倒圆角

② 利用【拉伸】工具指定实体顶面为草绘平面，进入草绘环境后，利用【使用边】和【偏移边】工具绘制草图截面。然后单击【去除材料】按钮，并设置拉伸深度为 1，创建拉伸剪切实体特征，效果如图 3-45 所示。

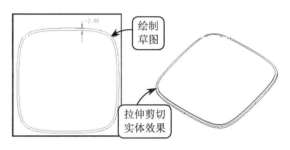

图 3-45 创建拉伸剪切实体特征

③ 利用【旋转】工具指定 RIGHT 平面为草绘平面，绘制草图截面。然后设置旋转角度为 360°，创建旋转实体特征，效果如图 3-46 所示。

④ 利用【旋转】工具指定 RIGHT 平面为草绘平面，绘制草图截面。然后设置旋转角度为 360°，并单击【去除材料】按钮，创建旋转剪切实体特征，效果如图 3-47 所示。

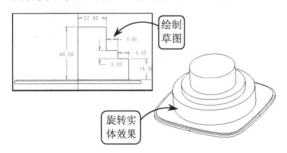

图 3-46 创建旋转实体特征

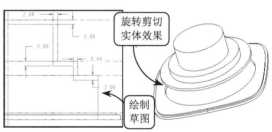

图 3-47 创建旋转剪切实体特征

⑤ 利用【拉伸】工具指定如图 3-48 所示实体顶面为草绘平面，利用【使用边】工具绘制圆截面。然后设置拉伸深度为 2，并单击【加厚】按钮，输入厚度为 3。接着单击【更改加厚方向】按钮，调整加厚方向，创建拉伸实体特征。

⑥ 利用【倒圆角】工具按住 Ctrl 键选取如图 3-49 所示的 4 条边，添加半径为 2

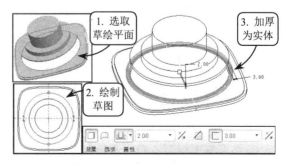

图 3-48 创建拉伸实体特征

的倒圆角。

⑦ 利用【拉伸】工具选取如图 3-50 所示端面为草绘平面，绘制草图截面，并设置拉伸深度为 4，创建拉伸实体特征。

⑧ 利用【拉伸】工具选取上步创建的实体端面为草绘平面，绘制草图截面。然后设置拉伸深度为 2，并单击【去除材料】按钮 ⬚，创建拉伸剪切实体特征，效果如图 3-51 所示。

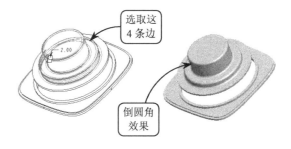

图 3-49 创建倒圆角特征

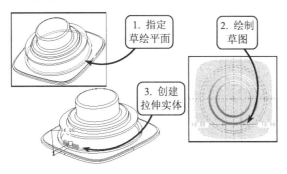

图 3-50 创建拉伸实体特征

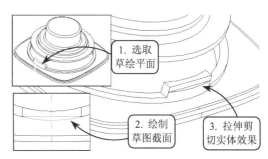

图 3-51 创建拉伸剪切实体特征

⑨ 利用【拉伸】工具选取如图 3-52 所示实体端面为草绘平面，绘制草图截面。然后设置拉伸深度为【拉伸至指定平面】，并选取实体底面为拉伸终止面，创建拉伸实体特征。

⑩ 利用【拉伸】工具选取如图 3-53 所示实体端面为草绘平面，绘制两个矩形。然后设置拉伸深度为 2，创建拉伸实体特征。

⑪ 利用【孔】工具选取如图 3-54 所示实体端面为孔放置面，并指定 TOP 平面和 RIGHT 平面为偏移参照。然后设置偏移参照均为 36，孔直径为 5，孔深度为【穿透所有】，创建孔特征。

⑫ 利用【孔】工具选取如图 3-55 所示实体端面为孔放置面，并指定 TOP 平面和 RIGHT 平面为偏移参照。然后设置偏移参照均为 19，孔直径为 3，孔深度为【穿透所有】，创建孔特征。

⑬ 将以上 6 步创建的特征创建为组。然后选取该组特征，并单击【阵列】按钮 ⬚。然后设置阵列方式为轴阵列，并选取如图 3-56 所示轴线为阵列中心轴。接着设置阵列数目为 4，阵列角度为 90°，创建阵列特征。

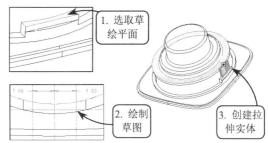

图 3-52 创建拉伸实体特征

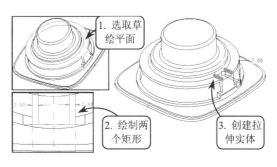

图 3-53 创建拉伸实体特征

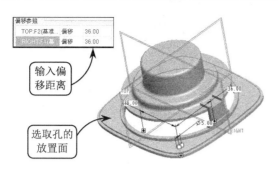

图 3-54　创建孔特征　　　　　　　　图 3-55　创建孔特征

⑭ 利用【拉伸】工具选取 RIGHT 平面为草绘平面，绘制草图截面。然后设置拉伸深度为对称拉伸 2，创建拉伸实体特征，效果如图 3-57 所示。

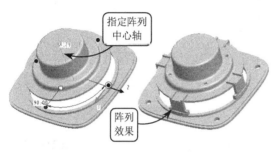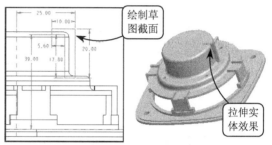

图 3-56　创建阵列特征　　　　　　　图 3-57　创建拉伸实体特征

⑮ 利用【倒圆角】工具选取如图 3-58 所示边线为倒圆角对象，并设置倒圆角半径为 1.5，创建倒圆角特征。

⑯ 将以上两步创建的特征创建为组。然后选取该组特征，并单击【阵列】按钮。接着设置阵列方式为轴阵列，并选取如图 3-59 所示轴线为阵列中心轴。最后设置阵列数目为 20，阵列角度为 18°，创建阵列特征。

⑰ 利用【拉伸】工具选取如图 3-60 所示平面为草绘平面，绘制一直径为 8 的圆。然后设置拉伸深度为 2，创建拉伸实体特征。

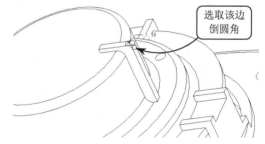

图 3-58　创建倒圆角特征

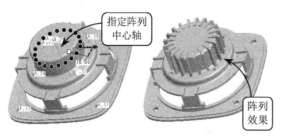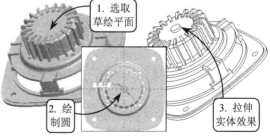

图 3-59　创建阵列特征　　　　　　　图 3-60　创建拉伸实体特征

⑱ 利用【旋转】工具选取 RIGHT 平面为草绘平面，绘制草图截面。然后设置旋转角度为 360°，并单击【去除材料】按钮✓，创建旋转剪切实体特征，效果如图 3-61 所示。

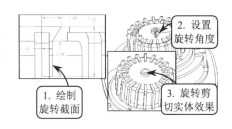

图 3-61　创建旋转剪切实体特征

## 3.4　典型案例 3-2：创建支架模型

本例创建一支架模型，效果如图 3-62 所示。该支架为一支撑固定装置，主要结构包括 4 个椭圆形支脚、底板、底板上的两个圆锥形凸台，以及凸台之间的加强肋板和加强筋。其上的 4 个支脚能够让要加固的零件穿过，凸台上的纵向孔可以与轴相配合，而横向孔能够配合销轴固定零件。两凸台间的加强肋板和加强筋更加固了模型的稳定性。

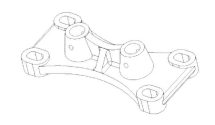

图 3-62　支架实体模型

创建该支架模型，可首先利用【拉伸】工具和【镜像】工具创建其 4 个支脚。然后利用【拉伸】工具创建底板，并通过平行混合创建其一侧的圆锥形凸台，利用【孔】工具添加凸台上的两个孔。接着将该凸台镜像，并利用【筋特征】工具在两凸台间创建加强肋板，以及肋板两侧的加强筋。最后在各特征的过渡边缘添加工艺性圆角即可。

### 操作步骤

① 新建一名为"foundation_set.prt"的文件，进入零件建模环境。然后单击【拉伸】按钮，选取 TOP 平面为草绘平面绘制草图，并设置拉伸深度为对称拉伸 16，创建拉伸实体特征，效果如图 3-63 所示。

② 利用【镜像】工具选取 FRONT 平面为镜像平面，将上步创建的拉伸实体镜像。继续利用【镜像】工具选取 RIGHT 平面为镜像平面，将两个拉伸实体镜像，效果如图 3-64 所示。

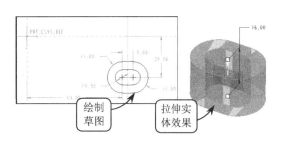

图 3-63　创建拉伸实体特征

③ 单击【拉伸】按钮，选取 TOP 平面为草绘平面绘制草图，并设置拉伸深度为对称拉伸 10，创建拉伸实体特征，效果如图 3-65 所示。

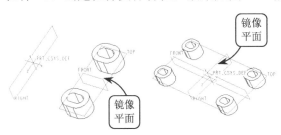

图 3-64　创建镜像特征

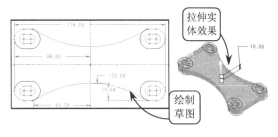

图 3-65　创建拉伸实体特征

④ 利用【倒圆角】工具选取上步创建的拉伸实体 4 条棱边为倒圆角对象，并设置倒圆角半径为 11，创建倒圆角特征，效果如图 3-66 所示。

⑤ 选择【插入】|【混合】|【伸出项】选项，在打开的菜单中选择【平行】|【规则截面】|【草绘截面】|【完成】选项。然后设置属性为【直】形式，并指定如图 3-67 所示实体顶面为草绘平面。

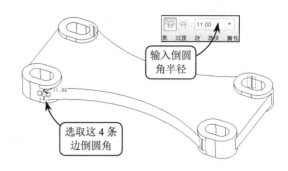

图 3-66　创建倒圆角特征

⑥ 进入草绘环境后，依次绘制两个截面。然后设置混合深度为盲孔形式，并输入截面 2 的深度为 25，创建混合实体特征，效果如图 3-68 所示。

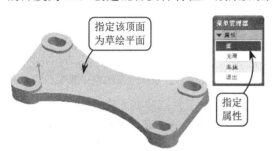

图 3-67　指定草绘平面

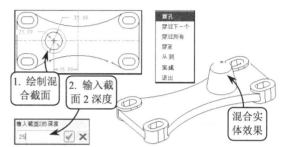

图 3-68　创建混合实体特征

⑦ 利用【孔】工具选取上步创建的混合实体顶面为孔的放置面，并指定 RIGHT 平面和 FRONT 平面为偏移参照，偏移距离分别为 35 和 0。然后设置孔的直径为 16.10，深度方式为【穿透所有】，创建孔特征，效果如图 3-69 所示。

⑧ 利用【孔】工具选取 FRONT 平面为孔放置面，并指定 RIGHT 平面和如图 3-70 所示混合实体顶面为偏移参照，偏移距离分别为 35 和 10。然后设置孔的直径为 5，并在【形状】下滑面板中设置侧 1 和侧 2 的深度方式均为【穿透所有】，创建孔特征。

⑨ 选取如图 3-71 所示的实体特征，并单击【镜像】按钮。然后指定 RIGHT 平面为镜像平面，创建镜像特征。

⑩ 单击【筋特征】按钮，在【参照】下滑面板中单击【定义】按钮，选取 FRONT 平面为草绘平面绘制一圆弧为筋截面。然后在【参照】下滑面板中单击【反向】按钮，并设置筋的厚度为对称加厚 8，创建筋特征，效果如图 3-72 所示。

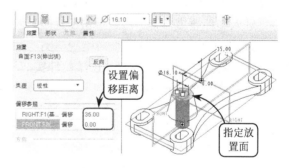

图 3-69　创建孔特征

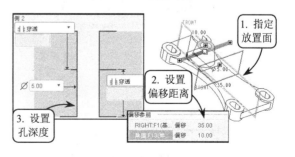

图 3-70　创建孔特征

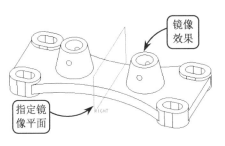
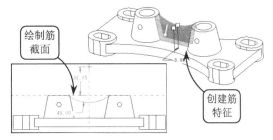

图 3-71　创建镜像特征　　　　　图 3-72　创建筋特征

⑪ 单击【筋特征】按钮，在【参照】下滑面板中单击【定义】按钮，选取 RIGHT 平面为草绘平面绘制一直线为筋截面，并设置筋的厚度为对称加厚 8，创建筋特征，效果如图 3-73 所示。

⑫ 选取上步创建的筋特征，并单击【镜像】按钮。然后指定 FRONT 平面为镜像平面，创建镜像特征，效果如图 3-74 所示。

⑬ 利用【倒圆角】工具选取筋两侧的 6 条边为倒圆角对象，并设置倒圆角半径为 3，创建倒圆角特征。继续利用【倒圆角】工具对筋另一侧的 6 条边，创建半径为 3 的倒圆角，效果如图 3-75 所示。

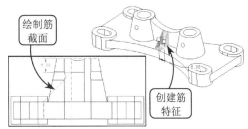

图 3-73　创建筋特征

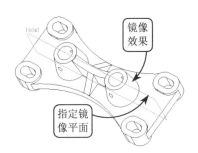
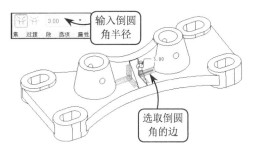

图 3-74　创建镜像特征　　　　　图 3-75　创建倒圆角特征

⑭ 利用【倒圆角】工具选取底板两侧的 4 条边为倒圆角对象，并设置倒圆角半径为 3，创建倒圆角特征，效果如图 3-76 所示。

## 3.5　上机练习

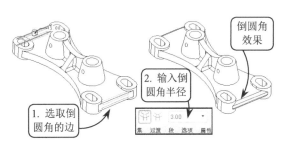

图 3-76　创建倒圆角特征

### 1．创建铲斗模型

本练习创建挖掘机的铲斗实体模型，效果如图 3-77 所示。根据工作方式可将铲斗分为正铲和反铲两种类型。该模型属于反铲铲斗，主要由斗齿、铲斗壳体和固定支耳 3 部分组成。

其中斗齿与铲斗壳体焊接成一体，除了用于收聚泥土或砂土等物体外，主要起减少挖掘阻力、保护铲斗的作用。而固定支耳一般由销轴和卡簧等零件将其固定在伸缩臂上，与伸缩臂一起使用。

创建该挖掘机铲斗模型，首先通过【拉伸】、【倒圆角】和【壳】工具创建铲斗壳体。然后利用【拉伸】工具创建出一个斗齿模型，并通过矩形阵列复制出其他斗齿。接着通过拉伸切除创建壳体侧壁的凹槽，镜像创建另一侧凹槽。最后创建一拉伸实体并剪切，创建固定支耳，即可完成模型创建。

### 2. 创建活塞模型

本练习创建一活塞模型，效果如图 3-78 所示。活塞的功用是承受气体压力，并通过活塞销传给连杆驱使曲轴旋转。该活塞为圆柱形，其主要结构分为头部、裙部和活塞销座 3 个部分。其中头部是指活塞顶端和环槽部分；活塞裙部是指活塞的下部分，它的作用是尽量保持活塞在往复运动中垂直的姿态，也就是活塞的导向部分；活塞销座是活塞通过活塞销与连杆连接的支承部分。

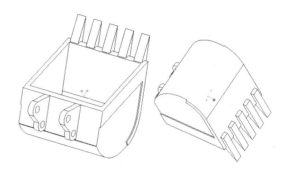

图 3-77　挖掘机铲斗模型

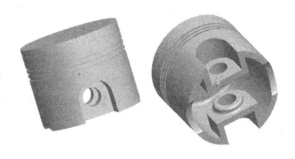

图 3-78　活塞模型

创建该活塞模型，可首先利用【旋转】工具创建活塞主体，并通过拉伸剪切创建活塞一侧的销座，镜像创建另一侧的销座。然后对活塞主体进行抽壳，并通过拉伸剪切去除两个销座中间的连杆部分。接着通过旋转剪切创建活塞头部的一个环形槽，并通过尺寸阵列创建其他环形槽。最后通过拉伸剪切创建活塞裙部造型。

# 第4章

# 零件建模的草绘特征

零件建模的草绘特征又称为基础特征。该类特征均是由二维截面经过拉伸、旋转、扫描或混合等创建的,即该类特征的截面均需要通过草绘绘制。在零件建模的过程中通常使用该类特征为模型的第一个特征,作为零件的初始坯料或载体,来添加或细化其他特征,从而创建出各种各样的零件造型。

本章主要介绍拉伸、旋转、扫描和混合等各种基础特征的概念,并结合具体零件案例来详细介绍各个基础特征的创建方法。

**本章学习目的:**
- 掌握创建拉伸特征的方法
- 掌握创建旋转特征的方法
- 掌握创建扫描特征的方法
- 掌握创建混合特征的方法
- 掌握创建筋特征的方法

## 4.1 基础知识

Pro/E 是一个以特征为主体的几何模型系统,对于数据的存取也是以特征作为最小的单位。每一个零件都是由一连串的特征所组成的,而每一个特征都会改变零件的几何外形。

### 4.1.1 特征基本概念

特征是组成实体模型的基本单元,是具有工程意义的空间几何元素,同时承载创建时序与其他特征关系等信息。模型的设计均是从创建特征开始的,它在构件模型实体的同时,还能够反映模型信息。

任何实体均是多个特征的累加集合。在 Pro/E 中创建特征是在3D环境中进行建模，不同于2D绘图。2D绘图是在一个平面上即可完成，而3D建模则是在空间中建模，建立的模型具有长度、宽度和高度3个尺寸。在3D建模中首先要选定工作空间的坐标系（一般可直接使用系统提供的默认坐标系）。然后指定草绘平面和参考平面，效果如图4-1所示。

在草绘平面中绘制模型的特征截面或扫描轨迹线，还需选定与草绘平面垂直的一个面作为参考平面，以确定草绘平面的放置位置。接着便可以设置特征的参数，如拉伸的距离或旋转的角度等，效果如图4-2所示。

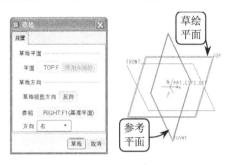

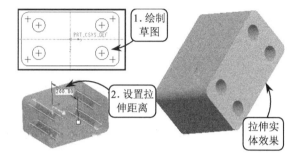

图4-1　指定草绘平面和参考平面　　　　图4-2　拉伸实体效果

## 4.1.2　认识特征工具

通过特征工具可以创建各式各样的特征，在Pro/E中同一类型的特征包含在相应的特征工具栏中，其中每一种特征工具可创建相应的特征。

首先在建模环境中认识相应的特征工具。单击【新建】按钮，在打开的对话框中选择【零件】|【实体】选项，输入零件名称，并单击【确定】按钮。然后在打开的对话框中指定模板为"mmns_part_solid"（公制模板），即可进入零件建模环境，效果如图4-3所示。

在该环境界面的右侧为创建所有特征的工具栏。由于基础特征是创建其他所有特征的基础，并且基准特征用于辅助创建其他特征，因此这两个工具栏处于激活状态，效果如图4-4所示。

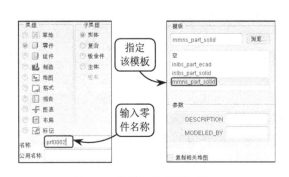

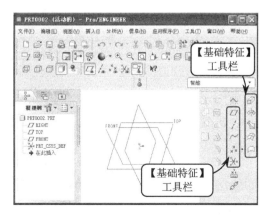

图4-3　进入零件建模环境　　　　　　　图4-4　特征工具栏

> **提示**
> 在菜单栏中选择【插入】选项,也可在其下拉菜单中选择相应选项来执行各特征操作。

## 4.2 拉伸特征

拉伸特征是最基本的基础特征,也是定义三维集合的一种基本方法。该特征是将二维截面延伸到垂直于草绘平面的指定距离处来形成实体。在建模过程中经常利用该工具创建比较规则的模型。

### 4.2.1 创建拉伸特征

拉伸特征是剖截面沿一定方向延伸所创建的特征。通过该操作既可以向模型中添加材料,也可以从模型中去除材料。其中添加或去除材料后的每一部分特征都是独立的个体,可以对其进行单独编辑或修改。

在【基础特征】工具栏中单击【拉伸】按钮,将打开【拉伸】操控面板,效果如图4-5所示。在该操控面板中既可以进入草绘环境绘制截面图形,还可以设置拉伸特征的类型、深度和方向,以及预览拉伸特征的效果。该操控面板包括实体和曲面两种类型。

**1. 创建拉伸实体**

当所绘拉伸截面为封闭的轮廓曲线时,将该截面沿垂直于草绘平面方向进行拉伸,即可创建拉伸实体特征。

在【拉伸】操控面板中单击【实体】按钮,指定要创建的特征类型。然后展开【放置】下滑面板,并在该下滑面板中单击【定义】按钮,即可进入草绘环境绘制截面草图,效果如图4-6所示。

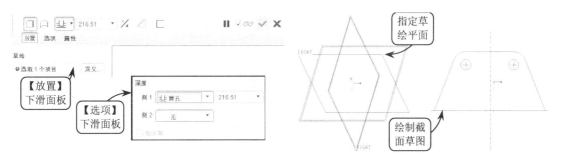

图 4-5 【拉伸】操控面板　　　　图 4-6 进入草绘环境绘制草图

绘制完草图后,退出草绘环境返回到【拉伸】操控面板。然后设置相应的深度值,并单击【应用】按钮,即可创建拉伸实体特征,效果如图4-7所示。

当绘制完拉伸截面后,通过设置拉伸深度,可以使模型尽可能实现参数化驱动。在开始创建拉伸特征时，【拉伸】操控面板包括以下 3 种拉伸深度方式。

❑ **盲孔**

该方式是系统默认的方式，也是最常用的一种设置深度方式。主要通过设定的深度值来限制拉伸的深度。

在操控面板中选择该深度方式，即可激活右侧的文本框。然后在该文本框中输入数值，即可将截面图形从草绘平面以指定的数值拉伸，效果如图 4-8 所示。

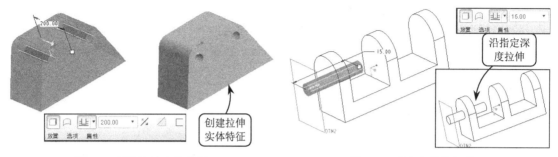

图 4-7　创建拉伸实体特征　　　　　　　　图 4-8　按指定数值拉伸

> **提　示**
>
> 如果选择【盲孔】方式，图形中出现的白色小方块称为操纵手柄。此时也可以拖动该操作手柄沿着垂直于截面的方向拉伸一定的深度值，从而改变拉伸深度。

❑ **对称**

该方式是通过设定的深度值，沿垂直于截面方向进行对称拉伸。其中每侧拉伸深度为设置值的一半。

在操控面板中选择该方式，并在激活的文本框中设置深度值，系统将在草绘平面两侧，以设定深度值的一半分别向各自方向上进行拉伸，效果如图 4-9 所示。

❑ **拉伸至**

该方式是通过选取的点、曲线或曲面为终止参照，从而限制拉伸的深度。一般沿着拉伸方向碰到的第一个表面即为拉伸终止参照面。

选择该方式，并在【选项】下滑面板中激活【第 1 侧】和【第 2 侧】文本框。然后分别选取第一参照面和第二参照面，即可在两参照面间创建拉伸实体，效果如图 4-10 所示。

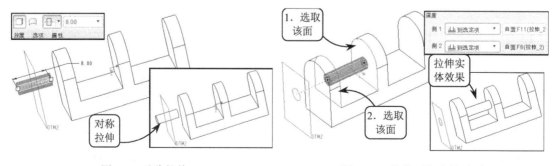

图 4-9　对称拉伸　　　　　　　　　图 4-10　拉伸至指定的平面

当创建完一拉伸特征之后，如果再次单击【拉伸】按钮，在打开的【拉伸】操控面板中,将包括6种拉伸深度设置方式,其中新增加的3种深度方式的含义介绍如下。

❑ 穿至

该方式是指将截面草图拉伸至与指定的曲面相交。其中选取的终止面可以是草绘平面或其他基准平面。但草图轮廓曲线在曲面上的投影必须位于曲面边界内部,效果如图4-11所示。

❑ 穿透

该方式是将草图截面拉伸,并穿过拉伸方向上的所有曲面。一般用于创建拉伸的剪切特征,效果如图4-12所示。

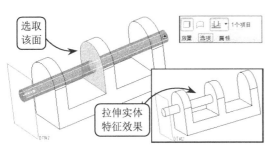

图4-11 使用【穿至】方式设定拉伸深度　　　图4-12 使用【穿透】方式设定拉伸深度

❑ 到下一个

该方式是将草图截面沿着拉伸方向拉伸,所碰到的第一个表面即为截止面。其中草图轮廓不能超出终止表面的边界,效果如图4-13所示。

**2.创建拉伸曲面**

创建拉伸曲面特征,其所绘的拉伸截面既可以是开放的单条直线、圆弧或多段线等,也可以是封闭的轮廓曲线。

在【拉伸】操控面板中单击【曲面】按钮,并绘制截面草图。然后设置相应的拉伸深度,即可创建拉伸曲面特征,效果如图4-14所示。

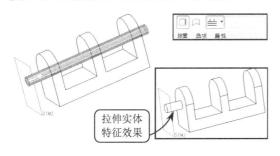 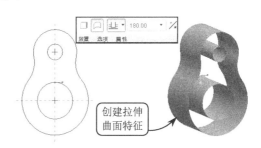

图4-13 使用【到下一个】方式设定拉伸深度　　　图4-14 创建拉伸曲面特征

## 4.2.2 创建拉伸薄壁特征

拉伸薄壁特征是实体特征的一种特殊类型,其外部形式为具有一定壁厚,且内部呈中空状态的实体模型。不同于曲面特征,它具有实体的大小和质量。

创建薄壁特征的方法与创建拉伸特征基本相同，区别在于：在【拉伸】操控面板中选择【实体】类型后，单击【加厚草绘】按钮，然后在其右侧的深度文本框中设置壁厚，即可将绘制的截面草图加厚为薄壁实体。图 4-15 所示为设置壁厚为 4 的薄壁特征。

当在草绘环境中所绘的草图截面包括两个或两个以上的封闭曲线轮廓，则创建薄壁特征时，各个封闭轮廓同时向一个方向加厚，效果如图 4-16 所示。此时薄壁特征外部形式为多个薄壁特征，但实际上为一个整体。

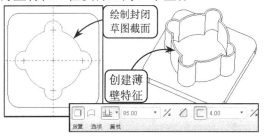 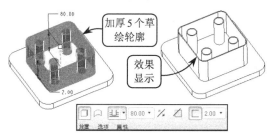

图 4-15　创建拉伸薄壁特征　　　　　　　　图 4-16　加厚 5 个草绘轮廓

> **提　示**
>
> 在操控面板中单击【加厚草绘】按钮右侧的【反向】按钮，可以切换壁厚创建的方向。壁厚创建的方向共有向外、居中和向内 3 种。其中居中是默认的创建方向，指对称创建薄壁特征。

### 4.2.3　创建拉伸剪切特征

拉伸剪切特征是将创建的拉伸实体从中去除材料而获得的特征。该特征是依附于拉伸实体特征的子特征，只有在已有实体特征的基础上才能执行去除材料操作。

在【拉伸】操控面板中选择【实体】类型，并单击【去除材料】按钮。然后进入草绘环境绘制截面草图，并设置拉伸深度值，即可创建拉伸剪切特征，效果如图 4-17 所示。

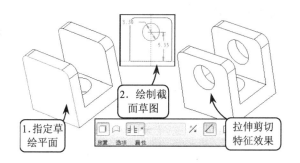

图 4-17　创建拉伸剪切特征

## 4.3　旋转特征

旋转特征是将草绘截面绕定义的中心线旋转一定角度所创建的特征。与拉伸特征类型一样，旋转特征也是最基本的特征之一。创建旋转特征时，需指定的特征参数包括剖面所在的草绘平面、剖面的形状、旋转方向和旋转角度。

## 4.3.1 创建旋转特征

旋转是将剖截面绕着草绘平面内的中心轴线，单向或双向旋转一定角度而创建的特征。同拉伸特征一样，利用该工具也可以向模型中添加或去除材料。

单击【旋转】按钮，将打开【旋转】操控面板，效果如图 4-18 所示。在该面板中包括实体和曲面两种类型。其中实体特征又分为实心实体和薄壁两种。如果要创建实体特征，绘制的剖截面必须是封闭的轮廓曲线；如果要创建曲面特征，则剖截面可以是单个的直线、圆弧、样条曲线或封闭的曲线组合。

创建旋转特征时，首先在【旋转】操控面板中选择旋转特征的类型，并指定草绘平面进入草绘环境绘制截面草图。然后返回到特征操控面板，通过设置旋转角度形式，来限制旋转的角度，从而创建旋转特征。图 4-19 所示为创建的旋转实体特征。

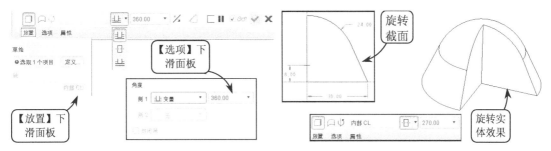

图 4-18　【旋转】操控面板　　　　　　图 4-19　创建旋转特征

在【旋转】操控面板中单击【曲面】按钮，则创建曲面特征；单击【实体】按钮，并单击【加厚草绘】按钮，则创建实体薄壁特征，效果如图 4-20 所示。在【旋转】操控面板中可设置以下 3 种旋转角度方式。

❑ **盲孔**

该方式是指将剖截面从草绘平面以指定的角度进行旋转，是最常用的角度设置方式，也是系统默认的方式。

绘制完旋转截面后，返回到操控面板，并在文本框中输入角度值，草图截面将按该角度单向旋转创建旋转特征，效果如图 4-21 所示。

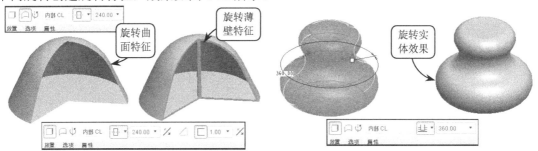

图 4-20　创建旋转薄壁和旋转曲面特征　　　图 4-21　【盲孔】方式设置旋转角度

❑ **对称**

该方式是将剖截面在草绘平面两侧双向旋转一定角度而创建旋转特征。其中每一侧旋转的角度是设定值的一半，效果如图 4-22 所示。其中在模型中出现的两个操作手柄，表示系统双向驱动截面旋转。

❑ 旋转至

该方式是将旋转截面旋转至一个参照几何对象，如点、曲面、平面或基准平面等。

指定该方式后，在模型上选取一个旋转至的参照平面，即可完成旋转角度设定。图 4-23 所示为依次设置模型由 TOP 平面旋转至 RIGHT 平面。

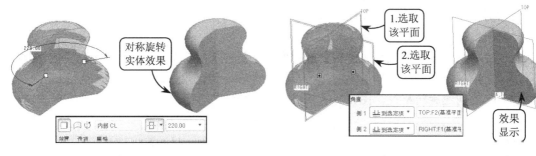

图 4-22 【对称】方式设置旋转角度　　　　图 4-23 【旋转至】方式设置旋转角度

> **注　意**
> 绘制旋转截面时必须绘制一条中心线，它是截面绕轴旋转的中心线，且截面草图必须位于中心线一侧。

### 4.3.2　创建旋转剪切特征

旋转剪切特征是将创建的旋转实体从中去除材料而获得的特征。该特征附属于旋转特征，并且只有在已有实体特征的基础上才能执行去除材料操作。

在【旋转】操控面板上选择【实体】类型，并单击【去除材料】按钮，然后在【放置】下滑面板中单击【定义】按钮，进入草绘环境绘制截面草图。接着返回到特征操控面板，设置旋转角度方式，并设置旋转角度，创建旋转剪切特征，效果如图 4-24 所示。

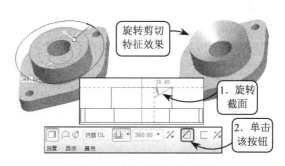

图 4-24　创建旋转剪切特征

## 4.4　扫描特征

扫描特征是通过草绘或者选取轨迹线，沿该轨迹线对草绘截面进行扫描所创建的扫描实体、薄板或曲面特征。利用该工具可以创建形状比较复杂的零件。常规的截面扫描可使用创建特征时所草绘的轨迹，也可以指定基准曲线或边作为扫描轨迹。

## 4.4.1 创建恒定剖面扫描特征

恒定剖面扫描是大小和形状恒定的剖截面,沿着轨迹线扫掠所创建的实体或曲面特征。如果创建实体特征,则剖截面必须是封闭的曲线轮廓;如果创建曲面特征,则其剖截面可以是开放的单个曲线或曲线组合。

单击【可变截面扫描】按钮,将打开【扫描】操控面板,效果如图 4-25 所示。在该操控面板中单击【实体】或【曲面】按钮,可创建实体和曲面类型的扫描特征;单击【创建薄板特征】按钮,可创建扫描薄壁特征;而单击【去除材料】按钮,可将扫描特征从实体模型中去除材料。

创建恒定剖面扫描特征,首先指定扫描轨迹线,可以选取现有轨迹或重新绘制轨迹线。其中选取轨迹指选取已有模型的边线或轮廓线等曲线;草绘轨迹指事先利用【草绘】或【基准曲线】工具创建好的曲线,效果如图 4-26 所示。

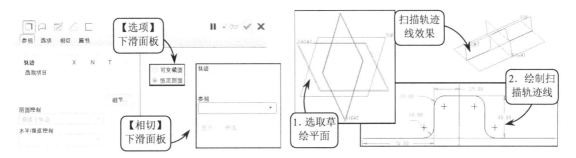

图 4-25 【扫描】操控面板　　　　图 4-26 绘制扫描轨迹线

绘制好扫描轨迹线后,单击【可变剖面扫描】按钮,在打开的【扫描】操控面板中选择特征的类型,并在【选项】下滑面板中选择【恒定剖面】单选按钮。然后单击【草绘扫描剖面】按钮,进入草绘环境绘制扫描截面,效果如图 4-27 所示。

接下来在【参照】下滑面板中定义原点轨迹线、剖截面和轨迹线的位置关系。一般系统默认设置扫描全程中扫描截面始终垂直于扫描轨迹,并自动设定 X 和 Y 向参照。最后单击【应用】按钮,即可创建恒定扫描特征,效果如图 4-28 所示。

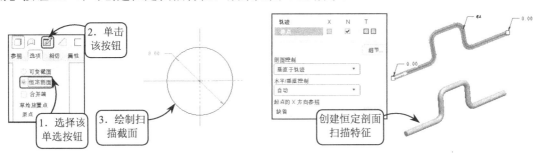

图 4-27 绘制扫描截面　　　　图 4-28 创建恒定剖面扫描特征

在【参照】下滑面板中提供了轨迹的 3 种类型,分别使用 X、N 和 T 表示。其中 X 用于设定剖截面 X 坐标的指向；N 设定剖截面与该轨迹曲线相互垂直；T 设定扫描特征与其他面的相切关系。一般情况下，原点轨迹自动设定为与草图截面相垂直，因此列表中的 N 将被启用。

> **注意**
>
> 在绘制扫描轨迹线时，也可以先单击【可变剖面扫描】按钮，打开【扫描】操控面板。然后利用【草绘】工具绘制轨迹线。此时整个操控面板灰显，处于暂停状态。当完成轨迹线绘制后，单击【暂停】按钮▶，重新激活操控面板即可。

### 4.4.2 创建可变剖面扫描特征

可变剖面扫描特征是沿轨迹线有规律延伸，而剖截面呈无规则变化的实体和曲面特征。一般通过扫描轨迹线来控制剖截面扫掠过程。在绘制剖截面过程中，需要设定草图对象与扫描轨迹线之间的几何约束关系，从而创建形态多变的实体模型。

创建可变剖面扫描特征，首先定义扫描轨迹线，主要包括原点轨迹线和辅助轨迹线两种。其中原点轨迹线只有一条，一旦选取将不能删除，但是可以用其他曲线代替原点轨迹。而绘制的辅助轨迹可以由两条或两条以上组成。图 4-29 所示为绘制的 4 条轨迹线。

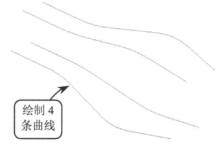

图 4-29　绘制扫描轨迹线

绘制完扫描轨迹线后，单击【可变剖面扫描】按钮，在打开的操控面板中单击【实体】按钮，并在【选项】下滑面板中选择【可变截面】单选按钮。然后按住 Ctrl 键分别选取这 4 条曲线。其中第一条曲线为原点轨迹线。接着设置扫描剖面为【恒定法向】方式，方向参照为 TOP 平面，效果如图 4-30 所示。

接下来单击【草绘剖面】按钮，进入草绘环境绘制扫描截面。然后退出草绘环境，并单击【应用】按钮。此时系统将以该截面与 4 条轨迹线之间的几何约束关系，使截面沿轨迹线有规律变化，自动创建可变剖面扫描特征，效果如图 4-31 所示。

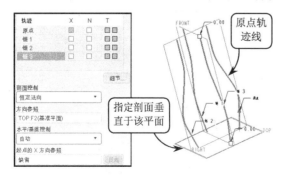

图 4-30　设置曲线属性

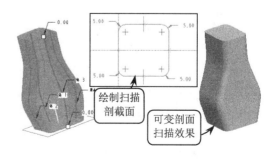

图 4-31　创建可变剖面扫描特征

> **提示**
>
> 在【剖面控制】下拉列表中包括3个选项。其中【垂直于轨迹】指扫描截面始终与扫描轨迹垂直;【垂直于投影】指扫描截面始终与扫描轨迹向某一平面的投影相垂直;【恒定法向】指扫描截面始终垂直于所指定的一参考方向。

## 4.5 混合特征

混合特征是将多个截面通过一定的方式连在一起而创建的特征,因此创建混合特征必须绘制多个截面,并且截面的形状以及连接方式决定了混合特征最后的成形形状。当一个模型中有多个不同的截面时,经常利用该工具进行创建。

### 4.5.1 平行混合特征

平行混合特征是按照平行混合的方式,连接两个或两个以上的平行剖截面而创建的特征。其中所有的剖截面均在同一草绘环境下绘制,并且均互相平行。在创建该混合特征时,需要指定各截面之间的距离来决定混合特征的深度。

创建平行混合特征,首先选择混合方式,并设置混合属性。然后选取草绘平面绘制各个剖截面,并指定各个剖截面之间的距离参数即可。这里以创建凸台实体零件为例介绍具体的操作。

选择【插入】|【混合】|【伸出项】选项,并在打开的菜单中选择【平行】|【规则截面】|【草绘截面】|【完成】选项。然后指定剖截面间的过渡属性为光滑,选取TOP平面为草绘平面,以默认方式进入草绘环境,效果如图4-32所示。

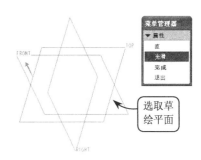

图4-32 指定草绘平面

进入草绘环境后绘制一剖截面。然后单击右键,并在打开的快捷菜单中选择【切换截面】选项,切换至另一截面绘制一圆。接着利用【分割】工具将该圆8等分。此时截面出现第二个箭头。该箭头表示第二个截面的起点和起始方向,效果如图4-33所示。

退出草图环境,并在打开的【输入截面2的深度】文本框中输入参数值。然后单击【预览】按钮,预览平行混合特征效果。如果符合要求,单击【确定】按钮,即可创建平行混合特征,效果如图4-34所示。

> **注意**
>
> 绘制的两个平行剖截面,如果截面的段数不相等,将不能创建混合特征;如果创建的混合特征存在扭曲,则是由于剖截面的起始点不匹配造成的,需要重新进入草绘环境,然后通过右键菜单中的【起始点】选项调整起始点位置。

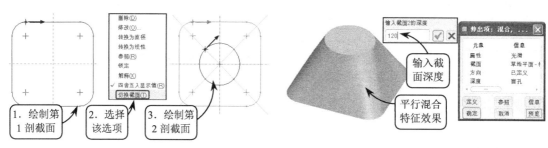

图 4-33　绘制截面　　　　　　　　　图 4-34　创建平行混合特征

### 4.5.2　旋转混合特征

旋转混合特征是按照旋转混合的方式连接各剖截面而创建的特征。其中每个剖截面都要在不同草绘环境中单独草绘，而且各个剖截面由于旋转空间位置发生了改变，还需要在每个草绘截面中创建一个坐标系，并且要对齐各个坐标系，从而确定各个剖截面的空间方位。

创建旋转混合特征，首先在打开的【混合选项】菜单中选择【旋转的】|【规则截面】|【草绘截面】|【完成】选项。然后设置属性，并指定草绘平面进入草绘环境，效果如图4-35所示。

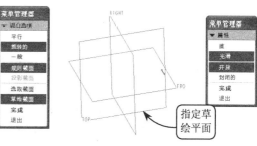

图 4-35　指定草绘平面

接下来单击【坐标系】按钮 创建一坐标系，并以该坐标系为参照绘制第一个截面。其中坐标系与截面草图中心的距离决定该截面的旋转半径。然后退出草绘环境，在信息栏中输入旋转角度为 45º，进入下一个草绘环境。接着创建一坐标系，并绘制第二个剖截面。为保证段数相等，利用【分割】工具将圆 4 等分，效果如图 4-36 所示。

绘制完截面后，退出草绘环境。此时系统提示"继续下一截面吗"，单击【否】按钮不再绘制截面。然后单击【确定】按钮，即可创建旋转混合特征，效果如图 4-37 所示。

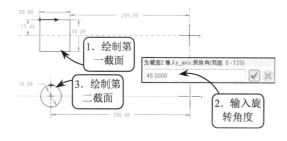 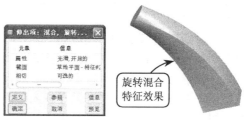

图 4-36　绘制剖截面并设置旋转角度　　　图 4-37　创建旋转混合特征

> **提　示**
>
> 在选择截面类型时，如果选择【选取截面】选项，可以使用模型的边、线来构成截面。而在设置截面属性时，【开放】选项指第一个截面和最后一个截面连接成一个开放的实体；【闭合】选项指创建一个封闭的实体。

### 4.5.3 一般混合特征

一般混合特征兼有平行混合与旋转混合的特点。由于该特征的各个剖截面之间在 $X$ 轴、$Y$ 轴和 $Z$ 轴均存在旋转关系，因此该混合特征操作比较灵活。另外创建该特征时，各个剖截面均要在不同的草绘环境中单独绘制。

创建一般混合特征时，首先在打开的【混合选项】菜单中选择【一般】|【规则截面】|【草绘截面】|【完成】选项。然后设置属性，并指定草绘平面进入草绘环境，效果如图 4-38 所示。

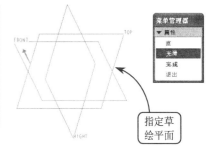

图 4-38 指定草绘平面

首先绘制第一个剖截面，并利用【坐标系】工具以截面中心为坐标系原点创建一坐标系。然后单击【保存】按钮，指定保存路径将该截面保存。接着退出草绘环境后，在提示栏中依次输入第二个截面绕 $X$ 轴、$Y$ 轴和 $Z$ 轴的旋转角度，进入下一个草绘环境，效果如图 4-39 所示。

接下来选择【草绘】|【数据来自文件】|【文件系统】选项，指定刚保存的截面 1 图形，并将其插入到绘图区作为第二个截面。然后利用【坐标系】工具以该截面中心为坐标系原点创建一坐标系。接着退出草绘环境，在提示栏中输入截面 2 的深度，并单击【确定】按钮，即可创建一般混合特征，效果如图 4-40 所示。

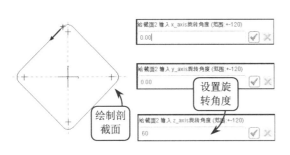

图 4-39 绘制剖截面并设置旋转角度

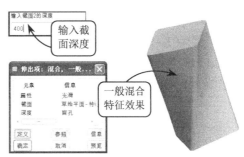

图 4-40 创建一般混合特征

**提 示**

与另外两种混合特征相同，一般混合特征中的各个剖截面的分段数目必须相同。

## 4.6 筋特征

筋特征是连接到实体曲面的薄板或腹板的实体特征，主要用于加固零件，防止其出现不必要的弯折。筋特征必须是在其他特征之上，并且其草绘剖面必须是开放的。此外筋特征也可以通过拉伸特征来创建。

### 4.6.1 创建直立式筋特征

直立式筋特征是指与筋特征所接触表面都是平面的情况下所创建的筋特征，如矩形表面等。这种筋的创建方法类似于拉伸特征。

单击【筋特征】按钮，将打开【筋特征】操控面板。然后在【参照】下滑面板中单击【定义】按钮，进入草绘环境绘制筋的截面直线。接着指定筋的厚度和方向，即可完成该类筋特征的创建，效果如图4-41所示。

在【参照】下滑面板中单击【反向】按钮，可以改变筋特征的创建方向。而单击【厚度】文本框后面的【厚度方向】按钮，可以更改筋的两侧面相对于放置平面之间的厚度，并且连续单击该按钮，可在对称、正向和反向3种厚度效果之间进行切换，效果如图4-42所示。

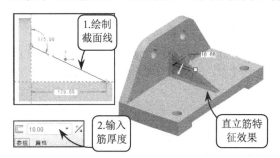 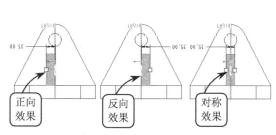

图 4-41　创建直立式筋特征　　　　图 4-42　改变筋的厚度方向效果

### 4.6.2 创建旋转式筋特征

旋转式筋特征指所连接表面为圆弧曲面或其他不规则的曲面。当连接表面为圆弧曲面时，则以圆弧曲面的旋转轴为中心轴创建筋特征；当连接表面为样条线的不规则曲面时，则依附样条线曲面创建相同曲率的筋特征。

选择【筋特征】工具后，在【参照】下滑面板中单击【定义】按钮，进入草绘环境绘制筋的截面直线。接着指定筋的厚度和方向，即可完成该类筋特征的创建，效果如图4-43所示。

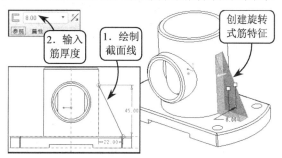

图 4-43　创建旋转式筋特征

### 4.6.3 创建轨迹筋特征【NEW】

利用该工具可以一次性创建多条加强筋。该类型筋的轨迹截面可以是多个开放线段，也可以是相互交叉的截面线段。

单击【轨迹筋】按钮，打开【轨迹筋】操控面板。然后在【放置】下滑面板中单击【定义】按钮，并选取草绘平面进入草绘环境绘制多条截面线段。接着设置厚度参数，即可创建轨迹筋特征，效果如图 4-44 所示。【轨迹筋】操控面板中各选项的含义介绍如下。

- **放置**　在该下滑面板中可以指定筋的草绘平面，以进入草绘环境绘制筋的截面形状。其中绘制的截面没必要使用边界来作参考，因为系统会自动延伸所绘制截面几何直到和边界实体几何进行融合。

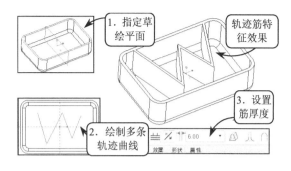

图 4-44　创建轨迹筋特征

- **形状**　在该下滑面板中可以设置筋的厚度参数。
- **属性**　在该下滑面板中可修改筋特征名称，并可以浏览筋特征的草绘平面、参照和厚度等参数信息。
- **添加斜度**　为所创建的筋实体添加斜度。
- **底部圆角**　为所创建的筋实体底部添加圆角。
- **顶部圆角**　为所创建的筋实体顶部添加圆角。

## 4.7　典型案例 4–1：创建螺丝刀模型

本例创建一螺丝刀模型，效果如图 4-45 所示。螺丝刀是一种用来拧转螺丝钉以迫使其就位的工具。通常有一个薄楔形头，可插入螺丝钉头的槽缝或凹口内。该螺丝刀为"一字型"螺丝刀。其主要结构包括手柄、刀杆与刀刃 3 部分。其最大特点是手柄上呈对称形式的凹槽，既增加了美观感，又加大了人手与手柄部位的摩擦系数，这样可以增加拧转螺丝钉时的作用力。

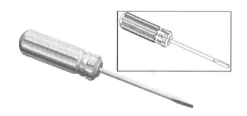

图 4-45　螺丝刀模型效果

创建该螺丝刀模型时，首先利用【旋转】工具创建刀柄实体，并通过拉伸剪切创建刀柄上的一个凹槽。然后通过特征操作旋转复制另一个凹槽，并将其阵列得到其他凹槽特征，对凹槽边缘添加圆角圆化锐边。接着利用【旋转】工具创建刀杆，并通过拉伸剪切创建刀头一侧的楔形刀刃造型，镜像创建另一侧楔形刀刃造型即可。

**操作步骤**

① 新建一名为"screw.prt"的文件，进入零件建模环境。然后利用【旋转】工具选取 FRONT 平面为草绘平面绘制草图，并设置旋转角度为 360°，创建旋转实体特征，效果如图 4-46 所示。

② 利用【拉伸】工具选取 TOP 平面为草绘平面绘制草图。然后在【拉伸】操控面板的【选项】下滑面板中，设置侧 1 和侧 2 的深度方式均为【穿透所有】，并单击【去除材料】按钮，创建拉伸剪切实体特征，效果如图 4-47 所示。

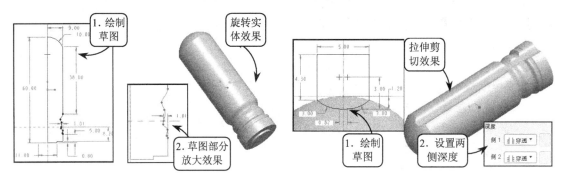

图 4-46 创建旋转实体特征　　　　　　　图 4-47 创建拉伸剪切实体特征

③ 选择【编辑】|【特征操作】选项，并在打开的菜单中选择【复制】选项。然后在【复制特征】菜单中选择【移动】|【选取】|【独立】|【完成】选项，在模型树中选取上步创建的拉伸剪切实体特征，效果如图 4-48 所示。

④ 接下来在【移动特征】菜单中选择【旋转】|【完成移动】选项，并在打开的下拉菜单中选择【曲线/边/轴】选项。然后选取如图 4-49 所示的轴线为旋转中心轴，并设置旋转角度为 45º，进行旋转复制特征操作。

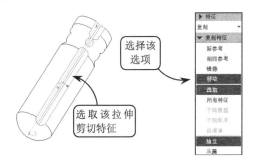
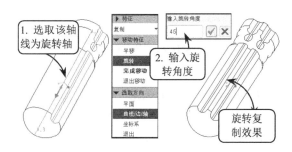

图 4-48 选取要特征操作的对象　　　　　　图 4-49 旋转所选对象

⑤ 在模型树中选择上步特征操作所复制的特征，并单击【阵列】按钮。然后在打开的【阵列】操控面板中设置阵列方式为【尺寸】方式，并选取如图 4-50 所示的角度尺寸，设置阵列的角度增量为 45º，阵列数目为 7，创建阵列特征。

⑥ 利用【旋转】工具选取 FRONT 平面为草绘平面绘制草图，并设置旋转角度为 360º。然后单击【去除材料】按钮，创建旋转剪切实体特征，效果如图 4-51 所示。

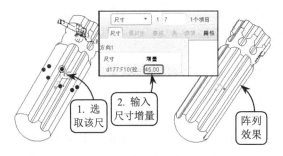
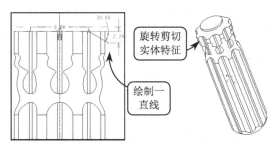

图 4-50 阵列特征　　　　　　　　　　图 4-51 创建旋转剪切实体特征

⑦ 利用【倒圆角】工具选取螺丝刀握柄凹槽的 8 条边线为倒圆角对象,并设置倒圆角半径为 1,创建倒圆角特征,效果如图 4-52 所示。

⑧ 利用【旋转】工具选取 FRONT 平面为草绘平面绘制草图,并设置旋转角度为 360°,创建旋转实体特征,效果如图 4-53 所示。

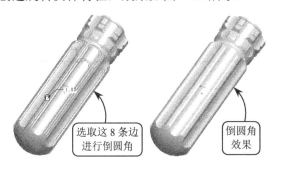

图 4-52 创建倒圆角特征

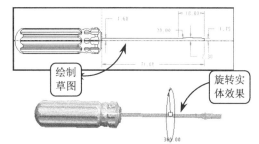

图 4-53 创建旋转实体特征

⑨ 利用【拉伸】工具选取 RIGHT 平面为草绘平面绘制一直线,并单击【去除材料】按钮,设置拉伸方式为对称拉伸 60,创建拉伸剪切实体特征,效果如图 4-54 所示。

⑩ 在模型树中选取上步创建的拉伸剪切实体特征,并单击【镜像】按钮。然后指定 FRONT 平面为镜像平面,创建镜像特征,效果如图 4-55 所示。

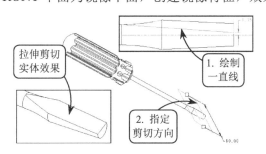

图 4-54 创建拉伸剪切实体特征

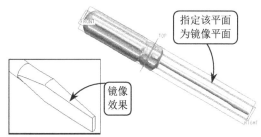

图 4-55 创建镜像特征

## 4.8 典型案例 4-2:创建测力计模型

本例创建一测力计模型,效果如图 4-56 所示。测力计是利用金属的弹性制成的标有刻度、用以测量力大小的仪器,可分为数显式和指针式两种。该测力计即为指针式,主要结构包括底部的支撑座、顶部的受力座和中间的显示屏。其工作原理是当外力压迫顶部的受力座,使弹性钢片或弹簧发生形变时,通过杠杆等传动机构带动指针转动,指针停在刻度盘上的位置,即为外力的数值。

图 4-56 测力计模型效果

创建该测力计模型，可利用【旋转】工具创建模型底部的支撑座和顶部的受力座。难点是中间显示屏的创建。可通过旋转创建显示屏初始模型，并通过混合切剪创建出显示窗口。接着利用【文本】工具绘制显示窗口中的仪表数字，并将这些数字拉伸创建剪切特征，同样通过拉伸创建指针。最后在各特征的过渡边缘添加工艺性圆角即可。

### 操作步骤

① 新建一名为"dynamometer.prt"的文件，进入零件建模环境。然后单击【旋转】按钮，选取 TOP 平面为草绘平面，并接受默认的视图参照，进入草绘环境绘制旋转截面。接着设置旋转角度为 360º，创建旋转实体特征，效果如图 4-57 所示。

② 单击【倒圆角】按钮，选取如图 4-58 所示的 4 条边为倒圆角对象，并设置倒圆角半径为 5，创建倒圆角特征。

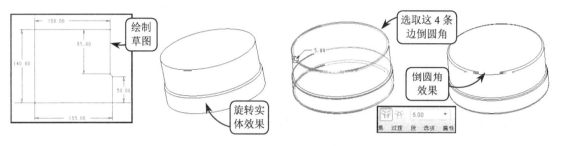

图 4-57  创建旋转实体特征　　　　　　　　图 4-58  创建倒圆角特征

③ 选择【插入】|【混合】|【切口】选项，并在打开的菜单中选择【平行】|【规则截面】|【草绘截面】|【完成】选项。然后设置属性为【直】形式，并选取如图 4-59 所示的实体端面为草绘平面，接受默认的草绘方向。

④ 进入草绘环境后，依次绘制如图 4-60 所示的两个圆分别作为两个混合截面。然后指定剪切方向为指向实体内侧，并选择深度方式为【盲孔】方式，输入截面 2 的深度为 18。接着在【切剪：混合，平行】对话框中单击【确定】按钮，创建混合切剪特征。

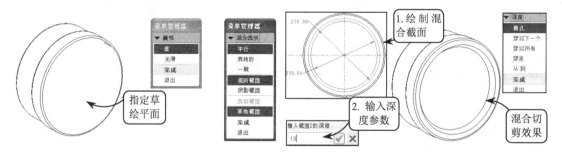

图 4-59  指定草绘平面　　　　　　　　图 4-60  创建混合切剪特征

⑤ 单击【拉伸】按钮，选取如图 4-61 所示混合切剪后的底面为草绘平面，绘制一矩形。然后在【拉伸】操控面板中单击【去除材料】按钮，设置拉伸深度为 2，创建拉伸剪切实体特征。

⑥ 单击【拉伸】按钮，继续选取混合切剪后的底面为草绘平面，接受默认的视图参照，进入草绘环境绘制一直径为 200 的圆。然后选取该圆并单击右键，在打开的快捷菜单中选择

【构建】选项，将该圆转换为虚线圆，效果如图 4-62 所示。

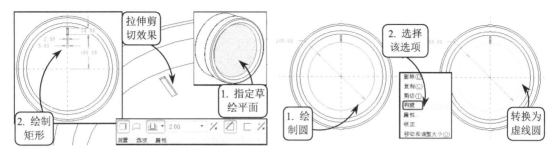

图 4-61　创建拉伸剪切实体特征　　　　　　图 4-62　绘制辅助圆

⑦ 单击【文本】按钮，选取上步所绘虚线圆上一点为起点，绘制一倾斜的直线作为文本放置参照。然后单击中键，在打开的【文本】对话框中输入第一个数字 10，并启用下方的【沿曲线放置】复选框，选取虚线圆为放置曲线，单击【反向】按钮，调整放置方向，效果如图 4-63 所示。

⑧ 在【文本】对话框中单击【确定】按钮，并按住中键。然后单击【显示尺寸】按钮，将尺寸显示。接着按照如图 4-64 所示修改上步所绘数字的定位尺寸。

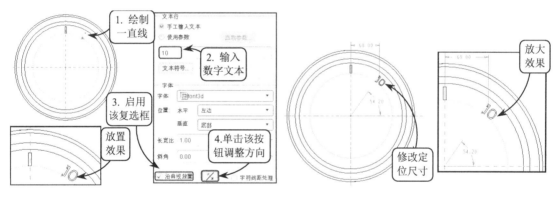

图 4-63　绘制第一个数字　　　　　　图 4-64　修改数字的定位尺寸

⑨ 双击所绘的第一个数字图形，在打开的【文本】对话框中继续输入其他的数字文本。其中每个数字文本间的间距为两个空格大小。只有最后一个文本"00"与前一数字文本"90"的间距为 3 个空格大小，效果如图 4-65 所示。

⑩ 接下来在【文本】对话框中单击【确定】按钮，并退出草绘环境。然后在【拉伸】操控面板中单击【去除材料】按钮，并设置拉伸深度为 2，指定拉伸方向指向实体向内，创建拉伸剪切实体特征，效果如图 4-66 所示。

⑪ 单击【拉伸】按钮，选取显示屏底面为草绘平面，接受默认的视图参照，进入草绘环境绘制拉伸截面。然后设置拉伸深度为 2，拉伸方向向外，创建拉伸实体特征，效果如图 4-67 所示。

⑫ 单击【旋转】按钮，选取 TOP 平面为草绘平面，并指定 FRONT 平面为视图左参照，进入草绘环境绘制旋转截面。然后设置旋转角度为 360º，创建旋转实体特征，效果如图 4-68 所示。

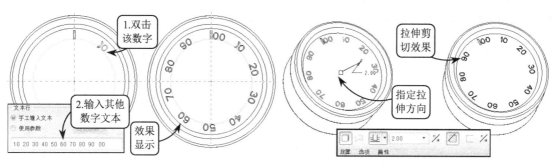

图 4-65　输入其他数字文本　　　　图 4-66　创建拉伸剪切实体特征

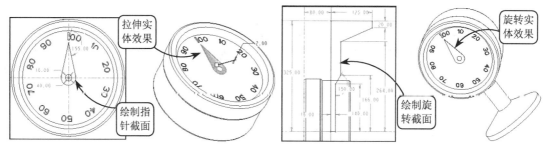

图 4-67　创建拉伸实体特征　　　　图 4-68　创建旋转实体特征

⑬ 继续利用【旋转】工具选取 TOP 平面为草绘平面，并指定 FRONT 平面为视图左参照，进入草绘环境绘制旋转截面。然后设置旋转角度为 360°，创建旋转实体特征，效果如图 4-69 所示。

⑭ 单击【倒圆角】按钮，选取如图 4-70 所示的 4 条边为倒圆角的对象，并设置倒圆角半径为 4，创建倒圆角特征。

图 4-69　创建旋转实体特征　　　　图 4-70　创建倒圆角特征

## 4.9　上机练习

### 1．创建油盒模型

本练习创建一油盒模型，效果如图 4-71 所示。油盒主要用于储存润滑油，同时对齿轮传动或链条传动等装置起到润滑作用。它由壳体、连接螺孔、凸台和移动滑块组成。其中壳体是存储润滑油的主要部件，通过凸台上的连接螺孔，将其固定在机械面板或机箱顶盖上。而油盒底部凸出的滑块，可在某一方向通过滑槽将油盒主体定位，防止滑动或错位。

创建该零件模型，首先通过拉伸创建盒体的基础轮廓实体，然后拉伸剪切创建盒体的壳部分和部分连接螺孔，并利用【旋转】工具创建底部圆形凸台，接着通过旋转剪切创建出轴孔，并对模型的过渡边缘和突出棱边进行工艺性倒圆角。最后由模型的轮廓线偏移复制出轨迹线，并利用【扫描】的【切剪】工具，创建盒体密封油槽即可。

**2．创建管接头模型**

本练习创建一带螺纹的管接头，效果如图 4-72 所示。该管接头主要由管道、圆形法兰、连接孔、管螺纹和六角凸台组成。其中管道中间的折弯角度可根据实际用途做成不同的形状，常用的为直管道、45°和 90°管道 3 种类型。该零件主要用于油压管道的连接，为避免出油口压力的波动，通常将带螺纹的一端直接与液压站的出油管道连接，这样可以避免因拆卸或更换管件而造成的系统压力不稳。

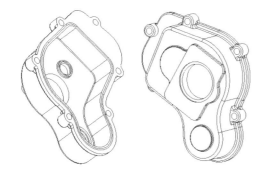

图 4-71　创建油盒实体模型

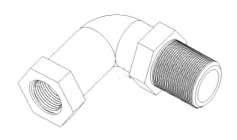

图 4-72　管接头模型效果

该零件主要由扫描特征、拉伸特征和螺旋扫描特征 3 部分组成。其中利用【扫描】工具可以创建管道实体，利用【拉伸】工具可以创建六角凸台实体，利用【螺旋扫描】工具可以创建内外连接的螺纹实体，在创建过程中可以按照由简单特征到复杂特征的顺序进行。

# 第 5 章

# 零件建模的放置特征

零件建模的放置特征又称为工程特征，该类特征是由系统提供的或由用户自定义的一类模板特征。其几何形状是确定的，由用户通过改变其尺寸，创建不同的相似几何特征。如孔特征用户通过改变孔的直径尺寸，可以创建一系列大小不同的孔。创建该类特征一般需要指定放置特征的位置和尺寸。

本章主要介绍孔、壳、倒圆角、倒角和拔模等工程特征，在零件建模中的作用和具体的创建方法。

**本章学习目的：**
- 掌握孔特征的创建方法
- 掌握倒角和倒圆角特征的创建方法
- 掌握拔模特征的创建方法
- 掌握壳特征的创建方法

## 5.1 孔特征

孔特征是在模型上切除实体材料后留下的中空回转结构。在零件设计中孔特征是最常见的特征，它虽可以通过拉伸剪切或旋转剪切创建，但这些方法效率较低。为了提高设计效率，Pro/E 提供了专门的孔特征，主要包括简单孔、草绘孔和标准孔 3 种。

### 5.1.1 创建简单孔

简单孔又称为直孔，是最简单的孔特征类型。它放置于曲面并延伸到指定的终止曲面，或者由用户自定义深度。

在【工程特征】工具栏中单击【孔】按钮，将打开【孔特征】操控面板，效果如图 5-1 所示。在该操控面板中根据放置参照的不同，简单孔可分为以下两种类型。

1. 线性

该孔方式是通过两个线性尺寸对孔进行定位。通过该方式创建孔，需要在模型上指定一个用于放置孔的参照平面和两个用于定位孔的偏移参照。然后设置偏移参数和孔形状参数，即可完成创建。

图 5-2 所示为选取实体顶面为孔的放置面，此时图中将预览孔的放置效果。然后拖动孔两侧的两个绿色图柄，分别至相应的边、点、轴线或平面，确定孔的定位参照，并分别设置两个参照的距离。

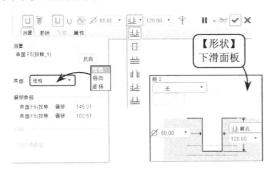

图 5-1　【孔特征】操控面板　　　　　图 5-2　定位孔

接着在【孔】操控面板的【直径】文本框中输入孔的直径，并指定孔的深度。此时也可以展开【形状】下滑面板，设置孔的直径和深度。最后单击【应用】按钮，即可完成线性孔特征的创建，效果如图 5-3 所示。

在【形状】下滑面板中可显示孔的可视化图形，预先了解孔的外型，并进行孔参数设置。其中该面板中的【侧 2】文本框用于设置双侧孔特征在第二方向上的深度。孔深度的设置方式主要有以下 6 种。

- 盲孔　从位置参照中，在第一个方向以指定深度创建孔。
- 到下一个　在第一个方向钻孔，直到下一个曲面。
- 穿透　在第一个方向钻孔，直到与所有曲面相交。
- 对称　在位置参照的两个方向上，以指定深度的 1/2 在每个方向钻孔。
- 到选定的　在第一个方向上钻入到所选的点、曲线、平面或曲面。
- 穿至　在第一个方向钻孔，直到与所选曲面或平面相交。

2. 径向和直径

径向和直径都是通过平面极坐标系来定义孔的位置。因此在选取放置面后，必须指定用于确定角度值的参考平面和确定径向值的中心参考轴线。然后设置具体偏移尺寸、孔径和孔深等参数即可。

图 5-4 所示为选取实体顶面为孔的放置面后，拖动孔的一侧绿色图柄至一轴线，并拖动孔的另一侧绿色图柄至一平面。然后分别设置径向半径和角度数值确定孔位置，单击【应用】按钮，即可完成孔的创建。

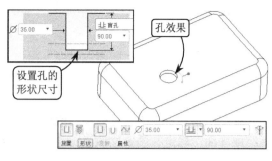 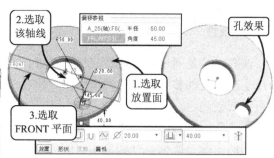

　　图 5-3　孔特征效果　　　　　　　　图 5-4　创建径向定位的孔特征

### 5.1.2　创建草绘孔

该孔特征类型是由草绘截面所定义，可创建有锥顶开头和可变直径的圆形断面孔，如阶梯孔、沉头孔和锥形孔等。

在【孔】操控面板中单击【使用草绘定义钻孔轮廓】按钮，此时该按钮的右侧将出现两个按钮：单击【打开现有的草绘轮廓】按钮，可打开现有的草绘文件作为孔的侧向截面；单击【激活草绘器以创建剖面】按钮，可进入草绘环境绘制孔的剖面轮廓。然后退出草绘环境后，即可按照上面所介绍的方法对孔进行定位，效果如图 5-5 所示。

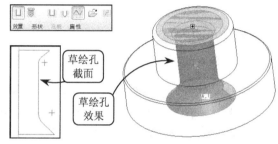

图 5-5　绘制草绘孔

> **注　意**
>
> 在绘制孔截面时，截面必须满足下列 4 个条件：包含几何图元；无相交图元的封闭环；包含垂直旋转轴（必须绘制一条中心线）；所有图元位于旋转轴（中心线）的一侧，并且至少有一个图元垂直于旋转轴。

### 5.1.3　创建标准孔

标准孔是指按照现有工业标准规格建立的具有螺纹的孔，可带有不同的末端形状、标准沉孔和埋头孔。用户可以通过系统提供的标准查找表，也可以创建自己的孔图标。对于标准孔，系统会自动创建螺纹注释。

利用【孔】工具可以创建 ISO、UNC 和 UNF 这 3 种通用规格的标准孔。在【孔】操控面板中单击【创建标准孔】按钮，即可将操控面板切换至标准孔界面。其中在【螺钉尺寸】下拉列表和【形状】下滑面板中，可以选择孔的标准，并可以对标准孔的具体形状作进一步修改，效果如图 5-6 所示。

## 1. 攻丝

攻丝是所有标准孔子类型孔的默认创建方式。当该按钮处于激活状态时，可以创建出具有螺纹特征的标准孔。

单击【添加攻丝】按钮，即可启用或关闭螺纹孔。螺纹孔的形状可在【形状】下滑面板中设置，效果如图 5-7 所示。其中虚线表示螺纹顶径，如果指定孔深为【盲孔】方式，那么将无法取消攻丝功能。

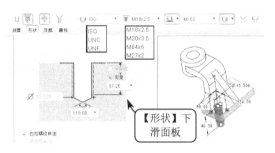

图 5-6 【标准孔】操控面板　　　　图 5-7 创建 ISO 标准螺纹孔

## 2. 埋头孔

在使用埋头螺钉进行连接的连接件中，连接件螺孔部位一般都需要加工出具有一定锥度的埋头孔特征。这样不仅便于螺钉进入，还可使螺钉头部与埋头孔配合，从而使其与安装表面平齐，或略低于安装表面。这样既能使连接表面美观，又不影响其他零件正常工作。

单击【埋头孔】按钮，在【形状】下滑面板中对孔的形状和尺寸进行设置，并进行孔的放置和定位，即可创建埋头孔，效果如图 5-8 所示。

## 3. 沉孔

使用螺栓进行零件之间的连接时，为了使螺栓紧固牢靠或在螺栓所在平面上安装其他零件，往往需要在安装螺栓的平面上加工出直径大于螺孔头的矩形盲孔特征，以达到使螺栓的头部低于连接表面的目的。

单击【沉孔】按钮，在【形状】下滑面板中对孔的形状尺寸进行设置，并进行孔的放置和定位，即可创建沉孔，效果如图 5-9 所示。

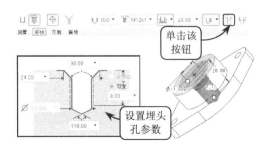 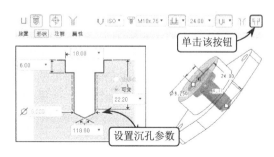

图 5-8 创建埋头孔　　　　图 5-9 创建沉孔特征

> **技 巧**
> 
> 　　如果不需要在绘图区域显示这些标准孔的注释，可在【孔】操控面板中选择【注解】选项。然后在打开的下滑面板中禁用【添加注释】复选框。

#### 4．矩形孔和标准底孔

利用【孔】工具还可以创建矩形孔和标准底孔。其中矩形孔是孔底面为平面的孔特征，其创建方法同简单直孔相同，这里就不再赘述。这里主要介绍标准底孔的创建。

标准底孔是以标准孔的轮廓作为钻孔轮廓所创建的孔特征。其创建方法与标准孔基本相同，不同之处在于创建标准孔时，孔的径向尺寸只能在【螺钉尺寸】下拉菜单中选取，不能任意设置。但创建标准底孔时，孔的尺寸可以在【形状】下滑面板中任意设置，效果如图5-10所示。

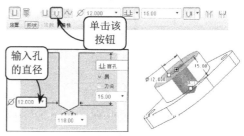

图5-10　创建标准沉头底孔

## 5.2　倒圆角

倒圆角是一种边处理特征，通过向一条或者多条边、链或曲面之间添加半径而创建。通过倒圆角操作可以圆化零件实体的尖锐边线，从而提高产品外观美感，防止模型由于应力集中而造成开裂，保障使用过程的安全性。

### 5.2.1　恒定倒圆角

恒定倒圆角指使用固定半径创建的圆角。倒圆角对象可以是【边链】、【曲面-曲面】或【边-曲面】等形式。

单击【倒圆角】按钮，打开【倒圆角】操控面板，效果如图5-11所示。在模型上选取倒圆角对象，并在【倒圆角】操控面板中设置圆角半径，即可创建恒定倒圆角特征。创建恒定倒圆角的方法概括起来有以下3种。

#### 1．选取边链创建倒圆角

该方法是使用最多，也是最为简单的创建恒定倒圆角的方法。只需直接在模型上选取一条或数条边，并设置圆角半径即可，效果如图5-12所示。

> **技 巧**
> 
> 　　选取边链后，双击其尺寸值，在打开的文本框中直接输入定义的尺寸值，即可对倒圆角半径进行修改。

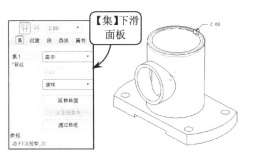
图 5-11 【倒圆角】操控面板

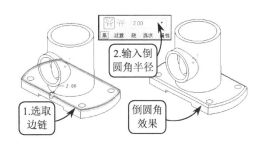
图 5-12 选取边链绘制倒圆角

### 2. 选取曲面创建倒圆角

该方法能够以模型表面或空间曲面为倒圆角参照，创建连接两个曲面的圆角特征。选取曲面创建倒圆角主要有以下两种类型。

❑ **选取模型曲面创建倒圆角**

该方法能够以两个相交模型的曲面为参照，创建两曲面之间的圆角特征。只需按住 Ctrl 键依次选取模型中两个相交表面，并设置圆角半径即可，效果如图 5-13 所示。

❑ **选取模型曲面和空间曲面创建倒圆角**

该方法是以模型表面和空间曲面为参照创建倒圆角。其中创建的倒圆角只能为曲面倒圆角，效果如图 5-14 所示。

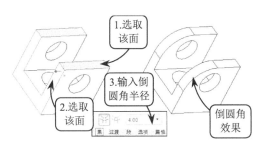
图 5-13 创建倒圆角

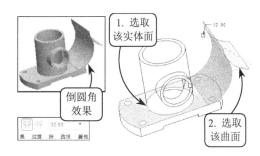
图 5-14 模型表面和空间曲面之间的圆角

### 3. 选取边和曲面创建倒圆角

该方法是指选取一条边线和一个曲面作为参照创建圆角特征。只需按住 Ctrl 键依次选取模型上的曲面和另一个曲面上的边，并设置圆角半径即可，效果如图 5-15 所示。

## 5.2.2 完全倒圆角

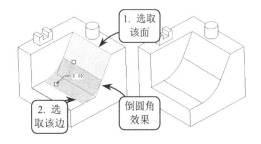
图 5-15 边-曲面创建倒圆角

完全倒圆角是将两参照边线或两曲面之间的模型表面全部转化为倒圆角。根据参与倒圆角操作的几何对象的不同，可分为以下两种。

### 1. 选取两边线创建完全倒圆角

当选取模型同一表面两侧的两条边线作为倒圆角参照时，完全倒圆角的效果是将该模型表面全部转换为圆角面。

按住 Ctrl 键选取模型两条边线，并在【集】下滑面板中单击【完全倒圆角】按钮即可，效果如图 5-16 所示。

### 2. 选取模型表面创建完全倒圆角

该方法是选取模型的两个表面和一个驱动曲面，将两个曲面之间的模型表面转换为由驱动曲面决定的倒圆角。

按住 Ctrl 键依次选取模型的两个表面，并指定驱动曲面，即可创建由驱动曲面决定轮廓曲率的完全倒圆角，效果如图 5-17 所示。

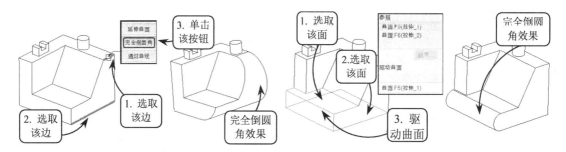

图 5-16　选取两边线创建完全倒圆角　　　　图 5-17　选取驱动曲面创建完全倒圆角

## 5.2.3　可变倒圆角

半径在一条边线上发生变化的倒圆角即可变倒圆角。创建可变倒圆角时，一次只能对一条边线进行圆角操作。

选取模型一边线，系统自动标注有半径。此时选取该半径数值并单击右键，在打开的快捷菜单中选择【添加半径】选项，可为圆角添加新的半径值。从而创建半径发生变化的可变倒圆角特征，效果如图 5-18 所示。

## 5.2.4　曲线驱动倒圆角

曲线驱动的圆角是由曲线形态决定半径变化的圆角，即该类圆角不需要输入圆角半径值，只需指定驱动圆角的曲线即可。

创建该类圆角之前，需要先在模型上定义一条曲线。然后利用【倒圆角】工具选取模型棱边作为倒圆角的创建参照，并在【集】下滑面板中单击【通过曲线】按钮，选取模型中的驱动曲线即可，效果如图 5-19 所示。

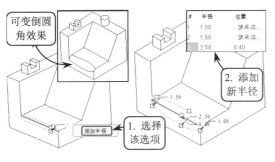
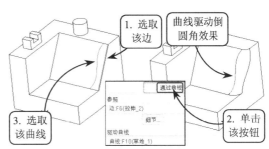

图 5-18 创建可变倒圆角　　　　图 5-19 创建曲线驱动倒圆角

## 5.3 倒角特征

通过倒角可以对模型的边或拐角进行斜切削，以避免产品周围的棱角过于尖锐。可以进行倒角操作的对象包括实体的表面或曲面。倒角类型主要包括边倒角和拐角倒角两种。

### 5.3.1 边倒角

边倒角是常用的一种倒角形式。该类倒角是以模型上的实体边线为参照，通过移除共有该边的两个原始曲面之间的材料来创建斜角曲面。

单击【边倒角】按钮，打开【边倒角】操控面板。然后在实体模型上选取边线，设置倒角类型并输入参数值，即可创建边倒角特征，效果如图 5-20 所示。其中【边倒角】操控面板中各选项的义介绍如下。

**1．边倒角类型**

边倒角可以分为多种类型，比较常用的有 D×D、D1×D2、角度×D 和 45×D 等，各类型的含义介绍如下。

❑ **D×D**

通过该方式可以对两平面之间的相交边创建倒角特征，并且倒角两侧的倒角距离 D 相等。创建该类倒角时，只需选取要创建倒角的边线，并设置距离参数即可，效果如图 5-21 所示。

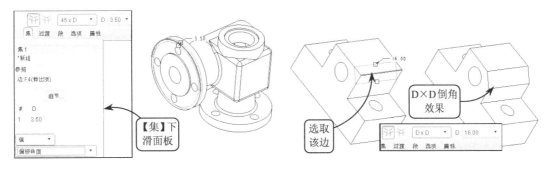

图 5-20 创建倒角　　　　图 5-21 创建 D×D 倒角

❏ **D1×D2**

通过该方式可以在倒角边的两侧创建出倒角距离不相等的倒角特征。创建该类倒角时，指定倒角边后分别设置两侧倒角距离 D1 和 D2 即可，效果如图 5-22 所示。

❏ **角度×D**

该方式需要指定一倒角距离和一倒角角度来创建倒角特征。创建该类倒角时，在指定倒角边线、距离和角度值后，可在【边倒角】操控面板中单击【切换角度使用的曲面】按钮，切换角度的参考基面，效果如图 5-23 所示。

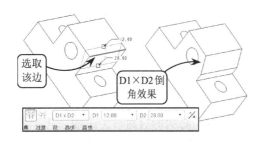 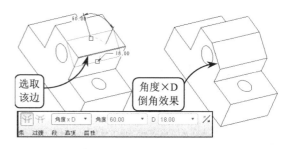

图 5-22　创建 D1×D2 倒角　　　　　　　　图 5-23　创建角度×D 倒角

❏ **45×D**

该方式仅限于两正交平面相交边线处的倒角操作。创建该类倒角时，只需选取边线后设置一个距离即可。倒角的角度系统默认为 45º，效果如图 5-24 所示。

**2.【集】下滑面板**

在【集】下滑面板中可以一次同时定义多个倒角参数、添加或删除倒角参照，以及设置倒角创建方式等。

❏ **参照选择区**

选择【新组】选项，即可选取模型边来定义倒角参照。此外还可以通过右键菜单，添加或删除所选倒角参照。单击【细节】按钮，则可在打开的【链】对话框中精确定义倒角参照，效果如图 5-25 所示。

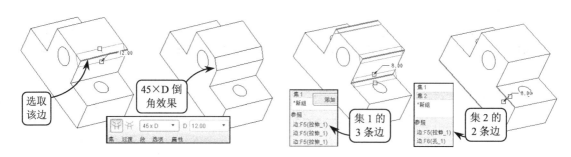

图 5-24　创建 45×D 倒角　　　　　　　　图 5-25　参照选择区

❏ **参数设置区**

在该设置区中可以对所选参照对象的倒角尺寸进行详细的设置。该区中的参数选项可随倒角类型的不同而变化，并可以通过下方下拉菜单中的【值】和【参照】两个选项，指定倒角距离的驱动方式，效果如图 5-26 所示。

- ❑ 创建方式

该选项可以指定创建倒角的方式，包括【偏移曲面】和【相切距离】两个选项。其中前者通过偏移相邻两曲面来确定倒角距离；后者以相邻曲面相切线的交点为起点来测量倒角的距离。

### 3．边倒角过渡设置

如果有多组倒角相接时，在相接处常常会发生故障，或者需要修改过渡类型。此时可在【边倒角】操控面板中单击【过渡】按钮，切换至过渡显示模式，模型窗口中将显示过渡区域的形式，效果如图 5-27 所示。

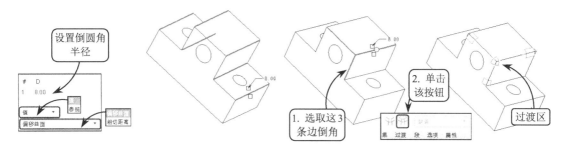

图 5-26　参数设置区　　　　　　　图 5-27　过渡区域显示效果

此时操控面板也将随之转换为过渡显示模式，选取需要修改的过渡区，通过右键菜单或从操控面板的列表中选取相应选项即可完成过渡设置。过渡设置的各选项介绍如下。

- ❑ 缺省

该选项为系统默认的选项，选择该选项时，倒角过渡处将按照系统默认的类型进行创建，效果如图 5-28 所示。

- ❑ 曲面片

可在 3 个或 4 个倒角的交点之间创建一个曲面片曲面。当在 3 个倒角相交所形成过渡区的情况下，可以设置曲面片相对于参照曲面的圆角参数；当 4 个倒角相交时，只能创建系统默认的曲面片，效果如图 5-29 所示。

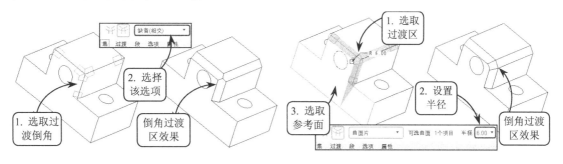

图 5-28　倒角过渡处缺省效果　　　　图 5-29　倒角过渡处曲面片效果

- ❑ 拐角平面

可以使用平面对由 3 个倒角相交形成的拐角进行倒角处理。只有在存在拐角的情况下才可使用该方式，效果如图 5-30 所示。

### 5.3.2 拐角倒角

利用该工具可以从零件的拐角处去除材料，从而创建拐角处的倒角特征。下面分别介绍拐角倒角的创建和修改方法。

#### 1．创建拐角倒角

创建拐角倒角，首先需要指定拐角所在的一条边线，从而定义出拐角位置。然后依次指定拐角各边线上倒角距拐角顶点的距离，即可完成拐角倒角的创建。

选择【插入】|【倒角】|【拐角倒角】选项，打开【倒角（拐角）：拐角】对话框。然后选取模型顶点的一条边线确定拐角，并在打开的【选出/输入】菜单中选择【输入】选项。此时输入沿该边的倒角距离，即可完成第一条拐角边的设置，效果如图 5-31 所示。

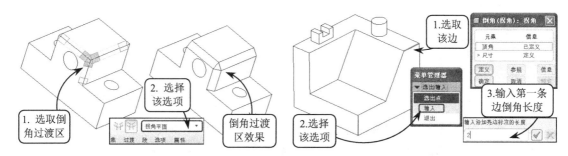

图 5-30　倒角过渡处拐角平面效果　　　图 5-31　输入第一条拐角边上的倒角距离

接着按照同样的方法设置第二条和第三条拐角边的倒角距离，并在【倒角（拐角）：拐角】对话框中单击【确定】按钮，即可创建拐角倒角，效果如图 5-32 所示。

#### 2．编辑拐角倒角

当所创建的拐角倒角不符合设计要求时，可以双击倒角特征显示倒角尺寸。然后双击要修改的倒角尺寸对其进行修改，并单击【再生】按钮，将显示编辑后的倒角效果，如图 5-33 所示。

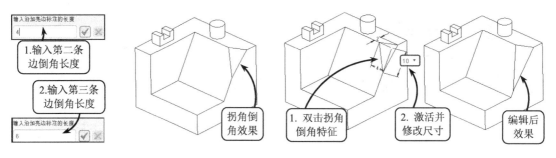

图 5-32　创建拐角倒角　　　图 5-33　修改倒角尺寸

## 5.4 壳特征

壳特征指将实体内部掏空,只留有一个特定壁厚的壳。其中可以选取一个或者多个曲面作为壳移除的参照面。如果用户没有指定所要移除的面,系统将自动创建一个封闭的壳体,将零件的整个内部都掏空,且空心内部没有入口。

### 5.4.1 删除面抽壳

删除面抽壳是抽壳中最为常用的抽壳方法,该方法能够以删除实体的一个或多个表面为删除面,创建出壳特征。

选择【壳】工具后,按住 Ctrl 键依次选取模型上要删除的面,并设置壳体厚度,即可创建均匀厚度的壳体特征,效果如图 5-34 所示。【壳特征】操控面板中各选项的含义介绍如下。

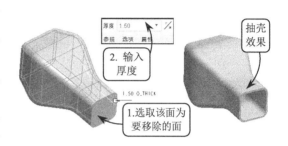

图 5-34　删除面抽壳效果

- ❏ **参照**

该下滑面板中包括两个用于指定参照对象的收集器。其中【移除的曲面】收集器用于选取需要移除的曲面或曲面组;【非缺省厚度】收集器可以选取需指定不同厚度的曲面,并对该收集器中的每一个曲面分别指定厚度。

- ❏ **选项**

在该下滑面板中可以对抽壳对象中的排除曲面,以及抽壳操作与其他凹角或凸角特征之间切削穿透的进行预防设置。

- ❏ **属性**

在该下滑面板中可浏览壳特征的删除曲面、厚度、方向和排除曲面等信息,并能够对壳特征进行重命名。

- ❏ **厚度和方向**

在【厚度】文本框中可以设置壳体的厚度。单击【反向】按钮 ✗ 可以在参照的另一侧创建壳体,其效果与输入负值厚度相同。通常输入正值即挖空实体内部形成壳体,而输入负值则是在实体外部加上指定的壳厚度。

在实际的设计过程中,往往会因为某些特征构建的先后顺序不同而产生迥异的结果。壳特征与倒角和拔模之间也存在着特定的创建顺序。创建的顺序不同,抽壳后产生的效果也会不同。

- ❏ **倒角与抽壳**

当一个模型中包含倒角和壳两种特征时,应当先创建倒角特征再进行抽壳,这样可以有效地解决壳体厚度不均匀的问题,效果如图 5-35 所示。

❑ 拔模与抽壳

当一个模型中既存在拔模特征，又存在壳特征时，应当先创建拔模特征再添加壳特征，这样同样可以解决壳体的不均匀问题。

❑ 孔与抽壳

若遇到孔特征与壳特征时，创建的先后顺序不同，所得到的模型效果也会不同，如图 5-36 所示。

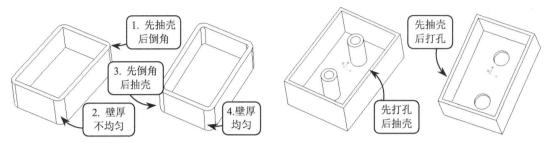

图 5-35　倒圆角与抽壳先后顺序的不同效果　　　　图 5-36　孔和壳特征先后顺序对比

## 5.4.2　保留面抽壳

该方法是将整个实体内部挖空，以在实体中建立一个封闭的壳。在创建各类球模型和气垫等空心模型时较为常用。

选择【壳】工具后，选取一封闭的实体。然后在【壳特征】操控面板中设置抽壳后的壁厚度，即可完成该类壳体的创建，效果如图 5-37 所示。

## 5.4.3　不同厚度抽壳

在创建比较复杂的壳体特征时，有些表面需要承受较大的载荷，因此需要加大其厚度，但其余表面使用正常的厚度即可满足使用要求。此时就需要创建具有不同厚度的壳体特征，以便既满足使用要求，又能降低生产成本。

选取要删除的面后，在【参照】下滑面板中激活【非缺省厚度】收集器。然后按住 Ctrl 键选取需要进行厚度设置的模型表面，并在该收集器中设置厚度值，即可创建不同厚度的壳特征，效果如图 5-38 所示。

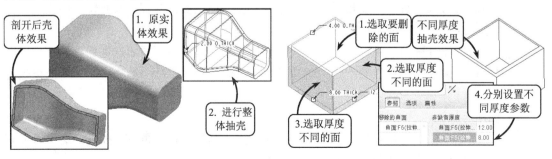

图 5-37　保留面抽壳　　　　　　　　　　　　图 5-38　不同厚度抽壳

## 5.5 拔模特征

在塑料拉伸件、金属铸造件和锻造件中，为了便于加工脱模，在成品与模具壁之间一般均会制作 1°～5° 的倾斜角，称为"拔模角"或"脱模角"。在实际生产中拔模角度所允许的范围在 –30°～+30° 之间。

### 5.5.1 创建一般拔模特征

在创建一般拔模特征时，拔模枢轴是不变的，拔模曲面围绕拔模枢轴进行旋转，从而创建拔模特征。

单击【拔模】按钮，打开【拔模特征】操控面板。然后选取拔模曲面，并指定拔模枢轴和拔模角度，即可创建一般拔模特征，效果如图 5-39 所示。【拔模】操控面板中各选项的含义介绍如下。

1. 参照

在该下滑面板中可指定【拔模曲面】、【拔模枢轴】和【拖拉方向】等参照对象。这几个选项的含义介绍如下。

- **拔模曲面** 指要进行拔模操作的模型表面，可以是一个或多个。
- **拔模枢轴** 拔模中性面或中性线。即在拔模过程中拔模曲面绕着该平面或者曲线进行旋转变形，而其本身或者拔模曲面在该平面或曲线的交线并不变形。
- **拖拉方向** 指用于测量拔模角度的方向，通常为模具开模的方向。可通过选取平面、直边、基准轴、两点或坐标系对其进行定义。拖拉方向一般都垂直于拔模枢轴，一般系统会自动设定，而不需要手动设定。

2. 分割

在该下滑面板中可对拔模曲面进行分割，并可以设置拔模面上的分割区域，以及各区域是否进行拔模，效果如图 5-40 所示。该面板中的各分割选项将在后面的分割拔模中详细介绍。

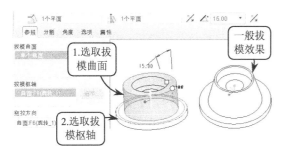

图 5-39 创建一般拔模特征

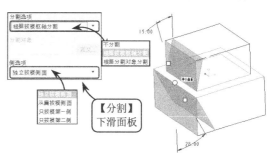

图 5-40 【分割】下滑面板

### 3. 角度

角度是指拔模方向与创建的拔模曲面之间的夹角。如果拔模曲面被分割，则可以为拔模曲面的每一侧定义一个独立的角度。在【角度】下滑面板中，可以在-30º~+30º之间设置拔模角度。此外还可以在拔模曲面的不同位置设定不同的拔模角度。

### 4. 选项

在该下滑面板中可以设置拔模曲面时是否拔模与之相切或相交的曲面，主要包括以下两个复选框。

- ❏ **拔模相切曲面** 启用该复选框，拔模曲面的拔模特征终止于相接曲面。
- ❏ **延伸相交曲面** 启用该复选框，拔模曲面的拔模特征延伸至与之相交的曲面。其中设置的拔模曲面的拔模角度，必须小于与之相交特征的半锥角，否则系统将无法显示。

## 5.5.2 创建分割拔模特征

分割拔模即是使用拔模枢轴、草图、平面或平面组为分割对象，对拔模曲面进行分割操作，并可以对不同区域的拔模曲面设置不同的拔模角度和拔模方向。按照分割对象的不同，分割拔模特征可分为以下两种类型。

### 1. 根据拔模枢轴分割

所谓拔模枢轴分割，即是拔模曲面在拔模枢轴相交的位置，分别向两个方向旋转一定角度，创建两个方向的拔模特征。

选择拔模工具后，分别指定拔模曲面和拔模枢轴。然后在【分割】下滑面板中选择【根据拔模枢轴分割】选项，并分别指定位于拔模枢轴两侧拔模曲面的拔模角度和方向，即可创建该类拔模特征，效果如图5-41所示。

在【分割】下滑面板的【侧选项】下拉列表中包括 4 个选项。这 4 个选项的含义介绍如下。

- ❏ **独立拔模侧面** 为拔模曲面在拔模枢轴两侧分别指定独立的拔模角度。
- ❏ **从属拔模侧面** 指定一拔模角度，第二侧以相反的方向拔模。该选项仅在拔模曲面以拔模枢轴分割或使用两个枢轴分割拔模时可用。其与独立拔模侧面方式的对比效果如图 5-42 所示。
- ❏ **只拔模第一侧** 只拔模曲面的第一侧（以拔模方向确定，箭头所指方向为第一侧方向），第二侧保持中性位置。该选项不适用于使用两个枢轴的分割拔模。
- ❏ **只拔模第二侧** 只拔模曲面的第二侧。其与【只拔模第一侧】方式的对比效果如图5-43 所示。

### 2. 根据分割对象分割

该方法是通过面组或草绘的曲线对拔模曲面进行分割拔模。如果使用不在拔模曲面上的草绘曲线进行分割拔模,系统会以垂直于草绘平面的方向将其投影到拔模曲面上。

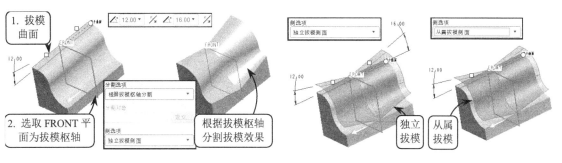

图 5-41 根据拔模枢轴分割拔模　　　　图 5-42 独立拔模与从属拔模对比效果

创建该类拔模特征,首先指定好拔模曲面和拔模枢轴后,在【分割选项】下拉列表中选择【根据分割对象分割】选项。然后单击【分割对象】右侧的【定义】按钮,选取拔模曲面或一基准平面为草绘平面,绘制用以确定分割区域的封闭草绘轮廓。接着分别设定两个区域的拔模角度和方向即可,效果如图 5-44 所示。

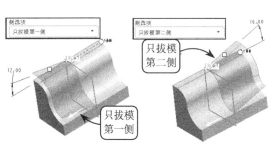
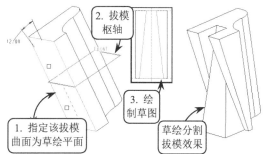

图 5-43 只拔模第一侧与只拔模第二侧对比效果　　　图 5-44 草绘分割拔模效果

> 注意
> 
> 在使用该方式创建分割拔模时,作为分割对象的草绘截面必须是闭合的。系统自动将该截面的轮廓向拔模曲面垂直投影,对拔模曲面加以分割。

### 5.5.3 创建可变角度拔模特征

所谓可变角度拔模,是指在同一拔模曲面上的不同位置设置不同的拔模角度所创建的拔模特征。其创建过程与创建可变倒圆角比较类似。

图 5-45 所示为选择拔模工具后,指定模型侧面为拔模曲面,并指定模型顶面为拔模枢轴,设置拔模角度。然后在【角度】下滑面板中选择拔模角度,并单击右键,在打开的快捷菜单中选择【添加角度】选项。接着设置第二点的位置和该位置处的拔模角度。

按照上面的方法,继续添加其他位置的点,并设置各点的位置参数,以及各点处的拔模角度。然后单击【应用】按钮,即可创建可变角度拔模特征,效果如图 5-46 所示。

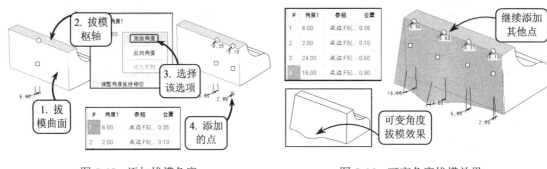

图 5-45  添加拔模角度

图 5-46  可变角度拔模效果

> **提 示**
> 对于分割拔模特征设置其可变角度时，位置点的定义方法与不分割状态下不同。即它不是沿着枢轴平面方向设置位置点，而是沿着与分割对象相垂直的方向在拔模曲面上分别向两侧设置可变角度的位置点。

## 5.6 典型案例 5-1：创建手机模型

本例创建一手机上壳体模型，效果如图 5-47 所示。手机是现代常用的移动通信设备，而手机壳身则为安装繁多的手机零部件提供了空间。该壳身为手机上壳体，主要包括主壳体、显示屏、听筒孔、固定柱和其上的安装螺纹孔以及功能按键孔和数字按键孔。壳身最大的特点是壳身表面呈顺滑的陡坡状，使显示屏更加凸出醒目。

创建该模型首先利用【拉伸】工具拉出壳身实体，然后利用【壳特征】工具对实体进行抽壳，

图 5-47  手机壳体模型效果

并通过拉伸剪切创建手机上部的显示屏窗口。接着利用【拉伸】和【镜像】工具创建壳身内部的固定柱，并利用【孔】工具创建安装螺纹孔。最后利用【拉伸剪切】创建一个功能按键孔，镜像得到另一个。继续通过拉伸剪切创建一数字按键孔，阵列创建其他的按键孔即可。

**操作步骤**

① 新建一名为 "phone.prt" 的文件，并指定模板为 "inbls_part_solid"，进入零件建模环境。然后单击【拉伸】按钮，选取 FRONT 平面为草绘平面绘制草图，并设置拉伸深度为 0.195，创建拉伸实体特征，效果如图 5-48 所示。

② 单击【拉伸】按钮，选取上步创建的拉伸实体顶面为草绘平面绘制草图，并设置拉伸深度为 0.13，创建拉伸实体特征，效果如图 5-49 所示。

③ 单击【拉伸】按钮，选取 RIGHT 平面为草绘平面绘制一圆弧，并在【选项】下滑面板中设置侧 1 和侧 2 的拉伸深度均为【穿透所有】。然后单击【去除材料】按钮，并按照如图 5-50 所示指定剪切的方向，创建拉伸剪切实体特征。

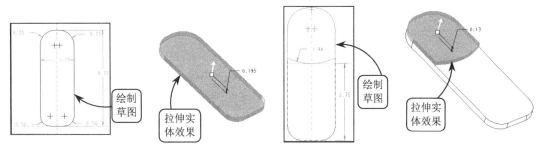

图 5-48 创建拉伸实体特征　　　　　　　图 5-49 创建拉伸实体特征

④ 单击【拔模】按钮，按住 Ctrl 键选取模型侧面为拔模曲面，并指定 FRONT 平面为拔模枢轴。然后指定拔模方向，并设置拔模角度为 10°，创建拔模特征，效果如图 5-51 所示。

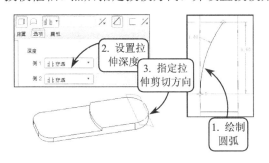
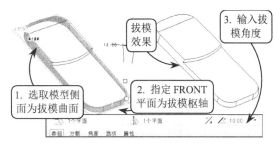

图 5-50 创建拉伸剪切实体特征　　　　　　图 5-51 创建拔模特征

⑤ 利用【倒圆角】工具选取如图 5-52 所示模型上表面的边为倒圆角对象，并设置倒圆角半径为 0.25，创建倒圆角特征。

⑥ 利用【倒圆角】工具选取创如图 5-53 所示边为倒圆角对象，并设置倒圆角半径为 0.77，创建倒圆角特征。继续利用【倒圆角】工具选取模型侧边为倒圆角对象，并设置倒圆角半径为 0.15，创建倒圆角特征。

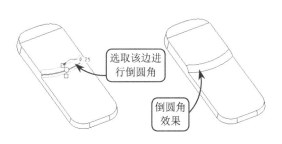
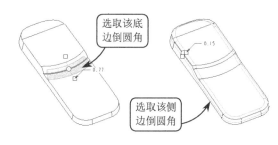

图 5-52 创建倒圆角特征　　　　　　　　图 5-53 创建倒圆角特征

⑦ 单击【壳特征】按钮，选取模型底面为要移除的面，并设置移除面后的壁厚为 0.03，创建壳特征，效果如图 5-54 所示。

⑧ 单击【拉伸】按钮，选取实体顶面为草绘平面绘制草图。然后单击【去除材料】按钮，并按照如图 5-55 所示指定剪切的方向，设置拉伸深度为 0.015，创建拉伸剪切实体特征。

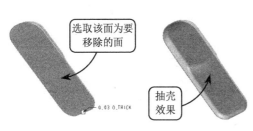
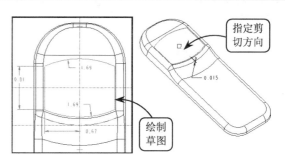

图 5-54 创建壳特征　　　　　图 5-55 创建拉伸剪切实体特征

⑨ 单击【拉伸】按钮，选取实体顶面为草绘平面。然后进入草绘环境，单击【偏移边】按钮，将如图 5-56 所示边向内偏移 0.03。接着单击【去除材料】按钮，设置拉伸深度为【穿透所有】，创建拉伸剪切实体特征。

⑩ 利用【倒圆角】工具选取如图 5-57 所示显示窗口 4 个拐角的 4 条内侧边为倒圆角对象，并设置倒圆角半径为 0.04，创建倒圆角特征。

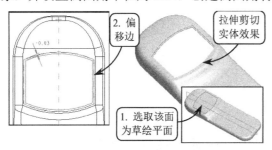
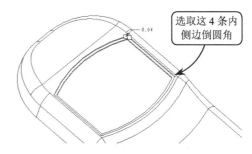

图 5-56 创建拉伸剪切实体特征　　　　　图 5-57 创建倒圆角特征

⑪ 单击【拉伸】按钮，选取 FRONT 平面为草绘平面绘制草图。然后单击【去除材料】按钮，设置拉伸深度为【穿透所有】，创建拉伸剪切实体特征，效果如图 5-58 所示。

⑫ 单击【拉伸】按钮，选取 FRONT 平面为草绘平面绘制一圆。然后单击【加厚草绘】按钮，并输入厚度参数为 0.03，设置拉伸深度为【穿透所有】，创建拉伸实体特征，效果如图 5-59 所示。

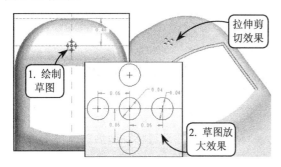
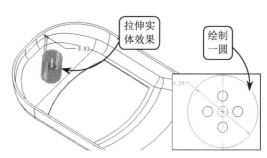

图 5-58 创建拉伸剪切实体特征　　　　　图 5-59 创建拉伸实体特征

⑬ 单击【拉伸】按钮，选取 FRONT 平面为草绘平面绘制一圆。然后单击【去除材料】按钮，并设置拉伸深度为 0.05，创建拉伸剪切实体特征。接着利用【倒圆角】工具为如图

5-60 所示的边添加半径为 0.03 的倒圆角。

⑭ 单击【拉伸】按钮，选取 FRONT 平面为草绘平面绘制两个圆，并设置拉伸深度为【穿透所有】，创建拉伸实体特征，效果如图 5-61 所示。

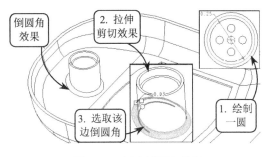

图 5-60 创建倒圆角特征

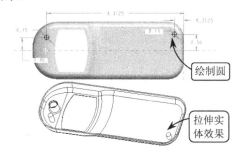

图 5-61 创建拉伸实体特征

⑮ 单击【拉伸】按钮，选取 FRONT 平面为草绘平面绘制两个与上步创建的圆柱体同心的圆，并设置拉伸深度为 0.04，创建拉伸实体特征，效果如图 5-62 所示。

⑯ 单击【孔】按钮，并在打开的【孔】操控面板中单击【创建标准孔】按钮，指定标准孔样式为【UNC】形式。然后选取上步创建的圆柱体端面为孔的放置面，并按住 Ctrl 键选取如图 5-63 所示的轴线即可定位孔。

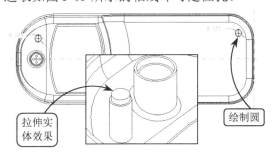

图 5-62 创建拉伸实体特征

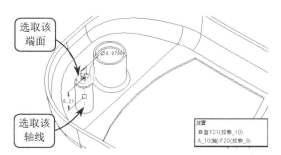

图 5-63 定位孔特征

⑰ 在【孔】操控面板中指定螺钉尺寸，并单击【添加埋头孔】按钮。然后在【形状】下滑面板中设置埋头孔的形状尺寸，并在【注解】下滑面板中禁用【添加注解】复选框。接着单击【应用】按钮，即可创建标准孔特征，效果如图 5-64 所示。

⑱ 继续利用【孔】工具在另一圆柱体上创建尺寸相同的标准孔。然后选取这两个圆柱体，并单击【镜像】按钮。接着指定 RIGHT 平面为镜像平面，创建镜像特征，效果如图 5-65 所示。

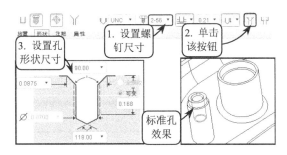

图 5-64 创建标准孔特征

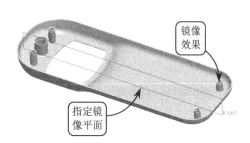

图 5-65 创建镜像特征

⑲ 利用【倒圆角】工具按住 Ctrl 键选取如图 5-66 所示的 4 边为倒圆角对象，创建半径为 0.03 的倒圆角。

⑳ 单击【拉伸】按钮，选取 FRONT 平面为草绘平面绘制功能按键孔的截面。然后单击【去除材料】按钮，设置拉伸深度为【穿透所有】，创建拉伸剪切实体特征，效果如图 5-67 所示。

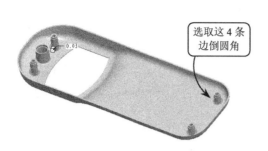

图 5-66 创建倒圆角特征

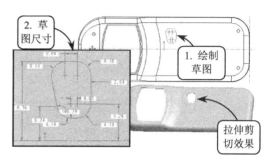

图 5-67 创建拉伸剪切实体特征

㉑ 选取上步创建的拉伸剪切特征，并单击【镜像】按钮。然后指定 RIGHT 平面为镜像平面，创建镜像特征，效果如图 5-68 所示。

㉒ 单击【拉伸】按钮，选取 FRONT 平面为草绘平面绘制数字按键孔的截面。然后单击【去除材料】按钮，设置拉伸深度为【穿透所有】，创建拉伸剪切实体特征，效果如图 5-69 所示。

㉓ 选取上步创建的拉伸剪切特征，并单击

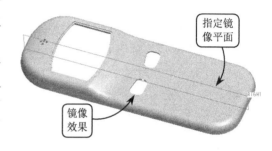

图 5-68 创建镜像特征

【阵列】按钮。然后分别选取如图 5-70 所示的两个尺寸，并依次设置第一方向和第二方向上的尺寸增量分别为–0.40 和–0.43。接着设置第一方向阵列数目为 4，并设置第二方向阵列数目为 3，创建阵列特征。

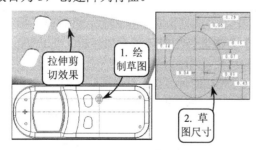

图 5-69 创建拉伸剪切实体特征

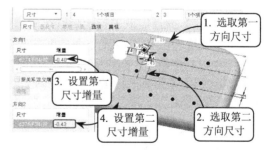

图 5-70 创建阵列特征

## 5.7 典型案例 5-2：创建矿泉水瓶模型

本例创建一矿泉水瓶模型，效果如图 5-71 所示。该瓶体是盛装矿泉水的容器，整个瓶身凹凸有致。其中下瓶身有六角形的防滑凹槽,既可以装饰瓶身,又可以增加瓶身与手掌的摩擦;上瓶身有圆形的凸起与凹槽,方便人手握持。此外瓶口有螺旋形的螺纹。

创建该矿泉水瓶模型,首先通过旋转创建瓶身初始模型,并通过拉伸剪切创建六角形防滑槽。然后通过连续的阵列操作创建所有防滑槽,并通过旋转和旋转剪切创建上瓶身的环形凸起和环形槽。接着利用【旋转】工具创建瓶口,并对整个瓶身进行抽壳。最后通过螺旋扫描创建瓶口螺纹,并通过拉伸剪切对螺纹进行剪切。

图 5-71 矿泉水瓶模型

### 操作步骤

① 新建一名为"bottle.prt"的零件文件。然后单击【拉伸】按钮,选取 FRONT 平面为草绘平面绘制一直径为 40 的圆,并设置拉伸深度为 120,创建拉伸实体特征,效果如图 5-72 所示。

② 选取如图 5-73 所示的表面,并选择【编辑】|【偏移】选项。然后在打开的【偏移】操控面板中选择【标准偏移】选项,并指定偏移方向向内,偏移距离为 1,创建偏移曲面特征。

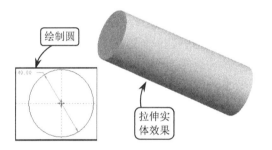

图 5-72 创建拉伸实体特征

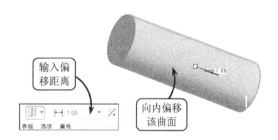

图 5-73 创建偏移曲面特征

③ 利用【基准平面】工具创建距离 TOP 平面为 40 的基准平面,效果如图 5-74 所示。

④ 单击【拉伸】按钮,选取上步创建的基准平面为草绘平面,绘制如图 5-75 所示的草图截面。然后设置拉伸深度为拉伸至指定曲面,并选取第 2 步创建的偏移曲面为拉伸终止面。接着单击【去除材料】按钮,创建拉伸剪切实体特征。

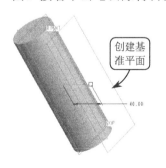

图 5-74 创建基准平面

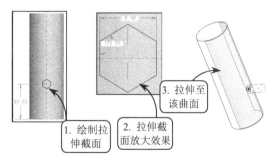

图 5-75 创建拉伸剪切实体特征

⑤ 利用【倒圆角】工具选取如图 5-76 所示凹槽的 6 条竖直棱边,创建半径为 0.5 的倒

圆角特征。继续利用【倒圆角】工具为凹槽上下两条边，创建半径分别为 0.5 和 0.4 的倒圆角特征。

⑥ 将以上创建的拉伸剪切特征和倒圆角特征创建为组。然后选取该组，并单击【阵列】按钮。接着设置阵列方式为轴阵列，并选取如图 5-77 所示轴线为阵列中心轴。最后设置阵列数目为 12，阵列角度为 30º，创建阵列特征。

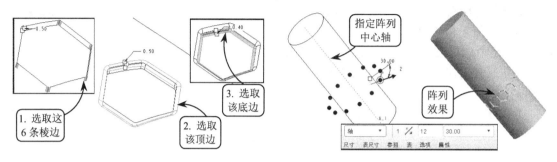

图 5-76　创建倒圆角特征　　　　　　　图 5-77　创建阵列特征

⑦ 利用【基准平面】工具创建距离 FRONT 平面距离为 22 的基准平面。然后选取上步创建的阵列特征，并单击【镜像】按钮。接着指定该基准平面为镜像平面，创建镜像特征，效果如图 5-78 所示。

⑧ 创建穿过如图 5-79 所示两条边的基准平面。然后利用【拉伸】工具选取该基准平面为草绘平面，绘制草图截面。接着设置【侧 1】深度为拉伸至第 2 步创建的偏移曲面；【侧 2】深度为【穿透所有】。最后单击【去除材料】按钮，创建拉伸剪切实体特征。

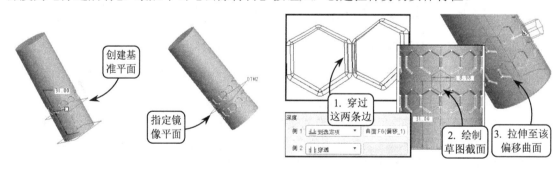

图 5-78　创建镜像特征　　　　　　　图 5-79　创建拉伸剪切实体特征

⑨ 利用【倒圆角】工具选取如图 5-80 所示凹槽的 6 条竖直棱边，创建半径为 0.5 的倒圆角特征。继续利用【倒圆角】工具为凹槽上下两条边，创建半径分别为 0.5 和 0.4 的倒圆角特征。

⑩ 将以上创建的拉伸剪切特征和倒圆角特征创建为组。然后选取该组，并单击【阵列】按钮。接着设置阵列方式为轴阵列，并选取如图 5-81 所示轴线为阵列中心轴。最后设置阵列数目为 12，阵列角度为 30º，创建阵列特征。

⑪ 利用【拉伸】工具选取实体底面为草绘平面，绘制一直径为 25 的圆。然后设置拉伸深度为 3，并单击【去除材料】按钮，创建拉伸剪切实体特征。接着利用【倒角】工具选取该凹槽底边，添加 D×D 的倒角，D 值为 3，效果如图 5-82 所示。

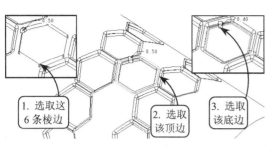 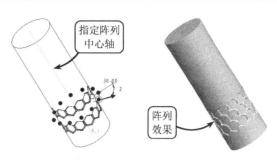

图 5-80 创建倒圆角特征　　　　　　　　图 5-81 创建阵列特征

⑫ 利用【倒圆角】工具选取如图 5-83 所示的 3 条底边,创建半径为 3 的倒圆角特征。

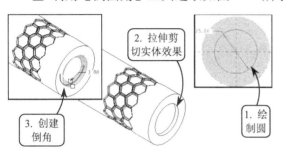 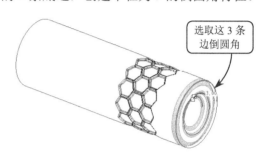

图 5-82 创建拉伸剪切实体特征　　　　　图 5-83 创建倒圆角特征

⑬ 利用【旋转】工具选取 RIGHT 平面为草绘平面,绘制一直径为 2 的圆。然后设置旋转角度为 360º,创建旋转实体特征,效果如图 5-84 所示。

⑭ 利用【旋转】工具选取 RIGHT 平面为草绘平面,绘制一直径为 3 的圆。然后设置旋转角度为 360º,并单击【去除材料】按钮 ,创建旋转剪切实体特征,效果如图 5-85 所示。

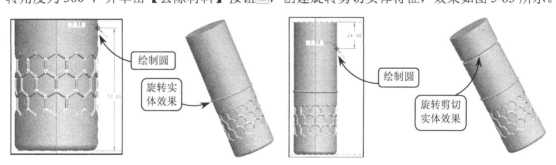

图 5-84 创建旋转实体特征　　　　　　　图 5-85 创建旋转剪切实体特征

⑮ 利用【倒圆角】工具按住 Ctrl 键选取如图 5-86 所示 4 条边为倒圆角对象,并设置倒圆角半径为 1,创建倒圆角特征。

⑯ 利用【旋转】工具选取 RIGHT 平面为草绘平面,绘制草图截面。然后设置旋转角度为 360º,创建旋转实体特征。接着利用【倒圆角】工具选取如图 5-87 所示的 5 条边,添加半径为 0.5 的倒圆角。

⑰ 利用【壳特征】工具选取瓶口端面为要移除的面,并设置移除后的壁厚为 0.5,创建抽壳特征,效果如图 5-88 所示。

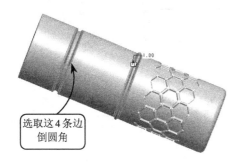
图 5-86 创建倒圆角特征

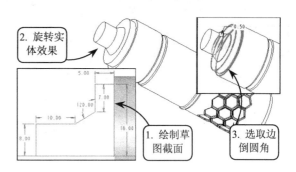
图 5-87 创建旋转实体特征并倒圆角

⑱ 选择【插入】|【螺旋扫描】|【伸出项】选项,并在打开的菜单中选择【常数】|【穿过轴】|【右手定则】|【完成】选项。然后选取 RIGHT 平面为草绘平面,绘制扫描轨迹线,并输入节距值为 2。接着绘制如图 5-89 所示的螺纹截面,创建螺旋扫描实体特征。

⑲ 利用【拉伸】工具选取瓶口端面为草绘平面,绘制草图截面。然后设置拉伸深度为 9,并单击【去除材料】按钮,创建拉伸剪切实体特征,效果如图 5-90 所示。

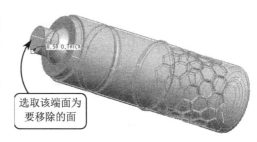
图 5-88 创建抽壳特征

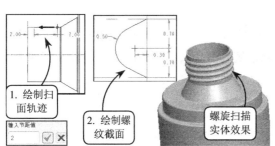
图 5-89 创建瓶口螺纹

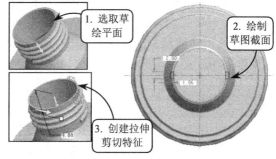
图 5-90 创建拉伸剪切实体特征

## 5.8 上机练习

### 1. 创建泵头模型

本练习创建一泵头零件模型,效果如图 5-91 所示。泵头是液压系统中的重要零件,一般与管道和法兰配合使用来连接泵体与管道。该零件的结构主要由中部的空心圆柱体、均布于圆柱体周围的 3 个连接支耳,以及位于圆柱体中部的连接凸台 3 部分所组成。

创建该泵头零件模型,可以先创建出中部的空心圆柱泵体和泵体周围的一个支耳特征。然后利用【特征操作】工具复制出其余的支耳。接着创建出具有拔模特征的连接凸台,即可完成该泵头零件模型的创建。

### 2. 创建摩托车发动机模型

本练习创建一摩托车发动机模型,效果如图 5-92 所示。该发动机为摩托车的动力输出装置,能够将燃油的内能转化为使车轮向前驱动的机械能。其主要结构为固定基座、支撑肋板、气缸、进气管道、出气管道和散热片。

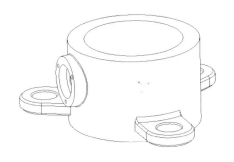

图 5-91　泵头零件效果　　　　　图 5-92　摩托车发动机模型

创建该发动机模型,可首先利用【拉伸】工具创建固定基座,并利用【拉伸】和【草绘孔】工具创建基座端面的安装螺孔。然后拉伸创建出气管道,并创建管道一侧的一个加强筋,通过阵列创建其他筋特征。接着拉伸创建基座之上的气缸和进气管道,通过阵列创建管道周围的 6 个定位孔。最后通过旋转创建一个散热片,尺寸阵列创建其他散热片。

# 第6章

# 零件建模的高级特征

在零件建模的过程中,由于机械零件的复杂多样,使得有些零件的三维模型使用基础特征或工程特征难以创建。而采用高级特征则可以比较方便地创建,如通过环形折弯创建轮胎、通过螺旋扫描创建弹簧等。在创建一些不规则形状或外形复杂的实体模型时,高级特征是比较方便快捷的方法。

本章主要介绍修饰、扫描混合、螺旋扫描、环形折弯和骨架折弯等高级特征的创建方法。其中创建扫描混合特征和螺旋扫描特征是本章学习的重点。

**本章学习目的:**
➢ 掌握修饰特征的创建方法
➢ 掌握扫描混合特征的创建方法
➢ 掌握螺旋扫描特征的创建方法
➢ 掌握高级特征的创建方法

## 6.1 修饰特征

修饰特征是在其他特征上绘制的一种复杂几何图形,可以在模型上清楚地显示,如零件模型上的一些修饰性纹理、螺丝上的螺纹示意线、零件产品的名称或标志等。

### 6.1.1 修饰螺纹特征

螺纹是一种组合的修饰特征,在零件上主要用于表示螺纹直径。修饰螺纹特征在机械零件上以洋红色显示,并且与实际螺纹相一致。通常修饰螺纹可以是外螺纹或内螺纹,也可以是盲孔或贯通的。

创建修饰螺纹,应当指定螺纹内径或螺纹外径、起始曲面和

螺纹长度或终止边。选择【插入】|【修饰】|【螺纹】选项，打开【修饰：螺纹】对话框，效果如图6-1所示。该对话框中列出了创建修饰螺纹所需定义的各个参数元素。

图6-1 【修饰：螺纹】对话框

### 1. 螺纹曲面

用于定义螺纹所在的曲面。在打开【修饰：螺纹】对话框时，该选项一般处于激活状态，并提示选取螺纹曲面。图6-2所示为选取实体上的一个曲面。

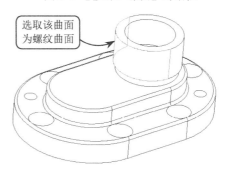

### 2. 起始曲面

用于定义螺纹的起始端面。一般在定义螺纹曲面后，该选项将自动激活，可以选取面组曲面、常规曲面、分割曲面或实体表面的基准曲面作为起始曲面，如具有旋转、倒角、倒圆角或扫描特征的曲面，效果如图6-3所示。

图6-2 选取螺纹曲面

### 3. 方向

用于定义螺纹的创建方向。定义起始曲面后，该选项将自动激活，同时在图形中显示一个沿螺杆法线方向且呈暗红色的箭头，并打开【方向】菜单。如果图形中的箭头方向正确，可选择【确定】选项，进行下一步操作；反之可选择【反向】选项改变箭头的方向，效果如图6-4所示。

图6-3 选取实体端面为起始曲面

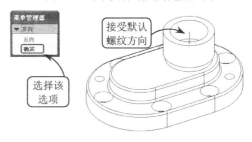

### 4. 螺纹长度

用于定义螺纹的长度。定义螺纹方向之后，该选项将自动激活，同时打开【指定到】菜单。该菜单中列出以下4种设置螺纹长度的方式。

图6-4 定义螺纹方向

- **盲孔** 通过一个固定的尺寸值控制螺纹长度，具体值由用户定义。
- **至点/顶点** 以选取的点或顶点作为终止参照，使设置的螺纹长度到所选的点或者顶点时结束。
- **至曲线** 以选取的轴、边线或三维图元作为终止参照，使设置的螺纹长度至选取的终止参照时结束。图6-5所

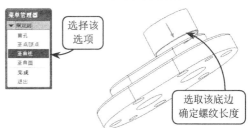

图6-5 通过指定边确定螺纹长度

示为选取底边为终止参照。

- **至曲面** 以选取的曲面作为终止参照，控制螺纹的长度。其中的终止参照可以是任何实体表面或基准平面。

### 5. 主直径

用于定义螺纹的直径。定义螺纹的长度之后，信息栏中将打开【输入直径】文本框，效果如图 6-6 所示。通常系统将给出默认的直径值。如果是内螺纹，那么该直径值将比孔的直径大 10%；如果是外螺纹，那么该直径值将比轴的直径小 10%。

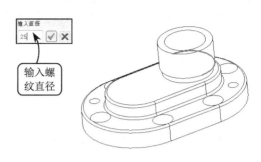

图 6-6 输入螺纹主直径

### 6. 注释参数

主要用于管理特征参数。定义螺纹的主直径之后，系统将打开【特征参数】菜单。其中包括以下 4 种特征参数的管理方式。

- **检索** 选择该选项可以从硬盘中打开一个包含螺纹注释参数的文件，并将其应用到当前螺纹中。
- **保存** 选择该选项可以保存螺纹的注释参数，以便以后检索使用。
- **修改参数** 选择该选项可以通过如图 6-7 所示的对话框，对螺纹的参数进行修改。
- **显示** 选择该选项可以打开【信息窗口】对话框显示螺纹的信息参数，效果如图 6-8 所示。

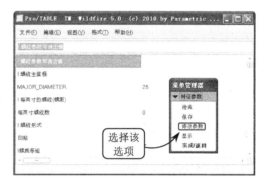

图 6-7 修改螺纹参数

当最后一个参数选项定义完成后，在【特征参数】菜单中选择【完成】选项。此时【修饰：螺纹】对话框中将显示所有元素都已定义，单击【确定】按钮，即可创建修饰螺纹特征，效果如图 6-9 所示。

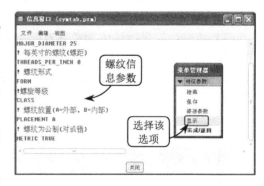

图 6-8 【信息窗口】对话框

## 6.1.2 修饰草绘特征

修饰草绘特征主要用于在零件的曲面上充当修饰性纹理，包括印制到对象上的公司徽标、序列号和铭牌等内容。此外修饰草绘特征也可用于定义有限元局部负荷区域的边界，并且不能作为创建其他特征的参考边或参考尺寸。

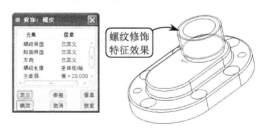

图 6-9 创建螺纹修饰特征

选择【插入】|【修饰】|【草绘】选项，打开【选项】菜单。在该菜单中列出了以下两种创建修饰草绘特征的剖截面方式。

1. 规则截面

不论是在空间任意位置或零件的曲面上，使用规则截面创建的修饰特征总是位于草绘平面上。规则截面是一种二维平面特征，在创建规则修饰特征时，可以为其添加剖面线或无剖面线。

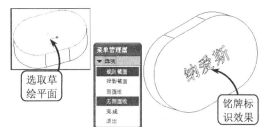

图 6-10　规则截面的修饰草绘特征

选择【规则截面】|【无剖面线】|【完成】选项，选取草绘平面，并接受默认的草绘方向。然后进入草绘环境，利用【文本】工具绘制铭牌标识即可，效果如图 6-10 所示。

> —注—意—
>
> 如果选择【剖面线】选项，添加的剖面线只能在工程图环境中修改，在零件或装配环境中，剖面线将以 45°显示。

2. 投影截面

使用投影截面创建的修饰特征将投影到单个零件的曲面上，但是不能跨越零件曲面，而且不能对投影截面添加剖面线或执行阵列操作。通常投影截面用于在不平整的表面上创建修饰草绘特征。

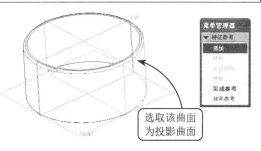

图 6-11　选取投影曲面面组

选择【投影截面】|【无剖面线】|【完成】选项，将打开【特征参考】菜单。其中列出了特征参考的 4 种操作方式。其中【添加】方式是默认的操作方式，用于创建修饰特征时选取投影曲面，效果如图 6-11 所示。

选取投影曲面后，需要指定一个草绘平面来绘制图形。一般可以选取基准平面或实体表面作为草绘平面。此外还需指定草绘视图的方向来确定草绘平面的放置位置，效果如图 6-12 所示。

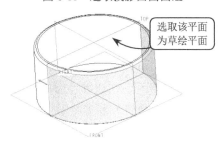

图 6-12　指定草绘平面和视图方向

进入草绘环境后，可以利用各种草绘工具绘制几何图形、标注注释或文字性说明。退出草绘环境后，草绘的图形即可投影到所选的曲面面组上，效果如图 6-13 所示。

### 6.1.3　修饰凹槽特征

修饰凹槽特征是将绘制的草图投影到曲

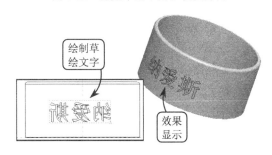

图 6-13　创建草绘修饰特征

面或平面上所创建的投影修饰特征。其中凹槽没有深度概念，不能跨越曲面边界，其效果相当于投影截面的草绘修饰特征。

选择【插入】|【修饰】|【凹槽】选项，打开【特征参照】菜单。然后选取投影的曲面或平面面组，并定义草绘平面和视图方向进入草绘环境，效果如图 6-14 所示。

进入草绘环境后，可以绘制封闭或开放的曲线及曲线段组合。其中绘制的图形必须依附于草绘平面，其投影不能超越投影曲面的边界。然后退出草图环境，即可创建零件表面上修饰凹槽特征，效果如图 6-15 所示。

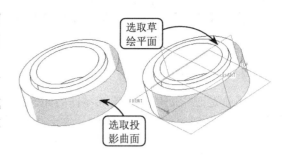

图 6-14　定义投影曲面和草绘平面

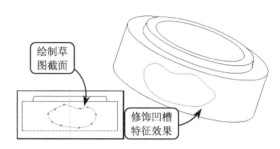

图 6-15　创建修饰凹槽特征

## 6.2　扫描混合特征

扫描特征是构成特征的截面形状和大小不变，只是截面的方向随着扫描轨迹的方向连续变化；混合特征是截面的大小和形状都发生变化，但方向变化有限，不像扫描那样可以在人为控制下连续变化。而扫描混合特征既具有扫描截面方向连续变化的特点，又具有截面形状和大小也可以人为控制随意变化的特点。

创建扫描混合特征既需要有一条轨迹线，还需要有两个以上的截面。选择【插入】|【扫描混合】选项，打开【扫描混合】操控面板，效果如图 6-16 所示。在该操控面板中需要指定单个轨迹（原点轨迹）和多个截面。

图 6-16　【扫描混合】操控面板

### 1．指定扫描混合的轨迹

扫描混合轨迹是将多个截面进行混合的路径曲线。创建扫描混合特征首先必须定义轨迹线，可以通过草绘轨迹线，或选取现有的基准曲线、实体边链作为轨迹线。图 6-17 所示为利用【草绘】工具绘制的轨迹线。

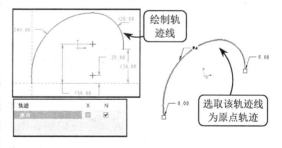

图 6-17　绘制轨迹线

当指定好轨迹线后，在【参照】下滑面板的【轨迹】收集器中将显示所选轨迹的信息。若只有一条轨迹线，则所选的轨迹线即为原点轨迹线；若存在两条轨迹线，则第一次选取的轨迹线，系统自动指定为原点轨迹线。该收集器所包括的【X 轨迹】和【N（法向）轨迹】两个选项的含义介绍如下。

## 第6章 零件建模的高级特征

- **X 轨迹** 原点轨迹线不能设置为 X 轨迹，只有第二条轨迹线才能设置为 X 轨迹。当设置为 X 轨迹时，指扫描截面的 X 轴将穿过截面与轨迹的交点。
- **N 轨迹** 指法向轨迹。扫描截面的法向方向与扫描轨迹的各点相切平行。当只有一条轨迹线时，系统自动设定原点为 N 轨迹。当存在两条轨迹线时，第二条轨迹线可以设置为 X 轨迹或 N 轨迹。但当第二条轨迹线设置为 N 轨迹时，原点轨迹线不能设置为 N 轨迹。

---
**提示**

选取轨迹线后，轨迹线上箭头所在的点即为轨迹线的起点，单击起始点的箭头可调换起点的位置。

---

### 2．绘制扫描混合的各截面

扫描混合特征的特点是可以将多个截面沿轨迹线进行混合，可以草绘各个截面，也可以选取现有的截面作为混合截面。但要注意的是，扫描混合的各截面图元数目必须相等。

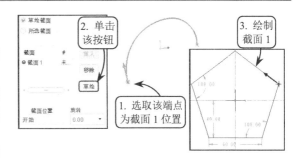

图 6-18 绘制第一个截面

展开【截面】下滑面板，单击激活该面板中的【截面位置】收集器。然后选取轨迹线的起点确定第一个截面的位置。接着单击【草绘】按钮，进入草绘环境绘制一五边形为第一个截面，效果如图 6-18 所示。

接下来在【截面】下滑面板中单击【插入】按钮，创建第二个截面，并选取轨迹线上的节点为第二个截面的位置。接着单击【草绘】按钮，进入草绘环境绘制一圆为第二个截面。由于混合截面的各截面图元数量必须相等，因此利用【分割】工具将该圆 5 等分，效果如图 6-19 所示。

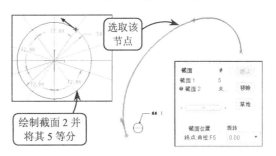

图 6-19 绘制第二个截面

单击【插入】按钮，创建第三个截面，并选取轨迹线上的末端端点为第三个截面的位置。接着单击【草绘】按钮，进入草绘环境绘制一点为第三个截面。最后单击【应用】按钮✓，即可创建扫描混合特征，效果如图 6-20 所示。

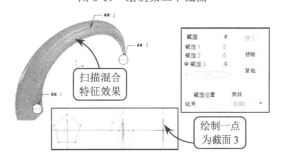

图 6-20 绘制第三个截面

### 3．设置扫描混合各剖面属性

绘制好各剖面后，便可以设置各剖面与扫描轨迹线的位置关系。在【参照】下滑面板的【剖面控制】下拉列表中提供了以下 3 种剖面的控制方式。

- **垂直于轨迹** 该选项为系统默认的选项，指所有截面与轨迹线的交点切线方向垂直。

❑ **垂直于投影** 每个截面垂直于一条假想的曲线。该曲线是某个轨迹在指定平面或坐标轴上的投影。

❑ **恒定法向** 每个截面的法向方向保持与指定的方向参照平行。

当设置剖面控制方式为【垂直于轨迹】时，【水平/垂直控制】选项组将被激活，效果如图 6-21 所示。在该下拉列表中提供了以下两个选项。

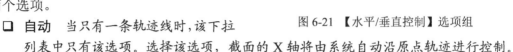

图 6-21 【水平/垂直控制】选项组

❑ **自动** 当只有一条轨迹线时，该下拉列表中只有该选项。选择该选项，截面的 X 轴将由系统自动沿原点轨迹进行控制。

❑ **X 轨迹** 当选取两条轨迹线时，该下拉列表中才出现该选项。一般所选的第 2 条轨迹线自动定义为 X 轨迹线。此时 X 轨迹线不得短于原始轨迹线，否则无法绘制剖面。

> 提示
> 当指定剖面控制方式为【垂直于轨迹】时，【参照】面板下方将出现【起始点的 X 方向参照】选项组。当选取基准平面作为方向参照时，起始点的 X 方向平行于基准平面的法向；当选取基准轴作为方向参照时，起始点的 X 方向平行于基准轴方向。

### 4．设置扫描混合截面的边界条件

在【相切】下滑面板中可以定义各个扫描剖截面之间的连续过渡方式。其中开始截面可以设置为自由、相切或垂直过渡；终止截面可以设置为尖点或平滑过渡。

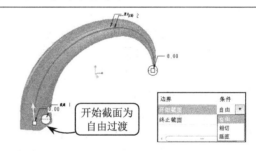

图 6-22 开始截面自由连续过渡

❑ **开始截面** 用于设置扫描开始位置的连续过渡方式。包括【自由】、【相切】和【垂直】3 种方式。其中【自由】是默认选项，也是最常用的一种连续方式，表示扫描开始位置不受侧参照的任何影响，效果如图 6-22 所示。

❑ **终止截面** 用于设置扫描终止位置的连续过渡方式。包括【尖点】和【平滑】两种方式，效果如图 6-23 所示。

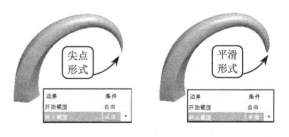

图 6-23 终止位置的两种连续方式

> 提示
> 选择开始截面的其他两种连续方式时，还需通过定义参照曲面才能创建扫描混合特征。其中【相切】连续表示扫描开始位置与参照曲面相切；【垂直】连续表示扫描开始位置与参照曲面垂直。

## 5. 设置扫描混合截面的混合样式

在【选项】下滑面板中可以定义混合控制方式，包括【无混合控制】、【设置周长控制】和【设置剖面面积控制】3种方式。这3种方式的含义介绍如下。

- **无混合控制** 该选项为系统默认的选项。指对混合没有约束条件，系统自动进行混合。
- **设置周长控制** 指通过控制截面的周长来控制扫描混合特征的形状。
- **设置剖面面积控制** 指在指定的扫描混合剖截面区域之间混合。

此外当创建的扫描混合特征为曲面时，【封闭端点】复选框将被激活。如果启用该复选框，则创建的扫描混合曲面端面封闭，效果如图6-24所示。

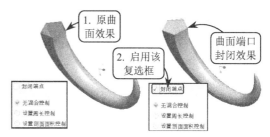

图6-24 封闭端点的扫描混合曲面

## 6.3 螺旋扫描特征

螺旋扫描是将截面沿着螺旋轨迹线扫描所创建的特征。螺旋扫描的轨迹线通过旋转曲面的轮廓以及螺距来定义。旋转曲面的轮廓指螺旋特征的截面原点到其旋转轴之间的距离，而螺距指螺旋线之间的距离。该工具经常用于创建包含弹簧、冷却管和线圈绕阻等具有螺旋线特征的模型。

选择【插入】|【螺旋扫描】|【伸出项】选项（或者【薄板伸出项】、【曲面】和【切口】等选项），将打开【伸出项：螺旋扫描】对话框和【属性】菜单，效果如图6-25所示。

利用该工具可以创建螺旋实体特征、螺旋切口特征和可变螺距扫描特征等多种螺旋扫描特征。这里介绍常用的3种螺旋扫描特征的创建。

图6-25 【伸出项：螺旋扫描】对话框

### 1. 创建恒定螺距扫描特征

该方式是指以恒定螺距方式创建的螺旋扫描特征。如恒定螺距的弹簧，便可利用该方式进行创建。

选择【插入】|【螺旋扫描】|【伸出项】选项，在打开的【属性】菜单中选择【常数】|【穿过轴】|【右手定则】|【完成】选项。然后指定草绘平面进入草绘环境，效果如图6-26所示。

 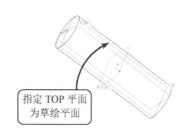

图6-26 指定草绘平面

进入草绘环境后，绘制一条竖直直线为扫描轨迹线，并绘制一条竖直中心线作为旋转轴。然后退出草绘环境，并在提示栏的【输入节距值】文本框中输入螺距值。接着单击【应用】按钮✓，再次进入草绘环境绘制扫描剖截面，效果如图 6-27 所示。

退出草图环境，单击【预览】按钮，预览螺旋扫描特征效果。如果符合要求，单击【确定】按钮，即可创建螺旋扫描特征，效果如图 6-28 所示。

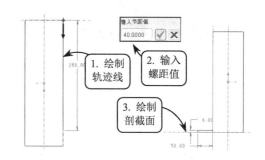

图 6-27　绘制扫描轨迹线和截面

> **提　示**
> 在【属性】菜单中，【穿过轴】指横截面位于穿过轴的平面内，即横截面的法向垂直于旋转轴；【垂直于轨迹】指扫描截面垂直于扫描轨迹。

图 6-28　创建螺旋扫描特征

### 2. 创建螺纹切口特征

该方式是指以螺旋扫描方式从现有实体上去除材料，经常用于创建紧固件零件上的外螺纹和内螺纹，如螺钉外螺纹和螺母内螺纹。

选择【插入】|【螺旋扫描】|【切口】选项，打开【切剪：螺旋扫描】对话框和【属性】菜单。然后在该菜单中选择【常数】|【穿过轴】|【右手定则】|【完成】选项，并指定草绘平面进入草绘环境，效果如图 6-29 所示。

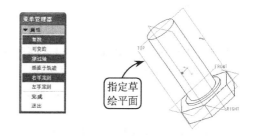

图 6-29　指定草绘环境

绘制一条直线为扫描轨迹线，并绘制一条竖直中心线作为旋转轴。然后退出草绘环境，并在提示栏的【输入节距值】文本框中输入螺距值。接着单击【应用】按钮✓，再次进入草绘环境绘制扫描剖截面，效果如图 6-30 所示。

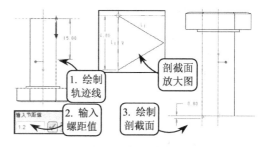

图 6-30　绘制轨迹线和截面

退出草绘环境，并在打开的【方向】菜单中单击【确定】按钮，接受默认的旋转剪切方向。然后在【切剪：螺旋扫描】对话框中单击【确定】按钮，即可创建螺旋扫描切剪特征，效果如图 6-31 所示。

### 3. 创建可变螺距扫描特征

除了可以创建螺距为常数的扫描特征之

图 6-31　创建螺旋扫描切剪特征

# 第6章 零件建模的高级特征

外，还可以创建螺距为可变的螺旋扫描特征。该种可变螺距的螺旋扫描特征可通过螺距图进行具体定义。

选择【插入】|【螺旋扫描】|【伸出项】选项，在打开的【属性】菜单中选择【可变的】|【穿过轴】|【右手定则】|【完成】选项。然后指定草绘平面进入草绘环境，效果如图 6-32 所示。

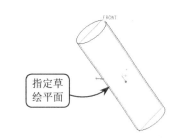

图 6-32 指定草绘平面

绘制一条竖直直线为扫描轨迹线，并绘制一条竖直中心线作为旋转轴。然后利用【分割】工具在该轨迹线上指定 4 个分割点，将轨迹线分割为 5 段。接着退出草绘环境，并在信息栏中依次输入轨迹线起点和端点处的螺距，效果如图 6-33 所示。

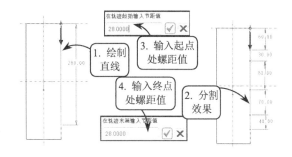

图 6-33 绘制扫描轨迹线并分割

此时系统将打开如图 6-34 所示的对话框，并打开【定义控制曲线】菜单。然后在该菜单中选择【添加点】选项，并选取一个分割点。接着在打开提示栏的【输入节距值】文本框中输入该处螺距值，单击【应用】按钮，则添加的该点将在对话框中显示。

接下来按照上面的方法设置其他分割点处的螺距值，并且各点的螺距值将显示在如图 6-35 所示的对话框中。然后在【定义控制曲线】菜单中选择【完成/返回】选项，并在【图形】菜单中选择【完成】选项，将再次进入到草绘环境中绘制扫描截面。

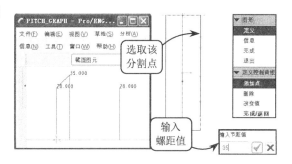

图 6-34 显示螺距曲线

退出草绘环境后，在【伸出项：螺旋扫描】对话框中单击【确定】按钮，即可创建可变螺距扫描特征，效果如图 6-36 所示。

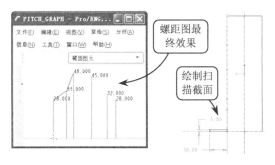

图 6-35 绘制扫描截面

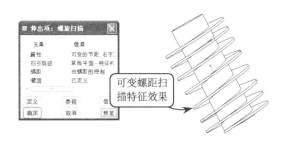

图 6-36 创建可变螺距扫描特征

127

## 6.4 其他高级特征

创建高级特征弥补了一般建模特征的局限性。高级特征是在一般建模特征的基础上，再将该特征进一步细化创建的更为复杂的模型，如空间管道、环形折弯、骨架折弯和展平面组等。

### 6.4.1 管道

管道是具有一定壁厚且内部呈中空管状的实体零件。利用 Pro/E 提供的【管道】工具可以创建外形丰富多变的管道实体。在实际的生产中经常使用管道传输流体或连接多个零件。

创建管道仅需指定管道的几何属性、相应壁厚和经过的轨迹路径即可。选择【插入】|【高级】|【管道】选项，打开【选项】菜单，效果如图6-37所示。

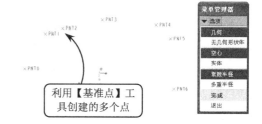

图 6-37 【选项】菜单

选择【几何】|【空心】|【常数半径】|【完成】选项，并在打开的信息栏中依次输入外部管径值和侧壁厚度值，这两个参数决定管道横截面的形状和大小。此时系统打开【连结类型】菜单，效果如图6-38所示。

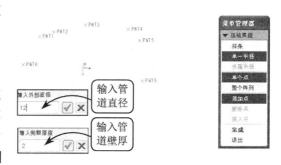

图 6-38 设置管道直径和壁厚

在【连接类型】菜单中选择【单一半径】|【单个点】|【添加点】|【完成】选项。然后选取事先绘制的点来定义轨迹，并根据信息栏提示设置折弯半径，即可创建管道特征，效果如图6-39所示。

在设置管道几何属性的【选项】菜单，以及指定管道轨迹路径的【连接类型】菜单中各选项的含义介绍如下。

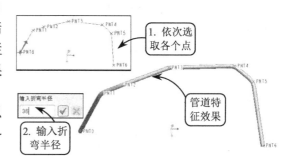

图 6-39 创建管道特征

- ❑ **几何** 用一个具体形状的空心或实心几何体创建管道实体。
- ❑ **无几何形状体** 用一个抽象的几何体构建管道实体，通常仅显示管道轨迹线。
- ❑ **中空** 创建一个内部中空，且具有一定壁厚的管道实体。
- ❑ **实体** 创建一个全实心的管道实体。
- ❑ **常数半径** 创建的管道实体所有折弯处都具有恒定的圆弧半径。
- ❑ **多重半径** 创建的管道实体折弯处具有不同的圆弧半径。

- □ **样条** 通过选取或定义样条曲线创建管道实体。
- □ **单一半径** 通过恒定半径的圆弧和直线创建管道实体。
- □ **多重半径** 通过不同半径的圆弧和直线组成的多段线组合创建管道实体。当在【选项】菜单中选择【多重半径】选项时，该选项才被激活。
- □ **单个点** 通过连接创建的单个基准点或顶点创建轨迹线。
- □ **整个阵列** 通过选取所有的基准点特征创建轨迹线。
- □ **添加点** 可以选取一个点来创建轨迹线或添加新点改变管道轨迹线。

### 6.4.2 环形折弯

环形折弯属于折弯与展平类建模特征。该特征是在两个方向上将所选实体、曲面或基准特征折弯，从而创建环形或旋转形的模型。该工具经常用于创建轮胎模型。

选择【插入】|【高级】|【环形折弯】选项，打开【环形折弯】操控面板。然后展开【参照】下滑面板，并启用【实体几何】复选框。接着在【轮廓截面】选项组中单击【定义】按钮，选取如图 6-40 所示的实体端面为草绘平面进入草绘环境。

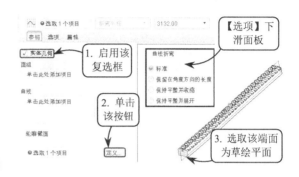

图 6-40 【环形折弯】操控面板

进入草绘环境后，利用【几何坐标系】工具创建一定位坐标系，并绘制如图 6-41 所示的环形折弯轮廓截面。然后在【环形折弯】操控面板中设置折弯方式为【360 度折弯】，并分别选取实体的两个端面。此时系统将自动进行环形折弯。

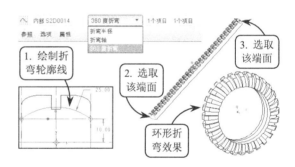

图 6-41 创建环形折弯特征

在【环形折弯】的【选项】下滑面板中主要选项的含义介绍如下。

- □ **保持平整并收缩** 选择该单选按钮，折弯的实体、面组或基准曲线将保持平直，并在中性平面内收缩。
- □ **保持平整并展开** 选择该单选按钮，折弯的实体、面组或基准曲线将保持平直，并在中性平面内扩张。

---

**注—意**

环形折弯后的形状取决于选取的折弯属性和所绘横截面轮廓。环形折弯横截面轮廓必须是开放型的，并且需要平面坐标系辅助定位。

---

### 6.4.3 骨架折弯

骨架折弯是给定一条连续的空间轨迹曲线，让实体模型或者曲面沿曲线作折弯，所有的压缩或变形都是沿着轨迹的纵向进行的。对于实体模型，折弯后原来的实体会自动进行隐藏。而对于曲面，折弯后的曲面仍然显示。

选择【插入】|【高级】|【骨架折弯】选项，并在打开的【选项】菜单中选取【草绘骨架线】|【无属性控制】|【完成】选项。接着选取实体侧面为要折弯的对象，并选取TOP平面为草绘平面进入草绘环境，效果如图6-42所示。

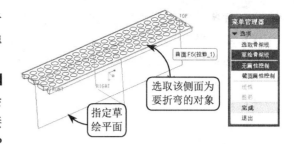

图6-42 选取要折弯的对象

进入草绘环境后，绘制如图6-43所示的折弯骨架曲线。然后退出草绘环境，选取RIGHT平面为折弯终止平面，即可创建折弯骨架特征。其中所绘骨架线即为折弯的形状。

在骨架折弯的【选项】菜单中主要选项的含义介绍如下。

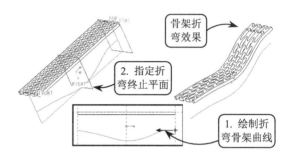

图6-43 创建骨架折弯特征

- **选取骨架线** 选取已有的一条基准曲线作为骨架线。需要注意的是不可选取实体或曲面的边界线作为骨架线。
- **草绘骨架线** 利用【基准曲线】和【草绘】工具绘制一条曲线作为骨架线。
- **无属性控制** 创建的骨架折弯特征无属性控制，即最终几何体将不可调整。
- **截面属性控制** 将根据控制截面属性沿着骨架线调整最终几何体。其中激活的【线性】和【图形】选项用于在截面属性计算中创建使用的坐标系，该坐标系将被投影到每个截面平面上（折弯的平面）。
- **线性** 截面属性在初始值和终止值之间作线性变化。
- **图形** 表示每张图的截面属性在初始值和终止值之间变化。

如果在创建骨架折弯时，选取现有的曲线作为骨架线，系统将打开【链】菜单，效果如图6-44所示。该菜单提供了选取曲线链作为骨架线时，曲线链的多种选取方式。这里将各选取方式的含义介绍如下。

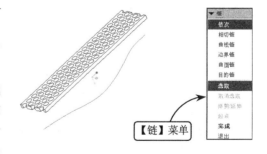

图6-44 【链】菜单

- **依次** 选取单一基准曲线、实体边线，以及曲面的边界线为骨架线。
- **相切链** 选取相切的曲线链为骨架线，其中的曲线必须是G1连续（相切）。
- **曲线链** 选取G2连续（曲率连续）的曲线链作为骨架线。如果骨架不是G2连续，则特征曲面可能不相切。
- **边界链** 选取同一曲面列表中的单侧边作为骨架线。
- **曲面链** 选取同一曲面上的一边链作为骨架线。
- **目的链** 选取参考目的链作为骨架线。

# 第6章 零件建模的高级特征

**注 意**

骨架折弯是将特征沿一条曲线折弯,绘制的曲线必须与特征长度相对应。而所选取的曲线起始点位置不同,折弯效果也会不同。折弯的起始端由系统自动创建一个平面,终止端由用户指定。

## 6.4.4 唇特征和耳特征

唇特征经常用于两个不同零件的匹配曲面上,以使上下两个壳体紧密配合,这在许多家电产品的壳体上应用很广。而耳特征经常应用于手提类特征的创建。

要使用这两个工具,首先需要将这两个命令从系统配置文件中调用出来。选择【工具】|【选项】选项,并在打开【选项】对话框的【选项】文本框中输入 "allow_anatomic_features"。然后在其右侧的【值】文本框中输入 "yes",并按回车键,单击【确定】按钮,即可调出这两个命令,效果如图 6-45 所示。

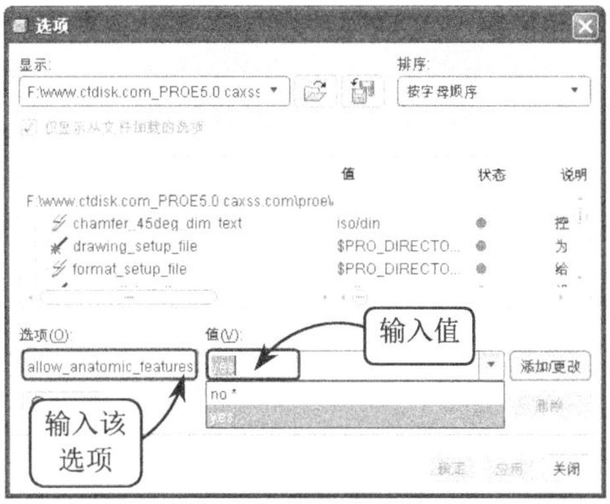

### 1. 创建唇特征

唇特征是通过沿着所选取边偏移匹配曲面所创建的特征。利用该工具可以很方便地创建零件之间的接触部分。

创建唇特征需要指定一个完全封闭的扫描轨迹线,唇特征将沿着该轨迹线在指定的曲面上进行创建。图 6-46 所示为选择【插入】|【高级】|【唇】选项,并在打开的【边选取】菜单中选择【链】选项,选取实体的边链。然后选取实体顶面为要偏移的曲面,并输入偏移距离。

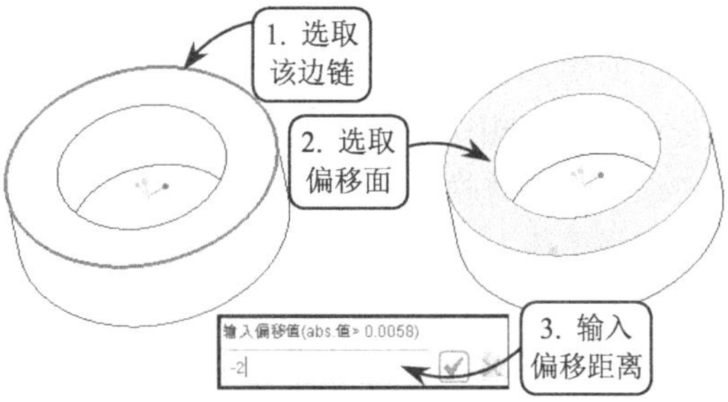

接下来在提示栏中输入从边到拔模曲面的距离,并选取实体顶面为拔模参照平面,输入拔模角度,即可创建唇特征,效果如图 6-47 所示。

### 2. 创建耳特征

耳特征是沿着参照曲面的顶部创建的拉伸实体特征,并且可在其底部形成折弯,折弯的角度为 0°~360°。经常利用该工具创建模型壁侧用于提拉的特征。

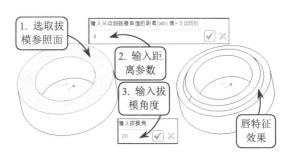

图 6-45 设置配置文件

图 6-46 选取边链

图 6-47 创建唇特征

选择【插入】|【高级】|【耳】选项，并在打开的【选项】菜单中选择【可变的】|【完成】选项，选取如图 6-48 所示的实体侧面为草绘平面。然后进入草绘环境绘制耳的草图截面，其中所绘草图截面必须为开放的。

退出草绘环境后，在打开的系统提示栏中依次输入耳的深度、耳的折弯半径和耳的折弯角度，即可创建耳特征，效果如图 6-49 所示。

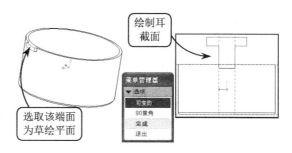

图 6-48　绘制耳截面

## 6.4.5　剖面圆顶和半径圆顶

剖面圆顶与半径圆顶均属于实体修改类工具，通过这两个工具可以创建实体表面的一些不规则形状的造型。因此利用这两个工具进行建模会更加灵活。

### 1．剖面圆顶

图 6-49　创建耳特征

利用该工具可以通过扫描或者混合创建特殊造型的曲面，用以取代零件模型的某一平面型的实体表面。其中所绘的草绘剖面不能与零件的边相切，且不能封闭。此外其长度必须大于被替换的表面。

选择【插入】|【高级】|【剖面圆顶】选项，并在打开的【选项】菜单中选择【扫描】|【一个轮廓】|【完成】选项。然后选取如图 6-50 所示的实体顶面作为圆顶的曲面，并选取实体侧面为草绘平面，以默认方式进入草绘环境。

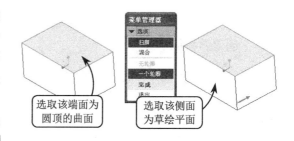

图 6-50　指定圆顶曲面

进入草绘环境后绘制截面草图。然后退出草绘环境，并选取实体端面为第二个草绘平面，接受默认的视图方向，以默认方式再次进入草绘环境绘制第二个截面草图。系统将根据所绘制的两个截面通过扫描方式自动创建剖面圆顶特征，效果如图 6-51 所示。

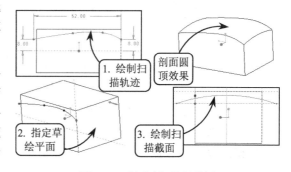

图 6-51　创建剖面圆顶特征

### 2．半径圆顶

利用该工具可在零件的表面形成一个圆顶或凹陷圆弧曲面。通过该工具可对模型表面作隆起或凹陷的处理。

选择【插入】|【高级】|【半径圆顶】选项,选取圆柱上端面为圆顶曲面,并选取 FRONT 平面为尺寸参照。此时在打开的提示栏中输入圆盖半径为–98,即可创建凹陷穹形的半径圆顶特征,效果如图 6-52 所示。

> **提 示**
> 如果输入的圆盖半径为正值,则可以创建凸出的半径圆顶特征。

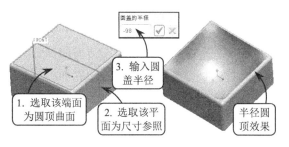

图 6-52 创建凹陷半径圆顶特征

### 6.4.6 局部推拉

利用该工具可以对实体的表面进行局部的修改,使其局部凹陷或者凸起。局部推拉的区域可以是圆形或矩形。

创建局部推拉特征,首先指定草绘平面绘制局部拉伸的截面。然后选取要作用的曲面,即可创建局部推拉特征。图 6-53 所示为选择【插入】|【高级】|【局部推拉】选项,选取基准平面 DTM1 为草绘平面,并接受默认的视图设置,进入草绘环境绘制草图截面。

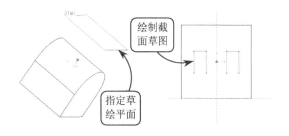

图 6-53 绘制草图截面

接下来选取如图 6-54 所示的曲面为受拉伸影响的曲面,即可创建局部推拉特征。然后在模型树中选取该特征并单击右键,在打开的快捷菜单中选择【编辑】选项。此时模型中将显示尺寸。接着将图中的两个距离尺寸均改为 2,并单击【重生成】按钮,局部推拉特征随之更新。

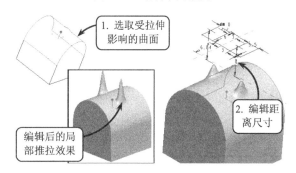

图 6-54 创建局部推拉特征并编辑

### 6.4.7 将切面混合到曲面

利用该工具可以从边或曲线创建与曲面相切的拔模曲面即混合曲面。创建该特征必须首先指定参照曲线(拔模曲线)和参照曲面。

选择【插入】|【高级】|【将切面混合到曲面】选项,将打开【曲面:相切曲面】对话框和【选取方向】菜单,效果如图 6-55 所示。该对话框提供了以下 3 种创建相切曲

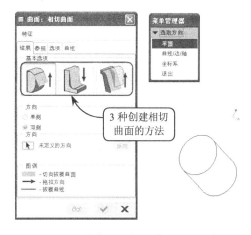

图 6-55 【曲面:相切曲面】对话框

面的方法。

### 1. 由曲线驱动的混合相切曲面

该方法是过参照曲线创建与参照曲面相切的曲面。如果参照曲面为实体表面，则在参照曲线两侧将创建封闭的相切曲面。

图 6-56 所示为利用【草绘】工具绘制一直线作为参照曲线。然后在【基本选项】选项组中选择第一个选项，并在【方向】选项组中选择【双侧】单选按钮。接着选取 RIGHT 平面为拖动方向，并在打开的【方向】菜单中选择【确定】选项，接受默认的方向。

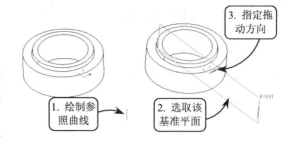

图 6-56　指定拖动方向

切换至【参照】选项卡，选取刚绘制的参照曲线，并选取【链】菜单中的【完成】选项。接着在【参照曲面】选项组中单击【选取相切曲面】按钮，按住 Ctrl 键选取圆柱侧表面为参照曲面，即可创建相切于两侧的封闭曲面，效果如图 6-57 所示。

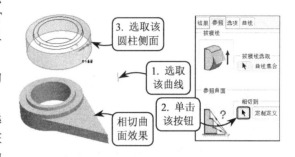

图 6-57　创建相切曲面

在【曲面：相切曲面】对话框的【结果】选项卡中，各选项的含义介绍如下。

- **基本选项**　提供了创建相切曲面的 3 种类型。
- **方向**　包括两个选项。其中【单侧】指只在参照曲线的一侧创建相切曲面；【双侧】指在参照曲线的两侧创建相切曲面。
- **拖动方向**　选取曲面以指定相切曲面的拖动方向，即指定创建的相切曲面的方向。

### 2. 由边线创建外部相切曲面

该方法称为拔模曲面外部的恒定角度相切拔模，是通过沿参照曲线的轨迹与拖动方向成恒定角度而创建的相切曲面。一般为无法通过常规拔模进行拔模的几何实体曲面，添加相切拔模。

在【基本选项】选项组中选择第二个选项，并在【方向】选项组中设置相切方式为【单侧】。然后选取实体顶面为拖动方向，并在打开的【方向】菜单中选择【反向】选项，再选择【确定】选项，使拖动方向向下，效果如图 6-58 所示。

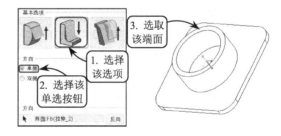

图 6-58　指定拖动方向

切换至【参照】选项卡，打开【链】菜单。然后按住 Ctrl 键选取实体的边线为参照曲线，并选取【链】菜单中的【完成】选项。

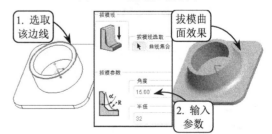

图 6-59　创建拔模曲面

接着输入角度为 15°，半径值为 32，并单击【应用】按钮，即可创建拔模曲面，效果如图 6-59 所示。

### 3. 由边线创建内部混合相切曲面

该方法是指通过边线向曲面内部创建一个具有恒定角度的相切曲面。该曲面在参照曲线的一侧，相对于参照零件曲面按指定角度进行创建，并在相切曲面和参照零件的相邻曲面之间创建过渡圆角。

在【基本选项】选项组中选择第三个选项，并在【方向】选项组中选择【单侧】单选按钮。然后选取实体顶面为拖动方向，并在打开的【方向】菜单中选择【反向】选项，再选择【确定】选项，使拖动方向向下，效果如图 6-60 所示。

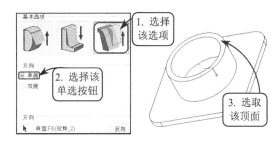

图 6-60　指定拖拉方向

切换至【参照】选项卡，将打开【链】菜单。然后按住 Ctrl 键选取实体的内边线为参照曲线，并选取该菜单中的【完成】选项。接着输入角度为 20º，半径值为 25，

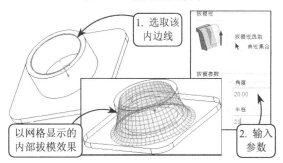

图 6-61　创建内部拔模曲面

并单击【完成】按钮，即可创建内部拔模曲面，效果如图 6-61 所示。

---

**注 意**

第二、三种类型的相切曲面只能在实体曲面中混合，选取的参照曲线必须是实体上的曲线，参照曲面必须是实体曲面。而这两种类型的相切曲面只能设置单侧，不能设置双侧。此外相切曲面具有拔模特征性质，因此具有倒角特征的边线不能作为参照曲线使用，否则特征无法创建。

---

## 6.4.8　曲面和实体自由形状

在 Pro/E 中允许对曲面或指定的实体曲面区域进行"推"或"拉"的拖曳操作，从而交互地改变曲面的形状，以创建新曲面特征或修改实体、面组。这两种操作即为曲面自由形状和实体自由形状。

### 1. 实体自由形状

利用该工具可以在草绘的边界区域内自由修改实体曲面。创建该特征可以使用指定曲面（底层基本曲面）的边界，也可以草绘自由形状的边界。然后将其投影到指定曲面上。该工具既可以应用在曲面面组上，也可以应用到实体曲面上。

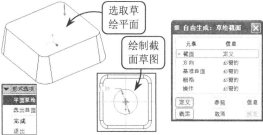

图 6-62　绘制草图截面

选择【插入】|【高级】|【实体自由形状】选项，并在打开的【形式选项】菜单中选择【平面草绘】|【完成】选项，将打开【自由生成：草绘截面】对话框。然后选取如图 6-62 所示

实体表面为草绘平面，进入草绘环境绘制草图。

退出草绘环境，并选取实体表面为基准曲面。然后在打开的提示栏中输入第一方向上的控制曲线号为 8，并输入第二方向上的控制曲线号也为 8，并按回车键，将打开【修改曲面】对话框，效果如图 6-63 所示。

选取圆心网格点为要拖拉的对象，调整至所需曲面形状。接着在【自由生成：草绘截面】对话框中单击【确定】按钮，即可完成实体曲面的形状调整，效果如图 6-64 所示。

### 2．曲面自由形状

利用该工具可以对曲面进行"推"或"拉"的拖曳操作，从而交互地改变曲面的形状，以创建新的曲面特征。该工具常用于各类复杂曲面的近似创建。

选择【插入】|【高级】|【曲面自由形状】选项，打开【曲面：自由形状】对话框。然后选取如图 6-65 所示曲面为基准曲面，并在提示栏中输入第一方向上的控制曲线号为 12，输入第二方向上的控制曲线号也为 12，并按回车键，将打开【修改曲面】对话框。

在打开的【修改曲面】对话框中启用【第一方向】复选框，并展开【区域】面板。然后启用第一方向下的【区域】复选框，按住 Ctrl 键选取两条网格线确定第一方向上的区域，效果如图 6-66 所示。

启用第二方向下的【区域】复选框，按住 Ctrl 键选取两条网格线确定第二方向上的区域。然后选取一个网格点为要拖拉的对象。此时【滑块】面板被激活，效果如图 6-67 所示。

展开【滑块】面板，拖动滑块精确调整该点在第一、第二和法向方向上的移动距离，调整至所需曲面形状，并单击【完成】按钮。然后返回到【曲面：自由形状】对话框，并单击【确定】按钮，即可完成曲面的形状调整，效果如图 6-68 所示。

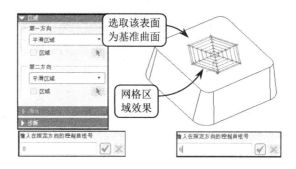

图 6-63 设置网格区域

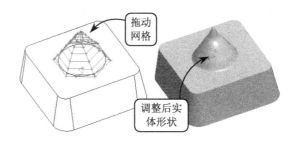

图 6-64 调整实体自由形状效果

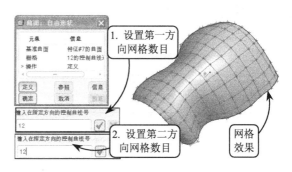

图 6-65 【曲面：自由形状】对话框

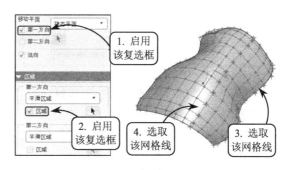

图 6-66 确定第一方向区域

# 第6章 零件建模的高级特征

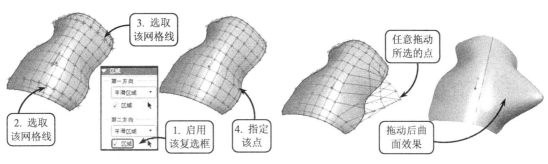

图 6-67　确定第二方向区域　　　　　图 6-68　曲面自由形状效果

在【曲面：自由形状】对话框中各选项的含义介绍如下。

- **基准曲面**　选取现有曲面作为基准曲面。
- **网格**　用于指定或调整所创建自由曲面控制线的疏密度，数值越大，控制精度越高。

在【修改曲面】对话框中可以指定控制点的拖动方向参照、拖动控制点时受影响区域的变化情况。此外还可以利用各类诊断工具显示曲面的不同效果，如图 6-69 所示。该对话框中各选项的含义介绍如下。

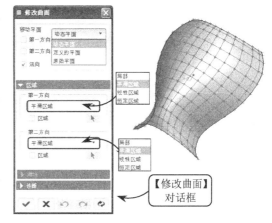

- **移动平面**

在该选项组中可以通过下拉列表中的 3 个选项，确定自由曲面控制点移动的参照对象，并通过左侧的 3 个复选框确定控制点移动的方向。

图 6-69　【修改曲面】对话框

- **区域**

在该面板中可以分别通过【第一方向】和【第二方向】下拉列表项设置曲面在两个方向上变化的具体范围和形状。

- **滑块**

在图中选取控制点后，该面板即被激活。然后可以以该控制点为移动基点，拖动选项组中的滑块精确调整该点在第一、第二以及法向方向上的移动距离，并可以拖动【敏感度】滑块，以调整拖动其他滑块时对图形效果的影响。敏感度越高，影响越大。

- **诊断**

在该选项组中可以通过【高斯曲率】、【斜率】和【剖面曲率】等选项显示曲面的不同效果。其中单击【设置】按钮，在打开的【显示设置】对话框中调整相应选项的显示效果；单击【计算】按钮，在打开的【计算】对话框中设置【分辨率】和【间隔】参数。

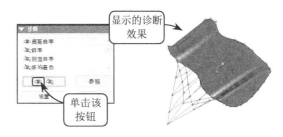

选择诊断选项后，单击【显示或关闭】按钮，图中即可显示所选诊断选项的显示效果，如图 6-70 所示。

图 6-70　诊断显示效果

### 6.4.9 展平面组与折弯实体

展平面组与折弯实体是一对相反的操作，两者常结合使用，在某些特定情况下往往能发挥特殊的作用。

#### 1．展平面组

展平面组就是将一个曲面按照一定的参数化方式展开成一个平面。要展平面组，系统会创建统一的曲面参数化方式，将源曲面展开，同时保留源曲面。要注意的是源曲面中的各曲面必须相切，否则无法展开源曲面。

选择【插入】|【高级】|【展平面组】选项，将打开【扁平面组】对话框，效果如图6-71所示。在该对话框的【参数化方法】选项组中提供了展平面组的3种方法。

❑ 自动

在展平面组时，系统会相对于选定的固定原点进行展开。在默认情况下，系统在与原始曲面相切于原点的平面上放置展开面组，即自动放置展开的面组。

图6-72所示为选取现有曲面为源曲面，并选取基准点PNT0为展开原点。此时对话框下方的【步数】文本框被激活，输入步数1和步数2均为50，单击【应用】按钮 ，系统在保留原曲面的情况下，创建一展开的新曲面。

除了可以按默认设置放置展开的面组，也可以随意指定其他的放置平面，并按需要定向该面组。此时需选择一个坐标系和指定位于面组上的一个基准点，系统会创建从固定原点到指定基准点之间的向量，并使该向量与坐标系的X轴对齐。

图6-73所示为在【放置】选项区中启用【定义放置】复选框，并单击【坐标系】选项组中的【选择】按钮 ，选取现有坐标系。然后指定基准点PNT4为X方向点，单击【应用】按钮 ，即可创建新放置形式的展开曲面。

❑ 有辅助

该展平面组方式指在源面组的边界上，

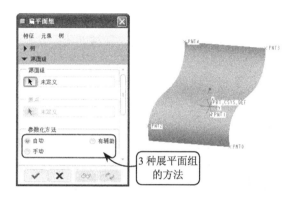

图6-71 【扁平面组】对话框

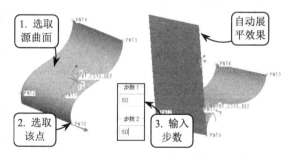

图6-72 自动展平面组

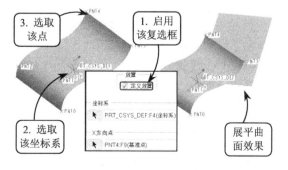

图6-73 放置展开的面组

指定 4 个顶点或基准点，系统将用这 4 个点来创建参照平面，以该平面来放置展平的面组。

图 6-74 所示为选取源曲面，并选取基准点 PNT2 为展开原点，设置步数 1 和步数 2 均为 50。然后在【参数化方法】选项组中选择【有辅助】单选按钮，并选取源曲面的 4 个端点为 4 个拐角点，单击【应用】按钮 ，即可创建展开曲面。

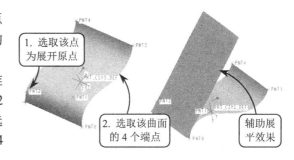

图 6-74 辅助方式展平面组

❑ 手动

该方式是通过指定一参照曲面来放置展开的面组。因此通过该方式展平面组的前提是必须存在一参照曲面。

图 6-75 所示为利用【拉伸】工具选取 TOP 平面为草绘平面，绘制截面草图。然后设置拉伸深度为对称拉伸 200，创建拉伸曲面特征，该曲面将作为展平的参照曲面。

选择【插入】|【高级】|【展平面组】选项，选取源曲面，并选取基准点 PNT1 为展开原点。然后选择【手动】单选按钮，选取刚创建的拉伸曲面为参照曲面，并设置步数 1 和步数 2 均为 50。接着选取基准点 PNT2，单击【应用】按钮 ，即可创建展平曲面，效果如图 6-76 所示。

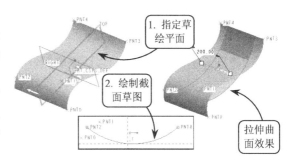

图 6-75 创建拉伸曲面特征

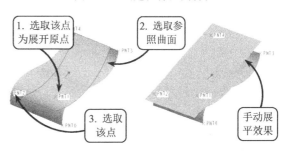

图 6-76 手动方式展平面组

### 2．折弯实体

该操作是展平面组的反操作，用于将展平面组创建的曲面加厚为实体，并折弯回原始几何状态。

图 6-77 所示为利用【拉伸】工具选取前面展开后的曲面为草绘平面进入草绘环境。然后利用【使用边】工具选取该展平曲面的 4 条边作为拉伸截面，创建一拉伸实体。

选择【插入】|【高级】|【折弯实体】选项，并在打开的【实体折弯】对话框中选择【折弯实体】单选按钮。然后在模型树中选择前面创建的展平曲面组特征，并单击【应用】按钮 ，即可创建折弯实体特征，效果如图 6-78 所示。

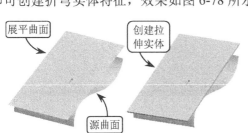

图 6-77 创建拉伸实体

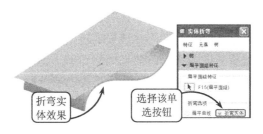

图 6-78 折弯实体

## 6.5 典型案例 6-1：创建轮毂模型

本例创建一轮毂模型，效果如图 6-79 所示。轮胎内廓支撑轮胎的圆桶形的、中心装在轴上的部件即为轮毂。该轮毂为五辐的发散造型，主要包括外轮壳、内轮壳，以及内轮壳上的 5 个椭圆形凹槽和 4 个安装孔。该轮毂最大的特点是对称形的 5 个椭圆凹槽，既增加了美感，产生从中心发散的 5 个轮辐，又从实际应用上满足了制动器的散热需求。

创建该轮毂模型，可以首先通过旋转创建外轮壳曲面，并将该曲面加厚创建外轮壳实体。然后通过旋转创建内轮壳曲面，并通过草绘、投影和基准曲线构建轮辐凹槽框架。接着将这些曲线转换为边界混合曲面，并通过特征操作和阵列创建其他凹槽曲面，将轮辐曲面与内轮壳进行合并。最后通过拉伸创建安装孔曲面，并与内壳曲面合并，将合并后的内轮壳曲面实体化即可。

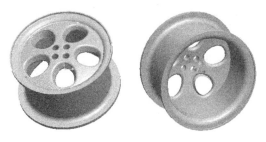

图 6-79 轮毂模型效果

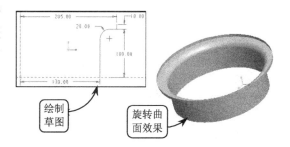

图 6-80 创建旋转曲面特征

### 操作步骤

① 新建一名为"wheel.prt"的文件，进入零件建模环境。然后利用【旋转】工具选取 FRONT 平面为草绘平面绘制草图，并设置旋转角度为 360°，创建旋转曲面特征，效果如图 6-80 所示。

② 利用【镜像】工具选取 TOP 平面为镜像平面，将上步所绘曲面镜像，效果如图 6-81 所示。

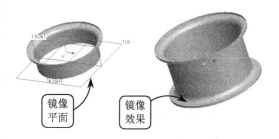

图 6-81 创建镜像曲面特征

③ 按住 Ctrl 键选取所有曲面，并单击【合并】按钮。然后设置合并方式为【连接】方式，进行合并曲面操作，效果如图 6-82 所示。

④ 利用【旋转】工具选取 FRONT 平面为草绘平面绘制草图，并设置旋转角度为 360°，创建旋转曲面特征，效果如图 6-83 所示。

⑤ 继续利用【旋转】工具选取 FRONT 平面为草绘平面绘制草图，并设置旋转角度为 360°，创建旋转曲面特征，效果如图 6-84 所示。

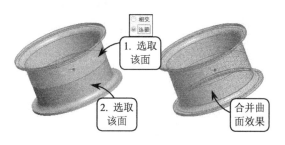

图 6-82 合并曲面

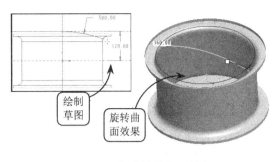

图 6-83 创建旋转曲面特征

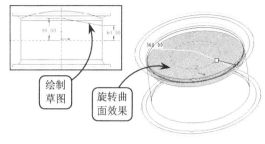

图 6-84 创建旋转曲面特征

⑥ 将第 3 步创建的合并曲面隐藏，利用【草绘】工具选取 TOP 平面为草绘平面绘制草图，效果如图 6-85 所示。

⑦ 选取上步所绘曲线，并选择【编辑】|【投影】选项。然后在打开的【投影】操控面板中选择投影方式为【沿方向】，并将第 5 步创建的旋转曲面作为投影曲面，创建投影曲线，效果如图 6-86 所示。

⑧ 利用【草绘】工具选取 TOP 平面为草绘平面进入草绘环境。然后单击【偏移边】按钮，将第 6 步所绘草图曲线向外偏移 15。接着选择【编辑】|【投影】选项，将该偏移曲线沿方向投影至第 4 步创建的旋转曲面，创建投影曲线，效果如图 6-87 所示。

⑨ 将所有曲面隐藏，单击【基准曲线】按钮，在打开的菜单中选择【通过点】|【完成】选项。然后依次选取两条投影曲线上对应的节点，创建基准曲线。接着按照同样的方法创建另外 5 条基准曲线，效果如图 6-88 所示。

⑩ 利用【边界混合】工具选取前面所创建的两条投影曲线为第一方向上的曲线链，并选取上步创建的 6 条基准曲线为第二方向上的曲线链，创建边界混合曲面，效果如图 6-89 所示。

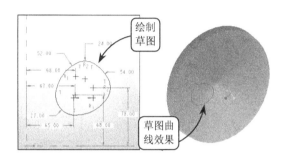

图 6-85 绘制草图曲线

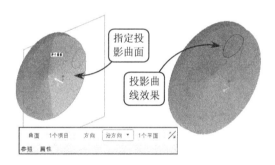

图 6-86 创建投影曲线

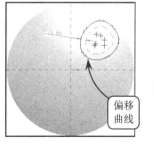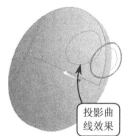

图 6-87 创建投影曲线

⑪ 将第 4 步创建的旋转曲面显示，选择【编辑】|【特征操作】选项，并在打开的菜单中选择【复制】选项。然后在【复制特征】菜单中选择【移动】|【选取】|【独立】|【完成】选项，选取上步创建的边界混合曲面，效果如图 6-90 所示。

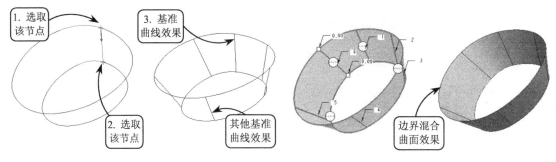

图 6-88 创建基准曲线　　　　　　图 6-89 创建边界混合曲面

⑫ 接下来在【移动特征】菜单中选择【旋转】|【完成移动】选项，并在打开的下拉菜单中选择【曲线/边/轴】选项。然后选取如图 6-91 所示的轴线为旋转中心轴，并设置旋转角度为 72°，进行旋转复制特征操作。

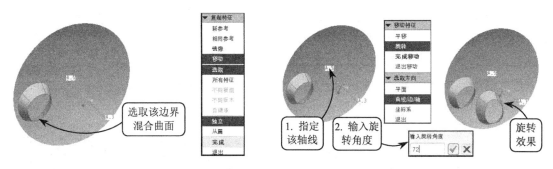

图 6-90 选取要特征操作的对象　　　　图 6-91 旋转所选对象

⑬ 在模型树中选择上步特征操作所复制的特征，并单击【阵列】按钮 。然后在打开的【阵列】操控面板中设置阵列方式为【尺寸】方式，并选取如图 6-92 所示的角度尺寸，设置阵列的角度增量为 72°，阵列数目为 5，创建阵列特征。

⑭ 按住 Ctrl 键分别选取第 10 步创建的边界混合曲面和第 4 步创建的旋转曲面，并单击【合并】按钮 。然后设置合并方式为【相交】方式，进行合并曲面操作。接着按照同样的方法将其他 4 个阵列所得曲面与旋转曲面合并，效果如图 6-93 所示。

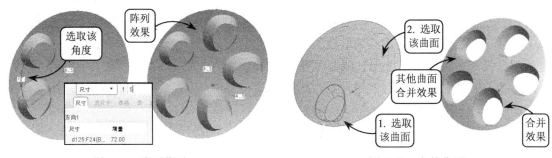

图 6-92 阵列曲面　　　　　　图 6-93 合并曲面

⑮ 将第 5 步创建的旋转曲面显示。然后按住 Ctrl 键分别选取该旋转曲面和上步合并后的曲面，并单击【合并】按钮 。然后设置合并方式为【相交】方式，进行合并曲面操作，

效果如图 6-94 所示。

⑯ 利用【倒圆角】工具选取各个凹槽上下两条边为倒圆角对象,并设置倒圆角半径为 10,创建倒圆角特征,效果如图 6-95 所示。

图 6-94  合并曲面　　　　　　　　　　　图 6-95  创建倒圆角特征

⑰ 利用【拉伸】工具选取 TOP 平面为草绘平面绘制草图。然后在【拉伸】操控面板中单击【曲面】按钮,设置拉伸深度为 150,创建拉伸曲面特征,效果如图 6-96 所示。

⑱ 按住 Ctrl 键分别选取上步创建的拉伸曲面和第 15 步合并后的曲面,并单击【合并】按钮。然后设置合并方式为【相交】方式,进行合并曲面操作,效果如图 6-97 所示。

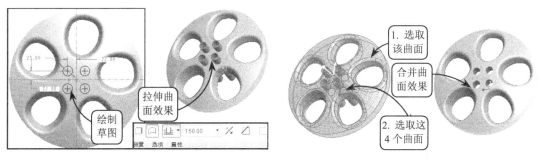

图 6-96  创建拉伸曲面特征　　　　　　　图 6-97  合并曲面

⑲ 利用【倒圆角】工具选取如图 6-98 所示 4 个孔的顶边为倒圆角对象,并设置倒圆角半径为 5,创建倒圆角特征。

⑳ 将第 3 步创建的合并曲面显示,选取该曲面,并选择【编辑】|【加厚】选项。然后将该曲面对称加厚 5,创建加厚曲面特征,效果如图 6-99 所示。

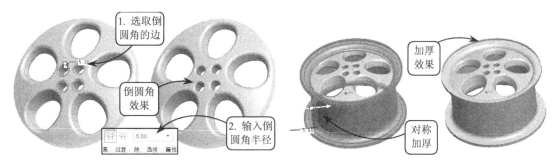

图 6-98  创建倒圆角特征　　　　　　　　图 6-99  加厚曲面为实体

㉑ 选取第 18 步合并后的曲面,并选择【编辑】|【实体化】选项,将该曲面转换为实体,

效果如图 6-100 所示。

(22) 利用【倒圆角】工具选取如图 6-101 所示的两条内边为倒圆角对象，并设置倒圆角半径为 5，创建倒圆角特征。

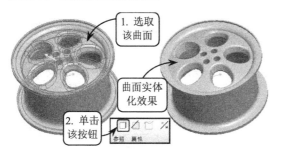

图 6-100  曲面实体化

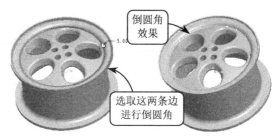

图 6-101  创建倒圆角特征

## 6.6  典型案例 6-2：创建火车车厢模型

本例创建一火车车厢实体模型，效果如图 6-102 所示。火车车厢为载人或载物的装乘空间，一般可分为多节，各节车厢通过车钩相连。如果是载客的车厢则各节车厢间还安装有通道板。该车厢模型为载客的单节车厢，主要结构包括车身、车顶的通风槽和天窗，以及车身两侧的车窗。

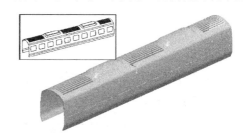

图 6-102  火车车厢实体模型效果

创建该模型首先创建车厢拉伸曲面，并利用【扁平面组】工具将该曲面展平。然后以该展平曲面为基础，创建一拉伸实体，并在该实体上创建一些细节特征，如通过拉伸剪切和阵列创建车顶通风槽、通过混合创建车顶的天窗。接着利用【折弯实体】工具将该拉伸实体折弯回车厢的弧形状态。最后利用【偏移】工具创建一侧的窗户，并将其移动复制创建第二个，阵列创建该侧其他车窗。按照同样方法创建另一侧即可。

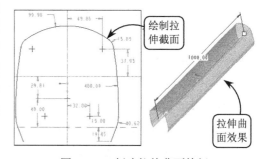

图 6-103  创建拉伸曲面特征

**操作步骤**

(1) 新建一名为 "train.prt" 的文件，进入零件建模环境。然后利用【拉伸】工具选取 FRONT 平面为草绘平面绘制草图，并设置拉伸深度为 1000，创建拉伸曲面特征，效果如图 6-103 所示。

(2) 利用【基准点】工具按住 Ctrl 键分别选取上步创建的曲面端面的边和 RIGHT 平面创建一点，效果如图 6-104 所示。

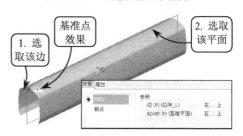

图 6-104  创建基准点

③ 选择【插入】|【高级】|【展平面组】选项，选取拉伸曲面为源曲面，并指定基准点 PNT0 为原点。然后设置步数 1 和步数 2 均为 30，以自动方式创建展平面组特征，效果如图 6-105 所示。

④ 利用【拉伸】工具选取上步创建的展平曲面为草绘平面。然后进入草绘环境，利用【使用边】工具选取该曲面的 4 条边界，并设置拉伸深度为 3，创建拉伸实体特征，效果如图 6-106 所示。

⑤ 将第 1 步创建的拉伸曲面和第 3 步创建的展平曲面隐藏。然后利用【拉伸】工具选取上步创建的拉伸实体上表面为草绘平面，绘制 3 个矩形。接着单击【去除材料】按钮，设置拉伸深度为【穿透所有】，创建拉伸剪切实体特征，效果如图 6-107 所示。

⑥ 选择【编辑】|【特征操作】选项，并在打开的菜单中选择【复制】选项。然后选择【移动】|【选取】|【独立】|【完成】选项，在模型树中选取上步创建的拉伸剪切实体特征，效果如图 6-108 所示。

⑦ 接下来在打开的【移动特征】菜单中选择【平移】选项，并在【选取方向】下拉菜单中选择【平面】选项。然后选取 RIGHT 平面，并指定如图 6-109 所示箭头方向为偏移方向，输入偏移距离为 10，移动复制所选特征。

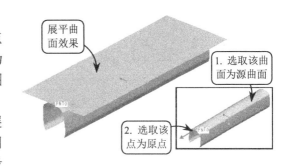

图 6-105　创建展平面组特征

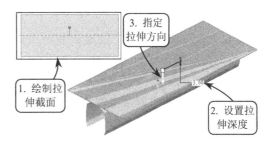

图 6-106　创建拉伸实体特征

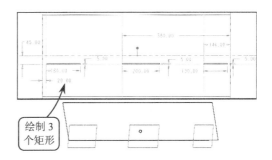

图 6-107　创建拉伸剪切实体特征

  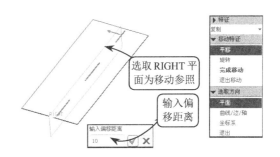

图 6-108　选取特征　　　　　　　　　图 6-109　移动复制特征

⑧ 在模型树中选择移动复制的特征，并单击【阵列】按钮。然后选取如图 6-110 所示的尺寸，并输入尺寸增量为 10，阵列个数为 8，创建阵列特征。

⑨ 选择【插入】|【混合】|【伸出项】选项，并在打开的菜单中选择【平行】|【规则截面】|【草绘截面】|【完成】选项。然后设置属性为【直】形式，并选取如图 6-111 所示的实

体上表面为草绘平面。

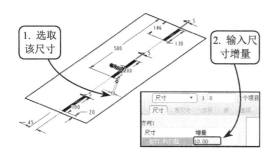

图 6-110 阵列特征

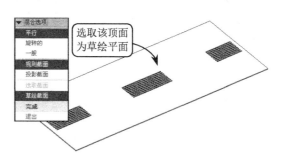

图 6-111 选取草绘平面

⑩ 进入草绘环境后，依次绘制两个混合截面。然后输入截面 2 的深度为 10，并单击【伸出项：混合，平行】对话框中的【确定】按钮，即可创建混合实体特征，效果如图 6-112 所示。

⑪ 选择【编辑】|【特征操作】选项，按照前面的方法通过平移方式，将上步创建的混合实体特征，以 FRONT 平面为移动参照，输入偏移距离为 –425，将该混合实体移动复制，效果如图 6-113 所示。

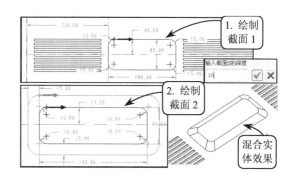

图 6-112 创建混合实体特征

⑫ 利用【倒圆角】工具选取两个混合实体顶面的边为倒圆角对象，并设置倒圆角半径为 10，创建倒圆角特征，效果如图 6-114 所示。

⑬ 将第 3 步创建的展平曲面显示，选择【插入】|【高级】|【折弯实体】选项，在打开的【实体折弯】对话框中选择【折弯实体】单选按钮。然后选取展平曲面为源曲面，单击【应用】按钮，创建折弯实体

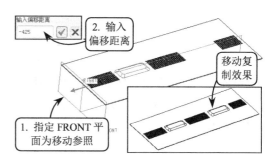

图 6-113 移动复制特征

特征，将第 3 步创建的展平曲面隐藏，观察折弯实体效果，如图 6-115 所示。

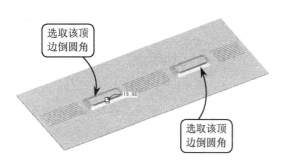

图 6-114 创建倒圆角特征

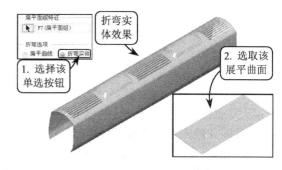

图 6-115 创建折弯实体特征

⑭ 选取火车车身侧面，并选择【编辑】|【偏移】选项。然后在打开的【偏移】操控面板中选择【具有拔模特征】方式。接着单击【参照】下滑面板中的【定义】按钮，指定 RIGHT 平面为草绘平面，并指定 FRONT 平面为底参照，绘制如图 6-116 所示的草图。

⑮ 接下来在【偏移】操控面板中输入偏移距离和拔模角度，并指定拔模方向指向车身内部，创建拔模偏移特征，效果如图 6-117 所示。

⑯ 选择【编辑】|【特征操作】选项，并在打开的菜单中选择【复制】选项。然后在【复制特征】菜单中选择【移动】|【选取】|【独立】|【完成】选项，选取上步创建的拔模偏移特征，效果如图 6-118 所示。

⑰ 接下来在【移动特征】菜单中选择【平移】|【完成移动】选项，并在打开的下拉菜单中选择【平面】选项。然后选取如图 6-119 所示的 FRONT 平面为移动参照，并接受默认的箭头方向，输入偏移距离为 –100，移动复制所选特征。

⑱ 在模型树中选择上步移动复制所创建的特征，并单击【阵列】按钮。然后在打开的【阵列】操控面板中设置阵列方式为【尺寸】方式，并选取如图 6-120 所示的距离尺寸，设置尺寸增量为 100，阵列数目为 9，创建阵列特征。

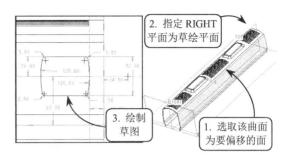

图 6-116 绘制拔模偏移区域截面

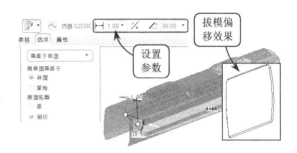

图 6-117 创建拔模偏移特征

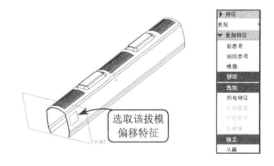

图 6-118 选取要移动的对象

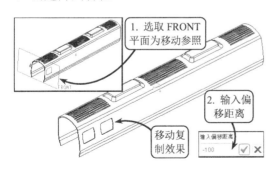

图 6-119 移动复制所选特征

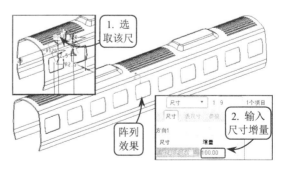

图 6-120 创建阵列特征

⑲ 在模型树中选择第 15 步创建的拔模偏移特征，并单击【镜像】按钮。然后指定

FRONT 平面为镜像平面，并单击【应用】按钮。此时在打开的【偏移】操控面板中将原曲面移除，并指定新的偏移曲面对象。接着单击【应用】按钮，创建镜像特征，效果如图 6-121 所示。

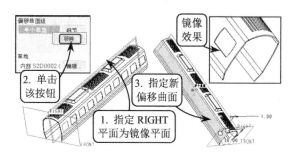

图 6-121　创建镜像特征

⑳ 按照前面的方法通过特征操作，将上步镜像的特征以 FRONT 平面为参照，移动 –100 的距离，进行移动复制。然后利用【阵列】工具选取该复制后的窗户，并以两窗间的距离尺寸为阵列尺寸，输入尺寸增量为 100，阵列个数为 9，创建阵列特征，效果如图 6-122 所示。

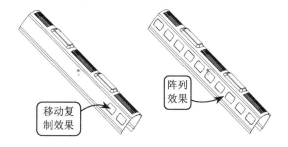

图 6-122　创建阵列特征

## 6.7　上机练习

### 1．创建耳机天线模型

本练习创建一耳机天线模型，效果如图 6-123 所示。耳机天线是固定在耳机壳体上的信号接收装置。其主要结构包括下部的控制杆、顶端的接收球，以及中间的软体导线 3 部分。其中控制杆与耳机壳体上的对应轴孔相配合，可 360°任意旋转；接收球是信号的主要接收部位；中间软体导线上的螺旋造型，可随意地拉长导线。

图 6-123　耳机天线模型效果

创建该耳机天线模型，可通过旋转创建下部的控制杆和顶端的接收球实体。难点是中间导线的创建。可创建一拉伸曲面和一可变扫描曲面，两曲面求交创建一相交曲线，即螺旋线。然后利用【基准点】和【阵列】工具创建螺旋线上的控制点，并利用【基准点】工具创建螺旋线上下两侧的控制点，即可完成导线上所有控制点的创建。接着利用【管道】工具指定这些控制点，创建管道实体即可。

### 2．创建轮胎模型

本练习创建一轮胎模型，效果如图 6-124 所示。轮胎是交通工具驱动机构的重要组成部分，通常镶套在轮毂的外部，在保护轮毂的同时，还具有辅助驱动机构传递驱动

图 6-124　轮胎实体模型效果

力的作用。该模型轮廓呈圆盘型，其外表面的凹槽花纹呈环状均匀分布，这些花纹能够起到增大轮胎与底面的摩擦力的作用。

创建该轮胎模型，很难用一般的旋转和拉伸等基础操作实现。这里可以使用环形折弯操作，将基础实体 360°环形折弯。首先通过拉伸创建基础实体，并通过拉伸剪切和阵列创建基础实体上的花纹凹槽。然后利用【环形折弯】工具将基础实体折弯，并利用【镜像】工具将折弯后的实体镜像即可。

# 第 7 章 编辑特征

在建模过程中创建的一些零件并不一定能够完全符合要求，此时便需要通过特征编辑对特征进行修改，以符合最终设计要求。如可通过编辑修改、重定义、插入和重新排序等操作，改变实体的模型效果。此外还可以对特征进行复制、镜像和阵列等操作，快速创建大量相同或类似的特征。

本章主要介绍特征复制、镜像和阵列的操作方法，以及特征的重排序、重定义、特征组的创建、特征的动态编辑和容错性设计等编辑特征的方法。

**本章学习目的：**
➢ 掌握复制、镜像和阵列特征的操作方法
➢ 掌握编辑特征尺寸和重定义特征的操作方法
➢ 掌握特征的复制、插入和重新排序的操作方法
➢ 掌握组的创建与阵列的操作方法
➢ 掌握特征的动态编辑和容错性设计的操作方法

## 7.1 复制特征

复制特征是将现有特征复制并粘贴到同一模型的不同位置或两个不同模型上。其中复制的特征可以与源特征完全相同，也可以具有不同的草绘平面和参照面，还可以通过编辑操作重新指定尺寸。通常复制特征包括复制和粘贴两个过程。

复制过程可看作是将特征复制到剪贴板上。单击【复制】按钮 或选择【编辑】|【复制】选项，即可将源特征复制到剪贴板上。然后对其进行粘贴。粘贴包括两种方式：粘贴和选择性粘贴。

**1．粘贴特征**

利用该工具可以重新选取草绘平面或放置参照，重定义特征

的放置位置和大小。其中创建的特征副本可以是相同或相似的特征类型。

将特征复制到剪贴板后，单击【粘贴】按钮，打开【复制】操控面板。通常打开的【复制】操控面板与创建该特征时的对应操控面板相同。例如粘贴旋转特征时，将打开【旋转】操控面板，在【放置】下滑面板中指定特征的草绘平面，效果如图 7-1 所示。

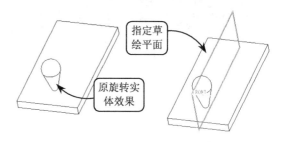

图 7-1　选取草绘平面

通过选取草绘平面或放置参照，可以重新定义特征的放置位置。重新定义的方式同创建特征的过程基本相同。例如进入草绘环境后选取位置，放置草图截面，并定义大小和位置，即可复制出相同或相似的特征，效果如图 7-2 所示。

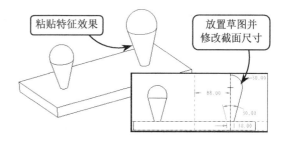

图 7-2　粘贴特征

### 2．选择性粘贴特征

利用该工具可以将复制的特征沿指定的参照方向或沿某条线性边、轴线或曲面的法向进行平移，也可以将复制的特征绕某个轴进行旋转。

将特征复制到剪贴板后，单击【选择性粘贴】按钮，将打开【选择性粘贴】对话框，效果如图 7-3 所示。在该对话框中可以设置特征副本与源特征的关联属性。例如启用【从属副本】复选框后，表示特征副本的参数元素将从属于源特征。

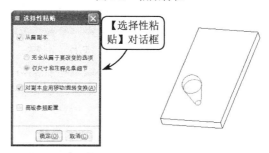

图 7-3　【选择性粘贴】对话框

在该对话框中启用【对副本应用移动/旋转变换】复选框，单击【确定】按钮，则将打开【移动和旋转】操控面板。然后在【变换】下滑面板中设置方向参照和偏移距离，即可创建相应的特征副本，效果如图 7-4 所示。

图 7-4　选择性粘贴特征

如果在【移动和旋转】操控面板中单击【旋转特征】按钮，即可指定轴线、坐标轴、边线或曲线为旋转轴，旋转复制所选特征，效果如图 7-5 所示。【选择性粘贴】对话框中各选项的含义介绍如下。

❑ **完全从属于要改变的选项**　选择该单选按钮，则特征副本的所有参数元

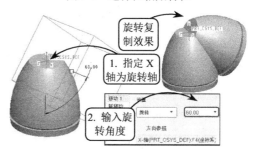

图 7-5　旋转复制特征

素都将从属于源特征。

- ❑ **仅尺寸和注释元素细节** 选择该单选按钮，则特征副本的尺寸/草绘或注释等详细信息从属于源特征，即与源特征具有关联属性。
- ❑ **对副本应用移动/旋转变换** 启用该复选框，可以由源特征的位置开始，通过平移或旋转方式定义特征副本。
- ❑ **高级参照配置** 启用该复选框，可在打开的【高级参照配置】对话框中查看并指定创建特征副本时的参照。

> **注意**
> 复制的特征副本从属于源特征。若源特征改变，则复制特征相应变化。但是可以把特征副本看作独立的特征，改变特征副本的创建参数不会影响源特征。

## 7.2 镜像特征

镜像特征是以一平面为对称中心对称复制出所选特征。其中可以选取基准平面、实体上的平面和任意形状的平整面作为对称中心。

创建镜像特征之前，首先选取欲镜像的特征激活【镜像】工具。然后单击【镜像】按钮，打开【镜像】操控面板。接着选取镜像平面，创建镜像特征，效果如图7-6所示。

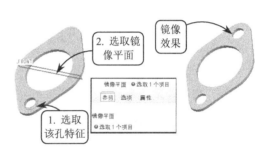

图 7-6 镜像特征

> **注意**
> 如果在【选项】下滑面板中启用【复制为从属项】复选框，则创建的镜像特征与源特征相关联。此时编辑源特征的大小和形状后，镜像特征也会发生相应的改变。

## 7.3 阵列特征

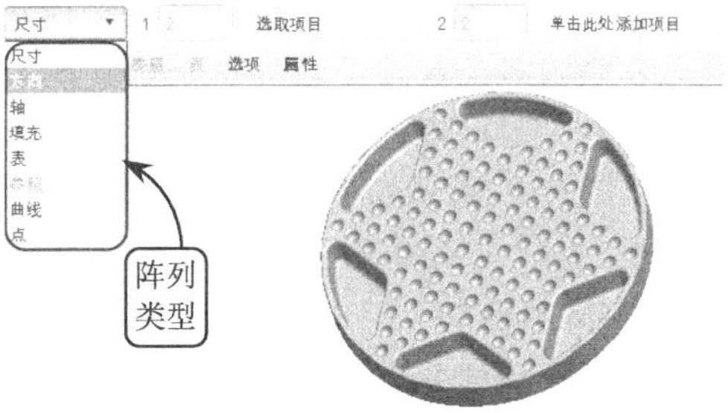

阵列特征是将一定数量的对象按规律进行有序的排列和复制。使用特征阵列的方法，可以快速准确地创建大量规律排列，且几何外形相似的结构。

单击【阵列】按钮，将打开【阵列】操控面板，效果如图7-7所示。该面板提供了以下8种不同的特征阵列类型。

图 7-7 阵列的类型

### 1. 尺寸阵列

该阵列类型是系统默认的阵列类型，是通过使用驱动尺寸，并指定阵列数量来控制阵列。

其中要阵列的对象必须具有清晰的定位尺寸，包括矩形阵列和圆周阵列两种方式。

❑ **矩形阵列**

矩形阵列是在一个或两个方向上沿直线创建阵列。其中仅设置一个方向的阵列为单向阵列，如孔的线性阵列；设置两个方向的阵列为双向阵列，如孔的矩形阵列。

选取要阵列的特征，单击【阵列】按钮，并指定阵列类型为【尺寸】。然后在【尺寸】下滑面板中选取第一个方向尺寸设置增量，并输入第一方向上的阵列数量。接着激活【方向2】收集器，选取第二个方向尺寸设置增量，并输入第二方向上的阵列数量，即可创建矩形阵列特征，效果如图7-8所示。

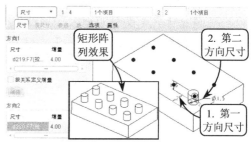

图7-8　创建矩形阵列

在【阵列】操控面板中各主要选项的含义介绍如下。

➢ **尺寸**　在该下滑面板中可以激活【方向1】和【方向2】收集器。然后通过【尺寸】或【方向】方式定义第一、第二方向的尺寸和增量值。

➢ **表尺寸**　指定阵列为【表】方式时可激活该选项。在该下滑面板中可以单击激活尺寸值，执行添加或删除操作。

➢ **参照**　选择阵列为【填充】或【曲线】方式时可激活该选项。在该下滑面板中可单击【定义】按钮，指定草绘平面进入草绘环境。

➢ **表**　指定阵列为【表】方式时将同时激活该选项。在该下滑面板中可通过右键快捷菜单添加、删除或编辑表格。

➢ **选项**　在该下滑面板中提供了相同、可变和一般3种特征阵列的再生方式。其中【相同】方式能以最快的速度创建阵列特征；【可变】方式创建速度一般；【一般】方式创建速度最慢，但适应性最好。

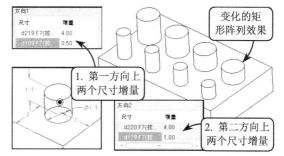

图7-9　创建变化的矩形阵列

如果在每个阵列方向上按住Ctrl键选取用于阵列的多个尺寸，并为每个选定的尺寸设置增量，则可以创建形态不断变化的阵列特征。图7-9所示为创建的行方向上高度变化，列方向上直径不断变化的阵列特征。

❑ **圆周阵列**

圆周阵列是通过选取一个圆周方向上的角度定位尺寸来创建阵列，其中角度为阵列中两个相邻特征绕中心轴的夹角，通常需要在创建源特征的过程中设置角度定位尺寸。

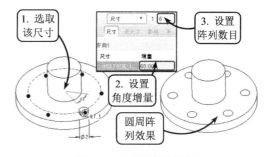

图7-10　圆周阵列特征

选取要阵列的特征，并选择【阵列】工具。然后在【尺寸】下滑面板中激活【方向1】收集器，选取一角度定位尺寸，并设置增量值。然后输入圆周阵列的数量，即可创建圆周阵列特征，效果如图7-10所示。

> **提示**
> 在创建矩形或圆周阵列特征时，黑色圆点表示要进行阵列的位置；如果在该位置不执行阵列操作，单击黑色圆点将其变为白色即可。

#### 2．方向阵列

方向阵列是在一个或两个选取的方向参照上添加阵列成员来创建阵列。在该阵列方式中，可拖动每个方向的放置滑块来调整阵列成员之间的距离，或者将当前阵列的方向反向。

选择阵列方式为【方向】，在【阵列】操控面板中单击激活【方向1】收集器，并选取阵列的第一方向参照。然后设置阵列的数目和阵列成员之间的距离，效果如图 7-11 所示。

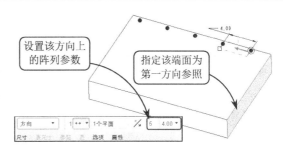

图 7-11　指定阵列的第一方向

指定阵列的第一方向后，单击激活【方向2】收集器。然后选取第二方向参照，并设置阵列数目和距离，即可创建方向阵列特征，效果如图 7-12 所示。

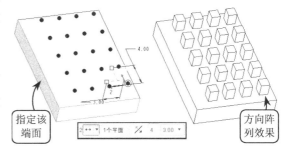

图 7-12　指定阵列的第二方向

> **提示**
> 在选取第一或第二方向参照时，可以选取基准平面、实体上的平面或直边、任意形状的平整面、坐标系或基准轴等对象作为方向参照。

#### 3．轴阵列

轴阵列是围绕一个选定的旋转轴（基准轴等）创建阵列特征。创建该阵列特征需要指定角度范围和特征数量。其中阵列的特征绕轴线按逆时针方向的角度进行阵列，指定的角度范围可以在 –360°～360° 之间，效果如图 7-13 所示。

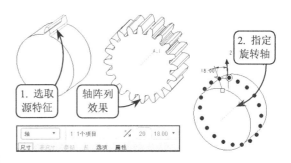

图 7-13　轴阵列特征

在轴阵列时除了设置角度增量尺寸外，还可以设置径向增量尺寸，并按住 Ctrl 键选取用于阵列的多个尺寸，并为每个选定的尺寸设置增量，创建可变的轴阵列特征，效果如图 7-14 所示。

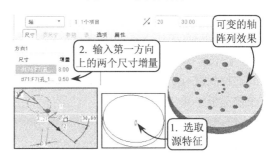

图 7-14　创建可变的轴阵列特征

### 4．填充阵列

填充阵列是在指定的区域内创建阵列特征。其中该区域可通过草绘或创建一基准曲线来构建。

选择阵列方式为【填充】，在【参照】下滑面板中单击【定义】按钮，绘制需要进行填充阵列的填充区域，效果如图 7-15 所示。

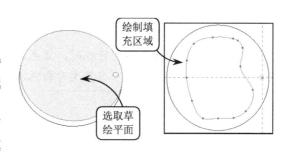

图 7-15　绘制填充区域

绘制完填充区域之后，退出草绘环境。然后在【栅格模板】下拉列表中选择【正方形】选项，并设置填充阵列的参数，即可创建填充阵列特征，效果如图 7-16 所示。

在【填充阵列】操控面板中各文本框的含义介绍如下。

- □ **间距** 指定阵列特征之间的间距值。
- □ **最小距离** 指定成员中心与草绘边界间的最小距离。
- □ **旋转角度** 指定栅格与原点之间的角度。
- □ **径向间距** 指定圆形和螺旋形栅格的径向间距。

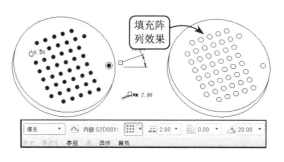

图 7-16　创建填充阵列特征

**提　示**

在【填充阵列】操控面板中，如果在【栅格模板】下拉列表中选择【菱形】、【圆形】、【曲线】或【螺旋线】等选项，则填充阵列将按选定的阵列形式在草图范围内阵列。

### 5．表阵列

表阵列是以表格的方式设置阵列特征的空间位置和尺寸来创建阵列特征。使用该阵列方式可创建复杂不规则的阵列特征，并且在阵列表中可随时对每个子特征进行单独定义。

选择阵列方式为【表】，按住 Ctrl 键选取阵列的控制尺寸。然后在操控面板中单击【编辑】按钮，打开如图 7-17 所示的 Pro/TABLE 表格。

图 7-17　打开 Pro/TABLE 表格

在 Pro/TABLE 表格中输入实例参数（每一行代表一个阵列成员）。然后关闭 Pro/TABLE 表格，单击【应用】按钮，即可创建出相应的表阵列特征，效果如图 7-18 所示。

### 6．参照阵列

当模型中已有一个阵列特征时，可以创建针对于该阵列的一个参照阵列。其中参照阵列的特征必须与已有阵列的源实体之间具有定位的尺寸关系，并且所创建的参照阵列数与原阵列数是相等的。

图 7-19 所示为在一个已有阵列特征的源特征上创建一孔特征。首先选取该孔特征，并选择【阵列】工具，指定阵列方式为【参照】，则系统将自动参照已有的矩形阵列创建该孔的阵列特征。

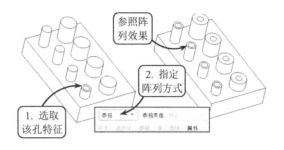

图 7-18　创建表阵列特征

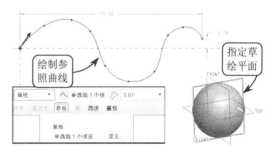

图 7-19　创建参照阵列特征

### 7．曲线阵列

曲线阵列是通过指定阵列特征之间的距离或者特征数量，并沿绘制的曲线创建阵列特征。它与填充阵列类似，都需要通过草绘图形来限制阵列的范围。

选择阵列方式为【曲线】，并在【参照】下滑面板中单击【定义】按钮。然后选取草绘平面绘制曲线草图，效果如图 7-20 所示。

在绘制完参照曲线后，单击【阵列成员间距】按钮，输入阵列特征之间的距离。此时系统将根据所绘曲线的长度自动确定阵列数量，创建曲线阵列特征，效果如图 7-21 所示。

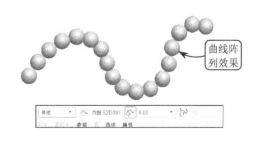

图 7-20　绘制参照曲线

> **注意**
> 删除阵列特征时，不能直接使用【删除】命令。因为系统将阵列特征作为一个特征组来管理。如果使用【删除】命令删除，将把原始特征一并删除。如果只需要删除阵列特征而保留原始特征，可以使用【删除阵列】命令。

图 7-21　创建曲线阵列特征

### 8．点阵列

点阵列是将源特征沿着现有的点或重新草绘的点进行阵列，即该阵列方式以点为阵列参照。

选择阵列方式为【点】，并在【点阵列】操控面板中单击【基准点】按钮。然后在【草绘器工具】工具栏中单击【点】按钮，创建多个点。接着选取这些点为阵列参照，将源特征阵列，效果如图 7-22 所示。

## 7.4 编辑和修改特征

在建模过程中经常需要修改特征，以便将参数化设计与特征建模结合起来。这样可以使特征成为参数的载体，将不同特征的形状尺寸和位置尺寸控制在一定范围内。此外根据具体

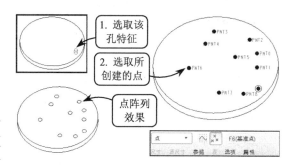

图 7-22 创建点阵列特征

的应用范围和使用要求对特征参数进行调整，从而满足产品的各种设计要求。

### 7.4.1 编辑尺寸

编辑尺寸作为修改特征的一种操作手段，主要是通过在三维环境中直接修改特征参数的方式来修改特征形状。这样通过改变特征尺寸参数，可以用有限的特征创建出各种零件。

#### 1．修改尺寸值

对于孔、倒圆角和筋等这些工程特征，其编辑方法同基础特征基本相同。图 7-23 所示为选取一孔特征并单击右键，在打开的快捷菜单中选择【编辑】选项。然后修改该孔的直径尺寸，再单击【再生模型】按钮，再生模型。

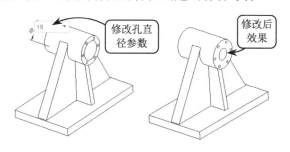

图 7-23 修改孔直径数值

#### 2．设置尺寸属性

设置尺寸属性包括设置属性、尺寸文本和文本样式。在绘图区选取一尺寸并右击，在打开的快捷菜单中选择【属性】选项，将打开【尺寸属性】对话框，效果如图 7-24 所示。该对话框包含 3 个选项卡，各选项卡中的功能介绍如下。

❑ **设置属性**

在该选项卡中可以设置尺寸显示、值、公差和尺寸格式等。其中主要选项组的含义介绍如下。

图 7-24 【尺寸属性】对话框

➢ **值和显示** 可设置模型尺寸公称值的显示效果。其中在【小数位数】文本框中可设置尺寸数值小数的保留位数。而启用【四舍五入的尺寸值】复选框，可以按所设置的小数保留位数，将尺寸数值四舍五入。

➢ **公差** 通过设置模型的公差值调整尺寸的数值。其中【上/下公差值】选项组用于设置公差的上下限公差值大小。

➢ **公差模式** 用于显示公差。选择【工具】|【环境】选项，在打开的【环境】对话框中启用【尺寸公差】复选框，可激活该选项，并将在模型中显示公差，效果如图 7-25 所示。

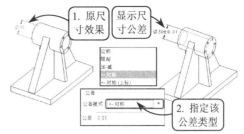

图 7-25 显示尺寸公差

➢ **格式** 该选项组主要用于设置小数的格式。默认的小数位数为 2 位，在【小数位数】文本框中输入数值可以更改小数的精度，效果如图 7-26 所示。而选择【分数】单选按钮，可以设置分母和最大分母值。

➢ **移动** 单击该按钮，可移动当前尺寸的位置。

➢ **移动文本** 单击该按钮，则只能沿尺寸线方向移动尺寸数字。

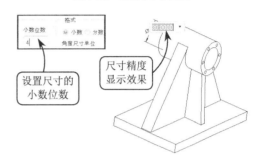

图 7-26 设置小数格式

❑ **设置尺寸文本显示**

【显示】选项卡主要用于修改尺寸名称，或者为名称添加前缀或后缀。而单击【文本符号】按钮，则可在【文本符号】对话框中选择要添加的文本符号，效果如图 7-27 所示。【显示】选项卡中各选项的含义介绍如下。

➢ **显示** 该选项组主要用于设置尺寸的显示样式。其中选择【基本】单选按钮，系统指定尺寸为公差的基础尺寸；选择【检查】单选按钮，系统指定尺寸为检查参考尺寸；选择【两者都不】单选按钮，则指定尺寸为非基础尺寸和非检查参考尺寸。

➢ **反向箭头** 单击该按钮，可以在尺寸延伸线内部和外部之间切换箭头显示。

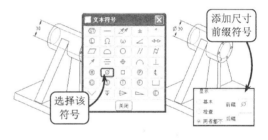

图 7-27 设置尺寸文本

❑ **设置文本样式**

【文本样式】选项卡主要用于设置字符的高度、线条粗细、宽度因子和斜角，也可以调整字符大小、注释/尺寸的位置、颜色、行间距和边距等属性。而单击【重置】按钮，可以恢复到系统默认设置的状态，效果如图 7-28 所示。

图 7-28 设置文本样式

### 7.4.2 编辑定义

通过编辑功能可以修改特征的外形尺寸，但无法修改特征的截面形状和尺寸关系等。当需要对特征进行较为全面的修改时，可以通过编辑定义来实现。

图 7-29 所示为在模型树中选择一扫描混合特征并单击右键，在打开的快捷菜单中选

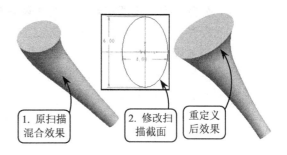

图 7-29　重定义扫描混合特征

择【编辑定义】选项。然后在打开的操控面板中选择重定义的参数元素（如截面），进入草绘环境绘制新的截面草图，即可完成扫描混合特征重定义。

### 7.4.3 编辑参照

在修改特征时，有时需要保留子特征而删除或编辑父特征。此时便需要通过重定义参照断开它们之间的"父子"关系，才能既编辑父特征又不影响子特征。

图 7-30 所示为欲通过编辑参照将孔转换到竖直平面上。首先在模型树中选取孔特征并单击右键，在打开的快捷菜单中选择【编辑参照】选项。此时系统打开提示信息对话框【是否回复模型】，单击【否】按钮，将打开【重定参照】菜单。

 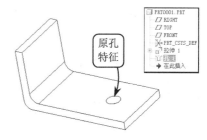

图 7-30　【重定参照】菜单

接着选取竖直平面为孔新的放置平面，并指定实体顶部端面为孔的第一放置参照。然后在【重定参照】菜单中选择【相同参照】选项，接受原来的基准平面为孔的第二放置参照。此时可发现孔已转移到竖直平面上，效果如图 7-31 所示。

## 7.5 特征操作

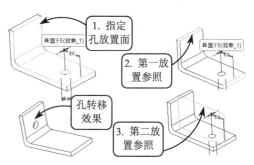

图 7-31　重新指定参照

通过特征操作，可以使用移动、旋转和镜像等方法快速创建与模型中已有特征相似的新特征。而通过特征重新排序可以调整特征的顺序；通过特征插入可以插入所需的特征。通过这些特征操作方法可以大大简化设计过程、提高效率，实现模型参数化管理。

### 7.5.1 特征的复制操作

特征的复制操作可以为所复制的新特征选择与原特征相同的参照，也可以自由重新定义

参照。此外还可以直接采用平移或者旋转的方法在新位置放置复制的特征,所创建的特征副本既可以从属于源特征,也可以完全独立。

选择【编辑】|【特征操作】选项,打开【特征】菜单。然后选择【复制】选项,打开【复制特征】子菜单,效果如图 7-32 所示。通过该子菜单可以设置复制操作的方式、源特征定义的类型和特征复制的属性。

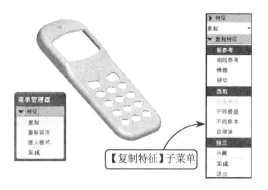

图 7-32 【复制特征】子菜单

### 1. 镜像复制特征

该方式是指将源特征相对于一个平面进行镜像,从而创建源特征的一个副本,该平面即为镜像中心平面。其功能与镜像操作类似,所不同的是镜像能够一次镜像多个特征,而该操作每次仅能对称复制一个特征。

在【复制特征】菜单中选择【镜像】|【选取】|【从属】|【完成】选项,将打开【选取特征】子菜单。然后选取要镜像的特征,并选择【完成】选项,将打开【设置平面】菜单。接着选取镜像平面,即可将所选特征镜像,效果如图 7-33 所示。

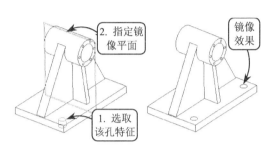

图 7-33 镜像复制特征

【复制特征】和【选取特征】子菜单中各主要选项的含义介绍如下。

- □ **选取** 可以从当前的活动模型中选取源特征。
- □ **所有特征** 可以选取当前模型中的所有特征为源特征。选择【镜像】或【移动】方式,可激活该选项。
- □ **不同模型** 可以从不同窗口的模型中复制特征。该选项仅适用于【新参考】方式。
- □ **不同版本** 可以从不同版本的相同零件中复制特征。该选项适用于【新参考】和【相同参考】方式。
- □ **自继承** 可以从继承特征中复制特征。其中继承特征可以是曲面或实体模型中的任何特征。
- □ **独立** 可以将特征副本的截面和尺寸等参数元素设置为独立于源特征,即与源特征无关联。
- □ **从属** 可以将特征副本的截面和尺寸等参数元素设置为从属于源特征。
- □ **选取** 可以在当前绘图区选取要复制的源特征。
- □ **层** 可以通过特征所在的层选取要复制的源特征。
- □ **范围** 可以通过特征创建的序号范围选取要复制的源特征。

### 2. 旋转复制特征

该方式是指将源特征沿曲面、边线或轴旋转一定角度,从而创建源特征的副本。当设置的旋转角度为正值时,源特征按逆时针旋转;反之源特征将按顺时针旋转。

在【复制特征】菜单中选择【移动】|【选取】|【从属】|【完成】选项，并在模型树或绘图区中选取源特征（按住 Ctrl 键可选取多个特征）。然后选择【完成】选项，并在打开的【移动特征】菜单中选择【旋转】|【曲线/边/轴】选项，指定旋转中心轴。接着在【方向】菜单中选择【确定】选项，接受默认的操作方向，效果如图 7-34 所示。

此时输入旋转角度值，并选择【完成移动】选项。在【组可变尺寸】菜单中列出了创建源特征时的各主要尺寸参数。启用尺寸左侧的复选框，即可编辑尺寸值的大小。如果不需要编辑各个参照尺寸值，可以直接选择【完成】选项，并在【组元素】对话框中单击【确定】按钮，即可旋转复制特征，效果如图 7-35 所示。

在指定旋转复制方向的【选取方向】菜单中系统提供了 3 个选项，各个选项的含义介绍如下。

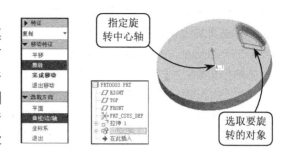

图 7-34 选取旋转对象并指定旋转中心轴

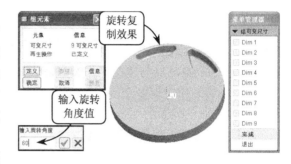

图 7-35 旋转复制特征

- 平面　选择该选项，系统将以所选平面的法向作为指定的旋转中心轴。
- 曲线/边/轴　选择该选项，系统将以选取的曲线、边或轴线作为旋转中心轴。如果所选边线为非线性曲线，系统将提示选择该边或曲线上的一个现有基准点，用于指定切向方向。
- 坐标系　选择该选项，系统将以所选坐标系的一个轴向作为指定的旋转中心轴。

提　示

如果需要连续旋转复制特征，在设置一个旋转角度后，返回到【移动特征】菜单。此时不选择【完成移动】选项，连续选择【旋转】选项，设置选取方向并输入其他旋转角度。然后再选择【完成移动】选项，结束旋转复制操作。

### 3．平移复制特征

该方式是指将源特征沿着一个平面或基准平面的法向方向平移一定距离，从而创建源特征的副本。

选择【移动】|【选取】|【从属】|【完成】选项，并选取源特征。然后在【移动特征】菜单中选择【平移】选项，在打开的【选取方向】菜单中即可指定平移的方向参照。图 7-36 所示为选择【平面】选项，以实体端面的垂直

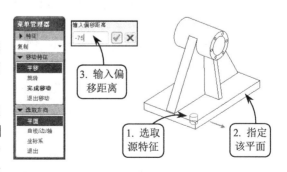

图 7-36 选取源特征

方向为偏移方向，并输入偏移距离。

此时在【移动特征】菜单中选择【完成移动】选项。如果不需要编辑各个参照尺寸值，可在【组可变尺寸】菜单中选择【完成】选项，并在【组元素】对话框中单击【确定】按钮，即可平移复制特征，效果如图 7-37 所示。

### 4．新参考复制

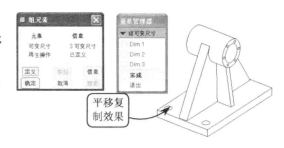

图 7-37　平移复制特征效果

新参考复制通过重新定义特征的参照来复制源特征。其中定义的新放置参照和位置参照主要是通过可编辑的尺寸参数和重定义的参照对象来实现。

选择【新参考】│【选取】│【从属】│【完成】选项，并选取要复制的源特征。然后在【组可变尺寸】菜单中选择【完成】选项，将打开【参考】菜单，效果如图 7-38 所示。

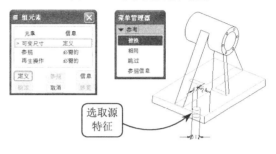

图 7-38　选取源特征并设置可变尺寸值

在【参考】菜单中选择【替换】选项，以定义新参照。其中选取的新参照必须与模型中加亮显示的源特征参照相对应。图 7-39 所示为依次重新指定孔的两个定位参照，即可复制出孔特征。在用于指定新参照的【参考】菜单中各选项含义介绍如下。

❑ **替换**　选择该选项，可以使用新参照替换原来的参照。

❑ **相同**　选择该选项，表示特征副本的参照与源特征的参照相同。

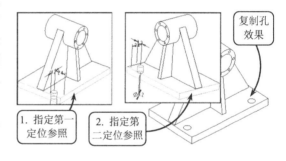

图 7-39　通过新参照方式复制孔特征

❑ **跳过**　选择该选项，可以跳过当前参照，但以后可重新定义参照。

❑ **参照信息**　选择该选项，可以提供解释放置参照的信息。

> **注意**
>
> 选取特征副本的新参照时，新参照必须与源特征的参照对应，且数量必须相等。另外可以通过编辑特征的可变尺寸值创建新特征，也可以不改变尺寸值直接复制相同特征。

## 7.5.2　特征重新排序

特征顺序是指特征出现在模型树中的顺序。重新排列各特征的创建顺序，可以增加设计的灵活性。但在特征排序时，要注意特征间的父子关系。其中父特征不能移动到子特征之后，子特征也不能移动到父特征之前。

图 7-40 所示为模型是先创建的孔，后进行抽壳。如果调整孔特征和壳特征的顺序，将壳特征调整到孔特征之前，可发现模型效果会发生明显的改变。

## 7.5.3 特征插入操作

在进行零件设计时，有时在创建了一个特征后，需要在该特征或者几个特征前创建其他特征。此时便需要通过特征插入操作完成设计意图。

在模型树中选择【在此插入】选项，并向上拖动到某一特征之前。然后释放，此时插入节点将被调整到该特征之前，同时位于【在此插入】选项之后的特征在绘图区将暂不显示，效果如图 7-41 所示。

接下来利用【孔】工具创建一孔特征。选择【在此插入】选项，并向下拖动至最后。此时系统将自动进行更新，即可完成特征的插入，效果如图 7-42 所示。

## 7.6 使用组

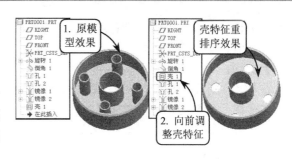

图 7-40　特征重排序效果

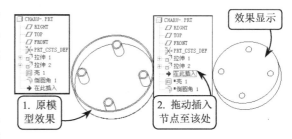

图 7-41　拖动插入节点

组是系统提供的一种有效的特征组织方法，其中每个组由数个在模型树中顺序相连的特征构成。通过组可以将多个具有关联关系的特征归并到一个组里，从而减少模型树中的节点数目。

### 7.6.1 创建与分解组

创建组是将多个特征组合在一起，将这个组合后的特征作为单个特征，对其进行镜像或阵列等操作，从而提高设计效率。

在绘图区或模型树中按住 Ctrl 键选取多个特征。然后单击右键在打开的快捷菜单中选择【组】选项，系统自动将这些特征归并为一个组，效果如图 7-43 所示。

分解组是创建组的逆向操作，是将已形成组的多个特征还原的过程。只需在模型树中选择一个组，并单击右键在打开的快捷菜单中选择【分解组】选项即可，效果如图 7-44 所示。

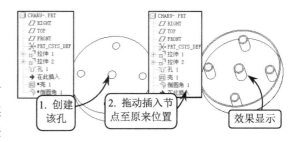

图 7-42　插入特征效果

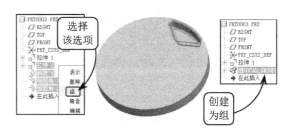

图 7-43　创建组

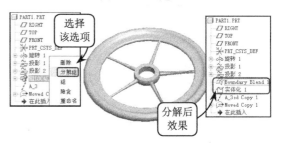

图 7-44　分解组

# 第7章 编辑特征

> **提示**
>
> 利用【特征操作】工具创建的镜像、平移、旋转和参考特征，系统自动将复制的特征归并为一个组，并赋予一个默认的组名。

### 7.6.2 阵列与复制组

与其他特征一样，组作为一个归并的整体，也可以执行复制和阵列等操作，而且阵列或复制后的特征在模型树中仍然以组的形式存在。

在模型树中选择一个组，并单击【阵列】按钮，在打开的【阵列】操控面板中设置阵列方式为【轴】方式。然后选取阵列中心轴，并设置阵列数量，即可创建组的阵列，效果如图 7-45 所示。

复制组的方法同复制特征类似。例如在模型树中选择一个组，单击【复制】按钮，将其复制到假想的剪贴板上。然后单击【选择性粘贴】按钮，对该组特征进行旋转复制，即可粘贴该组特征，效果如图 7-46 所示。

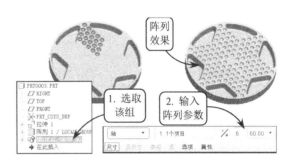

图 7-45  阵列组

## 7.7 动态编辑和容错性设计 [New]

这两个均属于 Pro/E 5.0 的新增功能。其中动态编辑指实时预览、动态更新。当动态编辑某一特征时,除该特征进行实时更新外，与该特征相关的其他特征也将动态更新。而容错性设计是将出错的特征以红色标示出来，方便用户发现并修改。

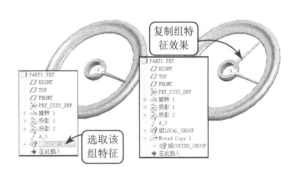

图 7-46  复制组

### 7.7.1 动态编辑

在之前版本中对每一特征简单修改参数一般是双击该特征，进入草绘环境修改该特征的草图截面。而在 Pro/E 5.0 里可以实现鼠标直接拖拉直接修改，而且不会出现父子关系类错误，实时修改实时显示。

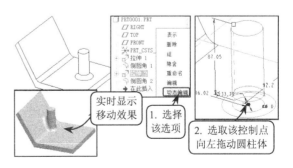

图 7-47  动态编辑特征

图 7-47 所示为在模型树中选择一圆柱体特征，并单击右键在打开的快捷菜单中选择【动

态编辑】选项。然后在绘图区向左拖动该圆柱体，可发现圆柱体下方的圆角也跟随移动，并可实时观察圆角的变化。

### 7.7.2 容错性设计

容错性是指特征创建失败时，不再打开【修复】对话框，而是将出错的特征用红色标示出来。

图 7-48 所示为当创建的圆形切剪特征位置太靠下时，会影响筋的放置平面。此时系统将以红色标示出错的特征，提示用户进行相应的修改。

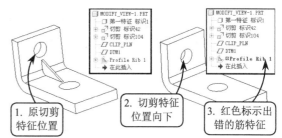

图 7-48　容错性设计效果

## 7.8　典型案例 7-1：创建跳棋棋盘

本例创建一跳棋棋盘模型，效果如图 7-49 所示。该棋盘包括底座、正六角形的盘体和行棋区。其中行棋区包括 121 个圆孔。盘体的 6 个正三角形的角部一侧均设计有棋盒，用于存放本方的棋子。该棋盘有效地利用了空间，因而结构紧凑、使用方便。此外由于其体积小，因而节约了成本。

创建该跳棋棋盘模型，首先通过拉伸创建棋盘底座，并通过拉伸剪切创建底座上的一个棋盒。然后通过轴阵列创建其他棋盒，并通过旋转剪切创建出一个圆孔。接着通过多次的平移复制创建出一个端角上的所有圆孔，阵列创建出其他端角上的圆孔。最后旋转剪切出中间的圆孔，并对整个棋盘进行抽壳即可。

图 7-49　跳棋棋盘模型效果

**操作步骤**

① 新建一名为"chess_panel"的零件文件，利用【拉伸】工具选取 TOP 平面为草绘平面，绘制拉伸草图截面，并设置拉伸深度为 20，创建拉伸实体特征，效果如图 7-50 所示。

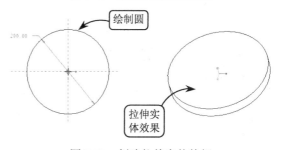

图 7-50　创建拉伸实体特征

② 利用【拉伸】工具选取拉伸实体顶面为草绘平面，绘制拉伸草图截面。然后单击【去除材料】按钮，并设置拉伸深度为 16，创建拉伸剪切实体特征，效果如图 7-51 所示。

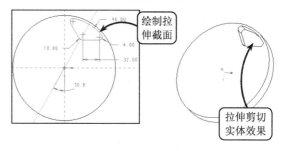

图 7-51　创建拉伸剪切实体特征

③ 利用【拔模】工具选取实体中的凹槽侧面为拔模曲面，并指定实体顶面为拔模枢轴。然后指定拔模方向，并设置拔模角度为8°，创建拔模特征，效果如图7-52所示。

④ 利用【倒圆角】工具为拔模后凹槽的底边和顶边，添加半径分别为3和2的倒圆角，效果如图7-53所示。

⑤ 将以上三步创建的特征创建为组。然后选取该组特征，并单击【阵列】按钮。然后在打开的【阵列】操控面板中设置阵列方式为【轴阵列】，并选取如图7-54所示轴线为阵列中心轴，设置阵列成员间的角度为60°，阵列数目为6，创建阵列特征。

⑥ 利用【旋转】工具选取 RIGHT 平面为草绘平面，并接受默认的视图方向，进入草绘环境绘制一圆弧。然后设置旋转角度为360°，并单击【去除材料】按钮，创建旋转剪切实体特征，效果如图 7-55 所示。

⑦ 利用【倒圆角】工具为该圆孔顶边，添加半径为1的倒圆角。然后将该倒圆角特征和上步创建的旋转剪切特征创建为组，效果如图 7-56 所示。

⑧ 选择【编辑】|【特征操作】选项，并在打开的菜单中选择【复制】选项。然后在【复制特征】菜单中选择【移动】|【选取】|【从属】|【完成】选项，选取上步创建的组特征，效果如图 7-57 所示。

⑨ 接下来在【移动特征】菜单中选择【平移】选项，并在打开的下拉菜单中选择【曲线/边/轴】选项。然后选取如图 7-58 所示边为平移参考对象，并在打开的【方向】菜单中选择【反向】选项，调整平移方向。接着输入偏移距离为 13，进行移动复制操作。

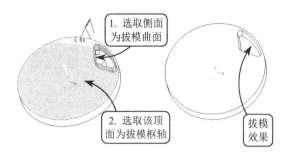

图 7-52　创建拔模特征

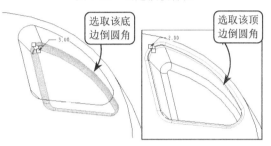

图 7-53　创建倒圆角特征

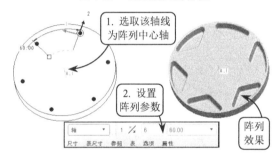

图 7-54　创建阵列特征

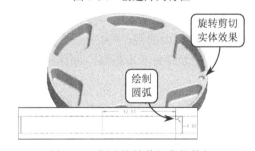

图 7-55　创建旋转剪切实体特征

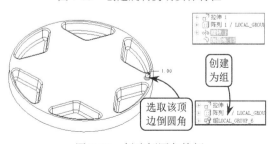

图 7-56　创建倒圆角特征

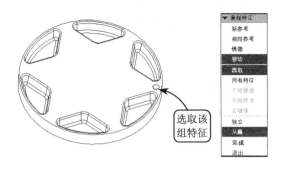

图 7-57 选取要特征操作的对象　　　　　图 7-58 移动复制所选对象

⑩ 将模型树中的两个特征组创建为一个特征组。然后选择【编辑】|【特征操作】选项，并按照前面的方法，通过沿边移动复制特征的方法，将该组特征偏移 26，效果如图 7-59 所示。

⑪ 按照前面的方法，通过平移复制如图 7-60 所示的圆孔特征，平移方向与上面相同，偏移距离为 13。

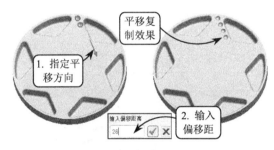 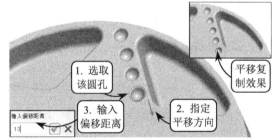

图 7-59 移动复制特征　　　　　　　　　图 7-60 移动复制特征

⑫ 将模型树中的 3 个特征组创建为一个特征组。然后按照前面的方法，通过平移复制该特征组，平移方向如图 7-61 所示，偏移距离为 13。

⑬ 将模型树中的两个特征组创建为一个特征组。然后按照前面的方法，通过平移复制该特征组，平移方向与上步相同，偏移距离为 26，效果如图 7-62 所示。

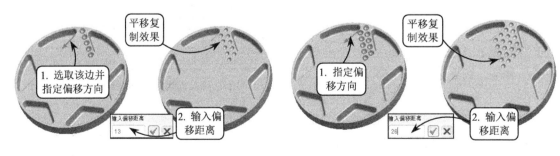

图 7-61 移动复制特征　　　　　　　　　图 7-62 移动复制特征

⑭ 将模型树中的两个特征组创建为一个特征组。然后选取该特征组，并单击【阵列】按钮。然后指定阵列方式为【轴阵列】，并选取如图 7-63 所示轴线为阵列中心轴，设置阵列成员间的角度为 60°，阵列数目为 6，创建阵列特征。

⑮ 利用【旋转】工具选取 RIGHT 平面为草绘平面绘制一圆弧。然后设置旋转角度为 360°，并单击【去除材料】按钮，创建旋转剪切实体特征。接着利用【倒圆角】工具为该圆孔顶边和圆盘外边缘添加半径均为 1 的倒圆角，效果如图 7-64 所示。

⑯ 利用【壳特征】工具选取实体底面为要移除的面，并设置抽壳后的壁厚为 1，创建壳特征，效果如图 7-65 所示。

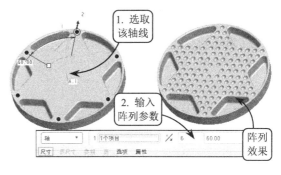

图 7-63　创建轴阵列特征

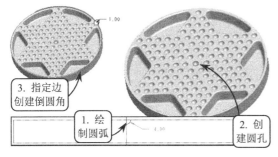

图 7-64　创建倒圆角特征

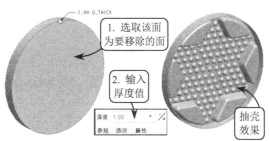

图 7-65　创建壳特征

## 7.9　典型案例 7-2：创建电话机底座面板

本例创建一电话机底座面板模型，效果如图 7-66 所示。该电话机底座是话筒的放置装置，也是内部各种细微结构组件的保护壳体。其主要结构包括听筒凹槽、话筒凹槽、号码显示窗口和数字按键。其特点是整个底座顶面呈弧形倾斜造型，适合话筒的放置，并且在听筒凹槽和话筒凹槽之间添加了防滑纹，也称为散热孔，既增大摩擦，又发散壳体内热量。

创建该电话机底座面板模型，可首先通过拉伸和拉伸剪切创建其底座雏形，并通过拉伸剪切创建听筒凹槽和话筒凹槽。然后利用【拔模】工具对这两个凹槽进行拔模，并在模型添加圆角后进行抽壳。接着通过拉伸剪切创建号码显示窗口，以及一个散热槽和一个数字按键，通过连续阵列操作创建其他散热槽和数字按键即可。

图 7-66　电话机底座面板模型效果

**操作步骤**

① 新建一名为"phone_panel"的零件文件。利用【拉伸】工具选取 TOP 平面为草绘平面，接受默认的视图参照，进入草绘环境绘制一矩形。然后设置拉伸深度为 50，创建拉伸实体特征，效果如图 7-67 所示。

[2] 利用【拉伸】工具选取实体侧面为草绘平面,并指定 TOP 平面为视图顶参照,进入草绘环境绘制截面草图。然后单击【去除材料】按钮,设置拉伸深度为【穿透所有】,创建拉伸剪切实体特征,效果如图 7-68 所示。

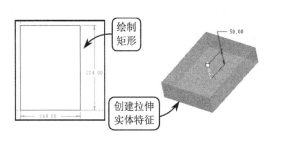

图 7-67　创建拉伸实体特征　　　　　　　图 7-68　创建拉伸剪切实体特征

[3] 利用【基准平面】工具向上创建距离 TOP 平面为 2 的基准平面,效果如图 7-69 所示。

[4] 利用【拉伸】工具选取上步创建的基准平面为草绘平面,并接受默认的视图参照,进入草绘环境绘制一矩形。然后单击【去除材料】按钮,设置拉伸深度为【穿透所有】,创建拉伸剪切实体特征,效果如图 7-70 所示。

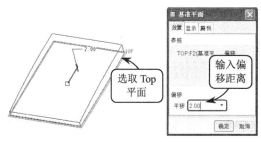 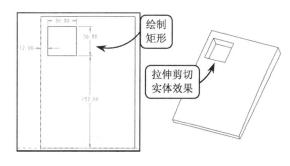

图 7-69　创建基准平面　　　　　　　　图 7-70　创建拉伸剪切实体特征

[5] 利用【拔模】工具选取凹槽的底面,并按住 Shift 键选取该凹槽底面的上边。此时可发现凹槽四围的竖直面被选取,效果如图 7-71 所示。

[6] 接下来选取凹槽底面为拔模枢轴,并输入拔模角度为 15°。然后单击【反转角度】,调整拔模角度,创建拔模特征,效果如图 7-72 所示。

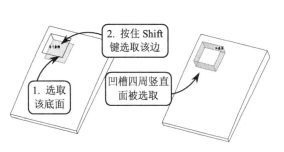 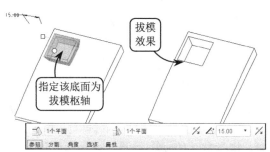

图 7-71　选取拔模曲面　　　　　　　　图 7-72　创建拔模特征

⑦ 继续利用【拔模】工具选取凹槽的底面为拔模曲面，并选取如图 7-73 所示实体侧端面为拔模枢轴，并输入拔模角度为 8°。然后单击【反转角度】 ，调整拔模角度，创建拔模特征。

⑧ 利用【拉伸】工具选取基准平面 DTM1 为草绘平面，并接受默认的视图参照，进入草绘环境绘制一矩形。然后单击【去除材料】按钮 ，设置拉伸深度为【穿透所有】，创建拉伸剪切实体特征，效果如图 7-74 所示。

⑨ 利用【拔模】工具选取上步创建的凹槽底面，并按住 Shift 键选取该凹槽底面的上边。此时可发现凹槽四围的竖直面被选取，效果如图 7-75 所示。

⑩ 接下来选取凹槽底面为拔模枢轴，并输入拔模角度为 15°。然后单击【反转角度】 ，调整拔模角度，创建拔模特征，效果如图 7-76 所示。

⑪ 继续利用【拔模】工具选取凹槽的底面为拔模曲面，并选取如图 7-77 所示实体侧端面为拔模枢轴，并输入拔模角度为 8°。然后单击【反转角度】 ，调整拔模角度，创建拔模特征。

⑫ 继续利用【拔模】工具选取实体顶面，并按住 Shift 键选取该顶面的侧边。此时可发现实体四围的竖直面被选取，效果如图 7-78 所示。

⑬ 接下来选取 TOP 平面为拔模枢轴，并输入拔模角度为 3°。然后单击【反转角度】 ，调整拔模角度，创建拔模特征，效果如图 7-79 所示。

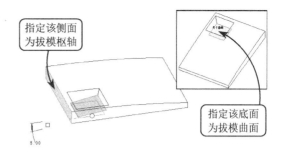

图 7-73 创建拔模特征

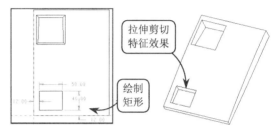

图 7-74 创建拉伸剪切实体特征

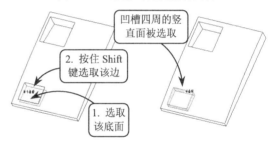

图 7-75 选取拔模曲面

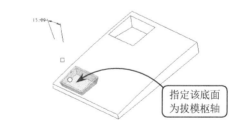

图 7-76 创建拔模特征

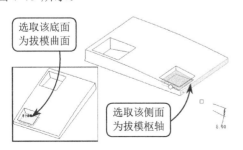

图 7-77 创建拔模特征

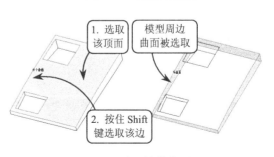

图 7-78 选取拔模曲面

⑭ 利用【倒圆角】工具按住 Ctrl 键选取两个凹槽的 8 条竖直棱边，添加半径为 5 的倒圆角。继续利用【倒圆角】工具按住 Ctrl 键选取每个凹槽的上下两条边，添加半径为 2 的倒圆角，效果如图 7-80 所示。

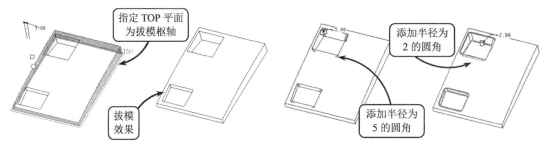

图 7-79 创建拔模特征　　　　　　　　　图 7-80 创建倒圆角特征

⑮ 继续利用【倒圆角】工具按住 Ctrl 键选取如图 7-81 所示实体外侧的 4 条竖直棱边，添加半径为 12 的倒圆角。然后利用【倒圆角】工具选取实体顶面的边，添加半径为 2 的倒圆角。

⑯ 利用【壳特征】工具选取如图 7-82 所示实体底面为要移除的面，并设置抽壳后的壁厚为 1.5，创建抽壳特征。

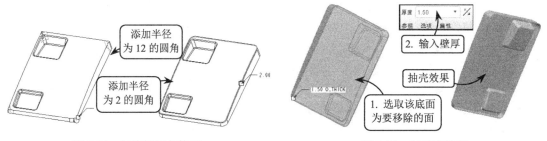

图 7-81 创建倒圆角特征　　　　　　　　　图 7-82 创建壳特征

⑰ 利用【拉伸】工具选取 TOP 平面为草绘平面，并接受默认的视图参照，进入草绘环境绘制一圆。然后单击【去除材料】按钮，设置拉伸深度为【穿透所有】，创建拉伸剪切实体特征，效果如图 7-83 所示。

⑱ 利用【拉伸】工具选取 TOP 平面为草绘平面，并接受默认的视图参照，进入草绘环境绘制草图截面。然后单击【去除材料】按钮，设置拉伸深度为【穿透所有】，创建拉伸剪切实体特征，效果如图 7-84 所示。

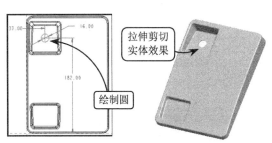 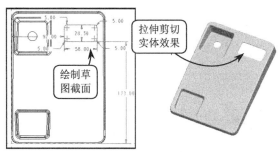

图 7-83 创建拉伸剪切实体特征　　　　　　图 7-84 创建拉伸剪切实体特征

⑲ 利用【拉伸】工具选取 TOP 平面为草绘平面,并接受默认的视图参照,进入草绘环境绘制一矩形。然后单击【去除材料】按钮,设置拉伸深度为【穿透所有】,创建拉伸剪切实体特征,效果如图 7-85 所示。

⑳ 选取上步创建的拉伸剪切实体特征,并单击【阵列】按钮。然后选取如图 7-86 所示的尺寸,并输入阵列尺寸增量为 8,阵列数目为 6,创建阵列特征。

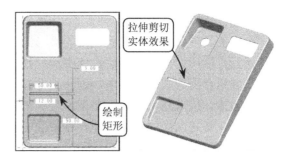

图 7-85 创建拉伸剪切实体特征

㉑ 利用【拉伸】工具选取 TOP 平面为草绘平面,并接受默认的视图参照,进入草绘环境绘制一椭圆。然后单击【去除材料】按钮,设置拉伸深度为【穿透所有】,创建拉伸剪切实体特征,效果如图 7-87 所示。

㉒ 选取上步创建的拉伸剪切实体特征,并单击【阵列】按钮。然后选取如图 7-88 所示第一方向上的尺寸,并输入阵列尺寸增量为 24,阵列数目为 3。然后选取第二方向上的尺寸,并输入阵列尺寸增量为 24,阵列数目为 4,创建阵列特征。

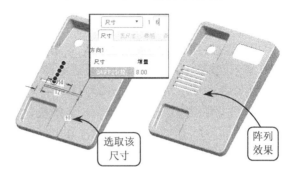

图 7-86 创建阵列特征

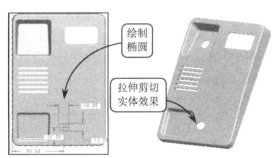

图 7-87 创建拉伸剪切实体特征

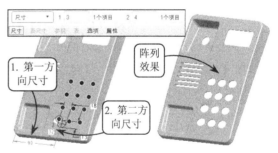

图 7-88 创建阵列特征

## 7.10 上机练习

### 1. 创建炉壳模型

本练习创建一炉壳模型,效果如图 7-89 所示。炉壳是采暖炉的侧壁部分,主要由顶盖和烟道两部分实体组成。烟道是通风排气的管道,其外形呈多变截面的喇叭状,这样有利于烟和煤气迅速排输出去。顶盖是侧壁组件的重要组成部分,与烟道制成一体,除了支撑固定烟道外,主要通过其上部均布的固定孔来封闭采暖炉的侧壁,使其外部成为一个封闭的整体。

创建该模型首先利用【拉伸】工具和【扫描混合】工具创建出烟道和其连接的拱形结构。然后在拱形结构一侧创建拉伸实体和孔特征，并结合阵列和镜像操作，创建出完整的顶盖实体。接着利用【抽壳】工具对实体模型抽壳，创建出壳体模型，并在各特征的过渡边缘添加工艺性圆角，即可完成该炉壳模型的创建。

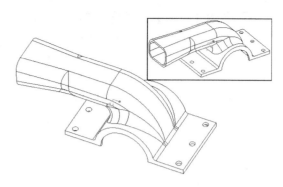

图 7-89 炉壳实体模型

### 2．创建插销模型

本练习创建一插销实体模型，效果如图 7-90 所示。该模型属于插销的一种特殊类型，主要用于变频器或其他精密电器的数据连接插头。它主要由矩形口、梯形口、连接板、探针、固定销柱等实体特征组成，其中探针分别安装在梯形口和矩形口中，主要配合电源插头一起传递变频信号或其他信息；固定销柱通过其上的螺孔将插销和电源插头固定连接在一起，以防止松脱。

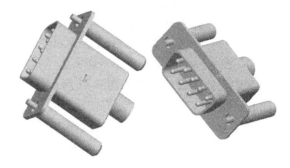

图 7-90 插销实体模型

该模型主要由拉伸、抽壳和阵列等特征组成，其中拉伸特征是其他特征创建的基础。在建模过程中，首先通过【拉伸】工具创建出梯形、矩形以及连接板等基础实体。然后，利用【抽壳】工具将梯形和矩形实体内部抽出壳体状，并结合倒圆角操作创建工艺性圆角。最后重复使用【拉伸】工具并结合阵列操作，创建出探针等重复性特征即可。

# 第 8 章

# 曲面特征

利用曲面进行工业产品的外形设计,已经成为现代产品发展的一种趋势。对于一些用一般的基础特征或高级实体特征很难完成的实体造型设计,通过曲面设计即可获得所需的模型效果。曲面特征除了具有与实体特征相同的建模方式外,还能够以曲线为参照,创建出具有高度可操控性的复杂曲面特征。

本章主要介绍曲面特征的基本概念、基础曲面和高级曲面的创建方法,以及各类曲面编辑工具的使用方法。

**本章学习目的:**
➢ 了解曲面的基本知识
➢ 掌握简单曲面的创建方法
➢ 掌握复杂曲面的创建方法
➢ 掌握曲面的各种编辑方法

## 8.1 曲面概述

曲面在现代产品设计中应用非常广泛。它是空心的,没有质量。由其组成的曲面模型是使用面组来表达形状的一种模型。通过创建模型曲面造型,可以构建一些很难用实体特征直接构建的模型。

### 8.1.1 曲面专业术语

在创建曲面过程中,会出现许多专业性概念及术语,为了能够更准确地理解创建曲面模型的设计过程,很有必要了解以下概念的定义及分析。

❏ 面组

在 Pro/E 中,当创建或处理非实体曲面时,使用的是面组。

面组代表相连非实体曲面的"拼接体"。它可能由单个曲面或一个曲面集合组成，其只有表面特征，没有体积和质量。传统意义上任何曲面、曲面的组合以及实体的所有表面都属于曲面的范畴。

❑ **曲面的 U、V 方向**

曲面一般通过不同方向中大致相同的点或曲线来定义。这个大致方向一般被称为曲面中互相垂直的 U 方向和 V 方向：U 方向一般代表水平方向；而与之垂直的方向被称为 V 方向。在任何一个工程特征中都是通过这两个方向给予分析和介绍的。

❑ **曲面的阶次**

阶次属于一个数学概念，它类似于曲线的阶次。由于曲面具有 U、V 两个方向，所以每个曲面片体均包含 U、V 两个方向的阶次。在常规的三维软件中，阶次通常介于 2～24 之间，但最好采用 3 次，方便创建和分析。否则阶次过高会使系统计算量过大、运行缓慢，并在数据交换时容易造成数据丢失。

❑ **曲面片类型**

面组一般都是由曲面片构成的，根据曲面片的数量可分为单片和多片两种类型。单片是指所建立的曲面体只包含一个单一的曲面片；而多片是由一系列的单补片组成的。曲面片越多，越能在更小的范围内控制曲面片体的曲率半径等。但一般情况下，尽量减少曲面片的数量，这样可以使所创建的曲面更加光滑完整。

## 8.1.2 曲面分类

曲面概念是一个广义的范畴，包含曲面体、曲面片以及实体表面和其他自由曲面等。曲面的类型主要分为以下几种。

❑ **线性拉伸面**

将一条剖面曲线沿着一个指定的方向移动所形成的曲面，即为线性拉伸面。该曲面类型通常利用【拉伸】工具创建，效果如图 8-1 所示。

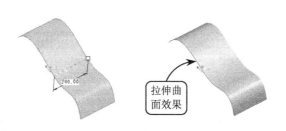

图 8-1 线性拉伸曲面效果

❑ **直纹面**

当两条形状相似的曲线 1 和曲线 2，且两者间具有相同的次数和节点时，将这两条曲线上参数相同的对应点用直线段相连，便构成直纹面。只有一个方向上的边界线构成的边界曲面、圆柱面、圆锥面和平行混合曲面都是直纹面，效果如图 8-2 所示。

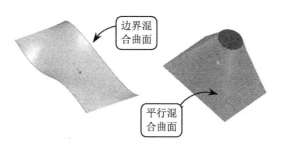

图 8-2 直纹曲面效果

❑ **旋转面**

旋转面是指在一平面内绘制一条曲线，将该曲线绕着中心轴旋转，即可创建旋转曲面。其中如果曲线绕中心轴旋转 360°，则可以创建一个完整圆周的旋转面；如果绕旋转轴旋转某一角度，则可以创建一个具有一定圆心角的旋转面，效果如图 8-3 所示。

❑ **扫描面**

扫描面即是将一条剖面线沿着另一条曲线扫描而创建的曲面，效果如图 8-4 所示。扫描截面可以是一个或多个。扫描、扫描混合和可变截面扫描曲面均属于该类型。

❑ **放样面**

放样面是以一系列曲线为骨架的形状控制线，并通过这些曲线所创建的曲面。由多条相互平行的边界所构成的边界混合曲面、N 侧曲面片均属于该曲面类型，效果如图 8-5 所示。

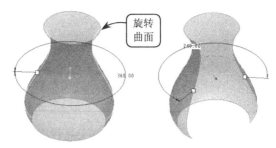

图 8-3 旋转曲面效果

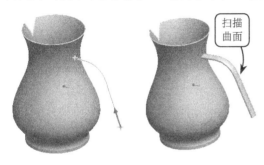

图 8-4 扫描曲面效果

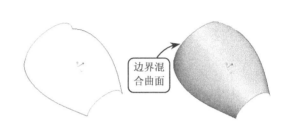

图 8-5 放样曲面效果

❑ **网格面**

网格面是用一组以上的相互交叉的内部曲线加上一组边界线，形成一张网格骨架，然后在该骨架上蒙面所创建的曲面。圆锥曲面和大多数的造型曲面（ISDX）均属于该曲面类型。

## 8.2 简单曲面特征

对于简单、规则的零件，直接通过实体建模的方式就可以迅速创建。但对于一些表面不规则的异型零件，通过实体建模方法创建就比较困难。此时便可以构建零件的轮廓曲线，由曲线创建曲面，并将曲面加厚或直接将曲面实体化。

### 8.2.1 创建拉伸曲面

拉伸曲面是指将直线或曲线沿垂直于草绘平面方向，向一侧或两侧拉伸所创建的拉伸曲面特征。

**1．利用【拉伸】工具创建拉伸曲面**

利用【拉伸】工具可以在垂直于草绘平面的方向上将已绘制的截面拉伸指定深度，创建拉伸曲面。

单击【拉伸】按钮，并在打开的【拉伸】操控面板中单击【曲面】按钮，设置拉伸特征类型为曲面。然后绘制草图截面，并设置拉伸深度，即可创建拉伸曲面，效果如图 8-6 所示。

在【拉伸】操控面板的【选项】下滑面板中，如果启用【封闭端】复选框，则可以创建端口封闭的拉伸曲面特征，效果如图 8-7 所示。

### 2. 利用【曲面：拉伸】对话框创建拉伸曲面

除了直接利用【拉伸】工具创建拉伸曲面外，还可以通过【拉伸：曲面】对话框创建拉伸曲面。

选择【应用程序】|【继承】选项，打开【继承零件】菜单。然后选择【曲面】选项，并在打开的【曲面选项】菜单中选择【拉伸】|【完成】选项。此时系统将打开【曲面：拉伸】对话框和【属性】菜单，效果如图 8-8 所示。

在【属性】菜单中选择【单侧】|【开放端】|【完成】选项，指定草绘平面绘制草图截面。然后在打开的【指定到】菜单中选择【盲孔】|【完成】选项。接着在提示栏中输入深度参数，并单击【确定】按钮，即可创建拉伸曲面特征，效果如图 8-9 所示。【属性】菜单中各选项的含义介绍如下。

- **单侧**　设置单侧方向的拉伸深度。
- **双侧**　分别设置处于草图截面两侧的拉伸深度。
- **开放终点**　创建终点开放的曲面特征。
- **封闭终点**　创建带有封闭体积块的曲面特征。当选择该选项时，所绘制的草图截面必须封闭，效果如图 8-10 所示。

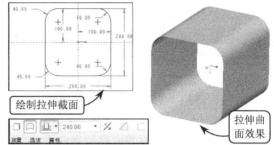

图 8-6　利用【拉伸】工具创建拉伸曲面

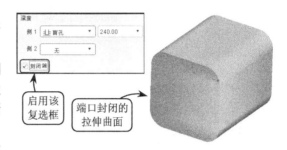

图 8-7　创建端口封闭的拉伸曲面

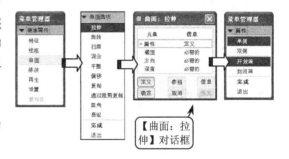

图 8-8　【曲面：拉伸】对话框

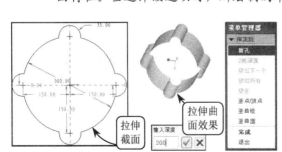

图 8-9　创建拉伸曲面特征

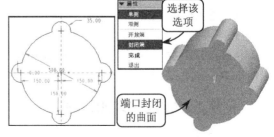

图 8-10　创建封闭端曲面

## 8.2.2 创建旋转曲面

旋转曲面是将直线或曲线所组成的截面围绕一条旋转中心轴，按指定的角度旋转所创建的曲面特征。其中旋转截面必须位于旋转轴的一侧。

单击【旋转】按钮，并在打开的【旋转】操作面板中单击【曲面】按钮，设置旋转类型为曲面。然后绘制旋转截面和旋转中心线，并设置旋转角度，即可创建旋转曲面特征，效果如图 8-11 所示。

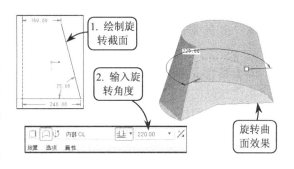

图 8-11 创建旋转曲面特征

创建旋转曲面必须要有一条旋转轴线，可以在绘制草图时绘制中心线作为旋转轴线。当草图中存在多条中心线时，系统默认第一个绘制的中心线为旋转轴线，效果如图 8-12 所示。

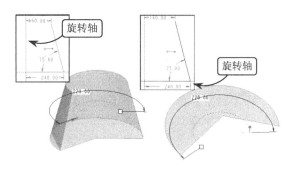

图 8-12 不同旋转中心线创建的不同旋转效果

## 8.2.3 创建扫描曲面

扫描曲面是将截面沿直线或曲线移动所创建的曲面特征，包括恒定剖面扫描和可变剖面扫描两种类型。创建该特征所要注意的是扫描轨迹不能相交，并且相对于扫描截面，扫描轨迹曲线的半径不能太小。否则将导致扫描曲面自身相交而创建失败。

选择【插入】|【扫描】|【曲面】选项，打开【曲面：扫描】对话框和【扫描轨迹】菜单。然后在该菜单中选择【草绘轨迹】选项，并指定草绘平面绘制轨迹线，效果如图 8-13 所示。

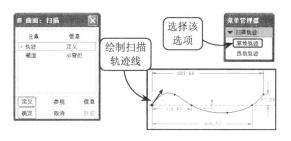

图 8-13 绘制扫描轨迹

退出草绘环境，并在打开的【属性】菜单中选择【开放端】|【完成】选项。然后再次进入草绘环境绘制扫描截面。接着退出草绘环境后，在【曲面：扫描】对话框中单击【确定】按钮，即可创建扫描曲面特征，效果如图 8-14 所示。

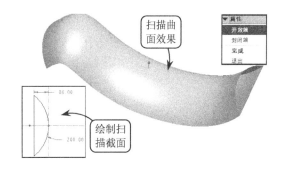

图 8-14 创建扫描曲面特征

如果在【属性】菜单中选择【封闭端】|【完成】选项，将可以创建端口封闭的扫描曲面特征，效果如图 8-15 所示。

### 8.2.4 创建混合曲面

混合曲面是以一连串的截面为外形参照，将这些截面在其边缘处用过渡曲面连接而创建的连续曲面。混合曲面的创建方法与创建混合特征基本相同，这里仅以创建平行混合曲面为例进行介绍。

选择【插入】|【混合】|【曲面】选项，打开【混合选项】菜单。然后选择【平行】|【规则截面】|【草绘截面】|【完成】选项，打开【曲面：混合，平行】对话框和【属性】菜单。接着便可以设置要创建的混合曲面的属性，效果如图 8-16 所示。

在【属性】菜单中选择【光滑】|【开放端】|【完成】选项，并指定草绘平面绘制一长方形。然后单击右键并在打开的快捷菜单中选择【切换截面】选项，绘制一圆。此时原来的截面呈灰显状态。由于混合曲面的所有截面边数必须相等，因此利用【分割】工具将所绘的圆 4 等分，效果如图 8-17 所示。

退出草绘环境，并在打开的【深度】菜单中选择【盲孔】|【完成】选项，输入截面 2 的距离参数。接着在【曲面：混合，平行】对话框中单击【确定】按钮，创建混合曲面特征，效果如图 8-18 所示。

在创建混合曲面特征时，要注意剖面起点的位置（草图中箭头即是剖面的起点方向）。如果现有起点位置不对，可选取一新端点，并单击右键，在打开的快捷菜单中选择【起点】选项，即可将该端点转换为起点；如果起点的方向不对，可选取该起点，右击在打开的快捷菜单中选择【起点】选项，即可改变起点方向，效果如图 8-19 所示。

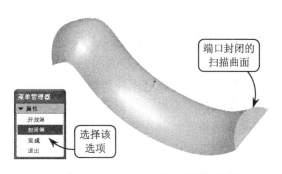

图 8-15 创建端口封闭的扫描曲面特征

图 8-16 【曲面：混合，平行】对话框

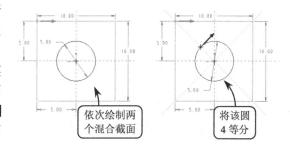

图 8-17 绘制混合截面

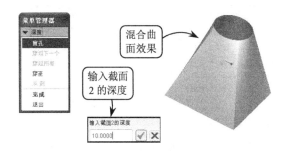

图 8-18 创建混合曲面特征

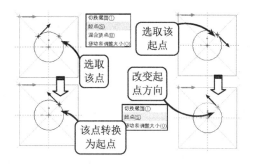

图 8-19 调整起点位置和方向

> **提 示**
> 创建混合曲面时，所绘截面必须是两个或两个以上，并且每个截面都必须有相同的截面线段。此外各截面的起点位置直接关系到混合时剖面各边的计算顺序。起点位置不同，所创建的混合效果也不相同。

## 8.3 复杂曲面特征

仅仅依靠简单曲面的创建方法，由于其控制曲面生成的方式有限，所以创建的模型并不完美，变化性能也不高。而使用复杂曲面特征可以使创建的模型外观更加完美，不仅扩展了创建曲面的弹性，还丰富了创建曲面的样式，可以说是简单曲面的补充和提高。

### 8.3.1 可变截面扫描曲面

可变截面扫描是指沿着一个或多个选定轨迹扫描剖面时，通过控制剖面的方向、旋转和几何来添加或移除材料。可变剖面扫描可以说是扫描和混合特征的综合，兼具两者各自的长处，使用灵活、功能强大。

单击【可变截面扫描】按钮，将打开如图 8-20 所示的操控面板。在该面板中可创建恒定和可变截面这两种类型的扫描曲面。这两种曲面的创建方法分别介绍如下。

**1．恒定剖面扫描**

恒定剖面扫描曲面是指大小和形状恒定的剖截面沿着轨迹线扫掠形成的曲面特征。其剖截面可以是开放的单个曲线或曲线组合。创建恒定剖面扫描曲面必须设置两大特征要素：扫描轨迹和扫描截面。

❑ **定义扫描轨迹线**

扫描轨迹包括原始轨迹和辅助轨迹两大类。原始轨迹是必不可少的，辅助轨迹控制草图截面形状与方位的变化。

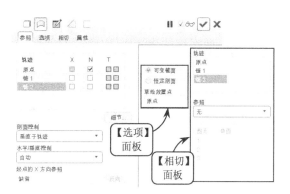

图 8-20 【可变截面扫描】操控面板

选择【可变截面扫描】工具后，在打开的操控面板中单击【曲面】按钮，并在【选项】下滑面板中，选择【恒定剖面】单选按钮。然后便可以草绘或选取轨迹线。

➢ 草绘轨迹线

草绘轨迹线是指可在草绘环境中绘制任何类型的曲线作为原始轨迹线或辅助轨迹线。

由于在绘图区没有任何曲线，因此需要临时绘制轨迹曲线。单击【草绘】按钮，此时扫描特征操控板整体灰显，表示面板处于暂停状态。然后选取草绘平面并在草绘环境中绘制轨迹线，效果如图 8-21 所示。

> **提　示**
> 绘制完轨迹线后，在【可变截面扫描】操控面板上单击【退出暂停模式】按钮▶，即可激活【可变截面扫描】操控面板。

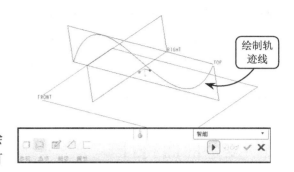

图 8-21　草绘轨迹线

### ➢ 选取轨迹线

通常在创建可变截面扫描之前首先草绘一条或多条曲线，这样在执行曲面操作时可直接选取曲线作为原始曲线或辅助曲线。

无论是草绘或选取现有曲线，绘制或选取的第一条曲线都将作为原始轨迹线。默认原始轨迹的曲线亮显。其中一端显示一个黄色的箭头，该端点为扫描轨迹的起点，单击黄色箭头，可以将扫描起点切换到扫描轨迹的另一端。而拖动轨迹端点的方形图柄，可以改变扫描轨迹的区间，效果如图8-22所示。

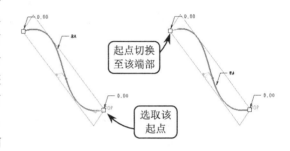

图 8-22　切换轨迹线端点

轨迹可分为 3 种类型，分别使用 X、N 和 T 表示。其中 X 用于设定草图截面 X 坐标的指向；N 设定草图截面与该轨迹曲线相垂直；T 设定扫描特征与其他面的相切关系。原始轨迹自动设定为与草图截面相垂直，因此在列表中原点轨迹的 N 即被启用，效果如图 8-23 所示。

当绘制好扫描轨迹线并设置完扫描属性后，便可在【可变截面扫描】操控面板中单击【草绘】按钮，进入草绘环境绘制扫描截面，即可获得恒定剖面扫描曲面，效果如图 8-24 所示。

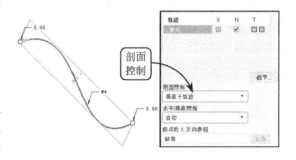

图 8-23　默认剖面与轨迹线垂直

### ❑ 剖面控制

剖面控制用于设定扫描截面沿着扫描轨迹延伸时的朝向，即草图截面的 Z 轴方向。其中包括以下 3 种类型。

### ➢ 垂直于轨迹

垂直于轨迹是系统默认选项设置，验证草图截面与扫描轨迹是否垂直的方法是：在扫描轨迹上的任意一点处创建一个垂直于轨迹的平面，然后观察扫描特征在该平面上的形状。

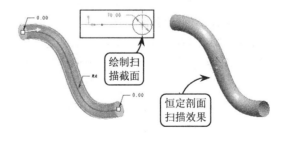

图 8-24　绘制扫描截面

图 8-25 所示为选取扫描轨迹上任一点创建垂直于轨迹线的基准平面，并选择【编辑】

【修剪】选项，使用基准平面修剪曲面，即可获得与剖面完全相同的曲面轮廓。

> 垂直于投影

垂直于投影是将扫描轨迹曲线向某个平面投影，扫描截面与该投影相垂直，即草图截面的法向与投影相切。

图 8-26 所示为选择剖面控制方式为【垂直于投影】方式，并选取一平面为投影方向参照。这样扫描截面将全程垂直于扫描轨迹在该平面上的投影。

> 恒定法向

恒定法向方式下草图截面在扫描过程中始终是垂直于一个方向，即用户使用草图截面的 Z 轴与所指定的参照物体的法向相一致。如指定平面为参考，则在整个扫描过程中扫描截面始终与指定平面平行。

❑ 水平/垂直控制

水平/垂直控制是在指定原始轨迹和辅助轨迹后，指定另一条曲线作为水平或垂直控制的轨迹线。当草图截面沿着直线形式的原点轨迹扫描时，同时围绕着原点轨迹作旋转。

该选项只有当【剖面控制】列表框选择【垂直于轨迹】选项时才被激活。【水平/垂直控制】列表框中包含【自动】和【X 轨迹】列表项。其中选择【自动】选项将默认不指定曲线为水平或垂直控制的轨迹线；选择【X 轨迹】选项并选取曲线，则选取的曲线将作为 X 轨迹，获得另一种恒定剖面曲面，对比如图 8-27 所示。

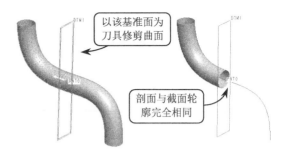

图 8-25　垂直于轨迹

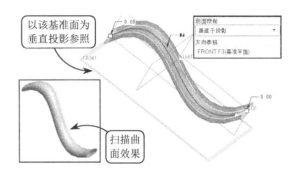

图 8-26　垂直于投影

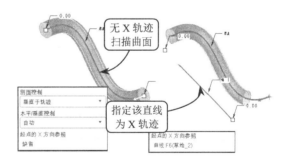

图 8-27　对比 X 向轨迹线

### 2．可变截面扫描

可变剖面扫描可以创建一个截面不断变化的模型。其中扫描截面沿着扫描轨迹线进行扫描，在扫描过程中截面的形状和大小随着轨迹线和轮廓线的变化而变化。

在绘制剖截面过程中，需要设定草图对象与扫描轨迹线之间的几何约束关系，这样在剖截面沿着原点轨迹扫描时，保持与其他轨迹线之间的几何关系，从而创建形态多样的曲面模型。

❑ 定义扫描轨迹线

创建可变剖面扫描特征同恒定剖面一样，需要首先定义扫描轨迹线，建立该轨迹线的方法同样有草绘轨迹和选取轨迹两种。通常在创建可变截面扫描曲面之前，将所有扫描轨迹线全部绘制，效果如图 8-28 所示。

选择【可变截面扫描】工具后，在打开的操控面板中单击【曲面】按钮，并在【选项】下滑面板中，选择【可变截面】单选按钮。然后展开【参照】下滑面板，按住 Ctrl 键依次选取原始轨迹线和辅助轨迹线。其中所选的第一条轨迹线就是原始轨迹线，效果如图 8-29 所示。

❑ 绘制扫描截面

定义扫描轨迹线后，在【可变截面扫描】操控面板中单击【创建或编辑扫描剖面】按钮，进入草绘环境利用草绘工具绘制剖截面。然后退出草绘环境返回到原操控面板，并单击【应用】按钮，即可创建可变剖面扫描特征，效果如图 8-30 所示。

## 8.3.2 创建边界混合曲面

当截面呈现光滑或无明显的截面线或轨迹线时，常通过草绘曲线或创建基准曲线等各种方法先创建曲面的边界曲线，然后再由边界曲线创建边界曲面。

创建边界曲面，首先利用【草绘】或【基准曲线】工具绘制各条边界曲线。然后单击【边界混合】按钮，在打开的操控面板中展开【曲线】下滑面板，并单击激活第一方向收集器，按住 Ctrl 键依次选取第一方向上的曲线链，效果如图 8-31 所示。

接着单击激活第二方向收集器，按住 Ctrl 键依次选取第二方向上的曲线链，即可创建边界混合曲面，效果如图 8-32 所示。【边界混合】操控面板中各选项的含义介绍如下。

### 1. 曲线

该下滑面板包括【第一方向】和【第二方向】两个收集器，分别激活各收集器后，即可在图中选择两个方向上的参照对象。

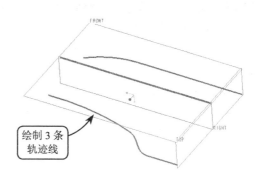

图 8-28 绘制扫描轨迹线

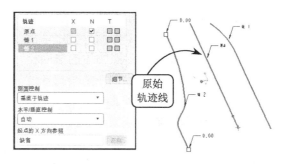

图 8-29 依次选取原始轨迹线和辅助轨迹线

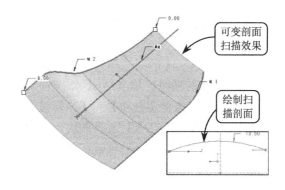

图 8-30 创建可变剖面扫描

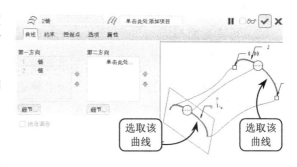

图 8-31 选取第一方向上的曲线链

❑ 第一方向

根据所选参照顺序，在第一方向上创建混合曲面。如果选取第一方向上的曲线后，启用【闭合混合】复选框，则将把最后一条曲线与第一条曲线混合，创建封闭曲面，效果如图 8-33 所示。

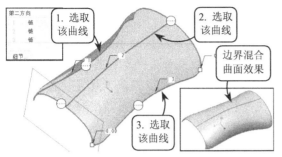

图 8-32　选取第二方向上的曲线链

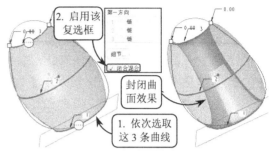

图 8-33　第一方向上创建的曲面

❑ 第二方向

指定第一方向上的参照对象后，单击激活【第二方向】收集器，然后按顺序选取第二方向参照，可同时在第一、第二方向上创建曲面造型，效果如图 8-34 所示。

注　意

只有当只需指定第一方向的曲线即可创建边界混合曲面时，【闭合混合】复选框才会被激活。另外如果某一方向上的曲线链选取错误，可在对应的收集器中选取该曲线，并单击右键，在打开的快捷菜单中选择【移除】或【全部移除】选项，即可将错误的曲线移除或直接移除该方向上的所有曲线。

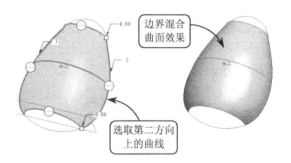

图 8-34　指定第二方向上曲线创建边界混合曲面

2．约束

该下滑面板中可以设置边界混合曲面相对于与其相交曲面之间的边界约束类型，包括【自由】、【相切】、【曲率】和【垂直】4 种。

图 8-35 所示为依次设置第一条曲线链与参照曲面相切约束，并设置最后一条曲线链与 TOP 平面垂直约束所创建的边界混合曲面。该下滑面板中各选项的含义介绍如下。

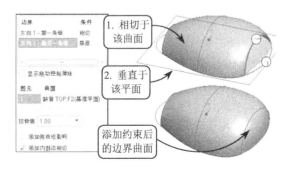

图 8-35　曲面间的相切类型

❑ 自由　自由地沿边界进行特征创建，不需要任何约束条件，即只具有 G0 连续。

- **相切**　设置混合曲面沿边界与参照曲面相切，即具有 G1 连续。在应用相切的约束条件下，用户可以拖动特征箭头或修改数值调整相切的大小变化。
- **曲率**　设置混合曲面沿边界具有 G2 连续性。
- **垂直**　设置混合曲面与参照平面或基准平面垂直。
- **显示拖动控制滑块**　显示用于调整约束数值的特征箭头。当在【自由】约束条件下，该复选框呈禁用状态。
- **图元曲面**　设置用于参考的曲面或基准平面。其中系统默认的参照曲面为边界曲线所在曲面。如果边界曲线同时在多个曲面上，则系统允许用户自行选择曲面。
- **拉伸值**　当边界条件设置为非【自由】的其他条件时，可以在激活的【拉伸值】文本框中输入拉伸因子。另外也可以直接拖曳拉伸值的控制滑块来改变拉伸因子，进而改变曲面形状。
- **添加侧曲线影响**　使用侧曲线影响来调整曲面形状。
- **添加内部边相切**　为混合曲面的一个或两个方向设置相切内部边条件。该功能适用于具有多段边界的曲面，而通过该功能可以创建有曲面片（通过内部边并与之相切）的混合曲面。

### 3．控制点

在该下滑面板中可以分别在曲面的第一方向和第二方向上，指定对应控制点的对齐关系，从而改变曲面的变化效果，有效地控制曲面的扭曲。

图 8-36 所示为依次指定第一方向上 3 条曲线链上的 3 个控制点：PNT12、PNT13 和 PNT14，并设置这 3 点为【自然】方式拟合，即可创建曲面的扭曲效果。在【拟合】下拉列表中各选项的含义介绍如下。

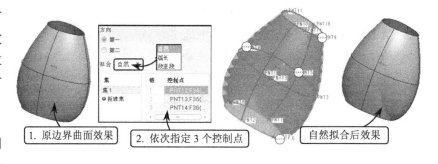

图 8-36　设置控制点效果

- **自然**　使用一般混合例程进行混合，并使用相同的例程来重复输入曲线的参数，以获得最相近的曲面。
- **弧长**　对原始曲线进行最小的调整。使用一般混合例程来混合曲线，被分成相等的曲线段并逐段混合的曲线除外。
- **点到点**　逐点混合，第一条曲线中的点 1 连接到第二条曲线中的点 1，依次类推。该选项只能用于具有相同样条点数量的样条曲线。图 8-37 所示的 a 曲面即是以点到点方式，将曲线链上各点相应拟合的效果。而当各点位置调整后，点到点拟合就会发生相应变化，如图 8-37 的 b 曲面所示。
- **段至段**　段至段混合，曲线链或复合曲线被连接。该选项只可用于具有相同段数的曲线。

## 4. 选项

在该面板中通过选取影响曲线、设置平滑度因子和两个方向上的曲面片数，可以进一步调整混合曲面的精度和平滑效果，如图 8-38 所示。该面板中各选项的含义介绍如下。

- **影响曲线** 设置影响混合曲面形状的曲线，效果如图 8-39 所示。
- **平滑度因子** 设置曲面的平滑度，设置范围在 0~1 之间。所设值越小，与影响曲线越逼近，平滑度越低；值越大，离影响曲线逼近越远，平滑度越高，效果如图 8-40 所示。

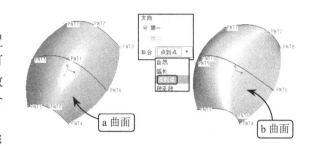

图 8-37 点到点拟合效果

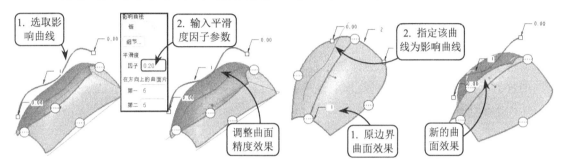

图 8-38 调整曲面精度效果　　　　　图 8-39 指定影响曲线

- **在方向上的曲面片** 在第一方向和第二方向上设置曲面片个数，设置范围在 1-29 之间。值越大，越逼近控制线。

此外在创建边界曲面时，如果只需一个方向上的边界曲线即可创建边界曲面，则选取边界线的顺序将决定曲面的形状。也就是说，如果是由 3 条一个方向的边界线组成的边界混合曲面，则选取的第二条曲线往往是控制曲面形状的曲线，效果如图 8-41 所示。

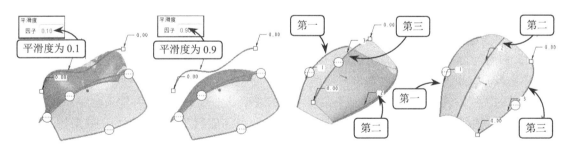

图 8-40 设置不同的平滑度因子　　　　　图 8-41 选取曲线的不同顺序创建的不同曲面

**注　意**

创建边界混合曲面可以只定义第一方向的曲线，也可以只定义第二方向的曲线。当选取两个方向上的曲线创建边界曲面时，所选边界线必须首尾相接，否则无法创建曲面。

### 8.3.3 圆锥曲面和 N 侧曲面片

圆锥曲面是指用边界线和控制线所创建的二次光滑曲面，即截面的每一个断面形状均为二次曲面。N 侧曲面片是指以至少 5 条边界线创建的多边形曲面，并且所选的边界线要构成一条封闭的曲线链。

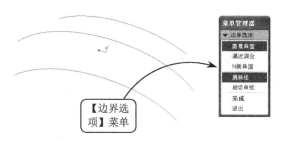

图 8-42 【边界选项】菜单

#### 1. 圆锥曲面

圆锥曲面是一种特殊的边界混合曲面，它是通过两条曲线为相对边界，并以另外一条曲线为曲面凸起或凹陷的控制曲线，即以圆锥曲面曲线来创建曲面造型。

选择【插入】|【高级】|【圆锥曲面和 N 侧曲面片】选项，将打开【边界选项】菜单，效果如图 8-42 所示。然后在该菜单中选择【圆锥曲面】选项，即可创建肩曲线和相切曲线两种类型的圆锥曲面。

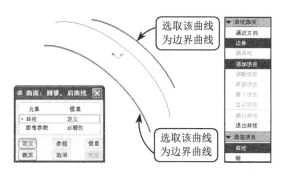

图 8-43 选取边界曲线

❑ **肩曲线圆锥曲面**

该曲面是指在指定圆锥曲面的边界线后，指定另一条曲线为曲面通过的曲线即肩曲线，进而以该曲线控制圆锥曲面的具体造型。

选择【肩曲线】|【完成】选项，将打开【曲面：圆锥，肩曲线】对话框和【曲线选项】菜单。然后选取如图 8-43 所示的两条曲线为边界曲线。

边界曲线选择好后，此时系统提示指定肩曲线，即曲面经过的曲线。只需在【曲线选项】菜单中选择【肩曲线】选项，并选取一曲线为

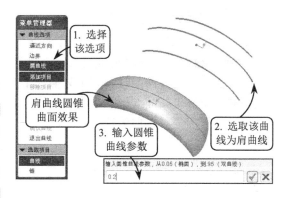

图 8-44 指定肩曲线

曲面经过的曲线。然后在【曲线选项】菜单中选择【确认曲线】选项，并输入圆锥曲线参数。接着单击【应用】按钮，并单击【确定】按钮，即可创建肩曲线圆锥曲面，效果如图 8-44 所示。

> **提 示**
> 如果将圆锥曲线参数设置为 $t$，则输入 $t$ 的大小将决定所创建的圆锥曲线截面形状：当 $0.05<t<0.5$ 时，曲面的截面是椭圆；当 $t = 0.5$ 时，曲面的截面是抛物线；当 $0.5<t<0.95$ 时，曲面的截面是双曲线。

❑ 相切曲线圆锥曲面

该曲面是指在指定好圆锥曲面的边界后，指定另外一条曲线为相切曲线，即曲面每个截面的渐近线都将经过该曲线。

选择【相切曲线】|【完成】选项，将打开【曲面：圆锥，相切曲线】对话框和【曲线选项】菜单。然后选取曲面的边界曲线，并在【曲线选项】菜单中选择【相切曲线】选项，指定相切曲线，效果如图 8-45 所示。

接下来在【曲线选项】菜单中选择【确认曲线】选项，并在打开的提示栏中输入圆锥曲线参数。最后单击对话框中的【确定】按钮，即可创建相切曲线圆锥曲面，效果如图 8-46 所示。

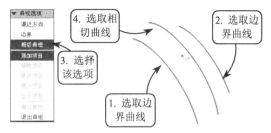

图 8-45 分别指定边界曲线和相切曲线

### 2．N 侧曲面片

N 侧曲面也是一种特殊的边界曲面，即通过 5 条或 5 条以上的边界曲线创建边界混合曲面。在很多情况下可以直接通过 N 侧曲面创建出曲面，而不用分区域地添加多个边界面的烦琐创建步骤。

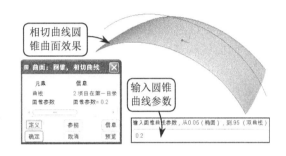

图 8-46 相切曲线圆锥曲面

选择【插入】|【高级】|【圆锥曲面和 N 侧曲面片】选项，并在打开的【边界选项】菜单中选择【N 侧曲线】|【完成】选项，将打开【曲面：N 侧】对话框和【链】菜单。然后按住 Ctrl 键选取如图 8-47 所示的 5 条曲线作为边界曲线。

此时在【曲面：N 侧】对话框中即可单击【预览】按钮，预览所创建的 N 侧曲面效果。然后在该对话框中选择【边界条件】选项，并单击【定义】按钮。接着在打开的【边界】菜单中选取拉伸曲面边线所处的序列位置，效果如图 8-48 所示。

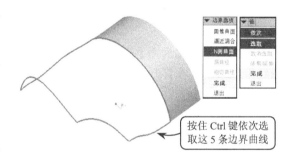

图 8-47 选取边界曲线

接下来在打开的【边界条件】菜单中选择【相切】|【完成】选项，并单击【Boundary #4】对话框中的【确定】按钮，接受默认的相切参照为拉伸曲面。此时将返回到【边界】菜单，选择该菜单中的【完成】选项，并单击【确定】按钮，即可创建与拉伸曲面相切的 N 侧曲面，效果如图 8-49 所示。

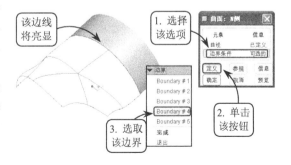

图 8-48 指定边界条件

> **提 示**
>
> 在【边界】菜单中列出了所有的 5 条边界选项。当鼠标在这 5 个选项上依次经过时,绘图区相应的边界将蓝色亮显。然后便可按照该方法清楚拉伸曲面边线所处的序列位置。

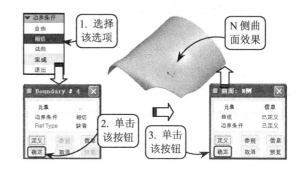

图 8-49 创建 N 侧曲面

### 3. 逼近混合

逼近混合是由边界线与一条或数条逼近线混合,再输入光顺度系数及 U、V 两方向的曲面片数所创建的近似边界混合曲面。逼近混合曲面可以由单方向曲线构成,也可以由双方向曲线构成,还可以不选择逼近线。

选择【插入】|【高级】|【圆锥曲面和 N 侧曲面片】选项,并在打开的【边界选项】菜单中选择【逼近混合】|【完成】选项。此时将打开【曲面:逼近混合】对话框和【曲线选项】菜单。然后按住 Ctrl 键依次选取如图 8-50 所示的 3 条曲线。其中所选的第 2 条曲线即为逼近线。

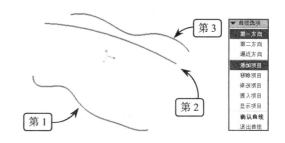

图 8-50 选取曲线

此时在【曲线选项】菜单中选择【确认曲线】选项,并在打开的提示栏中依次指定光滑系数、第一方向上的曲面片数和第二方向上的曲面片数。最后单击【曲面:逼近混合】对话框中的【确定】按钮,即可创建逼近混合曲面,效果如图 8-51 所示。

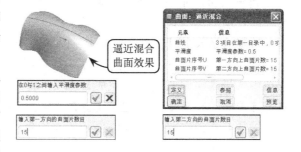

图 8-51 创建逼近混合曲面

在【曲面:逼近混合】对话框和【曲线选项】菜单中各主要选项的含义介绍如下。

- ❑ **第一方向** 选取第一方向上的边界曲线。
- ❑ **第二方向** 选取第二方向上的边界曲线。
- ❑ **逼近方向** 选取逼近曲线。
- ❑ **平滑度** 曲面的光顺程度系数,范围为 0~1。0 表示虽不平滑却最能

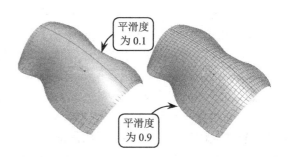

图 8-52 逼近混合曲面不同的平滑度对比效果

吻合逼近线;1 表示平滑度最佳。图 8-52 所示为平滑度分别为 0.1 和 0.9 的对比效果。

- ❑ **曲面片序号 U 和 V** 设置 U、V 方向曲面片数,范围为 1~29。曲面片数越多,越能逼近曲线。图 8-53 所示为 U、V 方向曲面片数为 5 和 29 的对比效果。

此外创建逼近混合曲面时，逼近线的选取相当重要，因为其直接决定了所创建曲面的形状。图 8-54 所示为选取了第一方向上的 3 条曲线后，选取逼近方向曲线所创建的新的逼近混合曲面效果。

## 8.4 编辑曲面

当曲面创建后，一般都需要进行修改和编辑才能满足模型的要求。曲面的修改和编辑主要包括曲面的复制、合并、剪切、延伸、展平和实体化等。在创建曲面的过程中，恰当地使用曲面修改和编辑工具，可以提高曲面建模的效率。

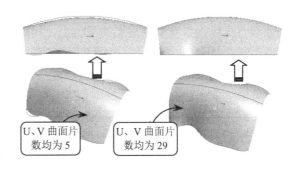

图 8-53 逼近混合曲面不同曲面片数对比效果

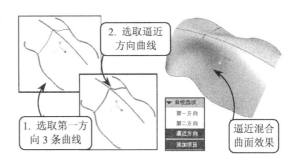

图 8-54 逼近混合曲面效果

### 8.4.1 复制曲面

在建模时经常需要创建一些相同的曲面特征。如果一一创建，不仅工作量大，而且容易出错。此时便可利用【复制】工具对曲面进行复制，这样既能创建出一个或多个相同特征的副本，还可以创建出一个或多个类似的曲面特征。

在 Pro/E 中复制曲面包括 3 种方式：复制所选择的曲面、复制曲面上封闭区域的部分曲面、复制曲面并填充曲面上的孔。

**1．复制所选择的曲面**

该方式是指将所选曲面按照原来的曲面形状进行复制。这也是使用率较高的一种复制方式。

选取一曲面，并单击【复制】按钮。然后单击【粘贴】按钮，将打开【复制】操控面板。然后展开【选项】下滑面板，并选择【按原样复制所有曲面】单选按钮，单击【应用】按钮，即可将该曲面复制，效果如图 8-55 所示。

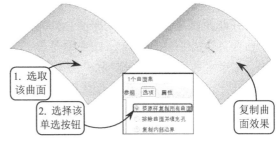

图 8-55 按原样复制曲面

此时由于所复制的曲面与原曲面重合，用户可能很难分辨新复制的曲面。但从模型树中可以看出多出了一个复制特征，即新复制的曲面，效果如图 8-56 所示。

### 2．复制曲面并填充孔

该方式是指在复制原曲面的基础上，将原曲面上的孔和槽等进行填充，从而获得完整的曲面特征。该复制曲面的方式经常用来填补模具分型面上的靠破孔。

选取一曲面，依次单击【复制】按钮和【粘贴】按钮，将打开【复制】操控面板。然后展开【选项】下滑面板，并选择【排除曲面并填充孔】单选按钮。接着按住Ctrl键选取曲面上孔的边界，单击【应用】按钮，即可在复制该曲面的同时将曲面上的孔填补，效果如图8-57所示。

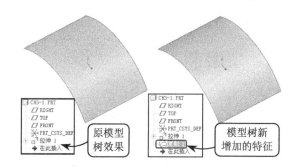

图8-56 从模型树中查看复制的曲面

### 3．复制内部边界

该方式是指按住Ctrl键依次选取要复制曲面的内部封闭曲线，系统将只复制封闭曲线内部的曲面特征。

图8-58所示为一拉伸曲面和位于该曲面上的一投影曲线。选取该曲面，依次单击【复制】按钮和【粘贴】按钮。然后在打开的操控面板中展开【选项】下滑面板，并选择【复制内部边界】单选按钮。接着按住Ctrl键选取曲面上的投影曲线为边界线，即可创建复制曲面特征。此时可以将原拉伸曲面隐藏，观察所创建的新曲面效果。

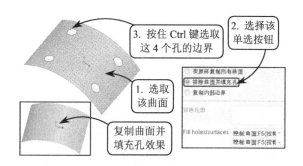

图8-57 复制曲面并填充孔

## 8.4.2 合并曲面

合并曲面就是将两个不同曲面合并为一个曲面，合并后的曲面与原始曲面是分开的。如果合并后的曲面被删除，而原始曲面并不会因此被删除。合并曲面分为相交和连接两种方式，主要区别是：相交有裁剪功能，而连接无裁剪功能。

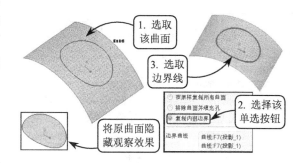

图8-58 复制内部边界的曲面

### 1．曲面相交

曲面相交是将相交的两个面组合并，并通过指定附加面组的方向选择要保留的曲面部分。

按住Ctrl键依次选取两个需合并的曲面，并选择【编辑】|【合并】选项或单击【合并】按钮。然后分别指定两个曲面上需要保留的曲面部分，创建相交合并特征，效果如图8-59所示。

在【合并】操控面板中单击【改变要保留的第一面组的侧】按钮 %，可以改变第一面组合并保留部分；单击【改变要保留的第二面组的侧】按钮 %，可以改变第二面组合并保留部分。不同的取舍方向将创建不同的曲面合并效果，如图 8-60 所示。

### 2．连接曲面

连接是合并两相邻曲面，其中一个面组的侧边必须在另一个面组上。如果一个面组超出另一个面组，通过单击【改变要保留的第一面组的侧】按钮 % 或单击【改变要保留的第二面组的侧】按钮 %，指定面组哪一部分包括在合并特征中。

按住 Ctrl 键依次选取两个需合并的曲面，并选择【编辑】|【合并】选项。然后在【合并】操控面板的【选项】下滑面板中选择【连接】单选按钮，即可创建连接合并特征，效果如图 8-61 所示。

## 8.4.3 修剪曲面

虽然创建拉伸或旋转曲面中的剪切特征时，剪切区域的选取比较灵活，但该方法只适用于单一的曲面特征。Pro/E 还提供了专门的曲面修剪工具，可以通过曲线、基准平面或曲面来切割裁剪曲面，并且该曲面修剪工具适用于任何不规则的曲面造型。

### 1．通过基准平面修剪

该修剪方式是以基准平面为修剪边界，将现有曲面上的多余部分删除。其中基准平面一侧箭头的指向方向为曲面中要保留的部分。

选取要修剪的曲面，并选择【编辑】|【修剪】选项。然后在打开的操控面板中展开【参照】下滑面板，并单击激活【修剪对象】收集器。接着选取一平面为修剪边界对象，并指定曲面要保留的部分，即可创建修剪曲面特征，效果如图 8-62 所示。

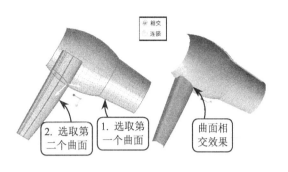

图 8-59　曲面相交效果

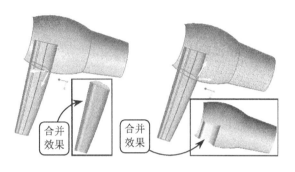

图 8-60　不同取舍方向所创建的不同合并效果

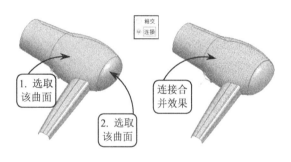

图 8-61　两曲面连接合并

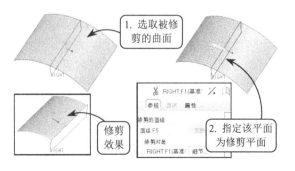

图 8-62　通过基准平面修剪

### 2．通过曲面修剪

该修剪方式是以与现有曲面相交的曲面为修剪边界，对现有曲面进行修剪。要注意的是，作为修剪边界的曲面不仅要与被修剪曲面相交，而且其边界也要全部超过被修剪曲面的边界。

选取要修剪的曲面，并选择【编辑】|【修剪】选项。然后展开【参照】下滑面板，并单击激活【修剪对象】收集器。接着选取一曲面为修剪边界对象，并指定曲面要保留的部分，即可创建修剪曲面特征，效果如图8-63 所示。

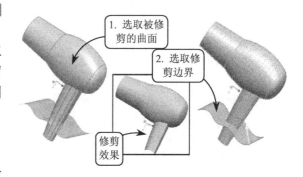

图 8-63　通过曲面修剪

### 3．通过曲线修剪

该修剪方式是以曲面上的曲线为修剪边界，对曲面进行修剪。其中作为修剪边界的曲线可以是利用【基准曲线】或【投影】等工具所创建的位于该曲面上的曲线。

选取要修剪的曲面，并选择【编辑】|【修剪】选项。然后展开【参照】下滑面板，并单击激活【修剪对象】收集器。接着选取如图 8-64 所示曲面上的投影曲线为修剪边界对象，并指定曲面要保留的部分，即可创建修剪曲面特征。

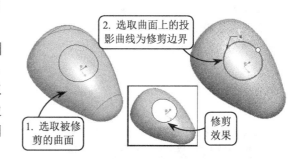

图 8-64　通过曲线修剪

### 4．薄修剪

该修剪方式能够以指定的修剪对象为参照，向其一侧或两侧去除一定厚度的曲面，从而创建具有割断效果的曲面。

指定好被修剪曲面和修剪边界后，在【选项】下滑面板中启用【薄修剪】复选框，则能够以指定的修剪对象为参照，去除一定厚度的曲面，从而创建具有割断效果的曲面。图 8-65 所示为指定修剪厚度和修剪方向，创建的薄修剪特征。

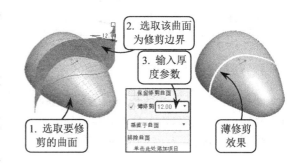

图 8-65　薄修剪效果

在【选项】下滑面板中启用【保留修剪曲面】复选框，则曲面修剪后，仍然保留作为修剪边界的曲面。而在【排除曲面】收集器中可以选取不被薄修剪的曲面。此外在【修剪】操控面板中单击【使用侧面投影方法修剪面组】按钮，可以以垂直于参照平面的方向修剪面组。

注—意

当进行薄修剪时，默认的箭头方向为向上加厚；单击【反向】按钮，则向下加厚；再次单击【反向】按钮，则为向两侧加厚。

## 8.4.4 镜像曲面

镜像指相对于一个平面对称复制特征。其中创建的镜像特征与源特征之间既可以具有从属关系，也可以是独立的特征。此外通过镜像操作可以完成复杂模型的设计，节省大量的制作时间。

选取要镜像的曲面，并单击【镜像】按钮，将打开【镜像】操控面板。然后展开【参照】下滑面板，单击激活【镜像平面】收集器，选取如图8-66所示的FRONT平面为镜像平面，将所选曲面镜像。

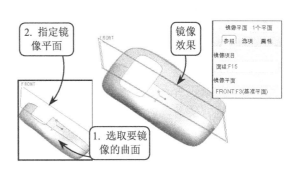

图8-66 镜像曲面

注—意

在【镜像】操控面板的【选项】下滑面板中，启用【镜像为从属项】复选框，则创建的镜像特征与源特征间具有从属关系。当源特征修改时，镜像特征也随之改变。

## 8.4.5 偏移曲面

利用偏移工具可对模型中的面、曲线进行定距离或变距离偏移，从而创建新的曲面特征。偏移后的曲面可用于建立几何体或阵列几何体,而偏移出来的曲线则可用于构建曲面的曲线。

选取偏移曲面对象后，选择【编辑】|【偏移】选项，打开【偏移】操控面板，效果如图8-67所示。然后在该操控面板中单击【标准型偏移】按钮右侧的扩展按钮，在其级联菜单中将包含以下4种偏移曲面类型。

### 1. 标准型偏移曲面

该类型是系统默认的偏移类型。选择单个面组、曲面或实体表面作为偏移参照对象，将该对象向一侧偏移指定的距离，即可创建新的曲面。

选取偏移参照曲面后，在【距离】文本框中输入偏移距离，并指定偏移的方向，单击【应用】按钮，即可创建偏移曲面，效

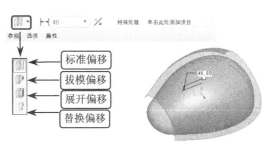

图8-67 【偏移】操控面板

果如图 8-68 所示。

在【偏移】操控面板中展开【选项】下滑面板，效果如图 8-69 所示。在该面板中如果启用【创建侧曲面】复选框，则可以在偏移曲面与原曲面间添加侧面，以形成封闭的曲面。此外，【垂直于曲面】下拉列表中 3 个选项的含义介绍如下。

- **垂直于曲面** 以所选曲面的法线方向为偏移参照，偏移指定距离后创建曲面。该方式为系统默认的方式。
- **自动拟合** 系统自动将原始曲面进行缩放，并在需要时平移它们，并且不需要其他的操作。
- **控制拟合** 选择该方式后，将在指定坐标系下将原始曲面进行缩放并沿指定轴移动，以创建最佳拟合偏距。

### 2．拔模型偏移曲面

该类型是以指定的参照曲面为拔模曲面，并以草图截面为拔模截面，向参照曲面一侧偏移创建出具有拔模特征的拔模曲面，即偏移曲面的侧面带拔模斜度。

选取偏移参照曲面后，单击【拔模偏移】按钮。然后展开【参照】面板，并单击【定义】按钮。接着指定草绘平面进入草绘环境，效果如图 8-70 所示。

进入草绘环境后绘制草图截面。接着在【偏移】操控面板中分别输入拉伸距离和拔模角度，曲面将以所绘草图截面在曲面上的投影形状为偏移参照，向曲面一侧偏移出具有拔模特征的新曲面特征，效果如图 8-71 所示。

在拔模偏移操控界面下，通过【选项】面板可以调整当前偏移的参照设定、偏移曲面的偏移方向参照、侧面的垂直参照以及侧面轮廓的形状，进而来影响偏移曲面的具体形状，效果如图 8-72 所示。该面板中各选项的含义介绍如下。

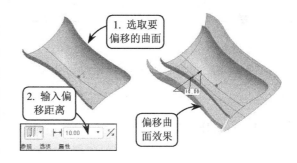

图 8-68　曲面标准偏移效果

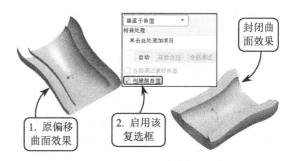

图 8-69　创建侧曲面

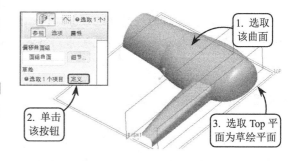

图 8-70　指定草绘平面

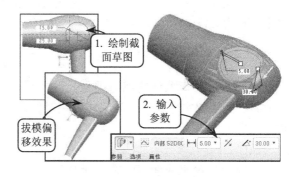

图 8-71　拔模偏移曲面效果

❑ 平移

该选项只有在【具有拔模特征】和【展开特征】偏移类型中才出现。其作用是以草绘平面的法线方向为偏移参照创建偏移曲面，效果如图 8-73 所示。

❑ 侧曲面垂直于

该选项组用于设置侧面的垂直参照。其中包含【曲面】和【草绘】两个单选按钮：选择【曲面】单选按钮，侧曲面的垂直参照为现有曲面；选择【草绘】单选按钮，侧曲面的垂直参照为所选定的草绘平面，效果如图 8-74 所示。

❑ 侧面轮廓

该选项组用于设置侧面轮廓的形式。其中包含【直】和【相切】两个单选按钮：当选择【直】单选按钮时，侧面将以指定的偏移和垂直参照为偏移方向，以平面的形式创建；当选择【相切】单选按钮时，将创建与相邻曲面相切的侧面，效果如图 8-75 所示。

3. 展开型偏移曲面

该偏移类型与上一个类型很相似，均是以指定的草绘截面为偏移截面，向曲面的一侧偏移一定距离创建出新的曲面。不同之处在于展开偏移不存在拔模斜度，只需指定偏移距离即可。

单击【展开偏移】按钮，并在【选项】下滑面板中选择【草绘区域】单选按钮。然后单击【定义】按钮，指定草绘平面进入草绘环境，效果如图 8-76 所示。

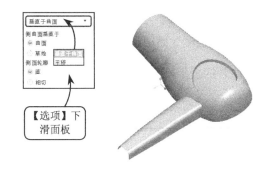

图 8-72 【选项】下滑面板

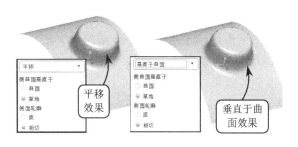

图 8-73 平移偏移和垂直于曲面效果

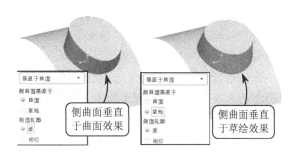

图 8-74 侧曲面垂直参照调整效果

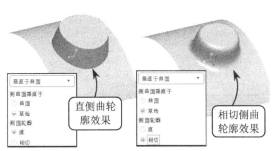

图 8-75 调整侧面轮廓形状效果

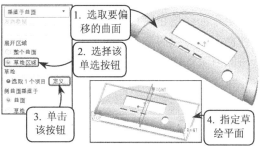

图 8-76 指定草绘平面

进入草绘环境后绘制草图截面。然后退出草绘环境，在操控面板的【距离】文本框中输入偏移距离，并指定偏移方向，即可获得曲面的展开偏移效果，如图 8-77 所示。

#### 4．替换型偏移曲面

该方式是指将曲面替换为实体表面，从而形成具有曲面表面形状的实体特征。其中替换后的实体面与曲面平齐并相互平行。

图 8-78 所示为选取实体表面，并选择【编辑】|【偏移】选项，在打开的操控面板中单击【替换偏移】按钮，然后在【参照】下滑面板中单击激活【替换面组】收集器，选取曲面作为替换面，即可获得替换面偏移效果。

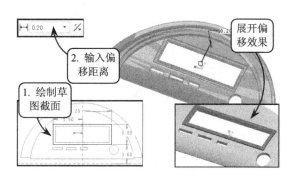

图 8-77　展开偏移曲面效果

### 8.4.6　延伸曲面

延伸曲面就是将曲面延长某一距离或延伸到某一平面，延伸部分曲面与原始曲面类型可以相同或不同。在模具设计中经常利用该工具延伸模具的分型面。

选择需延伸的曲面，并选取该曲面上需延伸的一条边线后，选择【编辑】|【延伸】选项，将打开【延伸】操控面板，效果如图 8-79 所示。该操控面板包括以下两种延伸曲面类型。

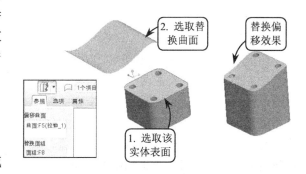

图 8-78　替换型偏移曲面效果

#### 1．沿原始曲面延伸曲面

该方法是系统默认的延伸方法，能够以指定延伸深度值将曲面延伸。所创建的延伸曲面既可以是与原曲面相同，也可以是与原曲面相切等多种类型。

在【延伸】操控面板的【延伸距离】文本框中输入延伸距离，并单击【应用】按钮，即可完成延伸操作，效果如图 8-80 所示。

在【延伸】操控面板中展开【量度】下滑面板，在该面板中可以设置延伸的各

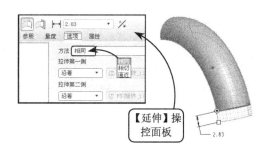

图 8-79　【延伸】操控面板

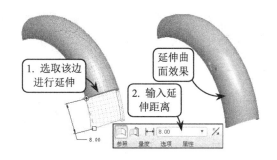

图 8-80　沿原始曲面延伸曲面

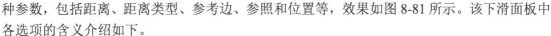

种参数,包括距离、距离类型、参考边、参照和位置等,效果如图 8-81 所示。该下滑面板中各选项的含义介绍如下。

- **垂直于边** 测量延伸点到延伸参照边的垂直距离。
- **沿边** 沿测量边测量延伸距离,测量方式与垂直于边基本一致。
- **至顶点平行** 在顶点处开始延伸边,并平行于边界边。
- **至顶点相切** 在顶点处开始延伸边,并与下一单侧边相切。
- **测量曲面延伸距离** 测量参照曲面中的延伸距离,系统默认该选项。
- **测量平面延伸距离** 测量选定平面中的延伸距离。

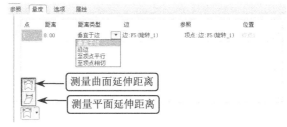

图 8-81 【量度】下滑面板

在【延伸】操控面板【选项】面板的【方法】下拉列表中,3 种延伸曲面类型的含义介绍如下。

- **相同** 创建与原曲面相同类型的延伸曲面。
- **切线** 创建与原曲面相切的直纹曲面。
- **逼近** 创建原始曲面的边界边与延伸的边之间的边界混合。该选项常用于将曲面延伸至不在一条直边上的顶点。

**2. 将曲面延伸到参照平面**

该方法能够以指定的参照平面为延伸目标面,将曲面延伸至该平面。其中延伸目标面只能是规则的曲面或基准平面。

在【延伸】操控面板中单击【将曲面延伸到参照平面】按钮,并指定参照平面,单击【应用】按钮,即可完成延伸操作,效果如图 8-82 所示。

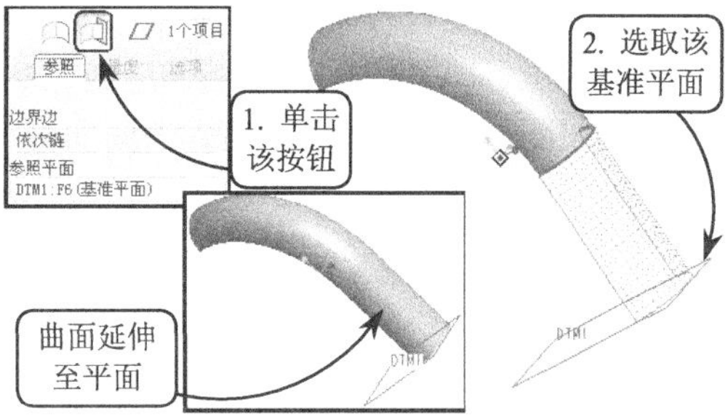

图 8-82 将曲面延伸到参照平面

### 8.4.7 填充曲面

利用该工具能够以模型上的平面或基准平面为草绘平面,绘制曲面的边界线,系统会自动为边界线内部填入材料,从而创建一个平面型的填充曲面。

选择【编辑】|【填充】选项,打开【填充】操控面板。然后单击【参照】下滑面板中的【定义】按钮,指定草绘平面并绘制填充截面。接着单击【应用】按钮,即可创建填充曲面,效果如图 8-83 所示。

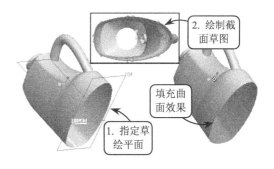

图 8-83 填充曲面

> **提 示**
> 
> 所绘制的填充剖截面必须是一个封闭的图形，否则系统不执行填充曲面操作。

### 8.4.8 加厚

加厚是将曲面增加一定的厚度，将其转化为实体模型。在模型设计中经常利用该工具创建一些复杂，并且难以使用规则实体特征创建的薄壳实体。

选取曲面对象，并选择【编辑】|【加厚】选项，将打开【加厚】操控面板。然后在该面板中的【厚度】文本框内输入厚度值，并单击【反向】按钮，调整厚度方向。接着单击【应用】按钮，即可完成加厚操作，效果如图 8-84 所示。

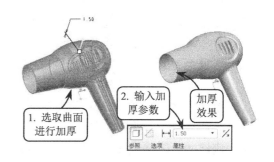

图 8-84 加厚曲面

加厚特征也可以去除材料。当要加厚的曲面位于实体上时，【加厚】操控面板上的【从加厚的面组中去除材料】按钮会被激活。然后单击该按钮，即可用面组加厚的方式去除材料，效果如图 8-85 所示。其类似于曲面修剪中的薄修剪。

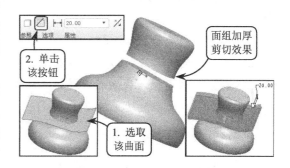

图 8-85 从加厚的面组中去除材料

> **提 示**
> 
> 在【选项】下滑面板中包含 3 个列表项。其中选择【垂直于曲面】选项，则选取的曲面于原始曲面增加均匀的厚度；选择【自动拟合】选项，系统将根据自动决定的坐标系缩放相关的厚度；选择【控制拟合】选项，将在指定坐标系下将原始曲面进行缩放并沿指定轴给出厚度。

### 8.4.9 曲面实体化

利用实体化工具，可将指定的曲面特征转换为实体。利用该工具可在原来的模型中添加、删除或替换实体材料。由于创建零件的外观曲面相对于其他实体特征更具灵活性，所以经常利用该工具设计比较复杂的实体零件。曲面实体化操作主要包括以下 3 种类型。

**1. 实体填充体积块**

该方式是将闭合的曲面面组所围成的体积块转化为实体。其中用于转换为实体的面组必须是封闭的,或者面组的边界位于实体特征上,与实体特征形成一个封闭的空间。

选取封闭的曲面面组,并选择【编辑】|【实体化】选项。然后在打开的【曲面实体化】操控面板中单击【应用】按钮,即可将所选面组体积块实体化,效果如图 8-86 所示。

### 2. 移除材料

该方式是指以实体上的面组为剪切边界,去除部分实体。其中用于剪切的面组可以是开放的或是封闭的。如果是开放的,则该面组的边界位于实体特征表面上,或与实体表面相交。

选取修剪边界曲面后,选择【编辑】|【实体化】选项,并在打开的【曲面实体化】操控面板中单击【去除材料】按钮。然后单击【反向】按钮,调整去除材料的方向,即可将曲面实体化,效果如图 8-87 所示。

### 3. 面组替换曲面

该方式是指可以在曲面面组位于曲面上的情况下,使用该面组替换实体上的部分曲面,以创建实体表面上的一些特殊造型。

图 8-88 所示为选取一曲面(该曲面各边界均位于实体表面上),然后单击【面组替换曲面】按钮,并指定要替换的部分,即可创建面组替换曲面后的实体效果。

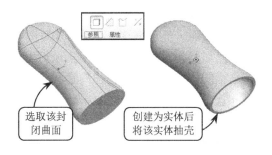

图 8-86 将封闭面组体积块转换为实体

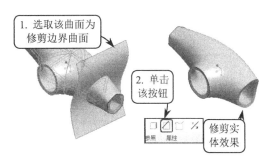

图 8-87 移除材料实体化

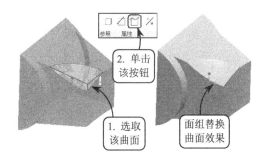

图 8-88 面组替换曲面实体化

## 8.5 典型案例 8-1:创建吹风机模型

本例创建一吹风机模型,效果如图 8-89 所示。吹风机主要用于头发的干燥和整形,但也可供实验室、理疗室、工业生产和美工等方面作局部干燥、加热和理疗之用。该模型为吹风机的壳身,主要对内部机件起保护作用,同时又是外部装饰件。其主要结构包括主壳身、握柄、圆形进风口和其上的长条形进风孔,以及壳身端部的出风口。

创建该吹风机壳体模型,由于其为对称结

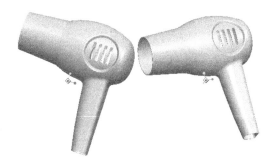

图 8-89 吹风机模型效果

构，因此可以通过草绘曲线或基准曲线构建一侧的框架曲线，并利用【边界混合】工具将曲线创建为曲面。然后将这一半曲面镜像得到另一半曲面，并将这两个曲面合并。接着将合并后的曲面加厚为实体即可。其中吹风机上的进风口凹槽为创建难点，需通过具有拔模特征的偏移进行创建，然后通过拉伸剪切和阵列创建其上的长条形进风孔。

### 操作步骤

① 新建一名为"hair_drier.prt"的文件，进入零件建模环境。然后利用【草绘】工具选取 TOP 平面为草绘平面，并接受默认的视图参照，进入草绘环境绘制草图。接着利用【镜像】工具指定 FRONT 平面为镜像平面，将该曲线镜像，效果如图 8-90 所示。

② 利用【基准平面】工具创建穿过上步所绘曲线的端点，并平行于 RIGHT 平面的基准平面，效果如图 8-91 所示。

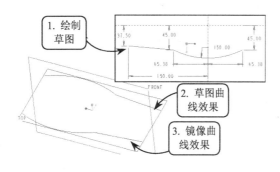
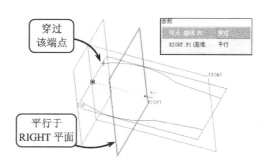

图 8-90 绘制草图并镜像　　　　　　　　图 8-91 创建基准平面

③ 利用【草绘】工具选取上步创建的平面为草绘平面，并接受默认的视图参照，进入草绘环境绘制半径为 45 的半圆。然后退出草绘环境，观察所绘半圆效果，如图 8-92 所示。

④ 利用【基准平面】工具创建穿过如图 8-93 所示曲线的端点，并平行于 RIGHT 平面的基准平面。然后利用【草绘】工具选取该基准平面为草绘平面，进入草绘环境绘制半径为 37.5 的半圆。接着退出草绘环境，观察所绘半圆效果。

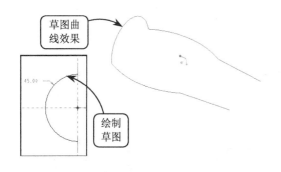
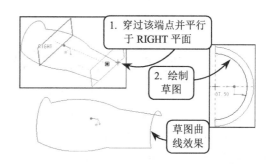

图 8-92 绘制草图　　　　　　　　　　　图 8-93 绘制草图

⑤ 利用【边界混合】工具选取第 1 步所创建的两条曲线为第一方向上的曲线链，并选取以上两步所绘曲线为第二方向上的曲线链，效果如图 8-94 所示。

⑥ 接下来展开【边界混合】操控面板中的【约束】下滑面板，分别为第一方向上的两条曲线链添加垂直约束，所垂直的平面均为 TOP 平面。然后单击【应用】按钮✓，即可创建边

界混合曲面，效果如图 8-95 所示。

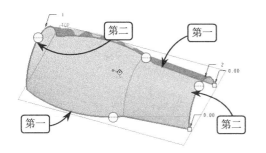

图 8-94　选取两个方向上的曲线链

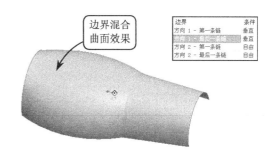

图 8-95　边界混合曲面效果

⑦ 单击【基准曲线】按钮，在打开的菜单中选择【通过点】|【完成】选项。然后在【连接类型】菜单中选择【样条】|【单个点】|【添加点】选项，并依次选取如图 8-96 所示两条曲线的端点。

⑧ 在【曲线：通过点】对话框中选择【相切】选项，并单击【定义】按钮。然后依次指定起点和端点的相切边线和相切方向，创建的基准曲线效果如图 8-97 所示。

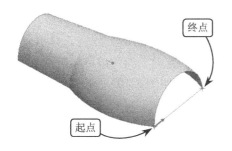

图 8-96　指定曲线两个端点

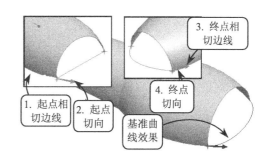

图 8-97　创建基准曲线

⑨ 利用【边界混合】工具依次选取上步所创建的基准曲线，以及第 3 步所绘半圆为第一方向上的曲线链，效果如图 8-98 所示。

⑩ 展开【约束】下滑面板，为第一方向上的第一条曲线链添加垂直约束，所垂直的平面为 TOP 平面。然后为第一方向上的第二条曲线链添加相切约束，所相切的曲面为第 6 步创建的边界混合曲面。最终创建的边界混合曲面效果，如图 8-99 所示。

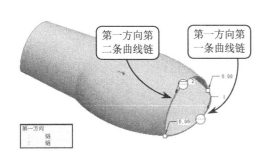

图 8-98　指定第一方向上的曲线链

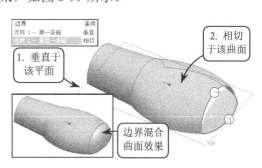

图 8-99　边界混合曲面效果

201

⑪ 利用【草绘】工具选取 TOP 平面为草绘平面，并指定 RIGHT 平面为视图右参照，进入草绘环境绘制草图，效果如图 8-100 所示。

⑫ 利用【草绘】工具选取 FRONT 平面为草绘平面，并指定 TOP 平面为视图顶参照，进入草绘环境绘制草图，效果如图 8-101 所示。

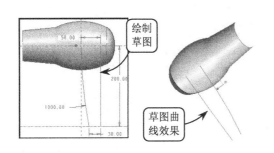

图 8-100　绘制草图　　　　　　　　图 8-101　绘制草图

⑬ 利用【基准平面】工具创建穿过如图 8-102 所示曲线的端点，并平行于 FRONT 平面的基准平面。然后利用【草绘】工具选取该基准平面为草绘平面，并指定 TOP 平面为视图底参照，进入草绘环境绘制草图。

⑭ 利用【边界混合】工具选取第 11 步所绘两条曲线为第一方向曲线链，并选取第 12 步和第 13 步所绘曲线为第二方向曲线链。然后分别为第一方向上的两条曲线链添加垂直约束，所垂直的平面均为 TOP 平面，创建边界混合曲面，效果如图 8-103 所示。

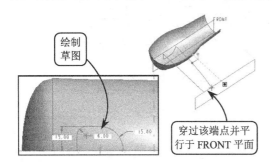 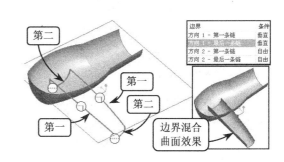

图 8-102　绘制草图　　　　　　　　图 8-103　边界混合曲面效果

⑮ 按住 Ctrl 键分别选取第 5 步和第 10 步创建的两个边界混合曲面，并单击【合并】按钮，设置合并方式为【连接】方式，将这两个曲面合并，效果如图 8-104 所示。

⑯ 按住 Ctrl 键分别选取上步创建的合并曲面和第 14 步创建的边界混合曲面，并单击【合并】按钮。然后设置合并方式为【相交】方式，并分别指定这两个曲面所要保存的部分，进行合并曲面操作，效果如图 8-105 所示。

⑰ 利用【草绘】工具选取 TOP 平面为草绘平面，并指定 RIGHT 平面为视图右参照，进入草绘环境绘制草图，效果如图 8-106 所示。

⑱ 选取该电吹风曲面，并选择【编辑】|【偏移】选项。然后在打开的【偏移】操控面板中选择【具有拔模特征】方式，并选取上步所绘草图。接着分别输入偏移距离和拔模角

度，即可创建具有拔模特征的偏移效果，如图8-107所示。

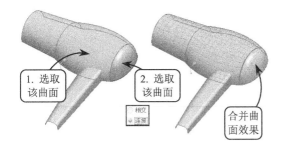

图8-104 合并曲面

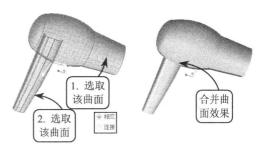

图8-105 合并曲面

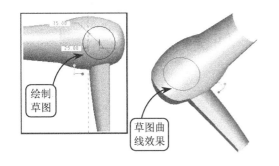

图8-106 绘制草图

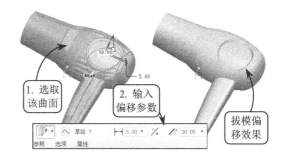

图8-107 具有拔模特征的偏移

⑲ 利用【拉伸】工具选取TOP平面为草绘平面，并指定RIGHT平面为视图右参照绘制草图。然后在【拉伸】操控面板中单击【曲面】按钮，并设置拉伸方式为【穿透所有】。接着单击【去除材料】按钮，创建拉伸曲面剪切特征，效果如图8-108所示。

⑳ 选取上步创建的拉伸曲面剪切特征，并单击【阵列】按钮。然后设置阵列方式为【尺寸】阵列，并选取如图8-109所示的尺寸为要阵列的尺寸对象。接着输入阵列增量为12，阵列数目为4，创建阵列特征。

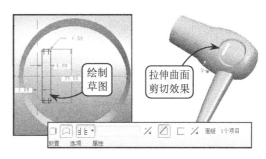

图8-108 创建拉伸曲面剪切特征

㉑ 利用【倒圆角】工具选取如图8-110所示的两条边为倒圆角对象，并设置圆角半径为2，创建倒圆角特征。

㉒ 继续利用【倒圆角】工具选取如图8-111所示的边为倒圆角对象，并设置圆角半径为12，创建倒圆角特征。

㉓ 利用【镜像】工具选取该电吹风曲面，并指定TOP平面为镜像平面，将该曲面镜像，效果如图8-112所示。

㉔ 按住Ctrl键选取图中所有曲面，并单击【合并】按钮。然后设置合并方式为【连接】方式，进行合并曲面操作，效果如图8-113所示。

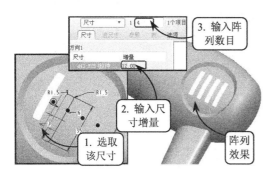
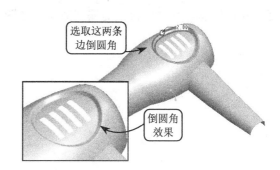

图 8-109　创建阵列特征　　　　　　图 8-110　创建倒圆角特征

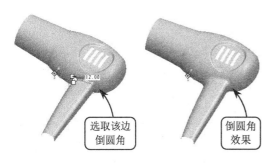
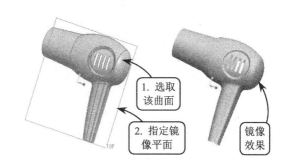

图 8-111　创建倒圆角特征　　　　　　图 8-112　创建镜像特征

㉕ 选取上步合并后的曲面，并选择【编辑】|【加厚】选项。然后将该曲面向外加厚1.5，创建加厚实体特征，效果如图 8-114 所示。

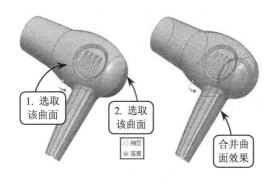
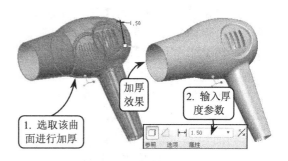

图 8-113　合并曲面　　　　　　图 8-114　加厚曲面为实体

## 8.6　典型案例 8-2：创建沐浴露瓶体

本例创建一沐浴露瓶体，效果如图 8-115 所示。沐浴露瓶体是头发洗浴液体的盛装器具。该瓶体的主要结构包括瓶身、握柄、瓶口和瓶口螺纹。该瓶体的下瓶身偏长，并且瓶底呈内凹状，使瓶体放置更加平稳。而上瓶身为弧形造型，握柄位于上瓶身，其倾斜造型很方便人手握持。此外握柄边缘的倒圆角既增加了瓶身的美观度，又防止划伤。

创建该沐浴露瓶体，可以构建瓶体框架曲面，通过曲面加厚创建实体。其中难点主要有两点：一是上瓶身的握柄凹槽，可通过绘制握柄的框架曲线，将曲线转化为边界混合曲面，并进行合并曲面；另一难点是瓶口螺纹，可通过螺旋扫描创建螺纹曲面，并通过旋转混合创建上下两端的螺纹收尾曲面，最后将合并后的螺纹曲面与瓶身进行实体化。

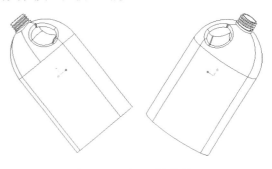

图 8-115  沐浴露瓶体效果

### 操作步骤

① 新建一名为"hair_washer.prt"的文件，进入零件建模环境。然后利用【拉伸】工具选取 TOP 平面为草绘平面，并接受默认的视图参照，进入草绘环境绘制草图。接着将该截面拉伸 180，创建拉伸曲面特征，效果如图 8-116 所示。

② 利用【基准平面】工具创建距离 TOP 平面为 180 的基准平面。然后利用【草绘】工具选取该基准平面为草绘平面，进入草绘环境利用【使用边】工具绘制草图截面，效果如图 8-117 所示。

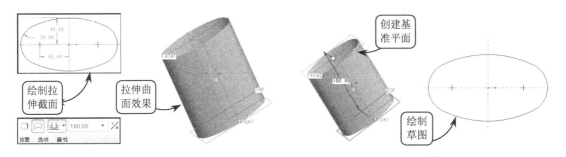

图 8-116  创建拉伸曲面特征　　　　　　　　图 8-117  创建基准平面并绘制草图

③ 利用【草绘】工具选取 FRONT 平面为草绘平面，绘制草图截面。然后利用【镜像】工具指定 RIGHT 平面为镜像平面，将该曲线镜像，效果如图 8-118 所示。

④ 利用【草绘】工具选取 RIGHT 平面为草绘平面，绘制草图截面。然后利用【镜像】工具指定 FRONT 平面为镜像平面，将该曲线镜像，效果如图 8-119 所示。

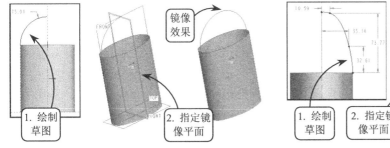 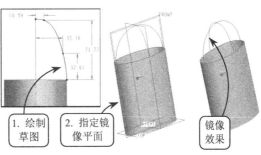

图 8-118  绘制草图并镜像　　　　　　　　　图 8-119  绘制草图并镜像

⑤ 利用【边界混合】工具按住 Ctrl 键依次选取如图 8-120 所示的 4 条曲线为第一方向上的曲线链，并选取第 2 步所绘曲线为第二方向上的曲线链。然后在【约束】下滑面板中启用【添加侧曲线影响】复选框，创建边界混合曲面。

⑥ 按住 Ctrl 键分别选取上步创建的边界混合曲面和第 1 步创建的拉伸曲面，并单击【合并】按钮 。然后设置合并方式为【连接】方式，进行合并曲面操作，效果如图 8-121 所示。

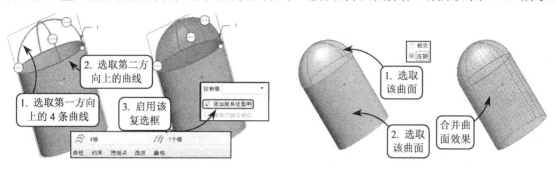

图 8-120　创建边界混合曲面　　　　　　图 8-121　合并曲面

⑦ 利用【草绘】工具选取 FRONT 平面为草绘平面，绘制草图截面。然后利用【基准平面】工具创建距离 FRONT 平面为 50 的基准平面，效果如图 8-122 所示。

⑧ 利用【草绘】工具选取上步创建的基准平面为草绘平面，绘制草图截面。然后利用【镜像】工具指定 FRONT 平面为镜像平面，将该曲线镜像，效果如图 8-123 所示。

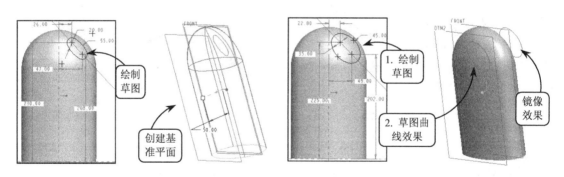

图 8-122　绘制草图并创建基准平面　　　图 8-123　绘制草图并镜像

⑨ 将曲面隐藏，利用【边界混合】工具按住 Ctrl 键依次选取如图 8-124 所示的 3 条曲线为第一方向上的曲线链，创建边界混合曲面。

⑩ 将曲面显示，按住 Ctrl 键分别选取上步创建的边界混合曲面和第 6 步合并后的曲面，并单击【合并】按钮 。然后设置合并方式为【相交】方式，分别指定两个曲面要保留的部分，进行合并曲面操作，效果如图 8-125 所示。

⑪ 选择【编辑】|【填充】选项，指定 TOP 平面为草绘平面，进入草绘环境后，利用【使用边】工具绘制如图 8-126 所示的截面，创建填充曲面特征。

⑫ 选择【插入】|【扫描】|【曲面】选项，在打开的菜单中选择【草绘轨迹】选项，指定模型底面为草绘平面，利用【使用边】工具绘制扫描轨迹线。然后在【属性】菜单中选择【无内表面】选项，绘制扫描截面，创建扫描曲面，效果如图 8-127 所示。

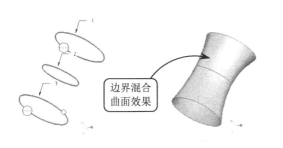

图 8-124 创建边界混合曲面

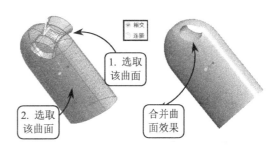

图 8-125 合并曲面

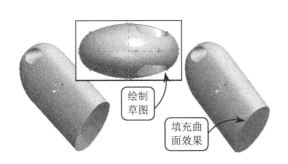

图 8-126 创建填充曲面特征

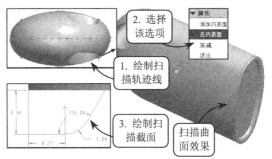

图 8-127 创建扫描曲面特征

⑬ 利用【合并】工具将前面创建的填充曲面与扫描曲面分别与模型主曲面进行合并，合并方式均为【连接】方式，效果如图 8-128 所示。

⑭ 利用【旋转】工具选取 FRONT 平面为草绘平面绘制草图截面，并设置旋转角度为 360°，创建旋转曲面特征，效果如图 8-129 所示。

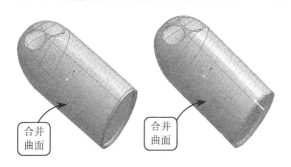

图 8-128 合并曲面

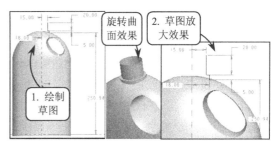

图 8-129 创建旋转曲面特征

⑮ 按住 Ctrl 键分别选取上步创建的旋转曲面和第 13 步合并后的曲面，并单击【合并】按钮。然后设置合并方式为【相交】方式，分别指定两个曲面要保留的部分，进行合并曲面操作，效果如图 8-130 所示。

⑯ 选择【插入】|【螺旋扫描】|【曲面】选项，在打开的菜单中选择【常数】|【穿过轴】|【右手定则】|【完成】选项，指定 FRONT 平面为草绘平面绘制扫描轨迹线。然后指定节距值为 5，再次进入草绘环境绘制螺纹截面，创建螺旋扫描曲面特征，效果如图 8-131 所示。

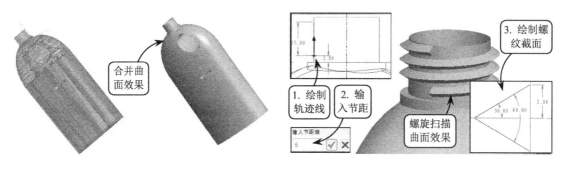

图 8-130  合并曲面　　　　　　　　　图 8-131  创建螺旋扫描曲面

⒄ 利用【基准平面】工具穿过瓶口螺纹端部的两条边，创建一基准平面。然后选择【插入】|【混合】|【曲面】选项，并在打开的菜单中选择【旋转的】|【规则截面】|【草绘截面】|【完成】选项，效果如图 8-132 所示。

⒅ 此时选择【光滑】|【开放】|【封闭端】|【完成】选项，选取上步创建的基准平面为草绘平面，并接受默认的视图参照。然后利用【使用边】工具和【直线】工具选取瓶口螺纹的截面，并利用【坐标系】工具创建一坐标系，效果如图 8-133 所示。

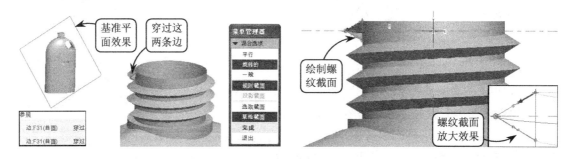

图 8-132  创建基准平面　　　　　　　图 8-133  绘制第一混合截面

⒆ 接下来在提示栏中输入截面绕 Y 轴旋转的角度为 45º，再次进入草绘环境绘制一点为第二混合截面，并利用【坐标系】工具创建一坐标系。然后指定端点类型为光滑，即可创建瓶口螺纹端部的收尾曲面，效果如图 8-134 所示。

⒇ 穿过瓶口螺纹底部的两条边，创建一基准平面。然后按照前面的方法选取该基准平面为草绘平面，并指定 TOP 平面为视图底参照进入草绘环境。接着分别绘制两个混合截面，并设置绕 Y 轴旋转角度为 45º，创建旋转混合曲面，效果如图 8-135 所示。

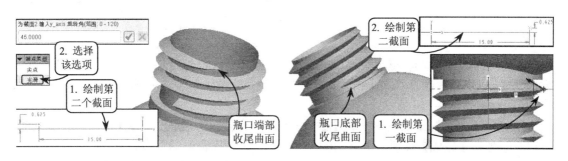

图 8-134  创建瓶口螺纹端部的收尾曲面　　　　图 8-135  创建瓶口螺纹底部的收尾曲面

㉑ 利用【合并】工具分别将瓶口螺纹曲面与两个收尾曲面进行合并，合并方式均为【连接】方式，进行合并曲面操作，效果如图 8-136 所示。

㉒ 利用【倒圆角】工具选取瓶身握柄两侧的两条边为倒圆角对象，并设置倒圆角半径为 3，创建倒圆角特征，效果如图 8-137 所示。

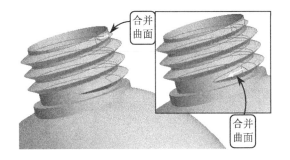

图 8-136 合并曲面

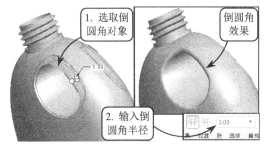

图 8-137 创建倒圆角

㉓ 选取瓶身主曲面，并选择【编辑】|【加厚】选项。然后将该瓶身曲面对称加厚2，创建加厚实体特征，效果如图 8-138 所示。

㉔ 选取合并后的瓶口螺纹曲面，并选择【编辑】|【实体化】选项。然后调整曲面实体化的方向，即可将瓶口螺纹曲面实体化，效果如图 8-139 所示。

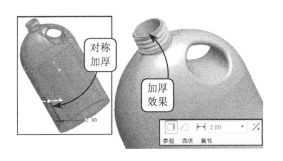

图 8-138 加厚曲面

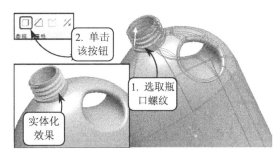

图 8-139 曲面实体化

## 8.7 上机练习

### 1. 创建牙刷架模型

本练习创建一牙刷架壳体模型，效果如图 8-140 所示。该模型是一支撑架，主要用来放置牙刷。其结构主要由上盖和底座组成。上盖上的多个圆孔可以供牙刷插入，底座上凸出的几个"脚"，其内部为中空的，可以固定和支撑插入的牙刷杆部分。

创建该牙刷架模型，需要先构建用于创建曲面特征的框架曲线，并利用【边界混合】工具将曲线转化为曲面。然后利用【合并】、【修剪】工具等将各曲面片合并为整体曲面组。接着利用【实体化】将曲面转化为实体，并将实体抽壳，即可完成该产品实体模型的创建。

## 2. 创建显示器壳体零件

本练习创建显示器壳体模型，效果如图 8-141 所示。该壳体是电视机的壳体零件，主要用来安装和固定内部结构零件，同时起到防尘的作用。该显示器的造型前面凸大，后面窄小，很好地凸出了显示屏的位置。后部上下两侧添加了凹槽特征，这样既减少了材料的使用，又增加了美观感。

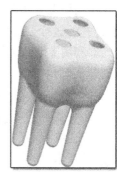

图 8-140 牙刷架模型效果

创建该显示器壳体模型，首先拉伸创建前部实体，并利用【平行混合】工具创建后部实体。然后通过拉伸剪切创建模型左右侧面和后部端面的造型。接着构建模型后部顶端的凹槽曲面，并通过实体化以该曲面替换该处实体，即可创建一侧的凹槽造型，镜像得到另一侧凹槽造型。最后对模型边棱处添加圆角，并进行抽壳，利用【扫描】工具创建模型前端面处的"唇"特征即可。

图 8-141 创建电视机壳体

# 第 9 章

# 组件装配

在现代工业设计中，利用基础特征、工程特征等完成零件的设计只是基础环节，还需要将各个零件按照设计要求组装到一起，才能组成一个完整的系统，以实现所设计的功能。此外对于装配好的组件，还可以创建其爆炸图，从而可以更清晰地查看产品的内部结构和部件间的装配顺序。

本章将主要介绍组件装配的基本原理和方法，并对元件之间各种约束关系的设置、元件或组件的调整方法，以及装配体的编辑方法作详细介绍。

**本章学习目的：**
- ➢ 掌握装配的基本操作
- ➢ 掌握装配约束的设置方法
- ➢ 掌握分解图的创建和编辑方法
- ➢ 掌握装配元件的调整方法

## 9.1 组件装配概述

一个成功的产品，不光需要有高质量的零件，还需要按设计要求将各个零件组装起来，才能发挥其功能。Pro/E 提供的装配功能即是通过设置零件间的约束，来限制零件间的自由度，以虚拟模拟现实生活中机构零件的装配效果。

### 9.1.1 组件装配方法

组件装配就是使用各种约束方法,定义组件中各零件间的相对自由度。研究制定合理的装配工艺，采用有效的保证装配精度的装配方法，对提高产品质量具有十分重要的意义。常用的装配方法主要有以下两种。

1. 自底向上的装配设计方法

采用自底向上的装配设计方法时，首先完成最底层部分，即零件部分的设计和创建。然后根据虚拟产品的装配关系，将多个零件进行组装，最终完成整个产品的虚拟设计。

自底向上的装配设计方法是一种理念相对简单的方法。它的设计思路比较清楚，设计原理和人脑的习惯性思维相吻合，在简单、传统的设计中得到了广泛应用。但是由于该方法对底层关注太多，难以实现整体把握，因此在现代的产品设计中应用不多。但在成熟产品的设计和改进过程中，经常使用该方法，可以得到较高的设计效率，效果如图9-1所示。

2. 自顶向下的装配设计方法

自顶向下的装配设计方法正好相反，该方法是由整体控制局部，即从整体设计出产品的整体几何尺寸和所需要实现的功能。然后按照功能将整个产品划分为多个功能模块，并对这些功能模块进行几何布局。当需要具体设计某个功能模块时，再根据需要设计该模块中的各零件，效果如图9-2所示。

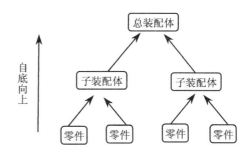

图9-1 自底向上装配示意图

在实际中往往混合使用这两种设计方法。在设计整体结构的时候，往往使用自顶向下的方法，满足产品对整体功能及外观的要求，将产品分为多个功能模块。而当设计单个的功能模块时，往往使用自底向上的方法，因为这些单个的功能模块往往都已经非常成熟，在设计中已经有了较为固定的设计模式，可以直接使用。这样既能够有所创建，又可以兼顾效率。

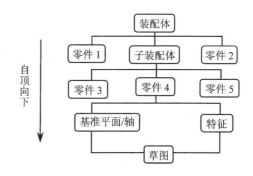

图9-2 自顶向下装配示意图

### 9.1.2 组件装配的基本知识

装配设计有专门的操作模块，即装配模块。在该模块中不仅可以添加现有的元件（零件、组件和部件统称为元件），还可以创建新的元件用于产品装配。此外在该模块中还可以自定义装配模板和各元件的显示效果。

1. 创建装配文件

装配文件与零件文件的创建过程很相似，都是通过指定文件类型和子类型进行创建。但两者设计过程的不同之处在于，零件模型通过向模型中增加特征完成产品的设计，而装配模型通过向模型中增加元件完成产品的设计。

单击【新建】按钮，在打开的【新建】对话框中选择【组件】单选按钮，并禁用【使用缺省模板】复选框。然后单击【确定】按钮，在打开的【新文件选项】对话框中包括多个模板供用户选择，效果如图9-3所示。

# 第9章 组件装配

> 提 示
>
> 装配模型的默认模板与设计零件时的模板文件类似，由装配基准平面和基准坐标系所组成。使用默认模板文件，可以依赖装配基准特征定位所有零件。对于大型装配，这样不仅可以方便装配模型，还可以避免过多的父子关系。

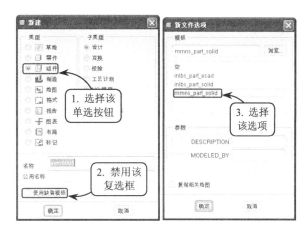

图9-3 新建装配文件

## 2．操作装配文件

通常在装配模块中执行装配操作的元件都是现有元件，这样在执行装配设计时，通过直接设置约束，即可确定元件在装配体的位置。此外还可以创建新元件，并用于当前的装配。

❑ 装配元件

装配元件就是将已经创建的元件插入到当前装配文件中，并执行多个约束设置，以限制元件的自由度，从而准确定位各个元件在装配体中的位置。

单击【将元件添加组件】按钮，并在打开的【打开】对话框中指定相应的路径，打开有关文件。然后对应的元件将被添加到当前装配环境中，同时打开【元件放置】操控面板，效果如图9-4所示。

❑ 创建元件

创建元件是在当前装配环境中按照零件建模方式创建新的元件，并且所创建的新元件在装配环境中的位置已经确定，因而不需要重新定位。

单击【在组件模式下创建元件】按钮，在打开的【元件创建】对话框中选择对应的单选按钮，确定要创建的元件类型，并在【名称】文本框中输入元件名称。然后单击【确定】按钮，并在打开的【创建选项】对话框中选择对应的单选按钮后，即可按照前面章节介绍的实体建模方法创建新元件，效果如图9-5所示。

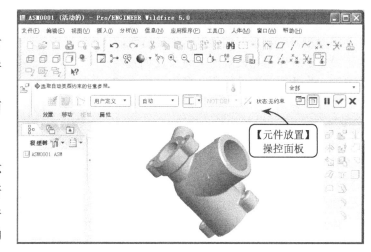

图9-4 元件装配环境

在创建新元件时，之前添加的元件将以虚线形式显示，以这些元件的边线和面为参照，可以创建元件。另外在装配导航器上选取对应元件，并单击右键，在打开的快捷菜单中选择【激活】选项，便可以显示被激活的装配体，效果如图9-6所示。

> **提　示**
>
> 　　新元件创建后激活任何一个元件，其他元件都将处于虚显状态。此时可将新元件保存并关闭，则所有装配体都将真实显示。接下来便可以添加其他现有元件或创建新元件。

图 9-5　【元件创建】对话框

### 3．显示装配文件

装配环境下新载入的元件有多种显示方式，可根据装配的需要将两类元件分离或放置在同一个窗口。

❑ **组件窗口显示元件**

载入装配元件后，系统将进入约束设置界面。默认情况下，【元件放置】操控面板中的【在组件窗口中显示元件】按钮处于激活状态，即新载入的元件和装配体显示在同一个窗口中，效果如图 9-7 所示。

❑ **独立窗口显示元件**

该方式是指新载入的元件与装配体将在不同的窗口中显示。这种显示方式有利于约束设置，从而避免设置约束时反复调整组件窗口。此外新载入元件所在窗口的大小和位置可随意调整，装配完成后，小窗口将自动消失。

取消在组件窗口显示元件的方式，并单击【独立窗口显示元件】按钮。这样在设置约束时，将显示如图 9-8 所示的独立窗口。

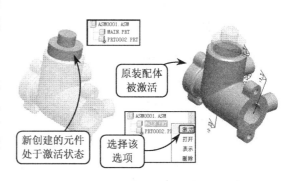

图 9-6　激活装配体

图 9-7　组件窗口显示元件

❑ **两种窗口同时显示元件**

如果以上两个按钮都处于激活状态，那么新载入的文件将同时显示在独立窗口和组件窗口中，效果如图 9-9 所示。通过该方式显示元件，不仅能够查看新载入元件的结构特征，而且能够在设置约束后观察元件与装配体的定位效果。

图 9-8　独立窗口显示元件

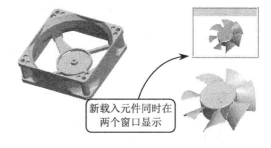

图 9-9　两种窗口同时显示元件效果

## 9.2 放置约束

放置约束用于指定新载入的元件相对于装配体的放置方式,从而确定新载入的元件在装配体中的相对位置。在元件装配过程中,约束的设计是整个装配设计的关键。

载入元件后,展开【元件放置】操控面板中的【放置】面板。在该面板中的【约束类型】下拉列表中包括 11 种类型的放置约束,效果如图 9-10 所示。

图 9-10 【放置】下滑面板

### 9.2.1 配对

通过该约束方式,可以定位两个选定的参照(实体面或基准平面),使两个面相互贴合或定向,也可以保持一定的偏移距离或成一定的角度。

配对约束类型中的偏移列表项包括重合、定向和偏移 3 种,效果如图 9-11 所示。根据所选的参照,对应的列表项将有所不同。各约束类型的含义介绍如下。

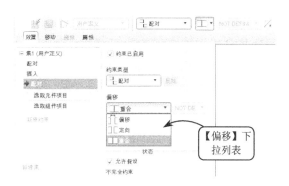

图 9-11 配对类型

**1. 偏移**

使用该方式设置配对约束时,选取的元件参照面与组件参照面平行,并保持所指定的距离。如果参照面方向相反,可单击【反向】按钮,或者在距离文本框中输入负值,效果如图 9-12 所示。

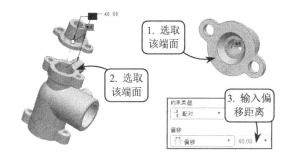

图 9-12 指定偏移距离设置约束

> **提 示**
> 如果仅一个约束不能定位元件的位置,可在【放置】下滑面板中选择【新建约束】选项,设置下一个约束。确定元件位置后,单击【应用】按钮✓,即可获得元件约束设置的效果。

**2. 定向**

使用该方式设置匹配约束时,选取的元件参照面与组件参照面平行。此时可以确定新添加元件的活动方向，但是不能设置间隔距离，效果如图 9-13 所示。

### 3．重合

重合是默认的偏移类型，即两个参照面贴合在一起。当分别选取元件参照面和组件参照面后，约束类型自动设置为配对。然后在【偏移】下拉列表中选择【重合】选项，所选的两个参照面即可完全接触，效果如图 9-14 所示。

### 4．角度偏移

只有当选取的两个参照面具有一定角度时，才会出现该约束类型。在【角度偏移】文本框中输入旋转角度，则元件将根据参照面旋转所设定的角度，旋转到指定位置，效果如图 9-15 所示。

> **技巧**
> 在设置约束集过程中，如果元件的放置位置或角度不利于观察，可按住 Ctrl+Alt 键，并按住滚轮来旋转元件；或单击右键来移动元件。

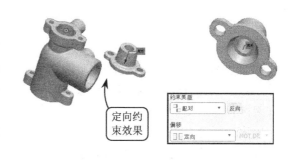

图 9-13　定向配对约束

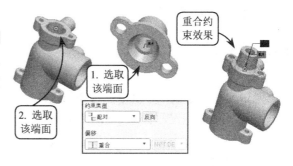

图 9-14　重合配对约束

## 9.2.2　对齐

使用该约束可以对齐两个选定的参照，使其朝向相同，并可以将两个选定的参照设置为重合、定向或者偏移。

对齐约束和配对约束的设置方式很相似。不同之处在于，对齐对象不仅可以使两个平面共面（重合并朝向相同），还可以指定两条轴线同轴或两个点重合，以及对齐旋转曲面或边等。图 9-16 所示为通过轴线对齐两个元件，以限制移动自由度。

无论使用配对约束还是对齐约束，两个参照对象必须为同一类型（如平面对平面、旋转曲面对旋转曲面、点对点或轴线对轴线）。

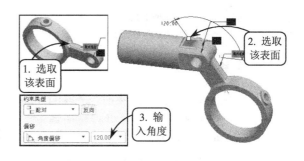

图 9-15　角度偏移配对约束

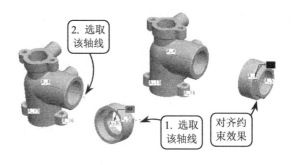

图 9-16　设置对齐约束

## 9.2.3 插入

使用该约束可将一个旋转曲面插入另一个旋转曲面中，并且可以对齐两个曲面的对应轴线。在选取轴线无效或不方便时，可以使用该约束方式。该约束的对象主要是弧形面元件。

选取新载入元件上的曲面，并选取装配体的对应曲面，即可获得插入约束效果，如图 9-17 所示。

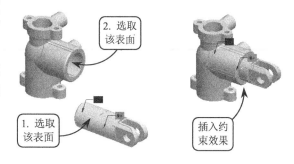

图 9-17　设置插入约束

## 9.2.4 缺省、自动和坐标系

在装配环境中使用缺省、自动和坐标系约束，可一次定位元件在装配环境中的位置。其中使用缺省方式不需要选取任何参照，即可定位元件。而使用坐标系约束只需选取两个坐标系，即可定位元件。

### 1．缺省约束

该约束方式主要用于添加到装配环境中第一个元件的定位。通过该约束方式可将元件的坐标系与组件的坐标系对齐。之后载入的元件将参照该元件进行定位，效果如图 9-18 所示。

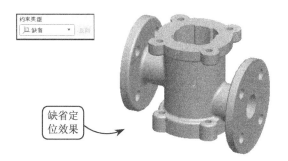

图 9-18　缺省定位元件

### 2．自动约束

使用该约束方式，只需选取元件和组件参照，由系统猜测意图而自动设置适当的约束。图 9-19 所示为分别选取元件和组件的对应表面，系统将默认使用配对约束限制元件的自由度。

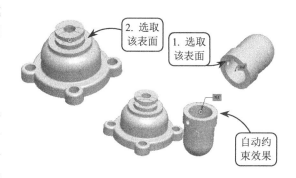

图 9-19　自动定位元件

### 3．坐标系约束

该约束方式是通过对齐元件坐标系与组件坐标系的方式（既可以使用组件坐标系又可以使用零件坐标系），将元件放置在组件中。该约束可以一次完全定位元件，完全限制 6 个自由度。

为便于装配可在创建模型时指定坐标系位置。如果没有指定，可以在保存当前装配文件后，打开要装配的元件并创建一坐标系，保存并关闭。这样当重新打开装配体载入新元件时，便可以指定两个坐标系进行约束设置，效果如图 9-20 所示。

### 9.2.5 相切

该约束方式是通过控制两个曲面在切点位置的接触，即新载入的元件与指定元件以对应曲面相切进行装配。该约束功能与配对约束相似，因此这种约束将配对曲面，而不对齐曲面，效果如图 9-21 所示。

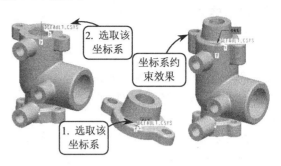

图 9-20 设置坐标系约束

### 9.2.6 线上点

线上点约束用于控制新载入元件上的点与装配体上的边、轴或基准曲线之间的接触，从而使新载入的元件只能沿直线移动或旋转，而且仅保留 1 个移动自由度和 3 个旋转自由度。

选取新载入元件上的一个点，并选取组件上的一条边，这个点将自动约束到这条红色显示的边上，效果如图 9-22 所示。

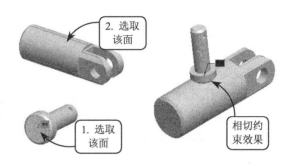

图 9-21 设置相切约束

### 9.2.7 曲面上的点和边

在设置放置约束时，可限制元件上的点或边相对于指定元件的曲面移动或旋转，从而限制该元件相对于装配体的自由度，从而准确定位元件。

#### 1．曲面上的点约束

该约束控制曲面与点之间的接触，可以用零件或装配体的基准点、基准平面或曲面、零件的实体曲面作为参照，效果如图 9-23 所示。

#### 2．曲面上的边约束

使用曲面上的边约束可控制曲面与平面边界之间的接触，可以将一条线性边约束至一个平面，也可以使用基准平面、装配体的曲面或者任何平面零件的实体曲面作为参照。图 9-24 所示为约束曲面与边的效果。

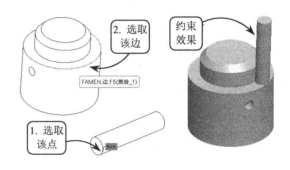

图 9-22 直线上的点

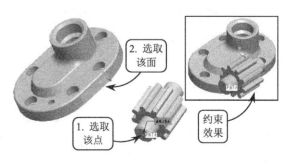

图 9-23 曲面上的点约束

## 9.3 调整元件或组件

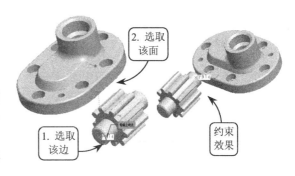

图 9-24　设置曲面与边约束

在元件进行相应的放置约束之后，还需要对其进行更加细致的移动或旋转，来弥补放置约束的局限性，从而准确地装配元件。特别是在装配一些复杂的零件时，经常需要对其进行移动，以达到所需的装配设计要求。

### 9.3.1 定向模式

使用该移动类型，可在组件窗口中以任意位置为移动基点，指定任意的旋转角度或移动距离，来调整元件在组件中的放置位置，以达到完全约束。

在【装配】操控面板中展开【移动】下滑面板，并在【运动类型】下拉列表中选择【定向模式】选项。此时系统提供了该类型下的两种移动方式，效果如图 9-25 所示。

图 9-25　定向模式

**1. 在视图平面中相对**

选择该单选按钮表示相对于视图平面移动元件。在组件窗口中选取待移动的元件后，在所选位置处将显示一三角形图标。此时按住中键拖动即可旋转元件；按住 Shift 键+中键拖动即可旋转并移动元件，效果如图 9-26 所示。

图 9-26　相对视图平面旋转元件

**2. 运动参照**

运动参照指相对于元件或参照对象移动所指定的元件。选择该单选按钮后，运动参照收集器将被激活。此时可选取视图平面、图元、边、平面法向等作为参照对象，但最多只能选取两个参照对象。

指定好参照对象后，右侧的【法向】或【平行】选项将被激活。其中选择【法向】单选按钮，选取元件进行移动时将垂直于所选参照移动元件；选择【平行】单选按钮，选取元件进行移动时将平行于所选参照移动元件，效果如图 9-27 所示。

### 9.3.2 平移和旋转元件

平移或旋转元件，只需选取新载入的元件，然后拖动鼠标即可将元件移动或旋转至组件窗口中的任意位置。

### 1. 平移元件

通过该方式可以直接在视图中平移元件至适当的装配位置，效果如图 9-28 所示。平移的运动参照同样包括【在视图平面中相对】和【运动参照】两种类型，其设置方法与定向模式相同，这里不再赘述。

### 2. 旋转元件

通过该方式可以绕指定的参照对象旋转元件。只需选取旋转参照后选取元件，拖动鼠标即可旋转元件。图 9-29 所示为选取一轴线为旋转参照，元件将绕选定的轴线进行旋转。

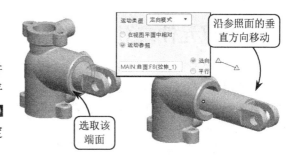

图 9-27　指定运动参照移动元件

## 9.3.3　调整元件

通过该方式可以为元件添加新的约束，并可以通过指定参照对元件进行移动。该移动类型对应的选项中新增加了【配对】和【对齐】两种约束，并可以在下面的【偏移】文本框中输入偏移距离来移动元件，效果如图 9-30 所示。

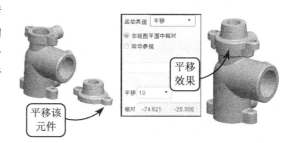

图 9-28　平移元件

## 9.3.4　隐含和恢复

在组件环境中隐含特征类似于将元件或组件从进程中暂时删除，而执行恢复操作可随时解除已隐含的特征，恢复至原来状态。通过隐含特征不仅可以简化复杂装配体，而且可减少系统再生时间。

图 9-29　旋转元件

### 1. 隐含元件或组件

在创建复杂的装配体时，为方便对部分组件进行创建或编辑操作，可将其他组件暂时删除于当前操作环境。这样使装配环境简洁，缩短更新和组件的显示速度，提高工作效率。

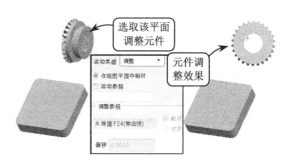

图 9-30　调整元件

在模型树中按住 Ctrl 键选取要隐含的组件，并单击右键，在打开的快捷菜单中选择【隐含】选项。此时所选对象将从当前装配环境中移除，效果如图 9-31 所示。

**2．恢复隐含对象**

要恢复所隐含的对象，可在模型树中单击【设置】按钮，并在其下拉列表中选择【树过滤器】选项。然后在打开的【模型树项目】对话框中启用【隐含的对象】复选框，则所有隐含的对象将显示在模型树中，效果如图 9-32 所示。

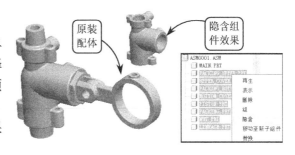

图 9-31　隐含元件

然后在模型树中按住 Ctrl 键选取隐含的对象，并单击右键，在打开的快捷菜单中选择【恢复】选项，即可将隐含的对象恢复到当前操作环境中，效果如图 9-33 所示。

## 9.4　编辑装配体

在装配过程中，可对当前环境中的元件或组件进行各种编辑操作，如替换元件、修改约束方式和约束参照，对相同的元件进行重复装配和阵列装配，以大大减少装配的步骤。此外还可创建装配体的爆炸图，清楚地观察装配体的定位结构。

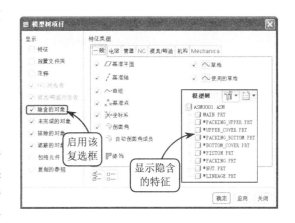

图 9-32　【模型树项目】对话框

### 9.4.1　修改元件

任何一个装配体均是由各个元件通过一定的约束方式装配而成的。元件在定位以后还可以进行各种编辑，如修改元件名称和结构特征、替换当前元件，以及控制元件显示等。

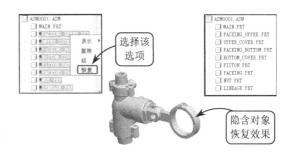

图 9-33　恢复隐含对象

**1．修改元件结构特征**

当元件定位以后，为优化元件的结构特征，也为了获得更加完善的装配效果，可对元件的结构特征进行修改。

在模型树中选取一元件，并单击右键，在打开的快捷菜单中选择【打开】选项。此时系统将进入该元件的建模环境，可对模型结构进行修改。然后退出建模环境返回到装配环境，可发现装配环境中的元件特征也已改变，效果如图 9-34 所示。

## 2. 替换元件

在装配设计中,针对相同类型但不同型号的元件进行装配时,可以将现有已经定位的元件替换为另一个元件,从而获得另一种装配效果。

在模型树中选择一元件,并单击右键,在打开的快捷菜单中选择【替换】选项。然后在打开的【替换】对话框中选择【不相关的元件】单选按钮,并单击【打开】按钮,指定替换元件。接着单击【确定】按钮,即可将元件替换为指定的新元件,效果如图9-35所示。

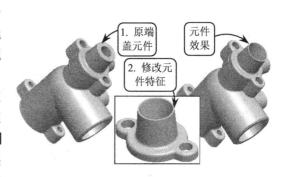

图 9-34  修改元件的剪切特征

## 3. 控制元件显示

在装配过程中,为了更清晰地表现复杂装配实体的内部结构和装配情况,同时也为了提高计算机的显示速度,可指定元件在装配体中以实体或线框等多种方式显示。

选择【视图】|【视图管理器】选项,在打开的对话框中切换至【样式】选项卡,并单击【属性】按钮,进入属性窗口。然后选择元件,并单击属性窗口上激活的各个按钮,则所选元件将以对应的样式进行显示,效果如图9-36所示。

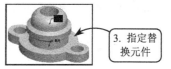

图 9-35  替换元件

## 9.4.2 重复装配

在进行装配时,经常需要对相同结构的元件进行多次装配,并在装配过程中使用相同类型的约束,如一些螺栓的装配。此时便可以通过重复装配对这些同类型的元件进行大量重复的装配定位,以提高工作效率。

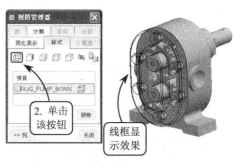

图 9-36  设置显示样式

选取一元件，并选择【编辑】|【重复】选项，即可在打开的【重复元件】对话框中对所选元件进行重复装配，效果如图9-37所示。该对话框中的3部分介绍如下。

**1．指定元件**

在【元件】收集器中可选择需重复装配的元件。系统一般默认选取在执行【重复】命令之前所选取的元件。如果要指定新的元件，也可以单击【指定元件】按钮，在绘图区选取需重复装配的元件。

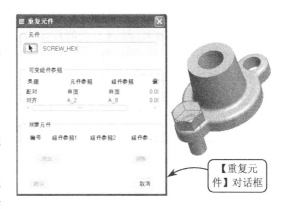

图9-37 【重复元件】对话框

**2．可变组件参照**

在该列表框中列出了所选需重复装配元件与组件的所有参照对象。当选取一个参照对象后，会在绘图区进行相应的加亮显示。其中蓝色代表组件部分参照，紫色代表元件部分参照，效果如图9-38所示。

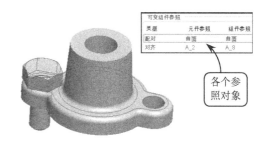

图9-38 可变组件参照

**3．放置元件**

由于在重复装配过程中，约束类型和元件上的约束参照都已确定，只需定义组件中的约束参照即可。

在【可变组件参照】列表框中选择一参照类型，并单击下方的【添加】按钮，从组件中选取参照。此时所选组件参照将显示在【放置元件】列表框中，效果如图9-39所示。

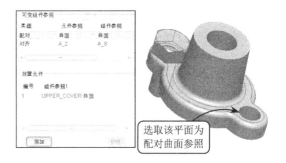

图9-39 选取第一个组件参照

然后在【可变组件参照】列表框中选择第二个参照类型，并在第一个参照类型上单击，取消该参照类型的选取。然后单击下方的【添加】按钮，从组件中选取参照，单击【确认】按钮，即可完成重复装配操作，效果如图9-40所示。

### 9.4.3 阵列装配元件

虽然重复装配可以快速地在组件中重复装配同一元件，但该操作需要一步步地定义组件参照。当某一主件需要大量地重复装配，

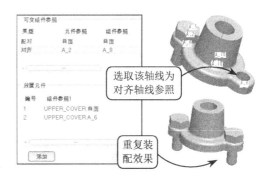

图9-40 重复装配效果

且组件参照也有特殊的排布规律时，可以通过阵列装配的方法来大量重复装配元件。

阵列装配工具和特征阵列工具的使用方法基本相同。图 9-41 所示为选取一元件，并选择【编辑】|【阵列】选项。然后指定阵列方式为【轴阵列】，选取一轴线为阵列中心轴，并设置阵列参数，创建阵列装配。

### 9.4.4 分解装配体

分解视图又称为爆炸视图，就是将装配体中的各个元件沿着直线或坐标轴移动或旋转，使各个元件从装配体中分解出来。分解状态对于表达各个元件的相对位置十分有帮助，因而常用于表达装配体的装配过程和结构组成。

图 9-41　阵列装配

#### 1．自动分解视图

创建自动分解视图时，系统将根据使用的约束产生默认的分解视图，但是这样的视图通常无法正确地表现出各个元件的相对位置。

当创建或打开一个完整的装配体后，选择【视图】|【分解】|【分解视图】选项，系统将进行自动分解操作，效果如图 9-42 所示。

图 9-42　自动分解视图

#### 2．自定义分解视图

系统创建默认的分解视图后，通过自定义分解视图，可以把分解视图的各元件调整到合适的位置，从而清晰地表现出各元件的相对方位。

选择【视图】|【分解】|【编辑位置】

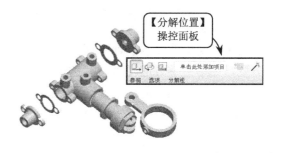

图 9-43　【分解位置】操控面板

选项，打开【分解位置】操控面板，效果如图 9-43 所示。该面板中提供了以下 3 种移动元件位置的方式。

❑ 平移

使用该方式移动元件时，可以以轴、直线和直曲线的轴向为平移方向，也可以直接选取当前坐标系的一轴向为平移方向。

选取要移动的元件，此时元件上将显示一坐标系。然后选取该坐标系上的任一坐标轴以激活该轴向。然后单击左键并拖动，元件将在该轴向方向上进行移动。图 9-44 所示为激活 Y 轴，将所选支架在该轴向上移动。

❑ 旋转

该方式是以轴线、直线、边线或当前坐标系的任一轴为旋转中心轴,将所指定的元件进行旋转。

单击【旋转】按钮,选取要旋转的元件,并在【参照】面板中激活【移动参照】收集器,选取一轴线为旋转中心轴。此时元件上将显示一白色方块图标,拖动该图标,元件将以所选轴线为中心轴进行旋转,并以虚线显示旋转轨迹路径,效果如图 9-45 所示。

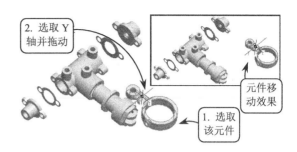

图 9-44　移动支架

❑ 视图平面

该方式指在当前的视图平面上移动所选元件。单击【视图平面】按钮,选取元件并拖动元件上显示的白色方块图标,即可在视图平面中将元件移动到指定的位置,效果如图 9-46 所示。

在【分解位置】操控面板中展开【选项】面板,效果如图 9-47 所示。该面板中各选项的含义介绍如下。

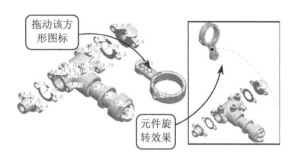

图 9-45　旋转支架

➢ 复制位置

当每一个元件都具有相同的分解方式时,可以先分解其中的一个元件。然后单击【复制位置】按钮,复制该元件的分解位置。该工具通常用于元件数量较多且具有相同分解位置的情况,如圆周状均匀分布的螺栓、螺母等。

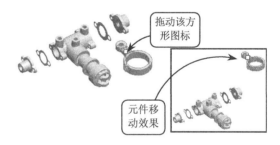

图 9-46　移动支架

➢ 随子项移动

启用该复选框,子组件将随组件主体的移动而移动,但移动子组件不影响主元件的存在状态。

3．偏移线

利用该工具可创建一条或多条分解偏移线,用来表示分解图中各个元件的相对关系。根据设计需要,可以按照下列方法创建、修改、移动或删除偏移线。

❑ 创建偏移线

在【分解位置】操控面板中单击【创建

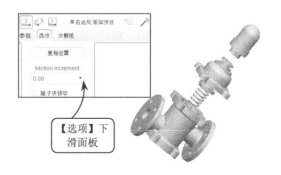

图 9-47　【选项】下滑面板

修饰偏移线】按钮，将打开【修饰偏移线】对话框，效果如图 9-48 所示。然后依次选取两个元件上的轴线或边分别作为两个参照，即可创建两元件间的偏移线。

所选取的参照对象可以是轴线、曲面、边或曲线。其中使用轴线作为参照时，可准确查看同一个轴线上元件的装配方式；使用曲面法向作为参照时，能够查看元件与元件之间面的接触关系；使用边或曲线作为参照时，能够查看元件与元件指定边线位置的装配关系，效果如图 9-49 所示。

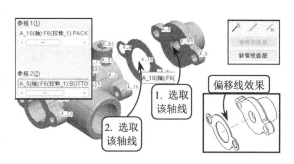

图 9-48 【修饰偏移线】对话框

❑ 编辑偏移线

创建的偏移线不仅可以移动，还可根据设计需要增加或删除创建偏移线时所依据的啮合点。

展开【分解线】下滑面板，并选取一现有的偏移线。此时该面板上部的 3 个按钮被激活。然后单击【编辑选定的分解线】按钮，拖动偏移线两端的白色方块图标，可调整偏移线位置；单击【删除选定的分解线】按钮，可删除所选的分解线，效果如图 9-50 所示。

❑ 修改线体

通常仅仅依靠一种偏距线显示方式，很难区分当前分解视图各部分的装配效果，可对偏移线的线型和颜色进行修改加以区分。

选取一条偏移线，并在【分解线】面板中单击【编辑线造型】按钮。然后在打开的【线造型】对话框中可以修改线体线型和颜色，效果如图 9-51 所示。

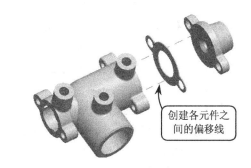

图 9-49 使用曲面作为参照

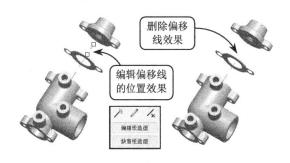

图 9-50 编辑和删除偏移线

图 9-51 设置偏移曲线的样式与颜色

> 提　示
>
> 修改好分解视图的偏移线后，如果想在下次打开文件时看到同样的分解视图，则需要通过视图管理器保存已分解的视图。

## 9.5 典型案例 9-1：装配打磨机模型

本例装配一打磨机模型，效果如图 9-52 所示。打磨机是机械或建筑领域常用的一种抛光打磨工具，其结构主要由基座、传动轴、四孔磨垫、叶轮、螺栓、螺母和垫片所组成。其工作原理是通过传动轴带动前端叶轮旋转，进而去除物体表面粗糙的部分。该工具广泛应用于墙面的抛光处理，以及木质、金属件或其他硬质材质表面的打磨或抛光。

创建该打磨机装配结构，可首先以基座为基础模型，围绕该基座装配其他零件，如传动轴、四孔磨垫和叶轮等。主要通过【配对】和【对齐】约束来完成。其中在装配螺栓、螺母和垫片这些连接件时，可先装配其中一组，然后利用【阵列】工具创建其他的连接件组。

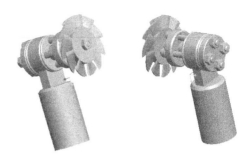

图 9-52 打磨机装配效果

**操作步骤**

① 新建一名为"sander.asm"的组件进入装配环境。然后单击【将元件添加到组件】按钮，打开配套光盘文件"1.prt"，并设置该元件的约束方式为【缺省】，即可定位该零件，效果如图 9-53 所示。

② 单击【将元件添加到组件】按钮，打开配套光盘文件"2.prt"。然后在【约束类型】下拉列表中选择【配对】选项，依次选取零件 2 的平面和零件 1 的对应面，设置配对约束，效果如图 9-54 所示。

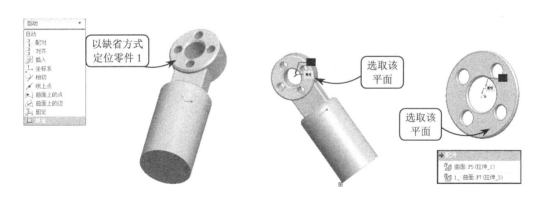

图 9-53 定位零件 1　　　　　　图 9-54 设置配对约束

③ 选择【新建约束】选项，依次选取零件 2 的轴线和零件 1 的轴线，设置对齐约束，效果如图 9-55 所示。然后按照同样的约束方法装配另一侧垫片。

④ 单击【将元件添加到组件】按钮，打开配套文件"8.prt"。然后依次选取零件 8 的平面和主体的对应面，设置配对约束，效果如图 9-56 所示。

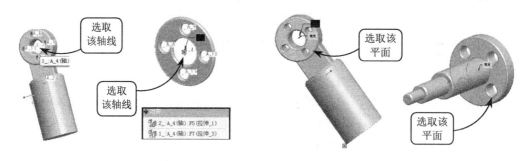

图 9-55 设置对齐约束　　　　　　　图 9-56 设置配对约束

⑤ 选择【新建约束】选项，依次选取零件 8 的轴线和主体的轴线，设置对齐约束，即可定位该元件，效果如图 9-57 所示。

⑥ 单击【将元件添加到组件】按钮，打开配套文件"3.prt"。然后依次选取零件 3 的平面和零件 8 的对应面，设置配对约束，效果如图 9-58 所示。

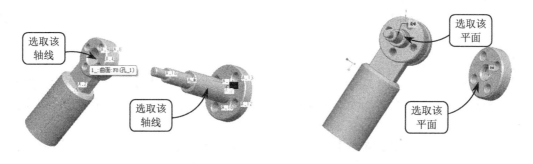

图 9-57 设置对齐约束　　　　　　　图 9-58 设置配对约束

⑦ 选择【新建约束】选项，依次选取零件 3 的轴线和零件 8 的轴线，设置对齐约束，即可定位该元件，效果如图 9-59 所示。

⑧ 单击【将元件添加到组件】按钮，打开配套文件"4.prt"。然后依次选取零件 4 的平面和零件 3 的对应面，设置配对约束，效果如图 9-60 所示。

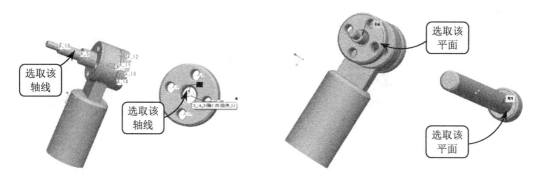

图 9-59 设置对齐约束　　　　　　　图 9-60 设置配对约束

⑨ 选择【新建约束】选项，依次选取零件 4 的轴线和零件 3 上孔的轴线，设置对齐约束，

即可定位该元件，效果如图 9-61 所示。

⑩ 选取螺栓零件，单击【阵列】按钮，指定阵列方式为【轴】。然后选取零件 8 的轴线为阵列中心轴，并设置阵列个数为 4，阵列角度为 90°，创建阵列特征，效果如图 9-62 所示。

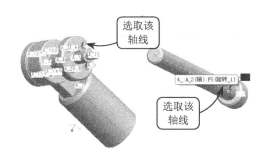 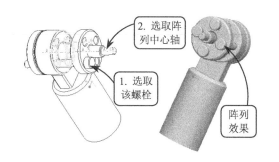

图 9-61　设置对齐约束　　　　　　　　　　　图 9-62　创建阵列特征

⑪ 单击【将元件添加到组件】按钮，打开配套文件"5.prt"。然后依次选取零件 5 的平面和零件 8 的对应面，设置配对约束，效果如图 9-63 所示。

⑫ 选择【新建约束】选项，依次选取零件 5 的轴线和零件 4 的轴线，设置对齐约束，即可定位该元件，效果如图 9-64 所示。

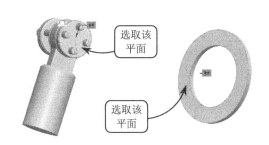 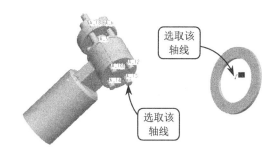

图 9-63　设置配对约束　　　　　　　　　　　图 9-64　设置对齐约束

⑬ 单击【将元件添加到组件】按钮，打开配套文件"6.prt"。然后依次选取零件 6 的平面和零件 5 的对应面，设置配对约束，效果如图 9-65 所示。

⑭ 选择【新建约束】选项，依次选取零件 6 的轴线和零件 4 的轴线，设置对齐约束，即可定位该元件，效果如图 9-66 所示。

⑮ 将垫片和螺母创建为组，并选取该组特征，单击【阵列】按钮。然后选取零件 8 的轴线为阵列中心轴，并设置阵列个数为 4，阵列角度为 90°，创建阵列特征，效果如图 9-67 所示。

⑯ 单击【将元件添加到组件】按钮，打开配套文件"7.prt"。然后依次选取零件 7 的平面和零件 8 的对应面，设置配对约束，效果如图 9-68 所示。

⑰ 选择【新建约束】选项，依次选取零件 7 的轴线和零件 8 的轴线，设置对齐约束，即

可定位该元件，效果如图9-69所示。

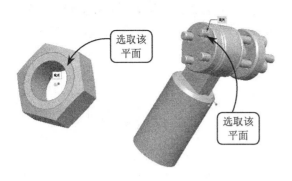
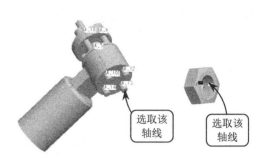

图 9-65　设置配对约束　　　　　　　　图 9-66　设置对齐约束

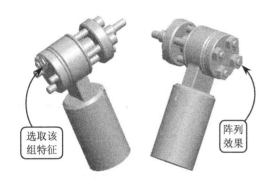
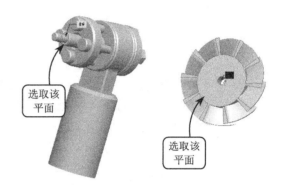

图 9-67　创建阵列特征　　　　　　　　图 9-68　设置配对约束

⒅ 单击【将元件添加到组件】按钮，打开配套文件"6.prt"。然后依次选取零件6的平面和零件7的对应面，设置配对约束，效果如图9-70所示。

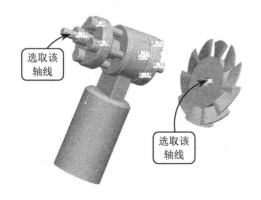
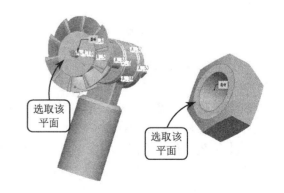

图 9-69　设置对齐约束　　　　　　　　图 9-70　设置配对约束

⒆ 选择【新建约束】选项，依次选取零件6的轴线和零件7的轴线，设置对齐约束，即可定位该元件，效果如图9-71所示。

## 9.6 典型案例 9-2：装配插销模型

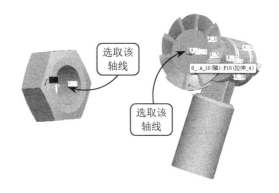

图 9-71 设置对齐约束

本例装配一插销模型，效果如图 9-72 所示。该插销是一种锁定防护装置，主要用于锁定门或窗户，其主要结构由底板、导架、卡子、销杆、扳钮和螺钉所组成。其中导架固定在门上，卡子固定在门框上，并且两者位置相对应。通过扳钮带动销杆滑动，使两者结合以锁定门。

创建该插销装配结构，可以首先以底板为基础模型，围绕该底板装配其他零件，如导架、卡子、销杆、扳钮和螺钉等。主要通过【配对】和【插入】约束来完成。其中在装配销杆零件时，使用了配对偏移约束进行定位。而在装配螺钉时由于其数量较多，且各个螺钉的约束类型相同，因此可以通过重复装配来完成多个螺钉的装配。

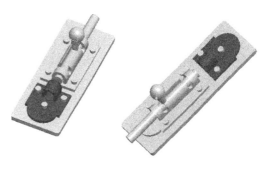

图 9-72 插销装配结构效果

### 操作步骤

[1] 新建一名称为 "door_lock.asm" 的组件进入装配环境。然后单击【将元件添加到组件】按钮，打开配套光盘文件 "doorlock_base.prt"，并设置该元件的约束方式为【缺省】，即可定位该底板，效果如图 9-73 所示。

[2] 单击【将元件添加到组件】按钮，打开配套光盘文件 "doorlock_right_plate_assy.asm"。然后依次选取卡子底面和底板顶面，设置配对约束，效果如图 9-74 所示。

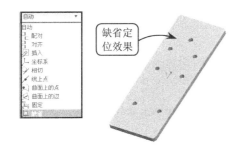

图 9-73 定位底板

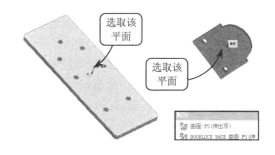

图 9-74 设置配对约束

[3] 选择【新建约束】选项，依次选取卡子上的孔表面和底板上的孔表面，设置插入约束，效果如图 9-75 所示。然后按照同样的方法约束其他两个孔，即可定位该元件。

④ 单击【将元件添加到组件】按钮，打开配套文件"doorlock_left_plate.prt"。然后依次选取导架的底面和底板的顶面，设置配对约束，效果如图 9-76 所示。

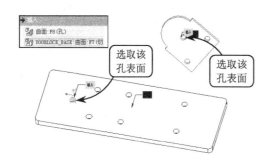
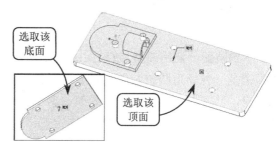

图 9-75　设置插入约束　　　　　　　　　图 9-76　设置配对约束

⑤ 选择【新建约束】选项，依次选取导架上的孔表面和底板上对应的孔表面，设置插入约束，效果如图 9-77 所示。然后按照同样的方法约束其他任意两个孔，即可定位该元件。

⑥ 单击【将元件添加到组件】按钮，打开配套文件"door_lockrod.prt"。然后依次选取销杆表面和导架上的孔表面，设置插入约束，效果如图 9-78 所示。

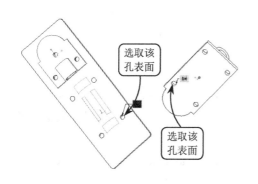
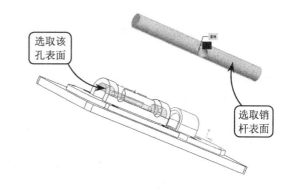

图 9-77　设置插入约束　　　　　　　　　图 9-78　设置插入约束

⑦ 选择【新建约束】选项，依次选取销杆端面和底座的端面，设置配对偏移约束，并输入偏移距离为 4，效果如图 9-79 所示。

⑧ 选择【新建约束】选项，依次选取销杆的 TOP 平面和导架的 FRONT 平面，设置对齐约束，即可定位该元件，效果如图 9-80 所示。

⑨ 单击【将元件添加到组件】按钮，打开配套文件"doorlock_baiirod.prt"。然后依次选取扳钮底面和导架顶面，设置配对约束，效果如图 9-81 所示。

⑩ 选择【新建约束】选项，依次选取扳钮下端的圆柱面和销杆上的孔表面，设置插入约束，即可定位该元件，效果如图 9-82 所示。

⑪ 单击【将元件添加到组件】按钮，打开配套文件"screw.prt"。然后依次选取如图 9-83 所示的螺钉平面和卡子上表面，设置配对约束。

⑫ 选择【新建约束】选项，依次选取螺钉表面和卡子上对应的孔表面，设置插入约束，

即可定位该螺钉,效果如图 9-84 所示。

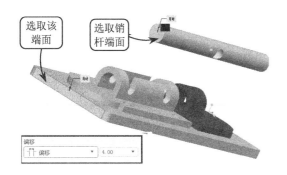

图 9-79 设置配对约束

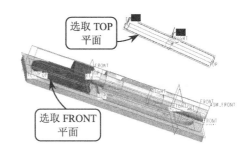

图 9-80 设置对齐约束

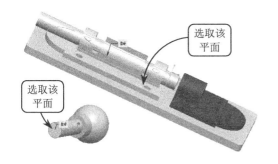

图 9-81 设置配对约束

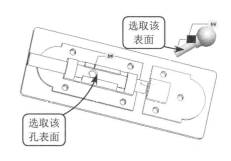

图 9-82 设置插入约束

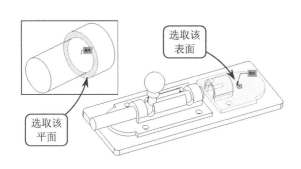

图 9-83 设置配对约束

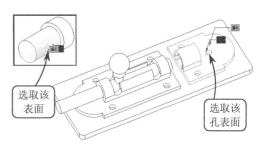

图 9-84 设置插入约束

⑬ 选取一螺钉,并选择【编辑】|【重复】选项。然后在打开对话框的【可变组件参照】列表框中选择【配对】参照选项,并单击下方的【添加】按钮。接着选取卡子表面为配对参照面,效果如图 9-85 所示。

⑭ 在【可变组件参照】列表框中选择【插入】参照选项,并在【配对】参照选项上单击,取消该参照类型的选取。然后单击下方的【添加】按钮,选取如图 9-86 所示孔表面为参照对象,单击【确认】按钮,即可完成重复装配操作。

⑮ 继续通过重复装配的方法装配其他螺钉,最终该插销的装配效果如图 9-72 所示。

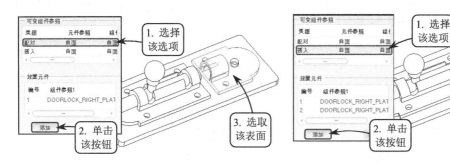

图 9-85　选取配对参照　　　　　　　　图 9-86　选取插入参照

## 9.7　上机练习

### 1．创建基座装配结构

本练习创建一基座装配结构，效果如图 9-87 所示。该基座为机器上的固定装置，其结构主要由上下基座、轴、双头螺栓、垫片、螺母、带轮和支架构成。其中上下基座由双头螺栓连接，轴通过平键与带轮相连，当轴旋转时，则带动带轮跟着转动。此外轴穿过支架上的轴孔，因此支架对轴起固定支撑作用。

创建该基座装配结构，首先以下基座为基础模型，然后围绕该下基座依次装配轴、双头螺栓、上基座、垫片、螺母、带轮和支架等。其中有两个难点：一是要注意轴上键槽的装配方向，可通过设置相应平面与下基座的偏移角度来确定；二是带轮上键槽与平键的装配，需要多次运用配对约束，另外还需要设置偏移距离来确定带轮的最终位置。

图 9-87　基座装配结构效果

### 2．创建油泵装配结构

本练习创建一油泵装配结构，效果如图 9-88 所示。该油泵主要由泵体、活塞轴、连杆、连杆两侧的端盖和顶部的油塞，以及螺栓和销轴所组成。其工作原理是通过由销轴固定的螺栓将连杆与活塞轴相连。连杆的上下弧形运动带动活塞轴推动泵体中的空气压缩，以致泵体中的压力不断变化。这样从进油管道流入的油体，在压力作用下，不断地从泵体上的出油口流出。

图 9-88　油泵装配结构效果

创建该油泵装配结构，首先以泵体为基础模型，围绕该泵体装配泵体的分支机构，如活塞轴、连杆、螺栓、销轴，以及连杆两侧的端盖和顶部的油塞等。然后再进行泵体内部和上下组件的本体装配。其中在装配泵体中的球模型时，需要用到相切约束。另外对于一些装配位置难以确定的组件，可通过设置装配距离的方式来完成其装配要求。

# 第 10 章 钣金设计

钣金在工业界中一直起着重要的角色。不论是电子产品、家电用品，还是汽车，都用到钣金。钣金件设计是产品开发过程的一个重要部分，由于产品外观的形成基本都是通过钣金加工完成的，因此钣金的设计质量极大地影响着产品所有方面，如可制造性、产品质量、造型和价格等。

本章将介绍创建钣金件的一般方法、钣金件折弯、展平、钣金凹槽和冲孔的创建方法。此外还介绍钣金成形特征的创建方法。

**本章学习目的：**
- 了解钣金件的特点和设计准则
- 掌握钣金件各种薄壁的创建方法
- 掌握各类钣金折弯和展平的创建方法
- 掌握钣金凹槽和冲孔的创建方法
- 掌握钣金成形特征的创建方法

## 10.1 钣金设计概述

钣金是针对金属薄板（通常在 6mm 以下）的一种综合冷加工工艺，包括剪、冲、切、复合、折、焊接、铆接、拼接和成型等。钣金设计首先以薄壁特征创建钣金的主体外形。然后对该薄壁特征进行冲孔、折弯和展开等操作，完成所需钣金件造型。

### 10.1.1 钣金件的特点

钣金设计广泛应用于各行各业，如汽车、航空、航天和机械，以及日常生活等领域。钣金件主要具有以下几个特点。

- **易变形** 可以使用简单的加工工艺制造多种形式的构件。
- **成本低** 薄板构件的质量轻,可以很大程度节省原材料的消耗。
- **加工量小** 由于薄板表面质量高,厚度方向尺寸公差小,所以板面不需加工。
- **使用范围广** 易于剪裁、焊接,可以制造大而复杂的构件。
- **加工方便** 由于形状规范,因此便于自动加工。

### 10.1.2 钣金件的设计准则

钣金件的结构设计应充分考虑加工工艺的要求和特点。这里介绍钣金件设计中的几条准则。

#### 1.简单形状准则

切割面的几何形状越简单,切割下料越方便;切割的路径越短,切割量越小。如直线比曲线简单、圆比椭圆及其他高阶曲线简单、规则图形比不规则图形简单。

#### 2.节省原料准则

节省原材料意味着减少制造成本,零碎的下角料常作废料处理。因此在钣金件的设计过程中,应尽量减少下脚料,特别是在批量大的构件下料时效果更显著。

#### 3.足够强度刚度准则

钣金件由于壁厚很小,因此刚度是很低的。在设计钣金件时,像尖角刚度就不足,应以钝角取代;两孔间的距离若太小,切割时则容易产生裂纹;细长的钣金件刚度低,切割时也容易产生裂纹,这样的构件应避免。

#### 4.弯曲棱边垂直于切割面准则

钣金件在切割加工后,一般还要进一步进行成形加工,比如弯曲。弯曲棱边应垂直于切割面,否则交汇处产生裂纹的几率会很高。如果因其他限制垂直要求不能满足时,应在切割面和弯曲棱边交汇处设计一个圆角,其半径应大于板厚的两倍。

#### 5.平缓弯曲准则

钣金件上陡峭的弯曲需特殊的工具进行加工,且成本高。但弯曲也不能太小,过小的弯曲半径易产生裂纹,在内侧面上还会出现折皱。

## 10.2 钣金件的转换方式

在建模环境中创建的实体特征,可以通过钣金件转换将其转换为钣金薄壁件,并且将当前系统环境由建模环境转换到钣金环境。其转换方式主要有以下两种。

## 10.2.1 壳方式转换

该方式是将零件实体以抽壳的方式转换为钣金件，类似于实体零件中的抽壳操作，可以将一些建模环境中的复杂零件转换为钣金壁。

图10-1所示为打开一拉伸实体特征，并选择【应用程序】|【钣金件】选项。然后在打开的菜单中选择【壳】选项，并按住Ctrl键选取实体上要移除的面。接着在【特征参考】菜单中选择【完成参考】选项，并输入厚度参数。此时系统自动将该实体转换为钣金薄壁，并将当前建模环境转换到钣金环境。

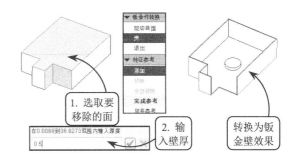

图10-1 抽壳方式转换

## 10.2.2 驱动曲面方式转换

该方式是在实体零件中选取用于驱动钣金厚度的初始面，通过设置厚度参数来将实体转换为钣金件。该方法只适用于比较简单的零件，即统一厚度的实体零件。

图10-2所示为打开一壳体特征，并在【钣金件转换】菜单中选择【驱动曲面】选项。然后选取该壳体内部一表面为驱动曲面，并输入厚度参数。此时系统自动将该壳体转换为所设置厚度的钣金薄壁，并将当前建模环境转换到钣金环境。

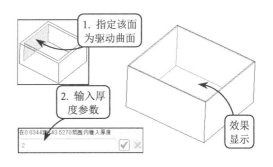

图10-2 驱动曲面方式转换

> **提 示**
>
> 在Pro/E的钣金件显示中，面的显示会呈现出绿色和白色两种。其中绿色为驱动侧，白色为厚度，方便识别。

## 10.3 创建主要钣金壁

钣金壁是构成钣金件最基本的特征，而且是冲孔、切割和折弯等钣金特征的基础特征。在Pro/E中钣金壁主要包括两种类型，主要壁（第一壁）和附加壁。其中主要壁不需要其他钣金壁，即可单独存在，而附加壁不能独立存在，必须连接到其他壁上。

### 10.3.1 创建主要平整壁

主要平整壁是指具有平面特征的薄壁。创建该类型壁时，需要绘制草绘截面和设置壁的厚度值来确定壁样式。该壁主要包括以下 4 种类型。

#### 1．创建平整壁

创建平整壁只需绘制薄壁的截面草图，并设置厚度参数即可创建薄壁实体特征。但要注意的是所绘壁截面必须封闭。

单击【平整壁】按钮，打开【平整壁】操控面板。然后展开【参照】下滑面板，并单击【定义】按钮，指定草绘平面绘制截面草图。接着指定壁厚并调整壁厚的方向，即可创建平整壁，效果如图 10-3 所示。

#### 2．创建旋转壁

旋转壁的创建方法与建模环境下旋转实体的创建基本相同。只需绘制薄壁的侧截面，并绘制一旋转中心线。然后设置厚度参数，截面将围绕中心线旋转创建薄壁特征。

单击【旋转壁】按钮，在打开的菜单中设置旋转壁属性。然后指定草绘平面绘制草图，并指定厚度方向。接着输入厚度参数，并设置旋转角度。最后在【第一壁：旋转】对话框中单击【确定】按钮，即可创建旋转壁特征，效果如图 10-4 所示。

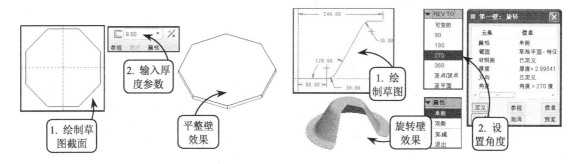

图 10-3　创建平整壁　　　　　图 10-4　旋转壁效果

#### 3．创建混合壁

混合壁的创建方法与建模环境下混合实体的创建基本相同。只需绘制一定距离间的两个截面，并设置壁厚参数，即可创建两截面间的混合壁特征。

单击【混合壁】按钮，在打开的菜单中选择【平行】|【规则截面】|【草绘】选项。然后指定草绘平面绘制第一个截面。接着单击右键，在打开的快捷菜单中选择【切换截面】选项，继续绘制另一截面。最后输入截面 2 的深度，创建混合壁特征，效果如图 10-5 所示。

#### 4．创建偏移壁

利用该工具可以将现有曲面偏移，并设置偏移所得到曲面的厚度参数来创建偏移壁特征。

单击【偏移壁】按钮，选取现有曲面并指定偏移方向。然后在打开的信息栏中输入偏移距离。接着在【第一壁：偏移】对话框中单击【确定】按钮，即可创建偏移壁特征，效果如图 10-6 所示。

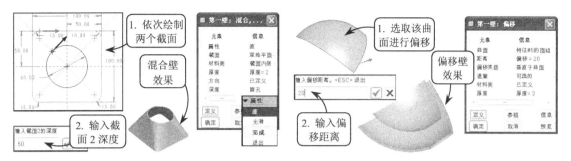

图 10-5　混合壁效果　　　　　　　　　　　图 10-6　偏移壁效果

### 10.3.2　创建拉伸薄壁

利用该工具一次可创建具有多个平面壁的主要壁特征。创建该薄壁的方法与创建曲面时的操作基本相同，不同的是当绘制完草图曲线后，指定的拉伸距离将定义薄壁大小，而薄壁的厚度可以单独设置。

单击【拉伸】按钮，打开【拉伸】操控面板。然后展开【参照】面板，并单击【定义】按钮，指定草绘平面绘制截面图形。接着设置拉伸距离和厚度值，即可创建拉伸薄壁特征，效果如图 10-7 所示。

在【拉伸】操控面板中展开【选项】面板，效果如图 10-8 所示。该面板的【钣金件选项】选项组中各选项的含义介绍如下。

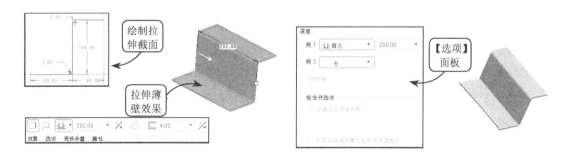

图 10-7　创建拉伸薄壁　　　　　　　　　　图 10-8　【选项】面板

- **在锐边上添加折弯**　启用该复选框可以指定薄壁锐边处是否添加折弯特征。在激活的【半径】文本框中可以指定折弯的大小，并且在该文本框后的下拉列表中可以指定折弯的方向，包括内侧折弯和外侧折弯两种，效果如图 10-9 所示。
- **将驱动曲面设置为与草绘平面相对**　启用该复选框可以切换薄壁特征的驱动曲面与草图平面的位置相对，效果如图 10-10 所示。

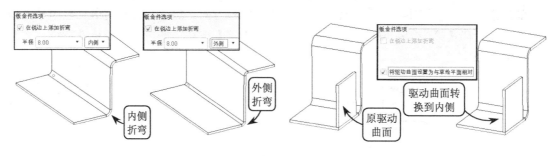

图 10-9　内侧与外侧不同折弯效果　　　　图 10-10　调整驱动曲面和草绘平面相对

## 10.4　创建附加钣金薄壁

当当前环境中存在第一壁时，便可以以该壁为基础创建其他附加壁，如附加平整壁、法兰壁、扭转壁和延伸壁。由于附加壁是以主要钣金壁为存在前提，其与主要壁间必然存在相交，所以要注意止裂槽的使用。

### 10.4.1　附加平整壁特征

平整薄壁是一种厚度与原薄壁保持一致，以原壁特征的一边为连接边，并以系统给定形状或自定义形状为壁形状的附加壁特征。

创建主要钣金壁后，单击【创建平整壁】按钮，打开【平整壁】操控面板，效果如图 10-11 所示。在该面板中可以创建以下 5 种不同截面形状的平整壁。

**1．矩形**

通过该方式可以创建截面形状为矩形的平整壁。该壁样式也是系统默认的壁样式。

选择该选项后，指定原壁一条边为连接边，则该边将作为平整壁的起始参照边。然后展开【形状】面板可修改矩形截面尺寸。如果所列形状不能满足设计需要，还可以单击【草绘】按钮绘制所需截面，效果如图 10-12 所示。

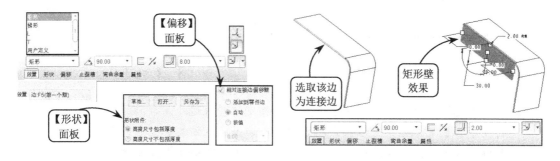

图 10-11　【平整壁】操控面板　　　　图 10-12　矩形壁效果

## 2. 梯形

通过该方式可以创建截面形状为梯形的平整壁。选择该选项后，在【形状】面板中可修改梯形截面尺寸，创建的平整壁特征效果如图 10-13 所示。

## 3．L 形

通过该方式可以创建截面形状为 L 形的平整壁。选择该选项后，在【形状】面板中可修改 L 形截面的尺寸，创建的平整壁特征效果如图 10-14 所示。

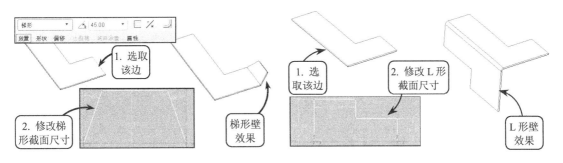

图 10-13　梯形壁效果　　　　　　　　图 10-14　L 形壁效果

## 4．T 形

通过该方式可以创建截面形状为 T 形的平整壁。选择该选项后，在【形状】面板中可修改 T 形截面尺寸，创建的平整壁特征效果如图 10-15 所示。

## 5．用户定义

用户可根据需要自定义截面形状来创建平整壁。选择该选项后，在【形状】面板中单击【草绘】按钮，选取草绘平面绘制截面草图，即可创建所绘形状的平整薄壁特征，效果如图 10-16 所示。

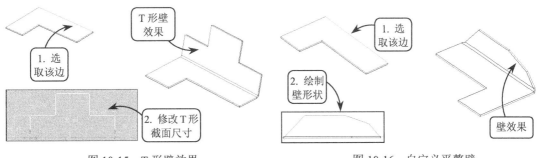

图 10-15　T 形壁效果　　　　　　　　图 10-16　自定义平整壁

**提　示**

通过自定义方式创建平整壁时，所绘截面必须是开放的，且开口的边在附着边上。此外在附着边上不能画线，且截面开口处的端点必须与附着边对齐，这样的截面才符合要求。

### 10.4.2 法兰壁特征

利用该工具可以将钣金件的某一边折弯一定的角度或一定的形状,从而创建新的壁特征。

创建主要壁特征后,单击【创建法兰壁】按钮,打开【法兰壁】操控面板,效果如图 10-17 所示。在该面板中可创建以下 9 种不同截面类型的法兰壁。

#### 1．I 形法兰壁

该方式是指与基础薄壁特征具有一定夹角的平面薄壁,这也是默认的法兰壁类型。

选择该选项后,指定原壁特征的一条边为连接边,并在【形状】下滑面板中根据需要修改长度和角度值,即可创建该类型的法兰壁,效果如图 10-18 所示。

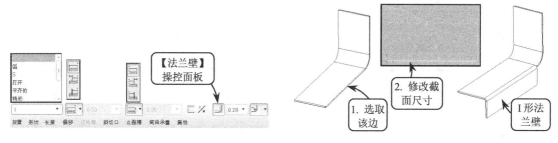

图 10-17 【法兰壁】操控面板　　　　图 10-18　I 形法兰壁

#### 2．弧形法兰壁

该方式是指与基础薄壁特征具有一定夹角的薄壁。该薄壁特征由一段圆弧壁和一段直壁组成。

选择该选项后,指定原壁特征的一条边为连接边,并在【形状】面板中修改圆弧半径和长度值。然后分别设置两个链端点的距离,即可确定法兰壁的宽度,效果如图 10-19 所示。

#### 3．S 形法兰壁

该方式是指与基础薄壁特征具有一定夹角的薄壁。该薄壁特征由一段圆弧壁和两段直壁组成。

选择该选项后,指定原壁特征的一条边为连接边,并在【形状】面板中根据需要修改数值,即可创建该类型的法兰壁,效果如图 10-20 所示。

#### 4．打开型法兰壁

该方式是指法兰壁的平整部分与原薄壁成 180º,且两壁之间用一圆柱壁光滑相连。其中该圆柱壁的半径即是折弯处的半径,并且该半径值必须大于壁厚的一半。

选择该选项后,指定原壁特征的一条边为连接边,并在【形状】面板中根据需要修改数值,即可创建该类型的法兰壁,效果如图 10-21 所示。

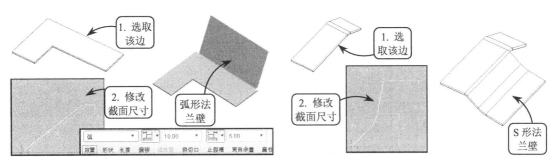

图 10-19　弧形法兰壁　　　　　　　图 10-20　S 形法兰壁

#### 5．平齐的法兰壁

该壁截面的圆弧半径是原壁厚的 2 倍，因此两平整壁将叠在一起，中间没有缝隙，长度为中心距。

选择该选项后，指定原壁特征的一条边为连接边，并在【形状】面板中根据需要修改数值，即可创建该类型的法兰壁，效果如图 10-22 所示。

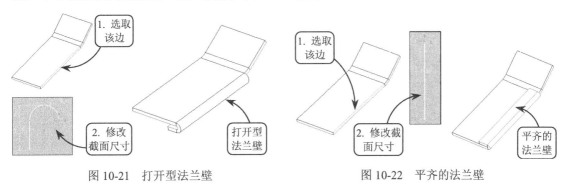

图 10-21　打开型法兰壁　　　　　　　图 10-22　平齐的法兰壁

#### 6．鸭形法兰壁

鸭形法兰壁形状比较复杂，大致可看作是钩状。选择该选项后，指定原壁特征的一条边为连接边，并在【形状】面板中修改各拐角和薄壁处尺寸，即可创建该类型的法兰壁，效果如图 10-23 所示。

#### 7．C 形法兰壁

C 形法兰壁由一段"C"状圆弧形薄壁和平面壁组成。选择该选项后，指定原壁特征的一条边为连接边，并在【形状】面板中根据需要修改数值，即可创建该类型的法兰壁，效果如图 10-24 所示。

#### 8．Z 形法兰壁

Z 形法兰壁的圆弧端在附着边处与原薄壁相切。选择该选项后，指定原壁特征的一条边为连接边，并在【形状】面板中根据需要修改数值，即可创建该类型的法兰壁，效果如图 10-25 所示。

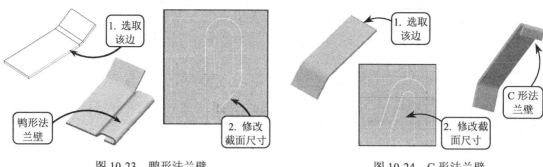

图 10-23 鸭形法兰壁　　　　　图 10-24 C 形法兰壁

#### 9. 用户定义法兰壁

该方式是指根据需要绘制法兰壁的截面形状。选择该选项后，在【形状】面板中单击【草绘】按钮，在打开的对话框中包括两种指定草绘平面的方法。其中选择【薄壁端】单选按钮，系统将以指定的附着边所在平面为草绘平面；选择【通过参照】单选按钮，将与创建拉伸实体时指定草绘平面的方法相同，效果如图 10-26 所示。

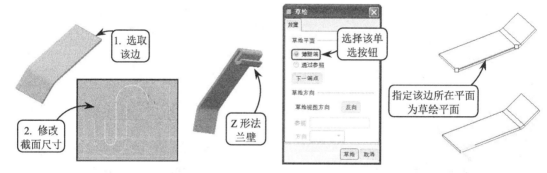

图 10-25 Z 形法兰壁　　　　　图 10-26 【草绘】对话框

在【草绘】对话框中指定了草绘平面的选择方式后，进入草绘环境绘制截面形状。然后退出草绘环境，草绘的截面形状将显示在【形状】下滑面板中，创建的薄壁特征效果如图 10-27 所示。

虽然系统默认的法兰壁长度与所选的放置边相同，但也可以根据需要在【长度】面板中设置法兰壁的长度，效果如图 10-28 所示。【长度】下滑面板中各下拉列表项的含义介绍如下。

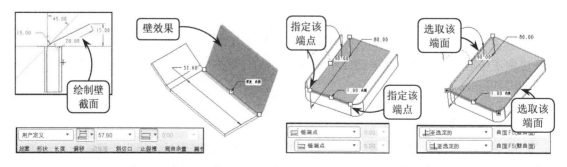

图 10-27 用户自定义法兰壁　　　　　图 10-28 修改法兰壁长度

- ❏ 链端点 以所指定边的两个端点确定法兰壁长度。
- ❏ 盲 以链端点为参照，输入数值修剪或延伸法兰壁距离。其中正值表示延伸，负值表示修剪。
- ❏ 至选定的 指将壁的长度修剪或延伸至指定的点、边、曲线、平面或曲面。

### 10.4.3 止裂槽的使用

止裂槽是指钣金件在相连处处理原壁与附加壁间材料关系的方法。当附加钣金壁部分与连接边相连并且有一定的角度弯曲时，需要在连接处的两端创建止裂槽。

如在创建法兰壁过程中，当截面的端点与附属边端点对齐时，可以采用无止裂槽形式；当截面与附属边两端点不完全对齐时，则必须使用止裂槽，效果如图 10-29 所示。

#### 1．扯裂

该方式是以裁剪的形式获得的。在【止裂槽】面板的【类型】下拉列表中，选择【扯裂】选项，即可创建该形式的止裂槽，效果如图 10-30 所示。

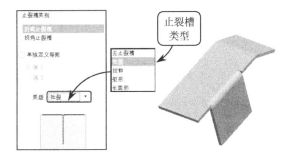

图 10-29 止裂槽效果

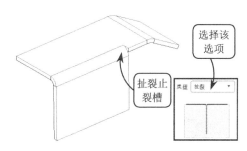

图 10-30 扯裂止裂槽

#### 2．拉伸

该方式是指在弯边与原薄壁弯曲处添加光滑过渡的拉伸边，以放置钣金件的开裂缺陷。

选择【拉伸】选项，并分别设置伸展角度和厚度，即可为钣金件添加拉伸止裂槽，效果如图 10-31 所示。

#### 3．矩形

该方式是指在弯曲边与原薄壁相交处创建矩形形式的止裂槽特征。选择该选项，并分别设置伸展高度和厚度。其中【至折弯】表示止裂槽的高度到折弯起点；【厚度】表示折弯半径等于壁厚；【厚度*2】表示折弯半径等于壁厚的 2 倍，效果如图 10-32 所示。

#### 4．长圆形

该方式是指在弯曲边与原薄壁相交处创建具有圆弧特征的长圆形止裂槽。选择该选项，并分别设置伸展高度和厚度。其中【至折弯】表示止裂槽圆弧的高度到折弯起点；【与折弯相切】表示止裂槽圆弧的端点高度到折弯起点，效果如图10-33所示。

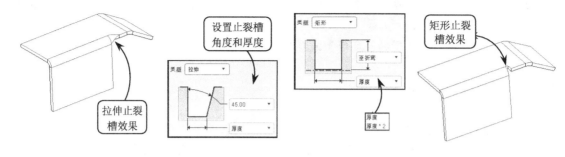

图10-31　拉伸止裂槽　　　　　　　　图10-32　矩形止裂槽

#### 5．单独定义每侧

如果弯曲边与原薄壁特征附属边的两端都未对齐，可根据需要单独定义每侧止裂槽。在【止裂槽】面板中启用【单独定义每侧】复选框。然后为【侧1】和【侧2】分别指定止裂槽的形式。图10-34所示为侧1为矩形止裂槽，侧2为长圆形止裂槽。

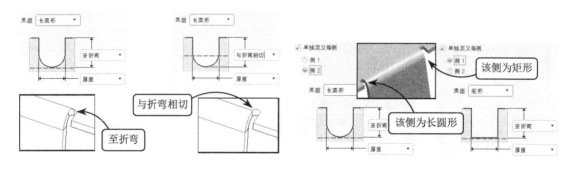

图10-33　长圆形止裂槽　　　　　　　图10-34　单独定义每侧止裂槽

### 10.4.4　创建扭转薄壁

扭曲薄壁是指以现有薄壁特征的一条直边为附加边，依次指定扭转轴、起始和终止宽度、扭曲长度、扭转长度和延伸长度，创建具有扭曲效果的薄壁特征。

选择【插入】|【钣金件壁】|【扭转】选项，打开【扭转】对话框。然后指定如图10-35所示的附加边，并设置扭转轴轴点为该边中点。接着根据提示设置相应的参数，单击【确定】按钮，即可创建扭转薄壁特征。

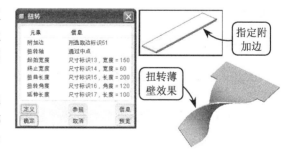

图10-35　扭曲薄壁效果

### 10.4.5 创建延伸薄壁

利用该工具能够以钣金件和侧边曲面之间的直边为延伸参照，并以指定的目标曲面或输入的延伸值为延伸长度，创建延伸薄壁特征。

单击【延伸】按钮，打开【壁选项：延伸】对话框。然后指定延伸参照边，将打开【延拓距离】菜单。该菜单包括以下两种设置延伸量的方式。

❑ **向上至平面**

选择该选项，并指定现有的平面或创建的基准平面为延伸参考面，即可创建出延伸薄壁特征，效果如图 10-36 所示。

❑ **延拓值**

选择该选项，可以直接在提示栏中输入拉伸值确定拉伸薄壁的长度。如果输入正值将以添加薄壁的形式，创建新的薄壁特征；输入负值将以缩减薄壁的形式，创建新的薄壁特征，效果如图 10-37 所示。

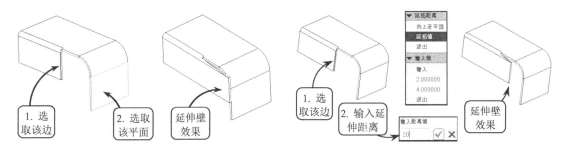

图 10-36　向上至平面创建延伸薄壁　　　　图 10-37　输入延拓值创建拉伸薄壁

## 10.5 钣金折弯与展平

钣金折弯是将钣金平面区域的一部分弯曲某个角度或者弯成圆弧状。要注意的是折弯特征只能在钣金的平面区域创建，而不能跨越到另一个折弯特征上。而钣金展平是将三维的折弯钣金件展平为二维的平面薄板。

### 10.5.1 创建折弯

折弯特征是建立在已有钣金薄壁特征基础之上的，不能额外增加或减少材料。折弯的方法包括多种，如设置角度进行折弯、沿平面进行折弯、创建有过渡区域的折弯等。另外还可创建卷曲形式的轧折弯特征。

❑ **1. 常规折角折弯**

该折弯类型是指具有规则角度的折弯特征。单击【创建折弯】按钮，并按照如图 10-38

所示选择折弯选项。然后指定现有钣金特征的表面为草绘平面。

选取草绘平面后，进入草绘环境绘制折弯线。然后退出草绘环境，并指定折弯方向。接着在打开的【止裂槽】菜单中选择【无止裂槽】|【完成】选项，并指定折弯角度为 90º，折弯半径与壁厚相同，即可创建常规角度折弯，效果如图 10-39 所示。

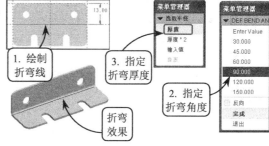

图 10-38　选择折弯选项　　　　　　　　　图 10-39　一般折角折弯

> **提　示**
>
> 折弯线是系统用以计算钣金展开长度的参考线条，它只能是直线不能为曲线。此外折弯线的草绘平面，只能选取钣金件上的平整平面。

### 2．平面折角折弯

该折弯类型是指具有平面角度的折弯特征。单击【创建折弯】按钮，并按照如图 10-40 所示选择折弯选项。然后指定现有钣金特征的表面为草绘平面，进入草绘环境绘制折弯线。接着退出草绘环境，并指定折弯方向。

接下来设置折弯角度值，并设置折弯半径与壁厚相同。最后指定沿平面折弯的方向，即可创建平面折角折弯，效果如图 10-41 所示。

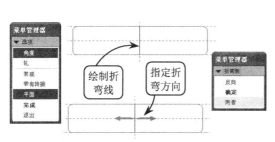

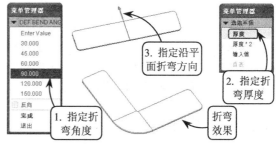

图 10-40　绘制草图并指定方向　　　　　　图 10-41　创建平面折弯

### 3．带过渡区的弯曲折弯

该折弯类型是指具有过渡区域弯曲的折弯特征。单击【创建折弯】按钮，并按照如图 10-42 所示选择折弯选项。然后选取现有钣金壁的上表面为草绘平面绘制折弯线。

绘制完折弯线后退出草绘环境。此时在打开的【折弯侧】菜单中选择【两者】选项，设置为两侧折弯。然后系统将自动再次进入草绘环境，绘制如图 10-43 所示的两条线段作为过渡区界线。

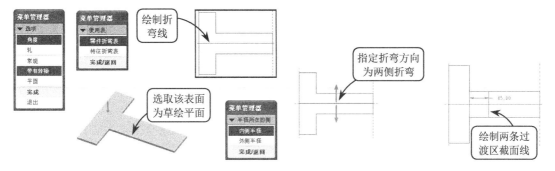

图 10-42　绘制折弯线　　　　　　　　　图 10-43　绘制过渡区截面线

接下来退出草绘环境，系统提示"是否定义另一过渡区域"，单击【否】按钮。然后设置折弯角度为 120º，并在【选取半径】菜单中选择【输入值】选项，输入折弯率（折弯半径）。接着单击【确定】按钮，即可创建带过渡区的弯曲折弯，效果如图 10-44 所示。

### 4．轧折弯

轧折弯的创建方法与角度折弯基本相同，但轧折弯可以创建规则弯曲的折弯特征，因此该折弯方式也被称为卷曲折弯，效果如图 10-45 所示。

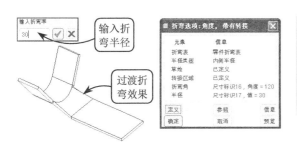

图 10-44　创建带过渡区的弯曲折弯　　　　　　图 10-45　轧折弯效果

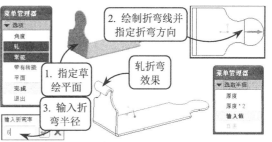

## 10.5.2　创建边折弯

利用该工具可以为箱体类钣金薄壁的棱边添加倒圆角。其中内边倒圆角大小与壁厚相同，外边倒圆角大小为壁厚的 2 倍。

单击【边折弯】按钮，按住 Ctrl 键依次选取现有钣金件的 3 条棱边，并在【折弯要件】菜单中选择【完成集合】选项。然后在【边折弯】对话框中单击【确定】按钮，即可创建边折弯特征，效果如图 10-46 所示。

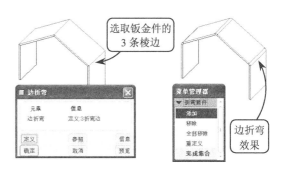

图 10-46　边折弯效果

### 10.5.3 创建展平

钣金展平是将三维的折弯钣金件展平为二维的平面薄板。在钣金设计中钣金展平对于钣金的下料和创建钣金工程图有着重要的作用。

单击【展平】按钮，在打开的【展平选项】菜单中提供了以下3种展平的方法。

#### 1．常规展平

该展平方式是指选取一固定平面或边，将折弯的钣金件部分或全部展平。该展平方式也是较常用的方式。

图10-47所示为选择该选项后，选取现有钣金件的上表面为固定面。然后在打开的【展平选取】菜单中选择【展平全部】|【完成】选项，并单击【规则类型】对话框中的【确定】按钮，即可创建展平全部特征。

#### 2．过渡展平

该展平方式用于展平一些用规则展开无法展平的钣金薄壁。如混合壁在多个方向上有折弯，便可以使用该方式进行展平。

选择该展平方式后，按住Ctrl键选取如图10-48所示两个表面为固定面，并在【选取参考】菜单中选择【完成/参考】选项。然后按住Ctrl键选取钣金壁内外中间表面为变形面，选择【完成/参考】选项，并单击【确定】按钮，即可创建过渡展平特征。

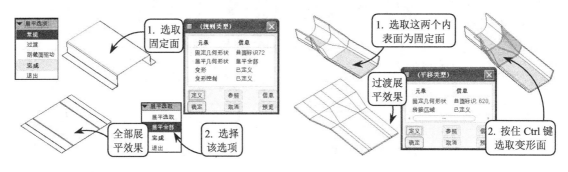

图10-47 展平全部效果　　　　　　　图10-48 过渡展平效果

#### 3．剖截面驱动展平

该展平方式用于展平那些不规则形或用曲面转化而来的薄壁特征。另外一些薄壁的折边或法兰均可通过该方式进行展平。创建该展平特征需要选取固定曲面或边，并指定横截面曲线来决定展平特征的形状。

选择该展平方式后，按住Ctrl键选取如图10-49所示侧面边线为固定边，并在【链】菜单中选择【完成】选项。然后在打开的菜单中选择【选取曲线】|【完成】选项，按住Ctrl键选取同样的边线为横截面轮廓线，并单击【确定】按钮，即可创建剖截面驱动展平特征。

## 10.5.4 创建折弯回去

折弯回去是将已展平的钣金平面薄板整个或部分,再次恢复为折弯状态。因此折弯回去是展平的反操作。

单击【折弯回去】按钮,选取固定面,并在打开的【折弯回去选取】菜单中选择【折弯回去全部】|【完成】选项。然后在【折弯回去】对话框中单击【确定】按钮,即可创建折弯回去特征,效果如图 10-50 所示。

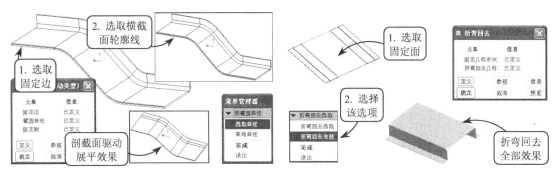

图 10-49　剖截面驱动展平效果　　　　图 10-50　折弯回去效果

> **提　示**
>
> 创建展平或折弯回去特征时,每次最好选取同一个平面或边,这样零件的方向将保持一致。另外当一个钣金件的壁在展平时重叠或相交,系统会加亮并发出警告。

## 10.6　钣金凹槽和冲孔

当对钣金壁进行折弯操作时,为了避免折弯处因为材料的挤压而产生突起变形,可以在钣金折弯之前,首先将钣金件展开,然后在折弯边缘处创建一个缺口。其中缺口的创建方法可以采用切割、凹槽或冲孔。

### 10.6.1　创建凹槽及冲孔

凹槽是在钣金弯曲处挖出一个槽口,以避免在弯曲或展平时发生材料挤压的问题。而冲孔是在钣金上切剪材料,与常用的切割特征比较类似。由于两者的创建过程相似,这里以创建凹槽 UDF 特征为例进行详细介绍。

**1. 创建凹槽 UDF**

凹槽特征是一个用户自定义的特征,即必须首先定义凹槽特征用户数据库,才可以在后续的设计中使用凹槽特征。而该数据库称为 UDF 数据库。

图 10-51 所示为利用【拉伸】工具选取钣金件表面为草绘平面，并指定钣金件上端面为视图顶参照。然后进入草绘环境，将原来的竖直参照删除，并指定 A1 轴为竖直参照，绘制截面草图。接着设置拉伸深度为【穿透所有】，创建钣金切割特征。

选择【工具】|【UDF 库】选项，在打开的【UDF】菜单中选择【创建】选项，并在信息栏中输入 UDF 特征名称。然后在打开的【UDF 选项】菜单中选择【从属的】|【完成】选项，并选取刚创建的钣金切割特征，效果如图 10-52 所示。

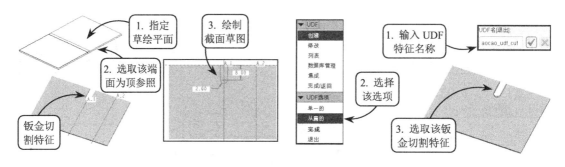

图 10-51 创建钣金切割特征    图 10-52 选取钣金切割特征为 UDF 特征

选取好特征后，选择【完成】选项。此时系统提示"是否为冲压或穿孔特征定义一个 UDF"，单击【是】按钮确认设置。然后按照如图 10-53 所示依次输入各参照对象的名称：钣金件上表面为凹槽放置面、钣金件上端面为参照面、轴线 A1 为基准轴。

在 UDF：aocao_udf_cut 对话框中选择【可变尺寸】选项，并单击【定义】按钮。然后按住 Ctrl 键选取如图 10-54 所示的两个尺寸，并为这两个尺寸分别赋予名称。接着单击【确定】按钮，并选择【UDF】菜单中的【完成/返回】选项。至此凹槽的 UDF 特征创建完毕。

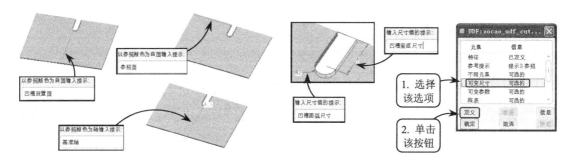

图 10-53 指定 UDF 特征各个参照对象    图 10-54 指定可变尺寸

> 提　示
> 
> 将创建的凹槽或冲孔特征定义为用户自定义的特征 UDF 后，这一用户定义特征将以文件的形式保存在硬盘上，扩展名为 .gph。

### 2. 插入凹槽 UDF

单击【创建凹槽】按钮，选择刚创建的 UDF 特征。然后在打开的【插入用户定义特征】

对话框中单击【确定】按钮。接着依次选取与【用户定义的特征放置】对话框中相应项的对应参照对象,效果如图 10-55 所示。

在【用户定义的特征放置】对话框中切换至【变量】选项卡,重新设置各个变量的数值。最后单击【应用】按钮，即可在钣金件上创建新的钣金切割特征,效果如图 10-56 所示。

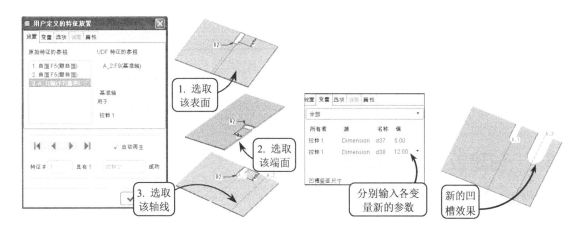

图 10-55　设置参照对象　　　　　　　　　图 10-56　插入凹槽 UDF 特征效果

> 提　示
> 
> 凹槽和冲孔是用于切割和止裂钣金件壁的模板。在钣金设计中,凹槽和冲孔事实上执行相同的功能,只是由于约定的工程名不同而分列的两个功能块。其不同点是凹槽在钣金件边上放置,而冲孔在钣金壁的中间区域放置。

### 10.6.2　钣金切割特征的使用

钣金切割与零件模式下的切割基本相同。不同之处在于:钣金切割总是垂直于该模型的绿色或白色侧面来删除材料,以便模拟大多数钣金加工过程,而实体切割是垂直于草绘平面来删除材料。

单击【拉伸】按钮，打开【拉伸】操控面板。然后指定草绘平面绘制截面草图。接着单击【去除材料】按钮，并单击【移除与曲面垂直的材料】按钮，即可创建钣金切割特征,效果如图 10-57 所示。

在【拉伸】操控面板中,单击【移除与驱动曲面垂直的材料】按钮，在其下拉列表中可以指定不同的切割方式。这 3 种切割效果的对比如图 10-58 所示。

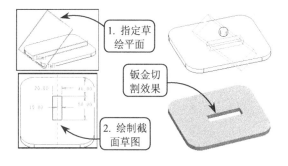

图 10-57　钣金切割

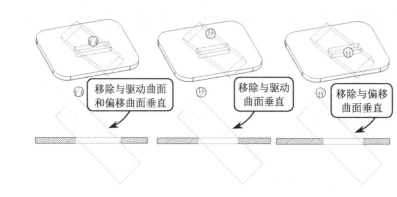

图 10-58  3 种不同的切割对比效果

## 10.7 创建钣金成型特征

钣金成型特征也叫做模具冲压成型特征，即是使用已做好的模具在冲床上冲压成型。它可以使钣金件具有多样的外形。创建该类型的特征均需要首先创建好参考零件(即模具零件)。其中参考零件既可以在零件建模环境中创建，也可以在钣金环境中创建。

### 10.7.1 模具冲压成型特征

模具冲压成型是指利用一个冲压模具对钣金件进行冲压操作而创建的冲压成型特征。在进行冲压操作时，必须预先创建一个用于冲压的参考零件，并通过装配功能将其与钣金件进行定位，以确定冲压的位置。然后分别指定边界平面和种子曲面，来确定冲压的有效部分，即可创建该类型的冲压特征。

图 10-59 所示为打开一钣金件进入钣金设计环境，并单击【凹模】按钮，在打开的【选项】菜单中选择【参照】|【完成】选项。然后在打开的【打开】对话框中选择已在零件建模环境中创建好的参考零件，系统将打开【模板】对话框。

接下来使用装配功能将参考零件与钣金件进行定位，以确定冲压的位置。图 10-60 所示为依次指定参考零件的表面和钣金件上表面设置配对重合约束。然后选择【新建约束】选项，依次指定参考零件端面和钣金件端面设置对齐重合约束。

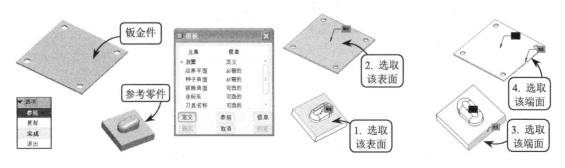

图 10-59  指定参考零件　　　　　　　　图 10-60  设置约束方式

继续选择【新建约束】选项，依次指定参考零件的侧面和钣金件侧面设置对齐重合约束。至此，该参考零件完全定位，效果如图 10-61 所示。

参考零件完全定位后，选取参考零件表面为边界曲面。接着选取如图 10-62 所示参考零件顶部表面为种子曲面，单击【模板】对话框中的【确定】按钮，即可创建成型特征。【模板】对话框中各选项的含义介绍如下。

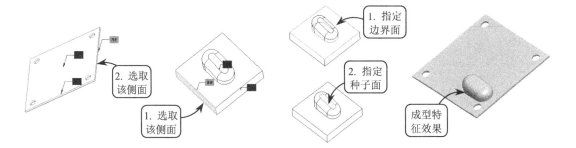

图 10-61 参考零件完全定位　　　　图 10-62 依次指定边界曲面和种子曲面

- **放置**　通过设置约束确定参考零件对钣金件的哪个位置进行冲压，即定义冲压位置。各约束集的设置与装配环境中约束的设置方法相同。
- **边界曲面**　该曲面是分界面，用于指定对参考零件的哪一部分进行冲压。其经常配合种子曲面来定义冲压的有效部分。
- **种子曲面**　指定从分界面的哪一个方向来确定冲压的部分。从种子面开始沿着模型表面不断向外扩展，一直到碰到边界面为止，所经过的模型范围即是模具对钣金的冲压范围，但不包括边界面。

此外在设置参考关系的【选项】菜单中包括【参考】和【复制】两种类型。其中【参考】是指在钣金件中冲压出的外形与进行冲压的参考零件依然有联系，即如果参考零件发生变化，则钣金中的冲压外形也会发生变化；【复制】则表示两者之间已没有关联，参考零件的变化不会影响到钣金件中的冲压外形。两者间的对比效果如图 10-63 所示。

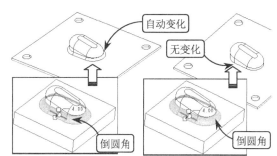

图 10-63 【参考】与【复制】对比效果

## 10.7.2 冲孔冲压成型特征

冲孔冲压成型与模具冲压成型基本相似。使用该方式进行冲压操作时，也需要预先创建一个用于冲压的参考零件，并通过装配功能将其与钣金件进行定位，以确定冲压的位置。所不同的是该冲压操作仅需指定冲压方向，然后直接由参考零件按照指定方向进行冲压。

图 10-64 所示为打开一钣金件进入钣金设计环境，并单击【创建凸模】按钮，在打开的【凸模】操控面板中单击【打开冲孔模型】按钮，打开已在零件建模环境中创建好的参

考零件。

展开【放置】面板，依次指定参考零件的表面和钣金件上表面设置配对重合约束。然后选择【新建约束】选项，依次指定参考零件的 RIGHT 平面和钣金件的 RIGHT 平面设置对齐重合约束，效果如图 10-65 所示。

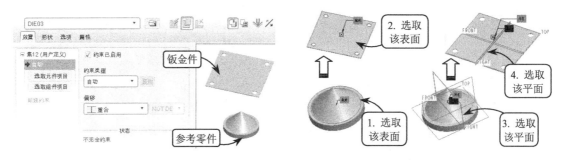

图 10-64　指定参考零件　　　　　　图 10-65　设置约束条件

继续选择【新建约束】选项，依次指定参考零件的 FRONT 平面和钣金件的端面设置对齐重合约束。至此参考零件完全定位，效果如图 10-66 所示。

此时系统给出了冲压方向。如果符合要求，直接单击【应用】按钮，即可创建冲孔冲压成型特征。如果不符合要求，可在操控面板中单击【反向】按钮，调整冲压方向，效果如图 10-67 所示。

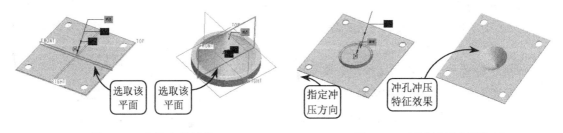

图 10-66　定位参考零件　　　　　　图 10-67　冲孔冲压成型特征

要注意的是冲孔冲压成型过程中，指定的冲压方向不同，其冲压成型的效果也不同。图 10-68 所示为沿参考零件的圆锥形方向冲压和沿柱锥形方向冲压出的不同效果。

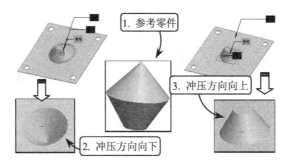

图 10-68　不同冲压方向所创建的不同成型特征

# 第10章 钣金设计

## 10.8 典型案例 10-1：创建风机上盖钣金件模型

本例创建一风机上盖钣金件模型，效果如图 10-69 所示。风机上盖是一种常见的钣金件，其顶面上有 4 个小冲孔，两边各有 3 个安装孔。其最大特点是 4 个拐角处的凹槽，这样可以有效避免在弯曲或展平时发生材料扭曲变形。

创建该风机上盖钣金件模型，可通过拉伸创建第一壁，并利用【创建展平】工具将该薄壁展平。然后通过拉伸剪切创建一拐角处的凹槽特征，并将该凹槽创建为 UDF 特征库，以放置其他 3 个凹槽特征。接着利用【创建折弯】工具将薄壁折弯回去，并通过拉伸剪切和镜像操作，创建顶面的冲孔。最后通过拉伸剪切、阵列和镜像创建安装孔。

图 10-69　风机上盖钣金件模型效果

**操作步骤**

1️⃣ 新建一名为"sheet01"的钣金件零件文件，进入钣金创建环境。然后单击【拉伸】按钮，选取 FRONT 平面为草绘平面绘制草图。接着设置拉伸深度为 200，加厚厚度为 1，加厚方向向上，创建第一壁，效果如图 10-70 所示。

2️⃣ 单击【创建展平】按钮，在打开的菜单中选择【常规】|【完成】选项。然后选取如图 10-71 所示平面展平固定面，并设置展平方式为【展平全部】。

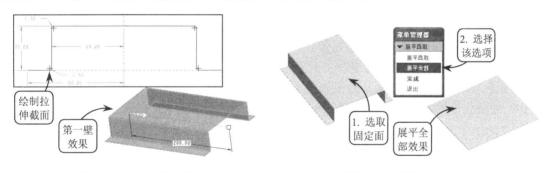

图 10-70　创建第一壁　　　　　　　　图 10-71　展平全部

3️⃣ 单击【拉伸】按钮，选取如图 10-72 所示平面为草绘平面，并选取顶端面为顶参照。然后在草绘环境中将 RIGHT 平面所在的竖直参照删除，并选取 A3 轴为竖直参照，绘制草图。接着设置拉伸深度为【穿透所有】，并单击【去除材料】按钮，创建凹槽特征。

4️⃣ 选择【工具】|【UDF 库】选项，在打开的【UDF】菜单中选择【创建】选项，并在信息栏中输入 UDF 特征名称。然后在打开的【UDF 选项】菜单中选择【从属的】|【完成】选项，并选取刚创建的凹槽特征，效果如图 10-73 所示。

5️⃣ 选取好特征后，选择【完成】选项。此时系统提示"是否为冲压或穿孔特征定义一个 UDF"，单击【是】按钮确认设置。然后按照如图 10-74 所示依次输入各参照平面的名称：钣金件上表面为凹槽放置面、顶端面为参照面、A3 轴为基准轴。

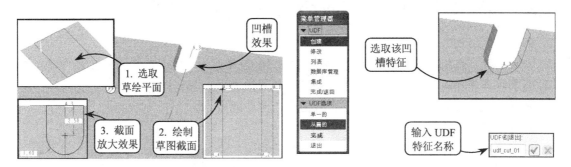

图 10-72 创建凹槽特征　　　　　　　　图 10-73 选取特征为 UDF 特征

⑥ 在【修改提示】菜单中选择【完成/返回】选项，并在 UDF：udf_cut_01 对话框中单击【确定】按钮，即可创建凹槽 UDF 特征，效果如图 10-75 所示。

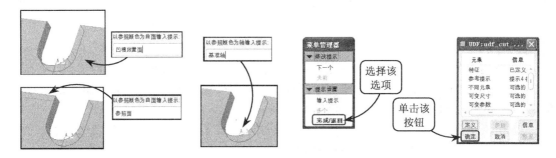

图 10-74 指定 UDF 特征各个参照对象　　　　　　　　图 10-75 创建 UDF 特征

⑦ 单击【创建凹槽】按钮，并在打开的对话框中选择刚创建的 udf_cut_01 特征。然后在打开的对话框中单击【确定】按钮。接着在绘图区依次选取与【用户定义的特征放置】对话框中相应项的对应参照平面，效果如图 10-76 所示。

⑧ 按照上步的方法放置其他 3 个角的凹槽特征。然后单击【折弯回去】按钮，选取如图 10-77 所示平面为固定面，并指定折弯方式为【折弯回去全部】，创建折弯特征。

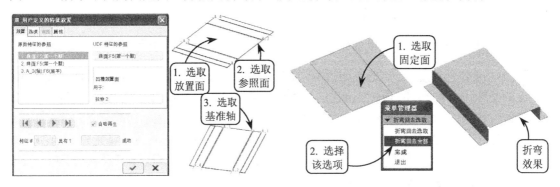

图 10-76 放置 UDF 特征　　　　　　　　图 10-77 创建折弯特征

⑨ 单击【拉伸】按钮，选取如图 10-78 所示上表面为草绘平面，绘制草图。然后设置

拉伸深度为【穿透所有】，并单击【去除材料】按钮，创建冲孔特征。

⑩ 利用【基准平面】工具创建距离 FRONT 平面为 100 的基准平面。然后选取上步创建的冲孔特征，并选择【编辑】|【镜像】选项。接着指定该基准平面为镜像平面，创建镜像特征，效果如图 10-79 所示。

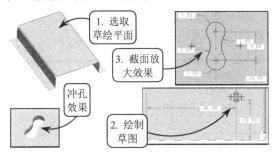

图 10-78 创建冲孔特征

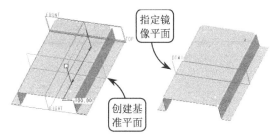

图 10-79 创建基准平面并镜像

⑪ 按住 Ctrl 键选取两个冲孔特征，并选择【编辑】|【镜像】选项。接着指定 RIGHT 平面为镜像平面，创建镜像特征，效果如图 10-80 所示。

⑫ 单击【拉伸】按钮，选取如图 10-81 所示平面为草绘平面，并选取 FRONT 平面为右参照。然后进入草绘环境，绘制一直径为 6 的圆。然后设置拉伸深度为【穿透所有】，并单击【去除材料】按钮，创建拉伸剪切特征。

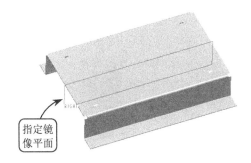

图 10-80 创建镜像特征

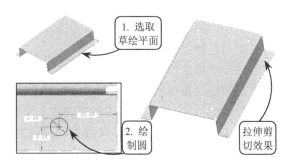

图 10-81 创建拉伸剪切特征

⑬ 选取上步创建的圆孔，并选择【编辑】|【阵列】选项。然后设置阵列方式为尺寸阵列，选取如图 10-82 所示的定位尺寸 20，输入尺寸增量为 80，阵列数目为 3，创建阵列特征。

⑭ 选取上步创建的阵列特征，并选择【编辑】|【镜像】选项。接着指定 RIGHT 平面为镜像平面，创建镜像特征，效果如图 10-83 所示。

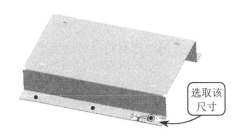

图 10-82 创建阵列特征

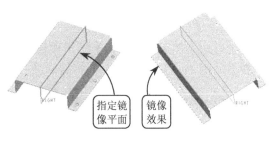

图 10-83 创建镜像特征

⑮ 单击【创建平整壁】按钮，指定壁形式为矩形，并选取钣金件端面的上边为折弯边。然后在【形状】下滑面板中设置矩形壁高度为35，并按照如图10-84所示设置壁的其他参数，创建矩形平整壁特征。接着按照同样的方法创建另一侧平整壁。

图10-84 创建矩形平整壁特征

## 10.9 典型案例10–2：创建机箱底板钣金件模型

本例创建一机箱底板钣金件模型，效果如图10-85所示。机箱底板即电脑主机外的护壳装置，用于保护内部零件和连接外部的线路。该机箱底板呈L形，其中水平方向上为底座，竖直方向上为机箱的后盖，其上有多个凹槽和通孔，主要为各种接线槽和PCI槽。

创建该机箱底板钣金件模型，首先利用【拉伸】工具创建底板薄壁，并利用【平整壁】工具在其周围添加侧壁。然后利用【创建凹模】和【拉伸剪切】工具创建后盖的各种接线槽。接着利用【创建凹模】工具创建底板中间的凹槽，并利用【创建凸模】工具创建底板上一圆锥形冲孔，连续镜像创建其他冲孔即可。

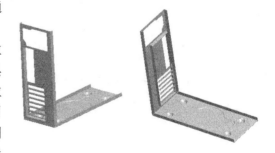

图10-85 机箱底板钣金件模型效果

### 操作步骤

① 新建一名为"sheet02"的钣金件零件文件，进入钣金创建环境。然后单击【拉伸】按钮，选取FRONT平面为草绘平面绘制草图。接着设置拉伸深度为175，加厚厚度为1，创建第一壁，效果如图10-86所示。

② 单击【创建平整壁】按钮，指定壁形式为【用户定义】，并选取钣金件竖直端面的右边为折弯边。然后在【形状】下滑面板中单击【草绘】按钮，选取竖直侧面为草绘的左参照，效果如图10-87所示。

③ 进入草绘环境后，绘制壁的草图截面。然后按照如图10-88所示设置折弯角度为90°，折弯圆角为1，圆角方向为外侧，创建平整壁特征。

④ 继续利用【创建平整壁】工具在其他侧壁上，创建截面相同的平整壁特征，效果如图10-89所示。

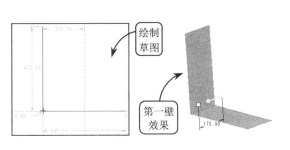 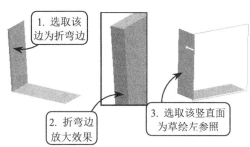

图 10-86　创建第一壁　　　　　　　图 10-87　指定折弯边

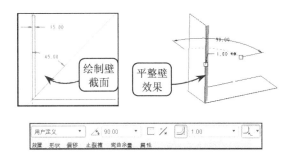 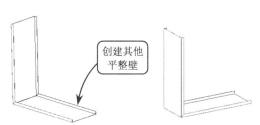

图 10-88　创建平整壁　　　　　　　图 10-89　创建其他平整壁

⑤ 单击【创建凹模】按钮，在打开的【选项】菜单中选择【参照】|【完成】选项。然后选取本书提供的冲压模具零件"die01"，并在打开的【模板】对话框中设置约束形式为【配对】。接着依次选取如图 10-90 所示两个面为要配对的面。

⑥ 选择【新建约束】选项，设置约束类型为【对齐】。然后依次选取如图 10-91 所示两个侧面为要对齐的面。

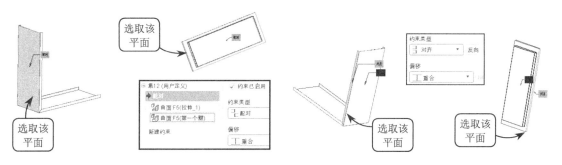

图 10-90　设置配对约束　　　　　　　图 10-91　设置对齐约束

⑦ 继续选择【新建约束】选项，设置约束类型为【对齐】。然后依次选取如图 10-92 所示两个面为要对齐的面，并设置两个面的偏移距离为 350。可启用对话框下方的【预览】复选框，对模具位置进行实时预览。接着单击【应用】按钮，定位该模具。

⑧ 接下来选取如图 10-93 所示平面为边界曲面，并选取该模具顶面为种子曲面。然后在【模板】对话框中单击【确定】按钮，即可创建冲压成形特征。

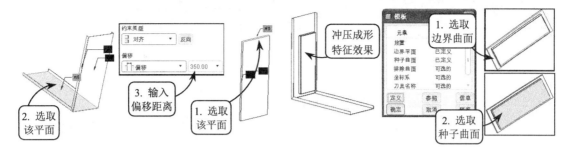

图 10-92　设置对齐约束　　　　　　图 10-93　创建冲压成形特征

⑨ 单击【拉伸】按钮，选取如图 10-94 所示内表面为草绘平面，绘制一矩形。然后设置拉伸深度为【穿透所有】，并单击【去除材料】按钮，创建拉伸剪切特征。

⑩ 单击【拉伸】按钮，选取如图 10-95 所示表面为草绘平面，绘制草图。然后设置拉伸深度为【穿透所有】，并单击【去除材料】按钮，创建拉伸剪切特征。

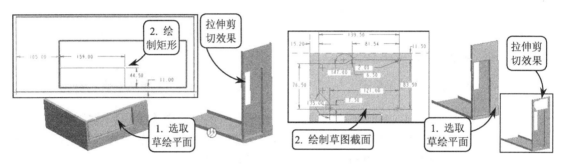

图 10-94　创建拉伸剪切特征　　　　　图 10-95　创建拉伸剪切特征

⑪ 单击【拉伸】按钮，选取如图 10-96 所示内侧面为草绘平面，绘制草图。然后设置拉伸深度为 102.5，并单击【去除材料】按钮，创建拉伸剪切特征。

⑫ 选取上步创建的拉伸剪切特征，并选择【编辑】|【阵列】选项。然后设置阵列方式为尺寸阵列，选取如图 10-97 所示的定位尺寸 5，输入尺寸增量为 20.32，阵列数目为 7，创建阵列特征。

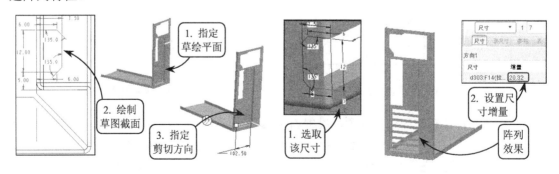

图 10-96　创建拉伸剪切特征　　　　　图 10-97　创建阵列特征

⑬ 单击【创建凹模】按钮，在打开的【选项】菜单中选择【参照】|【完成】选项。然后选取本书提供的冲压模具零件"die04"，并在打开的【模板】对话框中设置约束形式为

【配对】。接着依次选取如图 10-98 所示两个面为要配对的面。

⑭ 选择【新建约束】选项，依次选取如图 10-99 所示两个侧面设置对齐重合约束。继续选择【新建约束】选项，依次选取两个顶面为要对齐的面，并设置两个面的偏移距离为 0.5。然后单击【应用】按钮，定位该冲压模具。

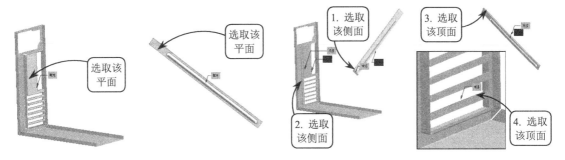

图 10-98　设置配对约束　　　　　图 10-99　定位冲压模具

⑮ 接下来选取如图 10-100 所示平面为边界曲面，并选取该模具弧形顶面为种子曲面。然后在【模板】对话框中单击【确定】按钮，即可创建冲压成形特征。

⑯ 选取上步创建的冲压成形特征，并选择【编辑】|【阵列】选项。然后设置阵列方式为方向阵列，选取如图 10-101 所示边为阵列参照边，输入阵列增量为 20.32，阵列数目为 6，创建阵列特征。

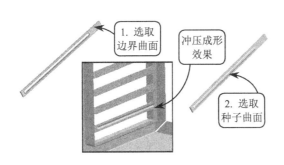 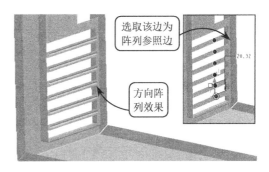

图 10-100　创建冲压成形特征　　　　　图 10-101　创建阵列特征

⑰ 单击【创建凹模】按钮，在打开的【选项】菜单中选择【参照】|【完成】选项。然后选取本书提供的冲压模具零件"die02"，并在打开的【模板】对话框中设置约束形式为【配对】。接着依次选取如图 10-102 所示两个面为要配对的面。

⑱ 选择【新建约束】选项，依次选取如图 10-103 所示两个面设置对齐约束，并设置两个面的偏移距离为 50。继续选择【新建约束】选项，依次选取两个侧面为要对齐的面，并设置两个面的偏移距离为 10。然后单击【应用】按钮，定位该冲压模具。

⑲ 接下来选取如图 10-104 所示平面为边界曲面，并选取该模具顶面为种子曲面。然后在【模板】对话框中单击【确定】按钮，即可创建冲压成形特征。

⑳ 单击【创建凸模】按钮，在打开的操控面板中单击【打开冲孔模型】按钮，选取本书提供的冲孔模具零件"die03"。然后展开【放置】下滑面板，设置约束形式为【配对】，依次选取如图 10-105 所示两个面为要配对的面。

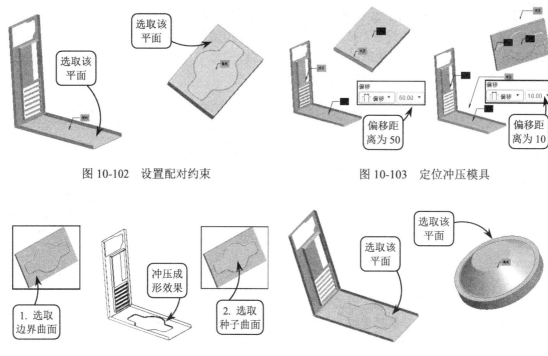

图 10-102 设置配对约束　　　　　图 10-103 定位冲压模具

图 10-104 创建冲压成形特征　　　图 10-105 设置配对约束

㉑ 选择【新建约束】选项，依次选取如图 10-106 所示两个面设置对齐约束，并设置两个面的偏移距离为 50。继续选择【新建约束】选项，依次选取两个侧面为要配对的面，并设置两个面的偏移距离为 140。然后单击【应用】按钮 ✓，定位该冲孔模具。

㉒ 在【凸模】操控面板中单击【反向冲孔方向】按钮 ✗，调整冲孔方向。然后单击【应用】按钮 ✓，即可创建冲孔成形特征，效果如图 10-107 所示。

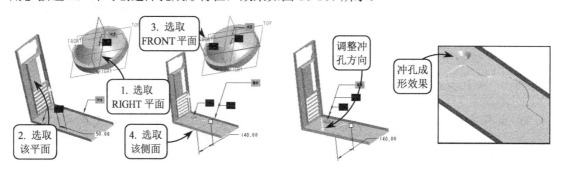

图 10-106 定位冲孔模具　　　　　图 10-107 创建冲孔成形特征

㉓ 利用【基准平面】工具创建距离 FRONT 平面为 87.5 的基准平面。然后选取上步创建的冲孔成形特征，并选择【编辑】|【镜像】选项。接着指定该基准平面为镜像平面，创建镜像特征，效果如图 10-108 所示。

㉔ 按住 Ctrl 键选取两个冲孔成形特征，并选择【编辑】|【镜像】选项。然后指定 RIGHT 平面为镜像平面，创建镜像特征，效果如图 10-109 所示。

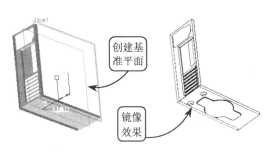
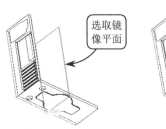

图 10-108　创建基准平面并镜像　　　　　图 10-109　创建镜像特征

## 10.10　上机练习

### 1．创建密封挡板钣金件模型

本练习创建密封挡板钣金件模型，效果如图 10-110 所示。该零件是计算机机箱后盖上网卡插槽孔的密封板，其主要结构由长条形的挡板、分布于挡板两端的切割和折弯特征，以及挡板上的半圆形切割折弯特征所组成。

创建该密封挡板零件，可首先利用【拉伸】工具创建矩形形状的挡板主要壁。然后通过拉伸剪切修剪挡板两端的多余材料，以及挡板上的半圆形卡片槽。接着利用【折弯】工具创建出两端的折弯特征，以及半圆卡片处的折弯特征即可。

### 2．创建不锈钢弹片钣金件模型

本练习创建不锈钢弹片钣金件模型，效果如图 10-111 所示。该零件的结构主要包括长度方向上两端起固定和限位作用的弹片、宽度方向上两侧起放静电和屏蔽作用的齿形片，以及起密封作用的底板和底板上的安装孔。其可以用于计算机等电子设备的机箱静电防护，防止由于静电电压或外部杂波引起的硬件损坏。

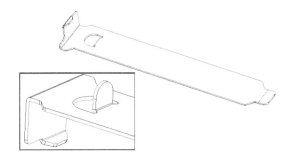
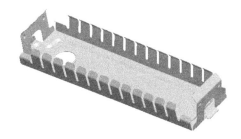

图 10-110　密封挡板钣金件效果　　　　　图 10-111　不锈钢弹片钣金件效果

创建该不锈钢弹片零件，可首先利用【拉伸】工具创建底部和两端弹片的主要壁特征。然后依次利用【创建法兰壁】、【拉伸】、【阵列】和【倒圆角】工具创建出两侧的齿形片、两端的矩形孔和限位弹片，以及底部的圆孔等即可。

# 第 11 章

# 绘制工程图

通过 Pro/E 用户可以设计出各种形状的三维模型。这些三维实体模型和真实物体具有极高的相似度,表达设计意图非常直观明了。但在制造生产的第一线,还需要使用一组二维图形来表达复杂的三维模型,即创建模型的工程图。这样可以简单快捷地向生产人员传达产品的技术要求。

本章将详细介绍工程图中各类视图的创建和编辑、尺寸标注、公差标注和表格的创建,以及工程图的打印等内容。

**本章学习目的:**
➢ 掌握创建各类视图的方法
➢ 掌握编辑视图的方法
➢ 掌握标注尺寸和添加注释的方法
➢ 掌握表格的创建和编辑方法
➢ 掌握工程图的打印方法

## 11.1 工程图基础

工程图主要用来显示零件的各种视图、尺寸和公差等信息,以及表现各装配元件彼此之间的关系和组装顺序。它是进行产品设计的重要辅助模块,可以以图纸形式向生产人员传达产品的结构特征和制造技术要求。

### 11.1.1 认识工程图环境

Pro/E 提供了专门的工程图环境,用于绘制工程图。在工程图环境中,可以自由地创建、修改、删除视图或标注。

单击【新建】按钮,在打开的对话框中选择【绘图】单选按钮,并禁用【使用缺省模板】复选框。然后在【新建绘图】对话框中可根据需要选择零件模型、绘图纸大小和绘图模板等，单击【确定】按钮，即可进入工程图绘制环境，效果如图 11-1 所示。

工程图环境与建模环境和装配环境有着较大的不同。各个工具栏均集中在上方的各选项卡中。在绘图区中黑色的边框即为所指定的绘图图纸大小，一般工程图内容不能超过该图纸边框，效果如图 11-2 所示。

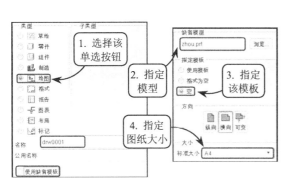

图 11-1　进入工程图环境

图 11-2　进入工程图界面

此外，Pro/E 5.0 中增加了【绘图树】，即工程图模型树，其与建模环境中的特征模型树类似。所添加的各个视图或注释均在模型树中呈树状显示，方便管理和编辑，效果如图 11-3 所示。

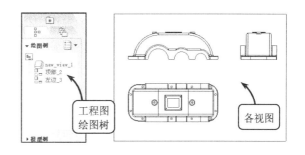

图 11-3　工程图绘图树

## 11.1.2　工程图要素

工程图包括两种基本元素：视图和标注。视图主要用于表达零件各处的结构形状；标注主要为模型添加尺寸、公差和其他形位说明。

### 1．视图

视图是实体模型对某一方向投影后所创建的全部或部分二维图形。根据表达细节的方式和范围的不同，视图可分为全视图、半视图、局部视图和破断视图等。而根据视图的使用目的和创建原理的不同，还可将视图分为一般视图、投影视图、辅助视图和旋转视图等，效果如图 11-4 所示。

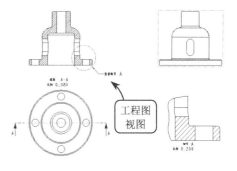

图 11-4　工程图视图

### 2．标注

标注是对工程图的辅助说明。使用视图虽然可以清楚表达模型的几何形状，但无法说明模型的尺寸大小、材料、加工精度、公差值，以及一些设计者需要表达的其他信息。此时就需要使用标注对视图加以说明。根据创建目的和方式的不同，标注可分为尺寸标注、公差标注和注释标注等，效果如图 11-5 所示。

## 11.2 创建基本工程图视图

一幅完整的工程图往往由不同类型的视图和截面所组成，以完整清晰地表达零件结构形状。但

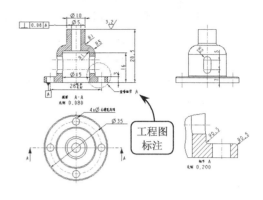

图 11-5 工程图标注

一般各工程图均包括一些基本视图，如主视图用以表达零件的主要形状、投影视图用以辅助表达零件结构，以及轴测图辅助反映模型的三维效果。

### 11.2.1 主视图

主视图又称为一般视图，是工程图中的第一视图，是其他一切视图的父视图。往往零件主视图指定的是最能够反映零件主体特征的视图。创建主视图可分为确定视图的放置位置和调整视图的方位两步操作。

**1．确定视图放置位置**

确定模型第一个视图的放置位置，只需在图中任意位置单击即可。用该方式创建工程图时，模板一般指定为空模板。

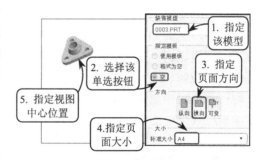

图 11-6 确定一般视图中心点

新建一绘图文件，进入工程图模式。然后单击【一般】按钮，在图中的合适位置单击，确定视图的中心点，即可确定一般视图的中心位置，效果如图 11-6 所示。此时随之打开【绘图视图】对话框。

**2．调整视图方向**

在添加一般视图时，系统是以默认方向创建一般视图。但该类视图的方位一般不能满足绘图需要，因而需要调整至所需的视图方向。

在【绘图视图】对话框中指定所需的视图方

图 11-7 【绘图视图】对话框

向，即可将刚确定位置的一般视图调整至所需方向。图 11-7 所示为将模型视图调整至俯视图。

该对话框中的【类别】选项组中显示了 8 种视图参数选项。这里主要介绍用于调整视图

方向的【视图类型】选项。

❑ **名称和类型**

在【视图名】文本框中可以重命名视图。而在【类型】下拉列表中可对视图类型进行调整。

❑ **视图方向**

该选项组包括 3 种用以定向视图的方式。一般情况下【几何参照】选项最为常用。选择该单选按钮后，分别在【参照 1】和【参照 2】下拉列表中选择参照面类型，并在图中选取参照平面，即可将一般视图调整为所需的视图方向，效果如图 11-8 所示。

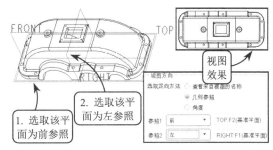

图 11-8　调整视图方向

## 11.2.2　投影视图

投影视图是以水平或垂直视角为投影方向创建的直角投影视图。不仅可以直接添加投影视图，而且可以将一般视图转换为投影视图，还可以调整投影视图的位置。

### 1．添加投影视图

添加投影视图就是以现有视图为父视图，依据水平或垂直视角方向为投影方向创建投影视图。

单击【投影】按钮，在图中选取一视图为投影视图的父视图，并在父视图的水平或垂直方向上单击放置投影视图，即可添加投影视图，效果如图 11-9 所示。

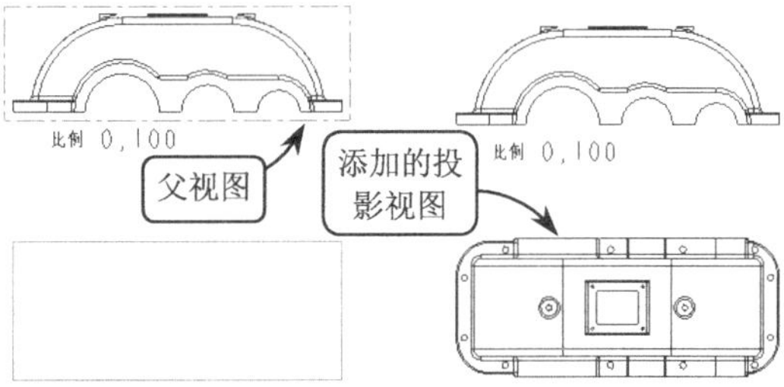

图 11-9　添加投影视图

### 2．一般视图转换为投影视图

当存在两个或多个一般视图时，可以将其中的一个或多个一般视图转换为投影视图。在转换过程中，被转换的一般视图将按照投影原理，以所选视图为参照父视图，自动调整视图方向。

双击需要转换为投影视图的一般视图，打开【视图绘图】对话框，然后在【类型】下拉列表中选择【投影】选项，并单击激活下方的【父项视图】收集器，选取父项视图，即可将所指定的一般视图转换为投影视图，效果如图 11-10 所示。

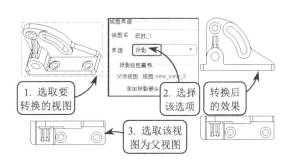

图 11-10　将一般视图转换为投影视图

### 3．移动投影视图

创建工程图时，视图的放置位置往往需要多次移动调整，才能使视图的分布达到最佳效果。移动视图的方法主要有以下两种。

❑ **投影方向移动视图**

在投影方向上移动投影视图时，视图只能在水平或竖直方向进行移动，即在不改变视图投影关系的情况下移动。

选取需要移动的投影视图并单击右键，在打开的快捷菜单中选择【锁定视图移动】选项。然后单击该视图并拖动，即可在视图的投影方向上进行移动，效果如图 11-11 所示。

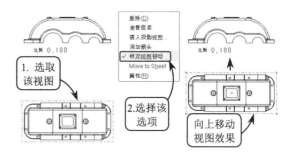

图 11-11  投影方向移动视图

❑ **任意移动视图**

该移动方式是指视图可以随鼠标的拖动在任意方向上进行移动。鼠标单击的位置即是视图中心点的放置位置。

双击需要移动的投影视图，在打开【绘图视图】对话框的【类别】选项组中选择【对齐】选项。然后禁用【将此视图与其他视图对齐】复选框，并单击【确定】按钮，即可将投影视图移动至任意位置，效果如图 11-12 所示。

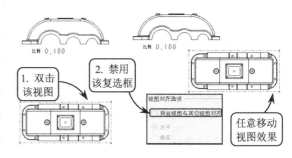

图 11-12  任意移动视图

### 11.2.3  轴测图

轴测图是指用平行投影法将物体连同确定该物体的直角坐标系，一起沿不平行于任一坐标平面的方向投射到一个投影面上所得到的图形。零件的轴侧图接近人们的视觉习惯，但不能确切反映物体真实形状和大小，仅作为辅助图样，辅助解读正投影视图。

工程上一般采用正投影法绘制物体的投影图，即多面正投影图。它能完整准确地反映物体的形状和大小，且质量好、作图简单，但立体感不强，只有具备一定读图能力的人才看得懂，因此采用轴测图这样一种立体感较强的图来表达物体。轴测图具有平行投影的所有特性，介绍如下。

❑ **平行性**  物体上互相平行的线段，在轴测图上仍互相平行。

❑ **定比性**  物体上两平行线段或同一直线上的两线段长度之比，在轴测图上保持不变。

❑ **实形性**  物体上平行轴测投影面的直线和平面，在轴测图上反映实长和实形。

在创建一般视图时，单击指定视图中心位置后，开始模型均是以轴测图显示的。在绘制一幅工程图时，当创建完模型的主视图、投影视图和局部视图等平面视图后，便可以添加模型的轴测图，立体直观地表达模型的形状与结构，效果如图 11-13

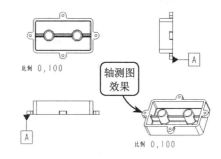

图 11-13  添加轴测视图

所示。

在【绘图视图】对话框的【模型视图名】下拉列表中选择【标准方向】或【缺省】方向均可以以立体方式创建模型视图，而在右侧的【缺省方式】下拉列表中提供了以下 3 种模型放置方式。

❑ 等轴测与斜轴测

这两种方式是按投影方向对轴测投影面相对位置的不同所创建的两种类型的视图。当投影方向垂直于轴测投影面时，即可创建等轴测图（又称为正轴测图）；当投影方向倾斜于轴测投影面时，即可创建斜轴测图，效果如图 11-14 所示。

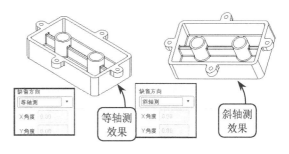

图 11-14　等轴测与斜轴测

❑ 用户定义

该方式是用户通过手动设置 X、Y 的角度数值来确定投影的方向，进而创建所需的轴测视图。通过该方式可创建任意角度的轴测视图，效果如图 11-15 所示。

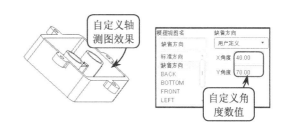

图 11-15　用户自定义轴测方向

## 11.3　视图操作

为了提高所创建工程图的正确性、合理性和完整性，经常需要进一步调整视图，进行包括移动、删除或对齐等多种视图操作，以获得所需的视图设计效果。

### 11.3.1　移动或锁定视图

当添加各类视图后，默认情况下这些视图均处于锁定状态，即这些视图均无法移动。通过解除视图的锁定状态，并对视图的位置进行多次移动调整，使视图的分布达到最佳效果。

要解除视图的锁定，可选取视图并单击右键，在打开的快捷菜单中选择【锁定视图移动】选项。此时原有视图周围的红色虚线框上将出现 5 个小方框，拖动中间的小方框便可对视图进行移动，效果如图 11-16 所示。移动视图的方法可分为以下两种。

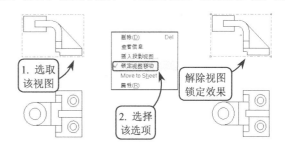

图 11-16　解除视图锁定

### 1．投影方向移动视图

在投影方向上移动投影视图时，视图只能在水平或竖直方向进行移动，即在不改变视图投影关系的情况下进行移动。

选取需要移动的投影视图并单击右键，在打开的快捷菜单中选择【锁定视图移动】选项。然后单击该视图并拖动，即可在视图的投影方向上进行移动，效果如图 11-17 所示。

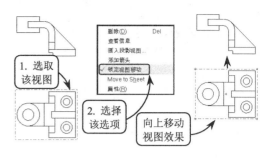

图 11-17　投影方向移动视图

### 2．任意移动视图

该移动方式是指视图可以随鼠标的拖动在任意方向上进行移动。鼠标单击的位置即是视图中心点的放置位置。

解除一视图的锁定后，双击该视图，在打开【绘图视图】对话框的【类别】选项组中选择【对齐】选项。然后禁用【将此视图与其他视图对齐】复选框，并单击【确定】

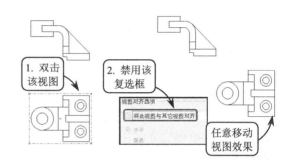

图 11-18　任意移动视图

按钮，即可将投影视图移动至任意位置，效果如图 11-18 所示。

> 提—示
>
> 当一视图解除锁定后，与其相关的其他视图也将解除锁定。此外当一父视图进行移动后，其子视图也将跟随父视图进行相关的移动。

## 11.3.2　对齐视图

在创建好工程图后，某些视图间的投影关系需要解除，某些视图间需要建立视图对齐关系。为此 Pro/E 提供了解除视图关系、水平对齐另一视图和竖直对齐另一视图的功能。

对于解除视图间的对齐关系，前面介绍移动视图时，已作过详细介绍，这里仅就对齐两视图作相关介绍。图 11-19 所示为利用【一般视图】工具添加的零件主视图和俯视图。要对齐这两个一般视图，可首先双击俯视图，在打开的对话框中选择【对齐】选项，并启用【将此视图与其他视图对齐】复选框。

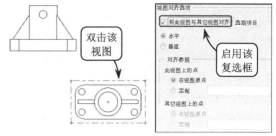

图 11-19　选取要对齐的视图

接下来选取主视图为要对齐的目标视图，此时【垂直】单选按钮自动被选择。然后在【对齐参照】选项组中选择【定制】单选按钮，并选取俯视图上的竖直边为对齐参照边，效果如图 11-20 所示。

继续选择【定制】单选按钮，选取主视图上的竖直边为对齐参照边，单击【确定】按钮。系统自动以所指定的两参照对象，将两视图对齐，效果如图 11-21 所示。

### 11.3.3 删除、拭除和恢复视图

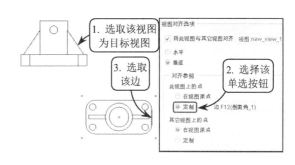

图 11-20　选取对齐参照

删除是将现有的视图从图形文件中清除掉，所删除的视图将不可恢复。而拭除视图只是从当前界面中去除，但所拭除的视图还可以通过相应的工具将其重新调出以便再次使用，即恢复所拭除的视图。

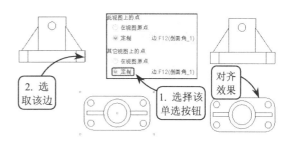

图 11-21　对齐视图

#### 1．删除视图

删除视图的方法有两种：一是选取视图后，按 Delete 键删除或在【绘制】工具栏中单击【删除选项项目】按钮×；二是在选取视图后，选择【编辑】|【删除】选项或者单击右键，在打开的快捷菜单中选择【删除】选项。

#### 2．拭除视图

拭除视图只是暂时将视图隐藏。当需要使用时，还可以将视图恢复为正常显示状态。当拭除一父视图时，与该父视图相关的子视图将保持不变。但当删除一父视图时，与该父视图相关的子视图也将一并删除。

在【模型视图】选项卡中单击【拭除视图】按钮，选取要拭除的视图对象。此时该视图所在的位置将显示一个矩形框和一个视图名称标识，效果如图 11-22 所示。

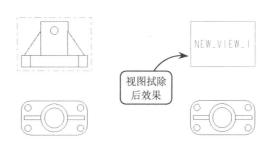

图 11-22　拭除视图

#### 3．恢复视图

如果要在当前页面上恢复已拭除的视图，则可以在【模型视图】选项卡中单击 Resume View 按钮。然后在【视图名】菜单中选择需要恢复的视图选项，并选择【完成选取】选项，即可恢复拭除的视图，效果如图 11-23 所示。

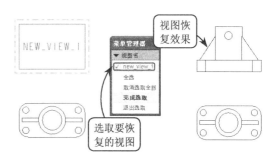

图 11-23　恢复拭除视图

## 11.4 设置视图显示模式

视图创建完成后，通过控制视图的显示，如视图的可见性、视图边线显示和组件视图中的元件显示等，以改善视图的显示效果。

### 11.4.1 视图显示

在装配绘图视图中，可以对单个元件的显示状态进行控制，如可以控制其消隐显示、显示类型或是否遮蔽等。

**1．消隐显示**

可以控制所选视图是以线框、隐藏线、消隐或默认的方式进行显示。不仅在装配视图中，在其他任何视图中都可进行该操作。

双击一视图，在打开的对话框中选择【视图显示】选项，即可在【显示样式】下拉菜单中，指定视图以何种样式显示。图 11-24 所示为视图以隐藏线显示的效果。

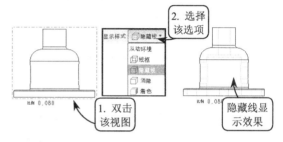

图 11-24　控制视图显示

如果要控制装配绘图视图中单个元件的显示模式，可单击【元件显示】按钮，在打开的菜单中选择【消隐显示】选项，并选取一元件单击中键。然后在打开的【消隐显示】菜单中选择【隐藏线】|【完成】选项，并连续单击中键两次，即可将所选元件以隐藏线样式显示，效果如图 11-25 所示。

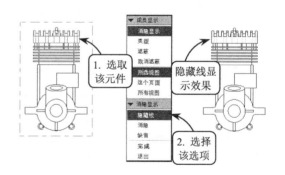

图 11-25　控制元件显示样式

**2．显示类型**

可以控制所选元件的线条显示类型，共有 4 种：标准、不透明虚线、透明虚线和用户颜色。

单击【元件显示】按钮，在打开的菜单中选择【类型】选项，并选取一元件单击中键。然后在打开的【成员类型】菜单中选择显示的类型，并连续单击中键两次即可。图 11-26 所示为将所选元件以透明虚线显示效果。

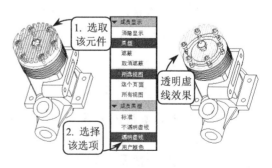

图 11-26　控制元件显示类型

## 3. 遮蔽元件

装配视图往往比较复杂，导致视图比较繁乱。此时便可以遮蔽一些暂时不用的元件，使视图更加洁净。同样可以取消遮蔽，将元件恢复到原状。

单击【元件显示】按钮，在打开的菜单中选择【遮蔽】选项，并选取要遮蔽的元件单击中键，即可将所选元件遮蔽，效果如图 11-27 所示。

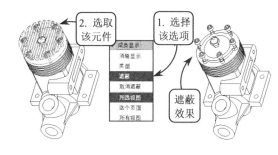

图 11-27　遮蔽元件

要取消遮蔽，可在【成员显示】菜单中选择【取消遮蔽】选项，并选取一视图。然后选取要恢复的元件，单击中键即可将所选元件恢复，效果如图 11-28 所示。

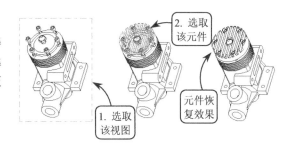

图 11-28　取消遮蔽元件

### 11.4.2　边显示控制

除了可以控制整个视图或单个元件的显示状态之外，在 Pro/E 中还可以对视图中各条边进行显示的控制，从更细微处控制视图显示效果。

单击【边显示】按钮，在打开的【边显示】菜单中提供了边显示的多种类型，效果如图 11-29 所示。这几种边显示类型介绍如下。

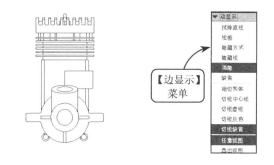

图 11-29　【边显示】菜单

- **拭除直线**　将所选边线拭除，即从模型中隐藏，效果如图 11-30 所示。
- **线框**　将拭除的边线或视图的隐藏线以实线形式显示，效果如图 11-31 所示。

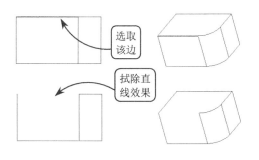

图 11-30　拭除直线显示

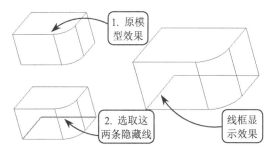

图 11-31　线框显示

- **隐藏方式**　将所选边线以隐藏线形式显示。其对象可以是任意的边线，效果如图

11-32 所示。

- **隐藏线**　将所选边线以隐藏线形式显示。其对象必须是可隐藏的边线，效果如图 11-33 所示。

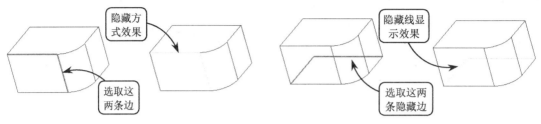

图 11-32　隐藏方式显示　　　　　图 11-33　隐藏线显示

- **消隐**　将所选边线以消隐形式显示。其对象必须是可消隐的边线，效果如图 11-34 所示。
- **切线类型**　将所选切线如倒圆角的边线，以中心线、虚线或灰色形式显示，效果如图 11-35 所示。如果要将切线恢复为原来状态，可选择【相切实体】选项。

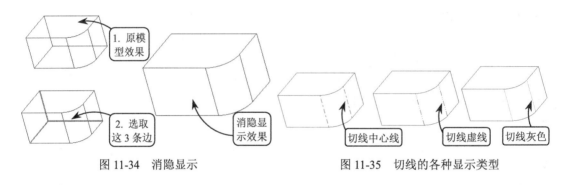

图 11-34　消隐显示　　　　　　图 11-35　切线的各种显示类型

### 11.4.3　显示视图栅格

视图栅格类似于捕捉线，主要用于将详细项目，如尺寸、注释、几何公差、符号和表面光洁度符号等进行精确定位。

要显示视图的栅格，需首先在模型状态下，指定一坐标系为将来栅格原点。图 11-36 所示为选择【视图】|【模型设置】|【模型栅格】选项，在打开的对话框中单击【选取坐标系】按钮 。然后选取模型中的坐标系为栅格原点。

进入到工程图环境中，创建该模型的主视图。然后在【格式】选项板中单击【模型栅格】按钮 ，在打开对话框的【显示】选项组中选择【视图】单选按钮，并在【间距】选项组中输入间距数值。接着单击【显示】按钮，即可显示栅格，效果如图 11-37 所示。

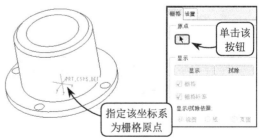

图 11-36　指定栅格原点

在【模型栅格】对话框中切换至【设置】选项卡，效果如图 11-38 所示。在该选项卡中可对球标半径、偏移距离、小数位数和文本方向等进行设置。各选项的具体含义介绍如下。

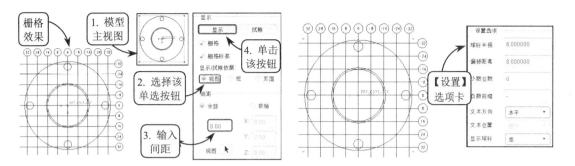

图 11-37　显示模型栅格　　　　　　　　　　图 11-38　【设置】选项卡

- □ **球标半径**　设置栅格线端部球标半径的大小，效果如图 11-39 所示。
- □ **偏移距离**　设置球标与第一条栅格线的距离，效果如图 11-40 所示。

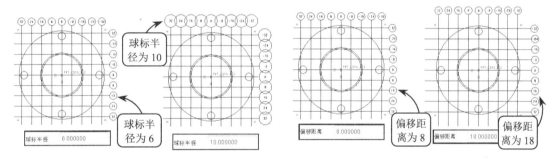

图 11-39　设置球标半径　　　　　　　　　　图 11-40　设置偏移距离

- □ **小数位数**　设置球标中数字的小数保留数目。
- □ **负数前缀**　设置负数的前缀形式。
- □ **文本方向**　设置球标中文字是以水平或平行方式与栅格线进行对齐，效果如图 11-41 所示。
- □ **显示球标**　设置球标是隐藏还是显示，效果如图 11-42 所示。

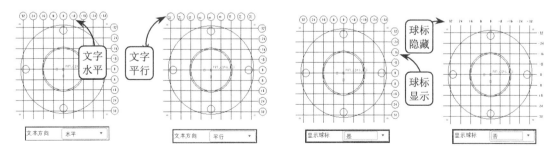

图 11-41　设置文本方向　　　　　　　　　　图 11-42　设置球标的显示状态

> **提　示**
> 
> 　　指定栅格原点后，系统将以栅格原点为坐标原点向两侧自动创建球标数值。其中球标数值的正负是以当前视图的二维坐标系为标准的：沿 X 轴和 Y 轴正方向均为正值；相反则为负值。

## 11.5　创建高级工程图视图

视图是用于表达零件结构形状的图形。在 Pro/E 中视图的种类非常丰富，根据视图的使用目的和创建原理的不同，可将视图分为全视图、全剖视图、局部视图、辅助视图、详细视图、旋转视图和破断视图等。

### 11.5.1　全视图和全剖视图

全视图用于表示整个零件的外形轮廓，是系统默认的视图类型。而全剖视图是指整个视图均沿一定的剖切面成剖切状态。经常利用全剖视图表达零件的内部结构，其中剖切面可以在工程图状态下或模型状态下进行创建，两者是相关的。

#### 1．全视图

该视图类型为系统默认的视图类型，应用十分广泛。使用全视图可以较好地表达模型外部轮廓形状。

图 11-43 所示为单击【一般】按钮，指定视图的放置位置后，依次指定 FRONT 平面为视图前参照，RIGHT 平面为视图右参照，即可创建该连杆模型的全视图。

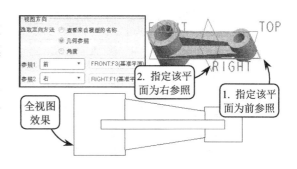

图 11-43　创建全视图

#### 2．全剖视图

全剖视图是用剖切平面将零件完全剖开后所创建的视图。全剖视图主要用于表达内部形状比较复杂，而外部简单的零件模型。

图 11-44 所示为单击【投影】按钮，创建主视图的投影视图即俯视图。然后选取主视图，并单击右键在打开的快捷菜单中选择【属性】选项。接着在打开的对话框【类别】选项组中选择【截面】选项，并选择【2D 截面】单选按钮。

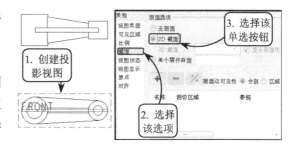

图 11-44　创建投影视图

接下来单击【添加】按钮，在打开的【剖截面创建】菜单中选择【平面】|【单一】|

【完成】选项，并输入剖面名称为 A。然后选取俯视图上的 FRONT 平面为剖切平面，单击【绘图视图】对话框中的【确定】按钮，即可将主视图转化为全剖视图，效果如图 11-45 所示。

> **提 示**
> 如果零件已在模型状态下创建了相应的剖切面，则创建模型的全剖视图时，直接指定该剖切面即可。即无需创建投影视图，再指定剖切面。

### 11.5.2 半视图与半剖视图

半视图是从切割平面一侧的视图中，移除模型的一部分。该视图主要用来表达具有对称结构的模型，可以优化视图结构。而半剖视图是指当模型具有对称平面时，在垂直于对称面的投影面上所创建的视图。

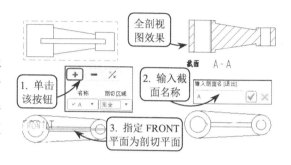

图 11-45　创建全剖视图

#### 1. 半视图

半视图是指以模型中的平面或基准平面为分界面切割模型，拭除视图的一半，只保留另一半。该类视图一般用于表达具有对称性结构的实体模型。

双击需要修改可见区域的视图，在打开的对话框中选择【可见区域】选项，并在【视图可见性】下拉列表中选择【半视图】选项。然后指定半视图的【对称线标准】类型，并在图中选择参照平面和视图中要保留的一侧即可创建半视图。图 11-46 所示即是以 RIGHT 平面为分界面所创建的半视图效果。

在创建半视图时，需要使用一条对称线表示分割平面，在【对称线标准】下拉列表中提供了 5 种对称线的不同类型。这 5 种类型的对比效果如图 11-47 所示。

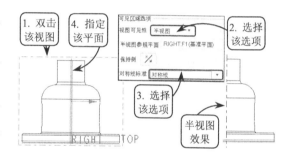

图 11-46　创建半视图

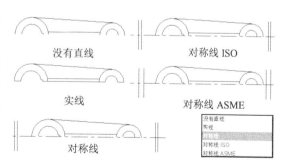

图 11-47　对称线的 5 种类型对比

#### 2. 半剖视图

在机械零件中经常会碰到具有对称或者近似对称结构的零件。对于复杂的机械零件而言，要在一张图纸中既表示出其相关外形特征，又要表示出其内部的相关结构，此时便可通过半剖视图来实现。

半剖视图是以对称中心线为界，一半为剖视，一半为普通视图。图 11-48 所示为事先在建模环境中为零件创建剖截面 B。然后双击需要修改的视图，并在打开的对话框【类别】选项组中选择【截面】选项，并选择【2D 截面】单选按钮。

接下来单击【添加】按钮，在【名称】下拉列表中选择先前创建的剖面 B，并在【剖切区域】下拉列表中选择【一半】选项。然后指定 RIGHT 平面为参照平面，箭头指向的区域为要剖切的区域，单击【确定】按钮，即可将主视图转化为半剖视图，效果如图 11-49 所示。

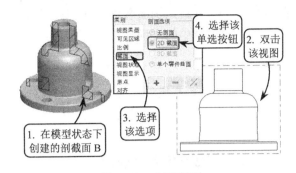

图 11-48　创建剖面

### 11.5.3　局部视图与局部剖视图

局部视图是只显示视图的一部分，又称为不完整视图。而局部剖视图是用剖切平面局部地剖开机件所创建的视图。局部剖视图是一种灵活的表达方法，用剖视的部分表达机件的内部结构，不剖的部分表达机件的外部形状。

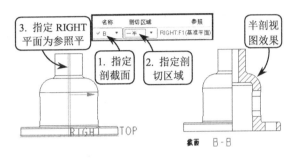

图 11-49　创建半剖视图

#### 1．局部视图

局部视图是通过绘制与模型视图相交的封闭边界，系统将显示边界内的几何，而删除边界外的几何。

双击需要修改为局部视图的视图，在打开的对话框中选择【可见区域】选项，并在【视图可见性】下拉列表中选择【局部视图】选项。然后在图中指定一点作为视图中心点，并绘制样条曲线确定区域边界，单击【确定】按钮，即可创建局部视图，效果如图 11-50 所示。

此时如果切换至【注释】选项卡，双击所创建的局部视图下方的比例数值，并在打开的提示栏中输入视图新的比例数值，即可创建局部放大视图，效果如图 11-51 所示。

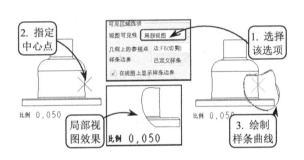

图 11-50　创建局部视图

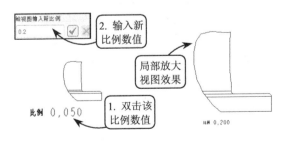

图 11-51　创建局部放大视图

#### 2．局部剖视图

局部剖视图是通过所绘的边界线，将边界线以内的图形用剖视表达零件的内部结构，边界线以外不剖的部分则表达零件的外部形状。该视图经常用于表达实心零件上一些小孔、槽或凹坑等局部结构的形状。

图 11-52 所示为事先在建模环境中为零件创建的剖截面 A。然后双击需要修改的视图，

并在打开的对话框中选择【截面】选项，并选择【2D 截面】单选按钮。接着单击【添加】按钮，指定先前创建的剖面 A，设置【剖切区域】为局部，并选取顶边上一点为中心点。

此时针对需要修改为局部剖的区域，围绕中心点绘制样条曲线，单击【确定】按钮，即可创建局部剖视图，效果如图 11-53 所示。

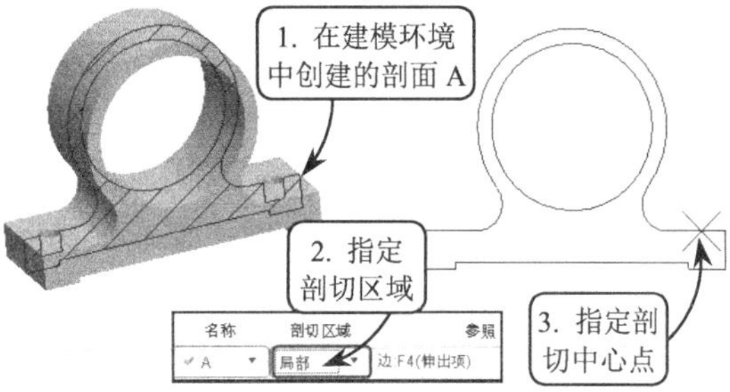

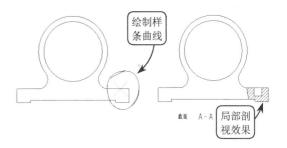

图 11-52 指定剖切中心点

> **提 示**
> 对于一个视图采用局部剖视图表达时，剖切的次数不宜过多。否则会使图形过于破碎，影响图形的整体性和清晰性。

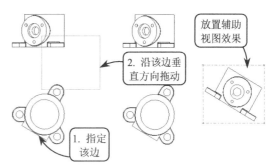

图 11-53 创建局部剖视图

### 11.5.4 辅助视图

当采用一定数量的基本视图后，如果机件仍有部分结构形状未表达清楚，且又没有必要再画出其他完整的基本视图时，可单独将这一部分的结构形状向基本投影面投射，来创建辅助视图。辅助视图一般用于对某一视图进行补充说明，恰当地使用该视图，可以表达零件上的特殊结构。

图 11-54 所示为一零件的主视图和俯视图，单击【辅助】按钮，并在俯视图上选取一边为投影参照。然后沿着垂直于该边的方向拖动至合适位置，系统将自动在该位置处创建一辅助视图。接着按照前面的方法设置该视图可任意移动，调整至合适位置。

图 11-54 创建辅助视图

> **提 示**
> 辅助视图也是一种投影视图，在恰当的角度上向选定的曲面或轴进行投影。其中选定参照后，会出现一矩形框，该矩形框只能在由参照决定的垂直方向上，并沿父视图的中心位置移动。此时在合适位置上单击鼠标，则在该点放置辅助视图。

### 11.5.5 详细视图

详细视图是指在另一个视图中放大显示当前视图中的细小部分，这对观察模型上的某些细小结构如倒圆角、拐角或孔等有很大帮助。其与局部放大视图的区别是后者在放大所指定区域的同时，将父视图其他部分删除；而前者是保留父视图不变，在新的视图中放大所指定的区域。

创建详细视图主要包括指定视图中心点、确定放大区域和放置详细视图这3个步骤。单击【详细】按钮，在现有视图中要放大的区域单击，确定视图中心点。然后围绕该点绘制样条线确定放大区域。接着按住中键，并在图中适当位置单击，确定详细视图的放置位置，即可完成详细视图的绘制，效果如图11-55所示。

需要注意的是所创建的详细视图的边界是前面所绘的样条曲线，而不是父视图中所显示的圆。该圆仅仅是在创建详细视图后，父视图中放大区域边界的显示样式。双击已创建的详细视图，在打开对话框的【父项视图上的边界类型】下拉列表中提供了5种边界样式可供选择，效果如图11-56所示。这5种边界的含义介绍如下。

- **圆** 在父视图中显示圆形边界。
- **椭圆** 在父视图中显示椭圆形边界。
- **水平/垂直椭圆** 在父视图中显示具有水平或垂直主轴的椭圆作为边界。
- **样条** 在父视图中直接使用所绘制样条曲线作为边界。
- **ASME94 圆** 在父视图中将符合ASME标准的圆作为边界。

此外默认情况下，详细视图的放大比例是其父视图比例的2倍，用户也可以为详细视图重新设置放大比例。只需双击详细视图，在打开的对话框中选择【比例】选项。然后选择【定义比例】单选按钮，并输入要放大的比例，单击【确定】按钮，即可完成详细视图的比例调整，效果如图11-57所示。

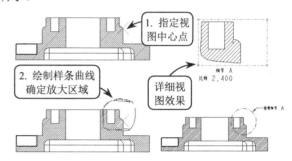

图11-55　创建详细视图

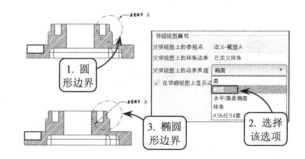

图11-56　调整父项视图上的边界样式

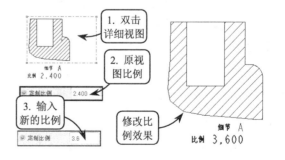

图11-57　修改显示比例

用于定义放大区域的样条曲线自身不能相交，绘制完成后，单击中键，样条曲线将自动闭合。此时系统将以该样条曲线和前面所指定的视图中心点为参照，自动创建视图的放大区域。

## 11.5.6 旋转视图和旋转剖视图

旋转视图是现有视图的一个剖面，它绕切割平面投影旋转 90°，用于显示剖开后的模型截面。而旋转剖视图是用两个相交的剖切平面剖开零件，并将被倾斜平面切着的结构要素，及其有关部分旋转到与选定的投影面平行，再进行投影所创建的视图。

### 1．旋转视图

旋转视图又称为移出断面图，是现有视图的一个剖面。它与剖视图的不同点在于，它包括了一条标记视图旋转轴的线，旋转视图可以沿旋转轴平行移动。

单击【旋转】按钮，选取现有视图为父视图，并在任意一点处单击作为旋转视图的放置中心。然后在打开的菜单中选择【平面】|【单一】|【完成】选项，并输入截面名称。接着在父视图中选取作为旋转剖面的基准平面，即可创建旋转视图，效果如图 11-58 所示。

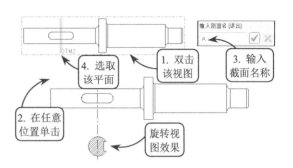

图 11-58　创建旋转视图

### 2．旋转剖视图

旋转剖视图是用两个相交剖切平面剖开零件，并对齐剖切的倾斜部分所创建的视图。创建旋转剖视图时必须标出剖切位置，在它的起讫和转折处，用相同字母标出，并指明投影方向。

图 11-59 所示为一零件的主视图和俯视图，要对俯视图进行旋转剖，从而将主视图转化为剖视图。可首先双击主视图，并在打开的对话框中选择【截面】选项，并选择【2D 截面】单选按钮。接着单击【添加】按钮，在打开的菜单中选择【偏移】|【单侧】|【单一】|【完成】选项。

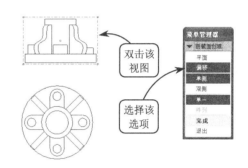

图 11-59　创建剖截面

此时在打开的提示栏中输入截面名称为 A，并指定实体顶端面为草绘平面，接受默认的草绘方向，以缺省方式进入草绘环境。然后绘制如图 11-60 所示的两条直线。

接下来退出草绘环境返回到工程图环境，然后在【绘图视图】对话框中指定【剖切区域】为全部（对齐），并单击【轴显示】按钮，将视图所有轴线显示。接着指定如图

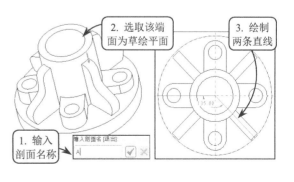

图 11-60　绘制剖截面轮廓

11-61 所示主视图中间轴线 A1 为对齐参照轴，单击【确定】按钮，创建旋转剖视图。

### 11.5.7 破断视图

破断视图可用于切除零件上冗长且结构单一的部分。如一些长轴和肋板，便可以通过破断视图，简化视图的表示方法。

双击需要修改为破断视图的视图，在打开的对话框中选择【可见区域】选项，并在【视图可见性】下拉列表中选择【破断视图】选项。然后单击【添加断点】按钮，选取如图 11-62 所示的边上一点确定破断点，向下拖动会延伸出一条直线（即破断线的方向）。在合适位置单击，即可创建第一条破断线。

接着按照同样的方法绘制第二条破断线。最后在【破断线造型】下拉列表中指定破断线造型为【直】，并单击【确定】按钮，即可创建破断视图，效果如图 11-63 所示。

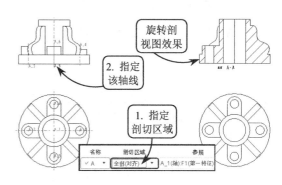

图 11-61　创建旋转剖视图

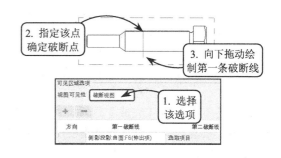

图 11-62　绘制第一条破断线

所绘制的破断线只能垂直或平行于所指定的几何参照。当完成两条破断线的绘制后，用户还可以设置破断线的样式。在【绘图视图】对话框的【破断线造型】下拉列表中提供了 6 种破断线的造型供用户选择。这 6 种破断线的造型对比效果如图 11-64 所示。

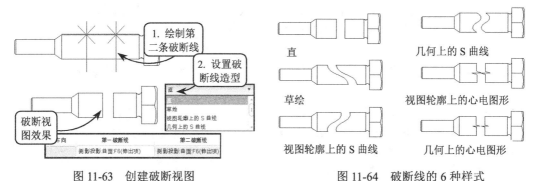

图 11-63　创建破断视图　　　　　　　　　图 11-64　破断线的 6 种样式

## 11.6　视图编辑与修改

视图的控制和修改从某种意义上说比创建视图更加重要，因为这涉及到工作效率的问题。当设计变更或工程需要更改时，工作较多的是编辑和修改视图，而不是重新创建视图。

## 11.6.1 视图属性

视图创建好后，可以对视图的多个属性进行编辑修改，如修改视图类型、编辑剖视图的剖截面、修改参考点和边界，以及 Z 向修剪等。

### 1．修改视图类型

视图的类型包括一般视图、投影视图、辅助视图、旋转视图和详细视图等。这些视图创建完成后不是固定不变的，而是可以进行适当修改，如将投影视图转换为一般视图等。

图 11-65 所示为双击俯视图，在打开对话框的【类型】下拉列表中选择【一般】选项，并单击【应用】按钮。此时【视图方向】选项组将被激活，在【模型视图名】列表框中指定【标准方向】选项，并单击【确定】按钮，即可将该投影视图转化为一般视图。

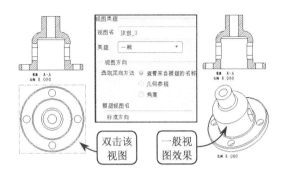

图 11-65　修改投影视图为一般视图

### 2．编辑剖截面

对于已创建的剖视图可以进行添加剖切符号、删除原有剖截面或创建新的剖截面等多种操作。

在视图上添加剖切符号，可选取一剖视图，并单击【剖切符号】按钮或单击右键，在打开的快捷菜单中选择【添加箭头】选项。然后选取一父视图，即可添加剖切符号。接着选取该剖切符号，并单击右键在打开的快捷菜单中选择【反向材料切除侧】选项，即可切换截面的剖切方向，效果如图 11-66 所示。

如果要将剖视图转换为无剖视效果，可双击一剖视图，在打开的对话框中选择【截面】选项。然后选择【无剖视】单选按钮，单击【确定】按钮，即可将剖视图转换为无剖视图，效果如图 11-67 所示。

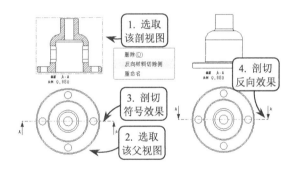

图 11-66　添加剖切符号

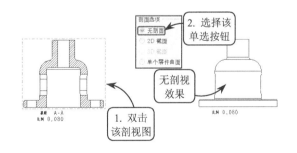

图 11-67　将剖视图转换为无剖视

> **提　示**
> 剖切符号的方向经常配合投影方向使用，其箭头的指向直接决定了剖视图的创建效果。如上面所示改变剖切箭头方向后，主视图的剖视效果消失。

### 3. 修改参考点和边界

创建详细视图、局部视图或局部剖视图时，需要指定一参考点和绘制边界曲线。通过改变参考点的位置可修改视图中心点，而修改边界则可以改变视图范围。

图 11-68 所示为双击一详细视图，并在其父视图上重新指定参考点。然后绘制新的边界轮廓线，单击中键，此时可发现详细视图放大的区域随之改变。

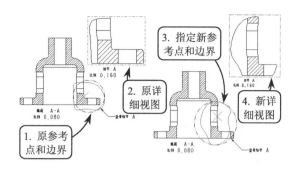

图 11-68 修改详细视图

### 4. Z-方向修剪

通过该功能可以在工程图中排除指定平面后面的模型图形，其中可以选择平行于该视图的边、曲面或基准平面作为参照点。经常利用该功能隐藏复杂装配视图中的模型，当然这些模型必须对当前操作无用。

图 11-69 所示为欲在投影视图上执行 Z-向修剪操作。可首先双击该投影视图，并在打开的对话框中选择【可见区域】选项。然后启用【在 Z 方向上修剪视图】复选框，此时系统提示指定视图中心点。

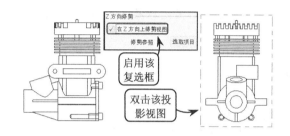

图 11-69 选取要修剪的投影视图

接下来指定如图 11-70 所示的边为修剪参照，并单击【确定】按钮。此时可发现投影视图上，该参照之后的模型视图已经隐藏。

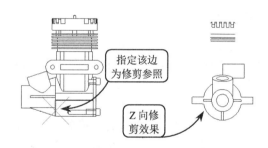

图 11-70 Z 向修剪效果

## 11.6.2 修改视图剖面线

对于所创建的剖视图，有时其间距会太密或太细，有时需要用不同角度的剖面线，来表达零件的不同部位。此时便需要对剖面线进行相关的修改。Pro/E 允许用户对剖面线进行多种修改，如修改间距、角度或线型等。

双击剖视图中的剖面线，在打开的【修改剖面线】菜单中提供了剖面线可进行修改的多个属性，效果如图 11-71 所示。各属性的含义介绍如下。

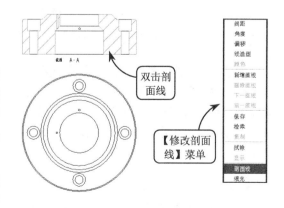

图 11-71 【修改剖面线】菜单

## 1．间距

用于控制剖面线的间距。选择【间距】选项，将打开【修改模式】下拉列表。其中在该列表中选择【一半】或者【加倍】可以控制剖面线的间距；选择【值】选项可以在打开的提示栏中输入间距数值，间距值越小剖面线越密集。图 11-72 所示为将剖面线间距设置为一半时的效果。

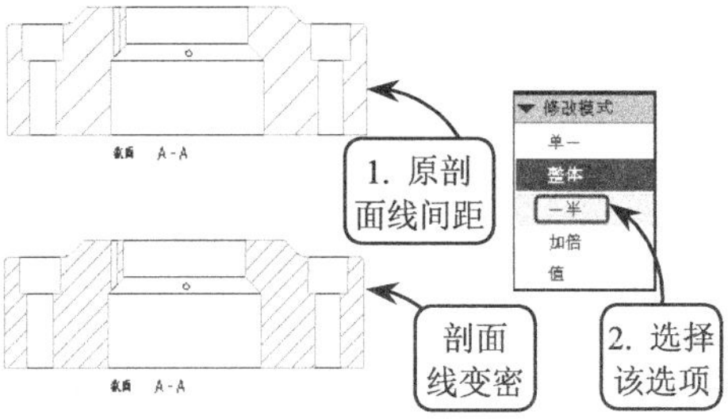

## 2．角度

通过修改剖面线与水平线间的夹角，控制剖面线的走向。选择【角度】选项，打开相应的【修改模式】菜单。然后重新定义角度值。图 11-73 所示即是将剖面线的角度由 45º 更改为 120º。

## 3．偏移

通过输入偏移量以移动剖面线的位置。图 11-74 所示为选择【偏移】选项后，在打开的提示栏中输入偏移数值，即可将剖面线移动。

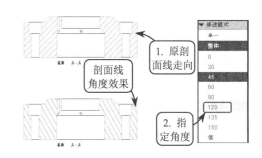

图 11-72　调整剖面线间距

图 11-73　调整剖面线角度

## 4．线造型

选择该选项，可在打开的【修改线造型】对话框中修改剖面线的线型、线的宽度和颜色等属性。图 11-75 所示为将剖面线的线型由实线修改为双点划线的效果。

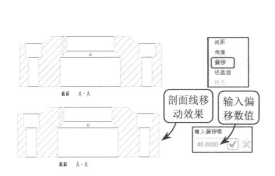

图 11-74　移动剖面线

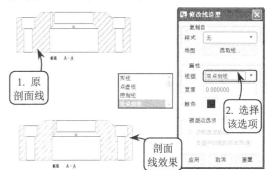

图 11-75　修改剖面线线型

## 11.7　尺寸标注与文本注释

创建好模型的各个视图后，还要为图形文件添加准确、清晰的尺寸和注释，才能反映出模型的真实大小和装配之间的位置关系，如添加几何公差说明零件的重要表面之间的关系，创建表格作为图纸的标题栏或视图的明细表等。

### 11.7.1 标注尺寸

一幅完整的工程图，除了各个不同的视图图形外，还要为图形文件添加准确、清晰的尺寸和注释，才能反映出模型的真实大小和装配之间的位置关系。为图形添加尺寸标注和注释，可以通过创建特征时系统给定的尺寸和注释，也可以根据需要手动添加。

**1．自动标注尺寸**

由于工程图模型和实体模型使用相同的数据库，因此，工程图中所有几何尺寸值在一开始的时候就已存在，只是它们均处于隐藏状态而已。自动标注尺寸是自动显示所选视图的所有尺寸。

利用系统提供的【显示模型注释】工具可以自动显示所选视图的所有尺寸。而所显示的尺寸有一些是多余或重复的，此时便可以通过拭除不必要的尺寸来清理视图的尺寸注释。

切换至【注释】选项卡，选取一视图，并在【插入】选项板中单击【显示模型注释】按钮，然后在打开对话框的【显示】选项组中列出了该视图的所有尺寸，要显示某个尺寸只需选择该尺寸选项即可。如果要全部显示，可以单击下方的【显示所有】按钮，效果如图 11-76 所示。

在【显示模型注释】对话框的第一行中以按钮的形式列出了所有可以显示或者拭除的类型。各类型的含义如表 11-1 所示。

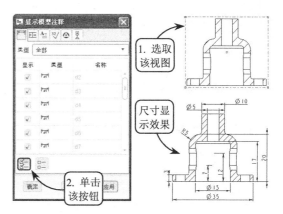

图 11-76　显示视图全部尺寸效果

表 11-1　显示或拭除的类型说明

| 图标 | 功能说明 | 图标 | 功能说明 |
| --- | --- | --- | --- |
|  | 显示或拭除尺寸 |  | 显示或拭除球标 |
|  | 显示或拭除几何公差 |  | 显示或拭除表面光洁度符号 |
|  | 显示或拭除注释 |  | 显示或拭除基准轴线 |

**2．手动标注尺寸**

对工程图进行尺寸标注，一般采用自动标注与手工标注相结合的方法，这是由于通过自动显示的尺寸有一些是多余或重复的。此时就需要通过拭除不必要的尺寸来清理视图的尺寸注释，或者直接手动标注所需的新尺寸，进而使图形尺寸更加完善。

在【插入】选项板中单击【尺寸-新参照】按钮，将打开【依附类型】菜单。然后选择依附类型，并在图中指定参照对象后，在合适位置单击中键确定尺寸线的放置位置即可，效果如图 11-77 所示。【依附类型】菜单中各选项含义介绍如下。

❑ **图元上**　以视图中的几何图元为尺寸依附对象，为该图元添加尺寸标注。选择该选项后，直接选取视图中的几何图元，并单击中键即可，效果如图11-78所示。

- **在曲面上** 以视图中的曲面为依附对象，在曲面对象之间添加标注尺寸。选择该选项后，在视图中指定依附曲面对象和参照点，然后在【弧/点类型】菜单中依次指定参照点类型即可，效果如图11-79所示。

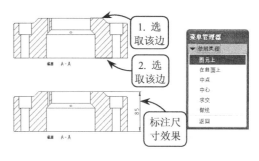

图11-77  标注尺寸

- **中点** 以所选图元的中点为尺寸依附对象添加尺寸标注。图11-80所示为依次选取两条边的中点为参照点，并在【尺寸方向】菜单中指定尺寸线的放置方式，在合适位置单击中键确定尺寸的放置位置。

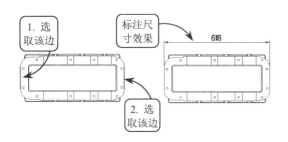

如11-78  标注图元尺寸

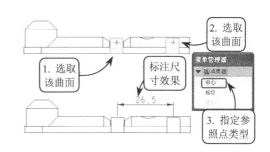

图11-79  在曲面上标注尺寸

- **中心** 以具有圆弧特征图元的中心点为尺寸依附对象，标注两中心点之间的距离，效果如图11-81所示。

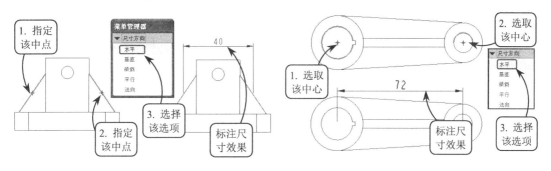

图11-80  中点标注　　　　　　　　图11-81  中心标注

- **求交** 可以在两个图元的交点之间添加尺寸标注。选择该选项后，按住Ctrl键依次选取图元以确定交点。然后指定尺寸方向，并在合适位置单击中键确定尺寸的放置位置，效果如图11-82所示。

- **做线** 以绘制的参照线为依附对象添加尺寸标注。选择该选项后，在打开的【做线】菜单中选择做线的类型。然后在图中按住Ctrl键，依次选取两个端点确定尺寸依附对象的参照线，单击中键即可完成做线标注，效果如图11-83所示。

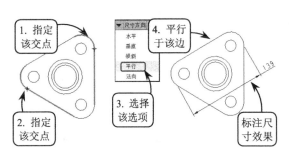
图 11-82 标注求交尺寸

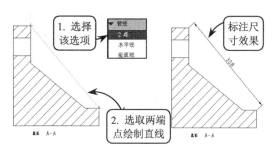
图 11-83 做线标注尺寸

此外对于手工和自动标注的尺寸其区别主要有两点：一是手工标注的尺寸既可以删除，也可以隐藏，而自动标注的尺寸只可隐藏不能删除；二是手工标注的尺寸数值不能被修改，而自动标注的尺寸可以更改，并可驱动零件模型。

> **提 示**
>
> 标注圆弧或圆的径向尺寸，只需选择【尺寸-新参照】工具后，单击圆弧图元，并单击中键，标注半径尺寸；双击圆弧图元，并单击中键，标注直径尺寸。

## 11.7.2 注释文本

工程图除了包括各类表达模型形状大小的视图和尺寸标注之外，还包括对视图进行补充说明的各类文本注释，如图纸的技术要求、标题栏内容和特殊加工要求等。

单击【创建注解】按钮 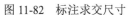，打开【注解类型】菜单。该菜单包括了文本的指引线类型、输入方式、放置方向、指引线形式、对齐方式和文本样式 6 部分，效果如图 11-84 所示。

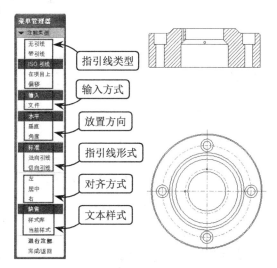
图 11-84 【注解类型】菜单

选择【进行注解】选项，在打开的【依附类型】菜单中指定为【图元上】依附方式，并设置文本带有箭头。然后选取要进行标注的图元，并单击中键。然后输入文本注释内容。若需要输入一些尺寸符号，可在【文本符号】对话框中指定，效果如图 11-85 所示。

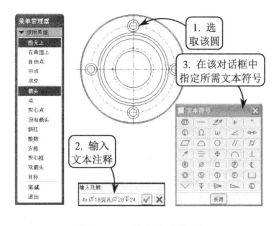
图 11-85 输入文本注释

接下来连续单击两次【应用】按钮，即可完成注释的添加，效果如图 11-86 所示。此时可对添加的注释进行编辑。选取该注释，并单击右键在打开的快捷菜单中选择【属性】选项。然后在打开的【注解属性】对话框中对文本切换段落。

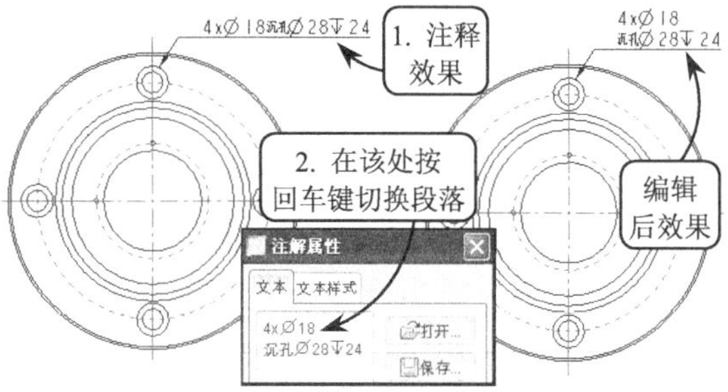

【注解类型】菜单中各选项的含义介绍如下。

- **无引线** 创建的注释不带有指引线，即引导线。
- **带引线** 创建带有方向指引的注释。
- **ISO 导引** 创建 ISO 样式的方向指引。这 3 种不同样式的引线标注对比效果，如图 11-87 所示。
- **在项目上** 将注释连接在边或曲线等图元上。
- **偏移** 注释和选取的尺寸、公差和符号等间隔一定距离。
- **输入与文件** 这两个选项用于指定文字内容的输入方式。其中选择【输入】选项，可以直接通过键盘输入文字，按回车键可以换行；选择【文件】

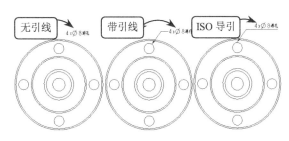

图 11-86　编辑文本注释

图 11-87　3 种不同引线标注效果

选项，则可以从计算机中读取文字文件，文件格式为*.txt。
- **文字排列方式** 注释文本的排列方式有 3 种，分别是水平、垂直与角度。
- **指引线形式** 当带有指引线时，可以将指引线指定为标准、法向引线或切向引线。
- **文字对齐方式** 提供多种文字对齐方式，包括左、居中、右和缺省。另外也可以从样式库中指定所需的文字样式。

## 11.7.3　插入表格

在 Pro/E 中利用【表】工具可以制作标题栏、明细栏、明细表手册和各类参数分类统计表等。通过表并结合一些参数可以实现装配环境下零件的重复区域列表、过滤和参数计算等功能。此外在 Pro/E 的【报表】模块中可以利用【表】工具进行装配零件明细表手册的定制。

### 1．创建表格

在工程图中表格经常用来表达图纸的标题栏或图纸的明细表手册。可以利用系统提供的【表】工具制定所需列宽或行高的表格。

切换至【表】选项卡，单击【表】按钮，在打开的菜单中包括了创建表格所必须指定的几个要素，如表的发展方向、表的位置方式、确定单元格的尺寸大小等，效果如图 11-88 所示。该菜单中各选项的含义介绍如下。

- **降序** 从表的顶部开始向下创建表格。
- **升序** 从表的底部开始向上创建表格。
- **左对齐** 表格中各单元格左对齐。

❑ **右对齐** 表格中各单元格右对齐。
❑ **按字符数** 按照字符的个数来划分单元格的宽度和高度。
❑ **按长度** 按照输入的数值来划分单元格的宽度和高度。

如果指定表格为升序和左对齐的发展方向，并按字符数来控制单元格的大小。则在单击一点确定表格的左边界后，在水平方向上将出现一串数字控制符。然后直接单击字符数即可确定单元格宽度。接着单击中键，在竖直方向上出现一串数字控制符，直接单击字符数即可确定单元格高度，效果如图 11-89 所示。

如果按长度方式创建表格，则需要按顺序连续输入单元格的宽度和高度。其中连续输入的数值可以相等，也可以不等。当输入完宽度后，按回车键即可切换至表格高度的输入，效果如图 11-90 所示。

**2．编辑表格**

表格创建完成后，可对表格进行多种编辑操作，如调整行或列的高度和宽度、删除单元格、插入单元格、合并单元格和旋转单元格等，以获得所需的表格设计效果。

❑ **调整单元格宽度或高度**

调整单元格的宽度或高度，可选取一个或多个单元格，并单击右键在打开的快捷菜单中选择【高度和宽度】选项，即可在打开的对话框中修改行高或列宽；也可以选取单元格后，直接单击【高度和宽度】按钮，在打开的对话框中修改行高或列宽，效果如图 11-91 所示。

❑ **插入单元格**

插入单元格的行或列操作相似，这里以插入行为例，介绍插入单元格的操作方法。图 11-92 所示为单击【添加行】按钮，并选取单元格边界线为插入位置。此时所选边界上将出现一红色圆形标记。如果原表格为【升序】排列，将自动在所选边界之上添加

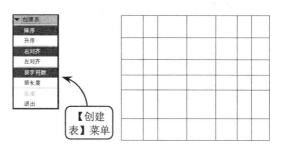

图 11-88 【创建表】菜单

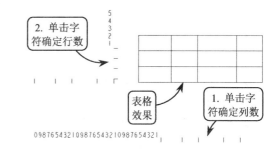

图 11-89 按字符数创建表格

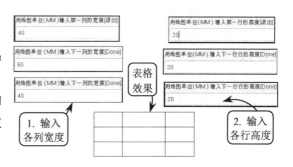

图 11-90 按长度创建表格

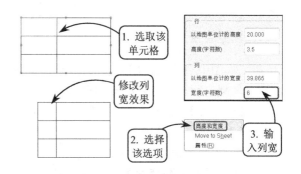

图 11-91 修改列宽

一行。

❑ 删除单元格

要删除整行或整列，可将鼠标移至该行的左侧或右侧边界线。此时当该行变为红色时，单击即可选取整行。然后单击右键，在打开的快捷菜单中选择【删除】选项，即可将所指定的行删除，效果如图 11-93 所示。

❑ 合并单元格

要合并单元格，可单击【合并单元格】按钮。然后依次选取要合并的单元格，并连续单击中键两次，即可将单元格合并，效果如图 11-94 所示。如果要将合并后的单元格恢复原状，可单击【取消合并单元格】按钮，并连续单击合并后的单元格两次即可。

❑ 旋转表格

旋转表格首先指定旋转原点，即旋转中心点。系统默认创建表格时的原点为旋转中心点。要指定新的旋转中心点，可框选整个表格，并单击【设置旋转原点】按钮。然后选取另 3 个角点中的 1 个，此时该角点变成十字标记。接着单击【旋转】按钮，表格将以 90° 为增量进行旋转，效果如图 11-95 所示。

❑ 移动表格

移动表格的方式包括自由移动和精确定位移动两种。前一种方式可以随意移动表格，而后一种方式经常用于标题栏或明细栏的定位。

框选所创建的表格，表格周围将出现 8 个角点，拖动这 8 个角点即可自由移动表格。其中拖动 4 个端角点可任意移动；拖动上下两个角点可上下移动；拖动左右两个角点可左右移动，效果如图 11-96 所示。

精确定位移动表格是将表格上的参照点移至一目标点来准确定位表格。框选一表格，选择【编辑】|【移动特殊】选项，并在打开的面板中单击【绝对坐标】按钮。然后指定表格右下角点为移动参照点，并在面板中输入绝对坐标确定目标点，单击【确定】按钮，即可将表格移动至 A4 图框的右下角，效果如图 11-97 所示。

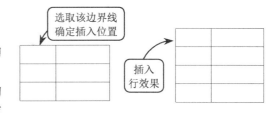

图 11-92　添加行

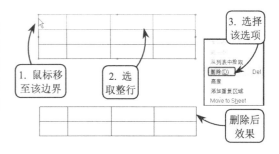

图 11-93　删除整行

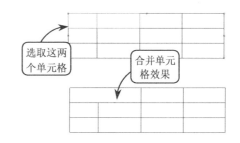

图 11-94　合并单元格

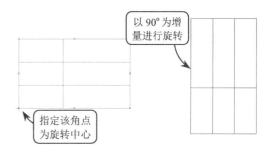

图 11-95　旋转表格

---

**提　示**

表格定位的目标点应是几何实体图元，如果没有几何实体图元存在，可通过绘制几何图元的方法创建一目标点。此外也可以像上面一样通过输入绝对坐标定位表格。

### 11.7.4 编辑尺寸标注

由系统自动显示的尺寸有时会显得很混乱，如各个尺寸互相叠加、尺寸间隙不合理、尺寸分布不合理或出现重复尺寸等。此时便需要对尺寸位置进行所需调整。此外还可以单独编辑每个尺寸的尺寸箭头、尺寸界限和公称值等参数。

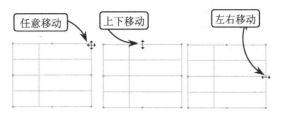

图 11-96 自由移动表格

#### 1．调整尺寸位置

调整尺寸位置主要通过移动和对齐尺寸这两种方法对尺寸的位置进行调整。其中移动尺寸可任意对尺寸进行移动；对齐尺寸针对多个尺寸进行对齐操作。此外创建捕捉线可以为移动尺寸提供对齐参照。

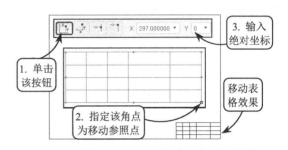

图 11-97 精确移动表格

❑ 移动尺寸

通过显示模型注释得到的模型尺寸往往比较乱，甚至相互重叠不利于观察。此时就需要移动尺寸至合适位置。

选取要移动的尺寸，该尺寸上将出现 4 种尺寸控制点。这些控制点分别控制尺寸线与实体之间的距离、尺寸线的位置、尺寸线的倾斜，以及尺寸文字的位置等，效果如图 11-98 所示。

❑ 对齐尺寸

对齐尺寸属于移动尺寸的一种特殊形式，其作用是将多个尺寸在水平或垂直方向上，以所指定的第一个尺寸为参照进行对齐。

按住 Ctrl 键在视图上选取要对齐的多个尺寸。然后在【排列】选项板中单击【对齐尺寸】按钮，则所选尺寸将以第一个尺寸为参照对齐，效果如图 11-99 所示。

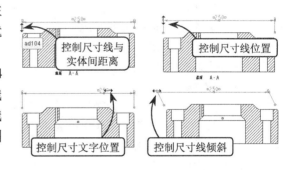

图 11-98 尺寸移动的各个控制点

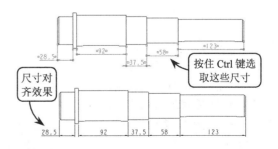

❑ 创建捕捉线

捕捉线主要用于将详细项目，如尺寸、

图 11-99 对齐尺寸

注释、几何公差、符号和表面光洁度符号等进行精确定位。捕捉线在绘图中呈灰色线显示，打印出图时将不打印捕捉线。

创建捕捉线首先指定视图轮廓线、模型的边或基准平面来定位。然后定义捕捉线的数量，以及各条捕捉线间的偏距距离。图 11-100 所示为单击【捕捉线】按钮，在打开的菜单中选择【偏移视图】选项，并选取视图的顶部边界为偏移参照。然后依次指定第一条捕捉线距边界的距离、捕捉线的数量，以及各条捕捉线间的偏距距离即可。

选取创建的捕捉线，拖动捕捉线两端的控制点，可编辑其长度。双击捕捉线在打开的提示栏中可输入新的间距值。捕捉线的主要用途即为尺寸或一些注释对齐参照，用鼠标拖动尺寸与捕捉线对齐即可，效果如图 11-101 所示。

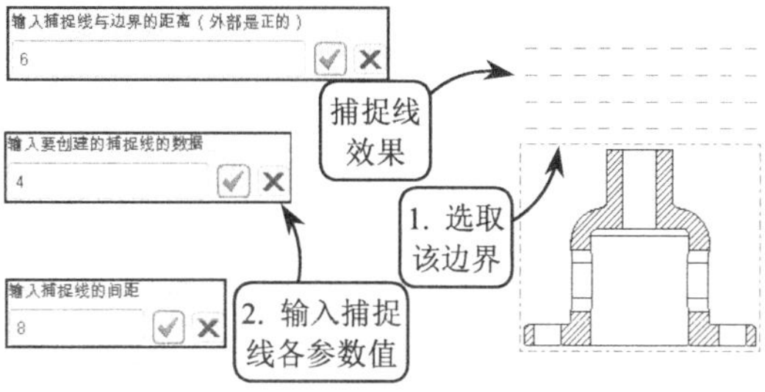

> **提示**
> 选择【工具】|【环境】选项，即可在打开的对话框中打开/关闭捕捉线的显示。当关闭捕捉线的显示后，仍然能对目标进行捕捉。此外当视图删除后，依附于该视图的捕捉线也将被删除。

### 2．编辑尺寸

不仅可以调整尺寸的整体位置和放置形式，还可以单独编辑每个尺寸的尺寸箭头、尺寸界限和公称值等参数。

选取要编辑的尺寸，并单击右键，将打开如图 11-102 所示的快捷菜单。该菜单中各选项的含义介绍如下。

❑ **拭除**
拭除所选尺寸（包括尺寸文本和尺寸界线），拭除的尺寸将不在工程图中显示。

❑ **修剪尺寸界线**
选取要修剪的尺寸界线，并单击中键确认。然后移动尺寸界线至合适的位置，即可完成尺寸界线的修剪，效果如图 11-103 所示。该操作与手动移动尺寸线与实体间距离的控制点操作类似。

❑ **将项目移动到视图**
将尺寸从一个视图移动到另一个视图。其中只有通过模型注释显示的尺寸才能移动，手动标注的尺寸不能使用该功能。

选择要移动的尺寸标注后，选择该选项。然后选取目标视图，即可将该尺寸移动至目标

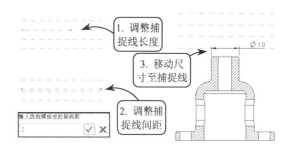

图 11-100　创建捕捉线

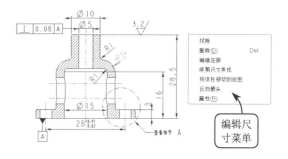

图 11-101　编辑捕捉线

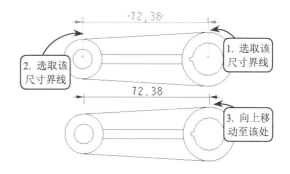

图 11-102　右键快捷菜单

图 11-103　修剪尺寸界线

视图上，效果如图11-104所示。

❑ **修改公称值**

用于修改工程图中的公称尺寸。该功能只针对系统给定的尺寸。当修改尺寸后三维模型也将发生相应的变化。

选择需要修改的尺寸后单击右键，在打开的快捷菜单中选择【修改公称值】选项。然后在文本框中输入新的公称尺寸，按回车键确认。接着单击【再生】按钮，模型将进行更新，效果如图11-105所示。

❑ **编辑连接**

用于修改尺寸的依附方式。该功能不仅适用于系统自动标注的尺寸，还适用于手动标注的尺寸。图11-106所示为将原来的两个均为求交的依附类型，修改为中心依附类型。

❑ **切换纵坐标/线性**

在线性尺寸和纵坐标尺寸之间进行转换。由线性尺寸转换为纵坐标尺寸时，需要选取纵坐标基线尺寸。如果尺寸线间的距离较密集，可通过插入拐角的方法，调整尺寸界线的分布，效果如图11-107所示。

❑ **反向箭头**

调整所选尺寸标注的箭头方向。选取要调整的尺寸标注后，选择该选项，即可切换所选尺寸的箭头方向，效果如图11-108所示。

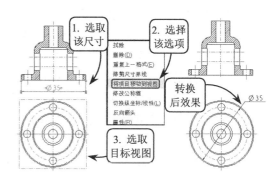

图 11-104 移动尺寸至另一视图

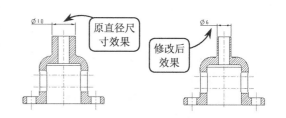

图 11-105 修改公称值效果

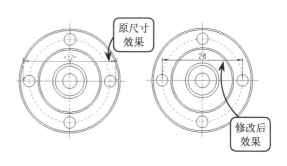

图 11-106 修改依附类型

### 11.7.5 创建几何公差

几何公差是用来指定在设计过程中产品零件的尺寸和形状与精确值之间允许的最大偏差。它提供了一种全面的方法来描述零件的重要表面和它们之间的关系，以及如何检测零件以决定是否接受。与尺寸公差不同的是几何公差不会对模型几何的再生产生任何影响。

**1. 几何公差基准**

无论在何种模式下添加几何公差，均需要首先指定基准，即几何公差的基准符号。

在【插入】面板中单击【绘制基准平面】按钮，在打开的菜单中选择【图元上】选项。然后在一基准面上连续单击两次，在打开的提示栏中输入基准名称，并单击中键即可创建几

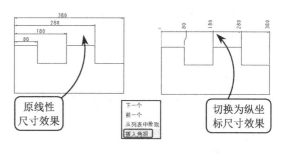

图 11-107 切换线性尺寸为纵坐标尺寸

何公差基准，效果如图11-109所示。

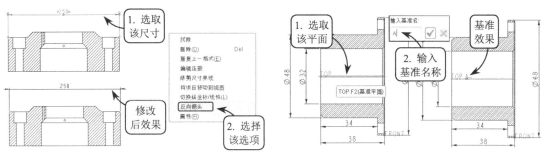

图11-108　修改箭头方向　　　　图11-109　指定基准的放置参照

双击上面创建的基准，在打开的【基准】对话框中可指定基准符号的样式，效果如图11-110所示。

如果要以轴为基准，可首先单击【轴显示】按钮，将视图中的轴线显示。然后选取一轴线，并单击右键在打开的快捷菜单中选择【属性】选项。接着便可在打开的【基准】对话框中指定基准的名称和样式，效果如图11-111所示。

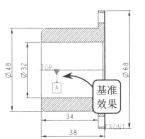  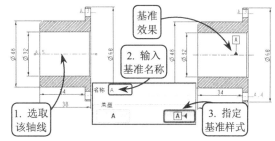

图11-110　修改基准样式　　　　图11-111　指定轴线为基准

### 2．创建几何公差

几何公差就是机械制图中的形位公差，即形状和位置公差。在添加模型的标注时，为满足使用要求，必须正确合理地规定模型几何要素的形状和位置公差，而且必须限制实际要素的形状和位置误差。

单击【几何公差】按钮，在打开的【几何公差】对话框中指定几何公差类型，并在【模型】下拉列表中选择【绘图】选项。然后切换至【基准参照】选项卡指定基本参照，并切换至【公差值】选项卡，输入公差数值，效果如图11-112所示。

图11-112　指定几何公差类型

切换至【模型参照】选项卡，在【参照类型】下拉列表中选择【曲面】选项，指定视图右端面为参照曲面。然后在【放置类型】下拉列表中选择【带引线】选项，选取视图中的竖直图元为放置参照，并选择【依附类型】菜单中的【完成】选项，在合适位置单击确定几何公差的放置位置，效果如图 11-113 所示。

在【几何公差】对话框中左侧的两列符号为几何公差的类型。各类型与所参考的图元如表 11-2 所示。右侧各选项卡的含义介绍如下。

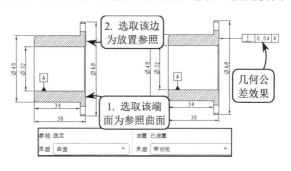

图 11-113　创建几何公差

表 11-2　几何公差的类型与参考图元

| 类型名称 | 符号 | 参考图元 |
| --- | --- | --- |
| 直线度 | — | 旋转曲面、轴、直边 |
| 平面度 | ▱ | 平面（非基准平面） |
| 圆度 | ○ | 圆柱、圆锥、球 |
| 圆柱度 | ⌭ | 圆柱面 |
| 线轮廓度 | ⌒ | 边 |
| 曲面轮廓度 | ⌓ | 曲面（非基准平面） |
| 倾斜度 | ∠ | 平面、曲面、轴 |
| 垂直度 | ⊥ | 平面 |
| 平行度 | ∥ | 圆柱、曲面、轴 |
| 位置度 | ⊕ | 任意 |
| 同轴度 | ◎ | 轴、旋转曲面 |
| 对称度 | ≡ | 任意 |
| 圆跳动 | ↗ | 圆锥、圆柱、球、平面 |
| 总跳动 | ⌰ | 圆锥、圆柱、球、平面 |

❑ **模型参照**

在该选项卡中可指定放置几何公差的参考模型、参照类型和几何公差的放置类型等多种属性。

❑ **参考模型**

添加几何公差时，需选择放置该几何公差的参考模型，否则将在绘图区创建一个非参数化的图形几何公差。如果当前工程图中只有一个参考模型，则系统将其作为默认的参考模型。如果绘图中存在多个参考模型或组件的工程图，则用户需要选取一参考模型，效果如图 11-114 所示。

此外也可以创建不基于任何参考模型的几何公差，而该几何公差只参考该绘图中的几何线条，效果如图 11-115 所示。

图 11-114　选择参考模型

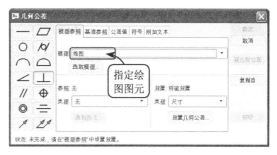

图 11-115　基于绘图的几何公差

❑ **参照类型**

参照类型的选择是根据添加的几何公差类型和模型基准而定的，在其下拉列表中包括轴、曲面、基准、图元和无 5 种。

图 11-116 所示为指定几何公差类型为【同轴度】，模型基准名称为 A。此时可以确定几何公差的参照类型为【轴】或【旋转曲面】，以满足与基准 A 同轴的要求。

❑ **放置类型**

指定几何公差的放置类型。根据几何公差类型的不同，应指定不同的放置类型。

在【放置类型】下拉列表中提供了多种类型：【尺寸】指几何公差与尺寸建立依附关系；【带引线】指采用导引方式放置公差；【切向/法向引线】指与所选曲面相切或法向方向放置公差；【其他几何公差】是指基于已有的几何公差创建新的几何公差，效果如图 11-117所示。

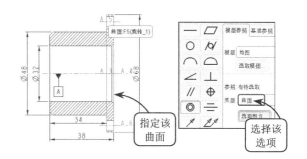

图 11-116　指定参照类型

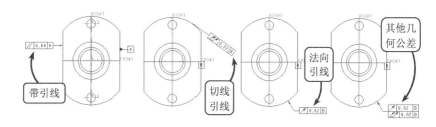

图 11-117　几何公差的各种放置类型

❑ **基准参照**

在添加几何公差时，至少要在该选项卡中指定一模型基准，还可根据需要指定复合基准和材料状态等，效果如图 11-118 所示。

❑ **公差值**

在该选项卡中可输入公差值，同时可指定材料状态。该选项卡下方的【每单位公差】处于灰色状态（未激活）。如果碰到合适的几何公差类型，如平行度等，该选项组将激活，即可设置单位长度内的公差值，效果如图 11-119 所示。

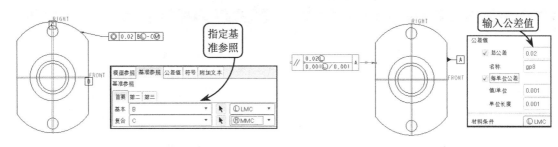

图 11-118　指定基准参照　　　　　图 11-119　设置公差值

## 11.8　工程图打印预览【NEW】

当一幅工程图添加完相应的视图，并标注完尺寸和添加好注释后，便可以将其打印出图，以便将图纸提供给生产制造人员，让其依照图纸进行产品的生产加工。

打开一幅完整的工程图，切换至【发布】选项卡。在该选项卡中单击右侧的【打印预览】按钮，即可查看图纸打印的预览效果。然后单击右键，在打开的快捷菜单中选择【退出预览】选项，即可退出预览状态，效果如图 11-120 所示。

在【发布】选项卡左侧提供了多种图纸输出格式，可以根据需要指定不同的图纸输出格式，如 DWG、DXF、PDF 或 JPEG 的图片格式等。这里主要介绍工程图 3 种格式的打印方法。

### 1．直接打印工程图

该方法的优点是打印快速。但其缺点是直接打印经常会出现随机错位的情况，并且有时打印的图纸会没有边框，或是整体偏移了。如果打印 A2 以上的大图，则问题就更多了。

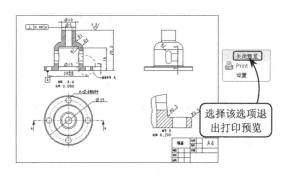

图 11-120　打印预览效果

选择【打印/出图】单选按钮，并单击【设置】按钮。然后在打开的【打印机配置】对话框中单击【命令和设置】按钮，即可在打开的下拉列表中选择打印机。接着切换至【页面】选项卡设置工程图对应的图框大小，并在【偏移】选项组中输入 XY 方向的偏移均为 6，这样图框刚好位于打印纸的中心，效果如图 11-121 所示。

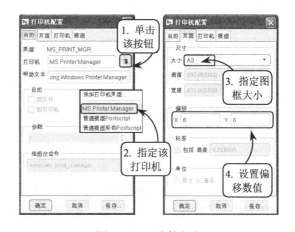

图 11-121　直接打印

## 提 示

如果偏移值设置为 0，则打印的图纸会向左上角偏移。另外完成打印设置后单击【保存】按钮，则以后打印同样大小的图纸就不需要再重新设置了，而打印大小不同的图纸则必须重新进行设置。

### 2．输出 AutoCAD 格式打印工程图

该方法是将 Pro/E 中的文件输出为 DWG 或 DXF 等 AutoCAD 格式的文件，转到 AutoCAD 中再进行打印。由于 AutoCAD 的打印系统相对 Pro/E 来说还比较完善，包含各种打印机或绘图仪的接口软件，因此打印一些总装图等大型图纸，还是建议转到 CAD 中。

选择 DWG 单选按钮，并单击【设置】按钮，将打开【DWG 的导出环境】对话框，效果如图 11-122 所示。在该对话框中可以对图纸输出为 AutoCAD 格式的文件进行详细设置。

如果只为了打印或者是图纸存档，可以在该对话框的【注释】选项组中选择【勾画全部字符】单选按钮。这样图纸标注和注释的字体到了 CAD 中全部都是非参数化的线段勾画，导出来的图纸就和在 Pro/E 中显示的是一样的，打印的时候还可以保留 Pro/E 的格式。

如果导入到 CAD 中还需要进行编辑或者是标注，就选择【作为文本】单选按钮，保留所有尺寸和标注的参数。但那些文字可能都会变成乱码，而且导过去的标注样式都默认了带正反公差。所以如果转化为 CAD 文件后，还要给工厂加工，最好在 CAD 中进行适当的编辑。

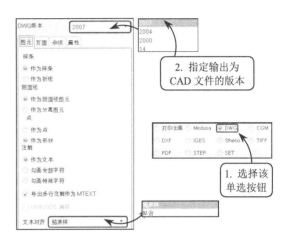

图 11-122 【DWG 的导出环境】对话框

### 3．输出 PDF 格式打印工程图

PDF 文档是一种非常通用的阅读格式，而且 PDF 文档的打印和普通的 Word 文档打印一样简单。因此正由于 PDF 格式比较通用而且是安全的，所以图纸的存档和外发加工一般都使用 PDF 格式。

选择 PDF 单选按钮，并单击【设置】按钮，进行该格式转换的一些相应设置。然后单击【输出 PDF 格式文件】按钮，指定文件输出的路径和名称，即可将工程图输出为 PDF 格式文件，效果如图 11-123 所示。接着便可以利用 Adobe Reader 软件打开输出的 PDF 格式文件进行打印。

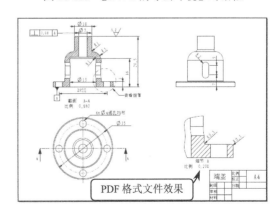

图 11-123 输出为 PDF 格式文件

## 11.9 典型案例 11-1：绘制轴工程图

本例绘制一轴的工程图，效果如图 11-124 所示。该工程图主要包括轴的主视图和俯视图，以及用于表达轴上两个键槽剖面形状的两个移出断面图。该工程图的主视图上主要标注键槽的外形尺寸，俯视图上主要标注整个轴的轴径尺寸。此外图纸右下角的标题栏详细说明了该图纸的名称与图幅大小。

创建该轴的工程图，首先以该轴的主视图为基本视图，投影创建出俯视图。然后利用【旋转】工具创建主视图上的两个键槽的移出断面图。接着利用【尺寸-新参照】工具为图形添加尺寸标注，并利用【对齐】工具将尺寸对齐。最后利用【表】工具创建图纸右下角的表格，并利用【注解】工具添加标题栏文字即可。

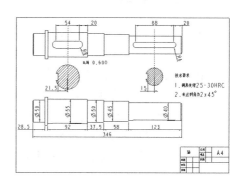

图 11-124　轴工程图效果

### 操作步骤

① 新建一名为"zhou.drw"的工程图文件，在打开的【新建绘图】对话框中选取光盘文件"zhou.prt"。然后设置模板为【空】，并选择图纸页面为横向的 A4 图纸，效果如图 11-125 所示。

② 在【模型视图】选项板中单击【创建一般视图】按钮，并在图中任意一点单击，则零件的三维图将显示在图纸上。然后在打开的【绘图视图】对话框中指定视图方向为 TOP 方向，单击【确定】按钮，即可添加主视图，效果如图 11-126 所示。

图 11-125　新建文件　　　　　　　　图 11-126　添加主视图

③ 选取刚添加的主视图，并单击【投影】按钮。然后沿着主视图竖直向下方向拖动，直至合适位置单击放置该投影视图，即可添加俯视图，效果如图 11-127 所示。

④ 选取主视图，并单击右键在打开的快捷菜单中选择【属性】选项。然后在打开的对话框中选择【比例】选项，并选择【定制比例】单选按钮。接着输入新的比例为 0.6，单击【确定】按钮，效果如图 11-128 所示。

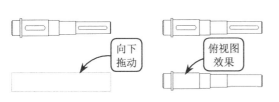
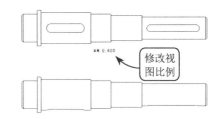

图 11-127　添加投影视图　　　　　　　图 11-128　修改视图比例

⑤ 选取主视图，并单击右键在打开的快捷菜单中选择【锁定视图移动】选项，解除视图的锁定状态。然后将视图移动至页面合适位置，效果如图 11-129 所示。

⑥ 单击【旋转】按钮，选取主视图为父视图，并单击一点确定旋转视图放置点。然后在打开的菜单中选择【平面】|【单一】|【完成】选项，并输入截面名称为 A。接着选取 RIGHT 平面为旋转剖面，创建旋转视图，效果如图 11-130 所示。

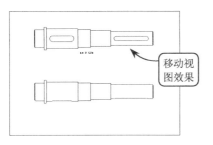
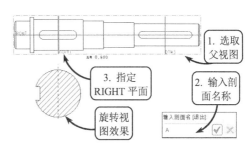

图 11-129　移动视图　　　　　　　　　图 11-130　创建旋转视图

⑦ 继续单击【旋转】按钮，选取主视图为父视图，并单击一点确定旋转视图放置点。然后输入截面名称为 B，并选取 DTM3 平面为旋转剖面，创建旋转视图，效果如图 11-131 所示。

⑧ 切换至【注释】选项卡，单击【尺寸-新参照】按钮，在打开的【依附类型】菜单中选择【求交】选项。然后按住 Ctrl 键选取两条边确定第一个交点。继续按住 Ctrl 键选取两条边确定第二个交点，并单击中键确定尺寸放置位置，效果如图 11-132 所示。

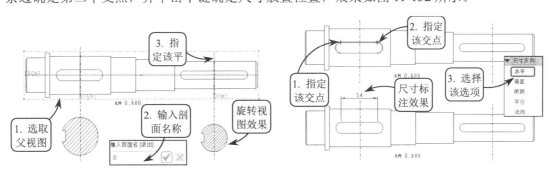

图 11-131　创建旋转视图　　　　　　　图 11-132　标注尺寸

⑨ 继续为主视图上的键槽标注定位尺寸和径向尺寸。然后在俯视图上标注轴的轴径尺寸，效果如图 11-133 所示。

⑩ 很显然尺寸比较混乱。接下来对这些尺寸进行整理。按住 Ctrl 键选取如图 11-134 所示的多个尺寸，并单击【对齐尺寸】按钮，此时系统自动将所选尺寸，以第一个尺寸为标准进行对齐。按照同样的方法将主视图尺寸对齐。

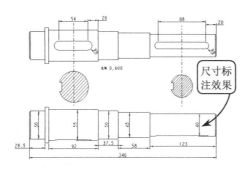

图 11-133  标注其他尺寸　　　　　　图 11-134  对齐尺寸

⑪ 单击【尺寸-新参照】按钮，在打开的【依附类型】菜单中选择【中心】选项。然后依次选取键槽竖直底边和轴径外弧，并单击中键确定尺寸放置位置，标注键槽的定位尺寸。接着按照同样的方法标注另一键槽的定位尺寸，效果如图 11-135 所示。

⑫ 框选所有尺寸，并单击右键，在打开的快捷菜单中选择【文本样式】选项。然后在打开【文本样式】对话框的【高度】文本框中输入尺寸文本高度为 5，单击【确定】按钮，即可修改尺寸文本高度，效果如图 11-136 所示。

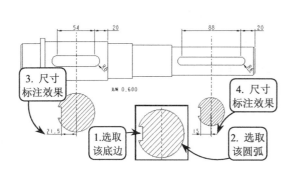 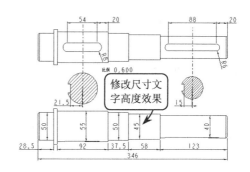

图 11-135  标注尺寸　　　　　　图 11-136  修改尺寸文本高度

⑬ 选取如图 11-137 所示的尺寸，右击选择【属性】选项，在打开的对话框中切换至【显示】选项卡，单击激活【前缀】文本框，并单击【文本符号】按钮。然后指定直径符号，为该尺寸添加直径前缀。按照同样方法为俯视图上其他轴径尺寸添加直径前缀。

⑭ 切换至【表】选项卡，并单击【表】按钮，在打开的菜单中选择【升序】|【左对齐】|【按字符数】选项。然后在任意位置处单击确定表格的起点。此时将出现如图 11-138 所示的数字控制符。

⑮ 依次在水平方向上向左单击 6 次，创建 6 列。其中第一列的列宽为 7 个字符，其他 5 列的列宽均为 2 个字符。然后单击中键，在竖直方向上连续单击 5 次，创建 5 行，每行行高均为 1 个字符，最终表格效果如图 11-139 所示。

⑯ 框选创建的表格，选择【编辑】|【移动特殊】选项，并在打开的面板中单击【绝对

坐标】按钮 。然后指定表格右下角点为移动参照点，并在面板中输入绝对坐标确定目标点，单击【确定】按钮，即可将表格移动至 A4 图框的右下角，效果如图 11-140 所示。

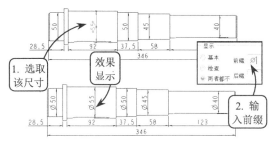

图 11-137 添加直径前缀

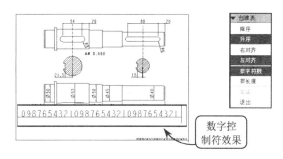

图 11-138 指定表格起始位置

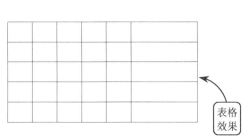

图 11-139 创建表格

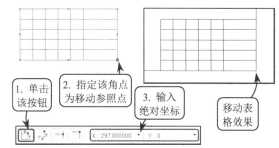

图 11-140 移动表格

⑰ 按住 Ctrl 键选取如图 11-141 所示的单元格，并单击【合并单元格】按钮 。系统自动将所选单元格合并。

⑱ 按照上面的方法对其他单元格进行合并。然后切换至【注释】选项卡，并单击【注解】按钮 。接着在打开的菜单中选择【无引线】|【输入】|【水平】|【标准】|【居中】|【进行注解】选项，在如图 11-142 所示的单元格中输入标题栏文字。

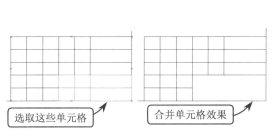

图 11-141 合并单元格

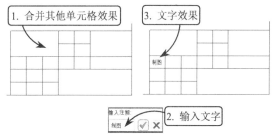

图 11-142 输入标题栏文字

⑲ 继续单击【注解】按钮 ，在其他单元格中输入标题栏文字。其中图纸名称和图幅处的文字高度均为 6，效果如图 11-143 所示。

⑳ 继续单击【注解】按钮 ，输入图纸的相关技术要求。其文字高度为 6，效果如图 11-144 所示。

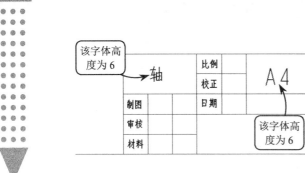

图 11-143 输入标题栏文字

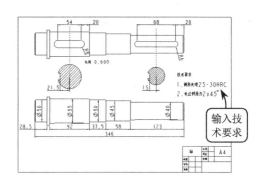

图 11-144 输入技术要求

## 11.10 典型案例 11-2：绘制端盖工程图

本例绘制一端盖的工程图，效果如图 11-145 所示。该工程图主要包括端盖主视图、俯视图和左视图，以及用于表达细微结构的详细视图。该工程图的主视图采用了全剖，用以表达端盖的内部结构；详细视图主要表达一些小圆角的形状。主视图为尺寸的主要表达区，并结合俯视图标注一些径向尺寸。左视图主要标注凹槽的形状尺寸。

创建该端盖的工程图，首先以该端盖的主视图为基本视图，投影创建出俯视图和左视图。然后对主视图进行全剖，并利用【详细】工具创建主视图上一些微小结构的详细视图。接着为图形添加尺寸标注、几何公差和尺寸公差，以及表面粗糙度等。最后利用【表】工具创建图纸右下角的表格，并利用【注解】工具添加标题栏文字即可。

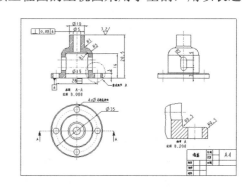

图 11-145 端盖工程图效果

**操作步骤**

① 新建一名为"duangai.drw"的工程图文件，在打开的【新建绘图】对话框中选取光盘文件"duangai.prt"。然后设置模板为【空】，并选择图纸页面为横向的 A4 图纸，效果如图 11-146 所示。

② 单击【创建一般视图】按钮，在任意一点单击，则零件三维图将显示在图纸上。然后在打开的【绘图视图】对话框中选择【比例】选项，并选择【定制比例】单选按钮。接着输入如图 11-147 所示新的比例为 0.08，单击【应用】按钮，应用该新的比例。

③ 在【绘图视图】对话框中选择【视图类型】选项，并选择【几何参照】单选按钮。然后指定 FRONT 平面为前参照，并指定 TOP 平面为顶参照，创建主视图，效果如图 11-148 所示。

④ 选取刚添加的主视图，并单击【投影】按钮。然后沿着主视图竖直向下方向拖动，直至合适位置单击放置该投影视图，即可添加俯视图，效果如图 11-149 所示。

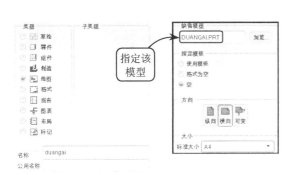

图 11-146 新建文件

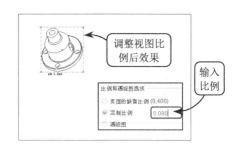

图 11-147 设置视图比例

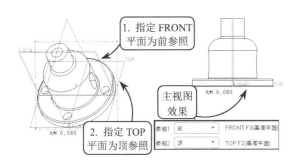

图 11-148 添加主视图

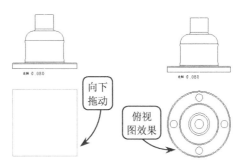

图 11-149 添加投影视图

⑤ 选取刚添加的主视图,并单击【投影】按钮。然后沿着主视图水平向右方向拖动,直至合适位置单击放置该投影视图,即可添加左视图,效果如图 11-150 所示。

⑥ 双击主视图,在打开的对话框中选择【截面】选项,并选择【2D 截面】单选按钮。接着单击【添加】按钮,在打开的菜单中选择【平面】|【单一】|【完成】选项,输入剖截面名称为 A,效果如图 11-151 所示。

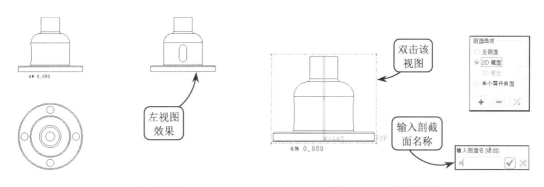

图 11-150 添加投影视图　　　　　图 11-151 创建剖截面

⑦ 选取俯视图上的 FRONT 平面为剖切平面,单击【确定】按钮,即可将主视图转换为全剖视图,效果如图 11-152 所示。

⑧ 双击全剖主视图中的剖面线,在打开的菜单中选择【间距】选项,并选择【一半】选项,将剖面线的间距减半,即可获得如图 11-153 所示的较密剖面线效果。

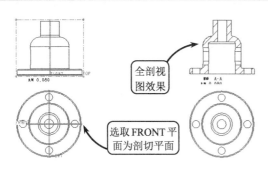

图 11-152　创建全剖视图　　　　　图 11-153　修改剖面线间距

⑨ 单击【详细】按钮,选取如图 11-154 所示圆角上一点为中心点,并在该中心点周围绘制一闭合的样条曲线,以确定放大的区域,按住中键并在合适位置单击以放置创建的详细视图。

⑩ 双击创建的详细视图,在打开的对话框中选择【比例】选项,并选择【定制比例】单选按钮,输入新的比例为 0.20,单击【确定】按钮,应用该新比例,效果如图 11-155 所示。

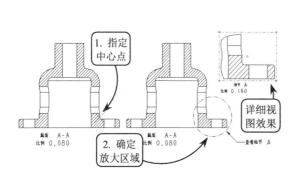
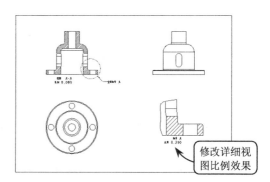

图 11-154　创建详细视图　　　　　图 11-155　修改视图比例

⑪ 选取全部的前视图,并单击右键,在打开的快捷菜单中选择【添加箭头】选项。然后选取俯视图,即可添加剖切箭头,效果如图 11-156 所示。

⑫ 切换至【注释】选项卡,并在【插入】选项板中单击【显示模型注释】按钮。然后在打开的对话框中单击【基准轴】按钮,将所有视图的轴线显示,效果如图 11-157 所示。

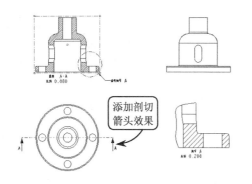
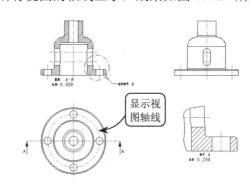

图 11-156　为前视图添加剖切箭头　　　图 11-157　显示视图轴线

⑬ 单击【尺寸-新参照】按钮，为所有视图分别标注尺寸，效果如图 11-158 所示。

⑭ 选取如图 11-159 所示的尺寸，右击选择【属性】选项，在打开的对话框中切换至【显示】选项卡，单击激活【前缀】文本框，并单击【文本符号】按钮。然后指定直径符号，为该尺寸添加直径前缀。按照同样方法为主视图上其他孔径尺寸添加直径前缀。

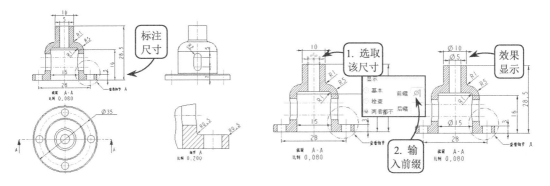

图 11-158　标注尺寸　　　　　　图 11-159　添加直径前缀

⑮ 单击【注解】按钮，在打开的菜单中选择【ISO 引线】|【输入】|【水平】|【标准】|【缺省】|【进行注解】选项。然后选取俯视图上的孔，并单击中键。此时结合【文本符号】面板，输入注解文本，效果如图 11-160 所示。

⑯ 在【插入】选项板中单击【绘制基准平面】按钮，在打开的【获得点】菜单中选择【图元上】选项。然后在如图 11-161 所示的主视图底边上连续单击两次，并在打开的信息栏中输入基准名称为 A，则基准名称将显示在该底边上。

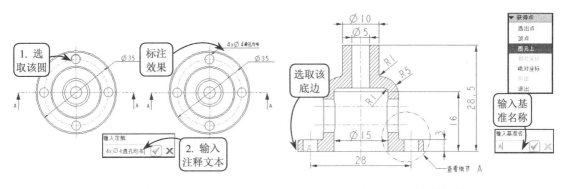

图 11-160　标注孔尺寸　　　　　　图 11-161　创建基准参照

⑰ 双击刚创建的基准参照，将打开【基准】对话框。然后在该对话框中选取如图 11-162 所示的样式，即可完成基准参照的修改。

⑱ 单击【几何公差】按钮，在打开的【几何公差】对话框中选择垂直度符号，并在【模型】下拉列表中选择【绘图】选项。然后切换至【基准参照】选项卡，并指定基本参照 A。接着切换至【公差值】选项卡，输入公差为 0.08，效果如图 11-163 所示。

⑲ 切换至【模型参照】选项卡，在放置类型下拉列表中选择【带引线】选项。然后选取如图 11-164 所示的尺寸边界线，单击中键确定几何公差的放置位置。

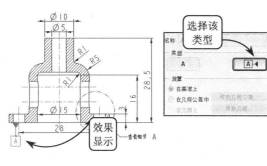
图 11-162 修改基准参照样式

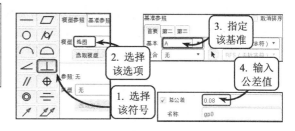
图 11-163 指定几何公差的类型

⑳ 选取如图 11-165 所示俯视图上的尺寸，并单击右键，在打开的快捷菜单中选择【属性】选项。然后在打开对话框的【公差】选项组中指定公差模式为【加-减】，单击【确定】按钮，即可为该尺寸添加公差。

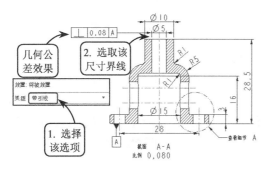

图 11-164 创建几何公差　　　　　　　图 11-165 添加尺寸公差

㉑ 单击【表面光洁度】按钮，在打开的菜单中选择【检索】选项。然后在打开的对话框中选择 machaned 文件中的 standard1.sym 选项，并在打开的菜单中选择【无引线】选项。接着选取如图 11-166 所示的尺寸线，即可在该处标注表面光洁度符号。

㉒ 利用【表】工具创建页面右下角的表格，即图纸的标题栏。然后利用【注解】工具输入标题栏文字，具体操作方法参照前面"轴工程图"，这里不再赘述。最终效果如图 11-167 所示。

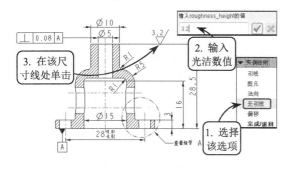
图 11-166 标注表面光洁度符号

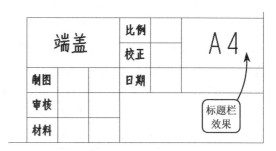
图 11-167 创建标题栏

## 11.11 上机练习

### 1. 绘制支座工程图

本练习绘制一支座的工程图，效果如图 11-168 所示。该工程图主要包括全剖的前视图、局部剖的俯视图、端盖的移出剖视图和支架连杆旋转视图。此外为了尽可能使图纸简略，并能够将支架端部表达清楚，这里对俯视图上的支架连杆进行了局部剖，并单独对支架端部添加了一局部剖的辅助视图。

绘制该支座的工程图，由于模型上各个剖截面已创建好，因此只需在创建各个视图时，选择相对应的剖截面即可。首先可以以该支座的俯视图为基本视图，投影创建出前视图，并将前视图进行全剖。然后创建俯视图上的局部剖视图和局部视图。为了表现端盖效果，可以利用【辅助】工具创建端盖的移出剖视图。接着利用【旋转】工具创建支架连杆的旋转剖视图。最后创建支架端部的辅助视图，并将其局部剖。

### 2. 绘制底座工程图

本练习绘制一底座工程图，效果如图 11-169 所示。该工程图主要包括前视图、俯视图和左视图、局部视图、局部剖视图和详细视图。为了清楚表达模型的结构，对前视图进行了全剖。而为了表达侧面的孔特征，添加了一辅助的局部视图，并在该局部视图上又对孔进行了局部剖。此外对模型中的细微结构，添加了必要的详细视图，进行放大观察。

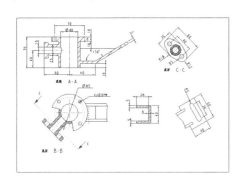

图 11-168　支座工程图效果

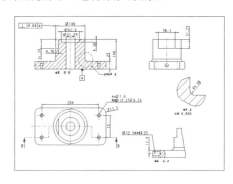

图 11-169　底座工程图效果

绘制该底座的工程图，首先可以以该底座的前视图为基本视图，投影创建出俯视图和左视图。然后将前视图全剖。为了表现底座侧面的孔效果，可以利用【辅助】工具创建底座的局部视图。接着在该局部视图上进行孔的局部剖。最后利用【详细】工具创建圆角处的详细放大图，并对视图标注尺寸和几何公差即可。

# 第 12 章

# 模具设计

在当今产品竞争和产品不断更新的社会中,要使产品不断降低成本,并具有价格优势,采用模具成型技术制造产品是非常重要的途径之一。特别是对于一些大批量生产的产品,通过设计其一套模具,不仅可以提高生产效率,保证每个产品的质量,而且由于模具成型替代了传统的切削加工工艺,因此更加节省材料,从而获得更高的经济效益。

本章就将模具设计的整个流程,如模具初始设置、模具分型设计、模具的浇注和冷却系统,以及模具仿真开模作详细的介绍。其中模具的分型设计是本章要学习的重点。

**本章学习目的:**
- ➢ 了解模具设计的流程
- ➢ 掌握模具分型面的设计方法
- ➢ 了解模具浇注和冷却系统的创建方法
- ➢ 掌握模具开模仿真的设置方法

## 12.1 模具设计的基本内容

模具设计是企业模具的参数化设计。Pro/E 的模具模块包括多种模具设计平台,如钣金模具、铸造模具和模具型腔等。在传统模具设计的基础上,充分应用参数化设计工具,提高模具设计的质量,缩短模具设计的周期。

#### 1. 模具设计的特点

Pro/E 中集成了模具设计所需的常用工具,不仅向设计者提供了创建、修改、分析模具部件和装配件的各种工具,还能够在修改模块特征时快速更新模具。在使用 Pro/E 进行模具设计之前,首先要了解以下相关的模具专业术语。

- ❏ 设计模型

  设计模型即零件,它是所有模具操作的基础,代表成型后的最终产品。通常设计模型既可以在零件环境下创建,也可以直接在模具环境中创建,效果如图 12-1 所示。

- ❏ 参考模型

  设计模型装入模具模型时,由系统自动创建零件。此时参考模型替代了设计模型,而不会影响设计模型。设计模型的修改可使相关模具元件进行相应更新,效果如图 12-2 所示。

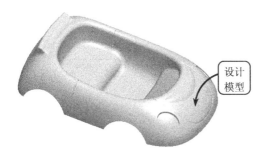 

图 12-1 设计模型　　　　　　　　　　图 12-2 参考模型

- ❏ 成型工件

  工件即毛坯,指模具元件几何体和铸件的全部体积,包围所有的模穴、浇口、流道和冒口。用户可以将工件看作模架中的一个很简单插入件,在创建模具型腔时将被分割成一个或多个组件,效果如图 12-3 所示。

- ❏ 铸件

  铸件是指铸造所产生的最终零件。设计者可以通过观察铸件,以便发现所生产的铸件是否和设计模型一致,效果如图 12-4 所示。

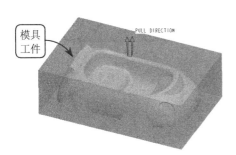 

图 12-3 成型工件效果　　　　　　　　图 12-4 铸件效果

### 2. 模具设计的流程

在进行模具设计之前,首先要清楚从制品到模具实际设计的整个过程。这主要是由于模具的设计对产品的制造成本影响很大,模具设计是否恰当与设计阶段的规划是否合理有密切关系。下面简单介绍一套模具的整个设计思路。

- ❏ 初始设置

  首先将参照模型调入到模具环境中,并设置该模型的坐标系和布局方式,然后设置产品的收缩率和创建成型工件，效果如图 12-5 所示。此外还可在参照模型上执行拔模检查和加厚检查，以确定它是否预留适当的拔模角度或产品的加厚、变薄设计是否适当。

❑ 分型设计

模具的分型方法有多种，如复制分型法、裙边分型法和阴影分型法等。针对参照模型的不同结构，可采用所需的分型方法。创建分型面后，便可以利用【分割体积块】工具将工件分割为单个或多个的模具体积块，并利用【创建模具元件】工具将这些体积块转换为模具元件，同时创建铸件，效果如图 12-6 所示。

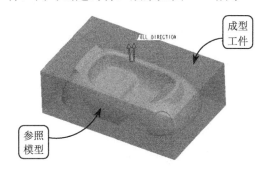
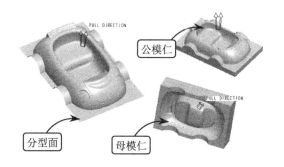

图 12-5　参照模型的初始设置　　　　　　　　图 12-6　分型设计

❑ 仿真开模

当通过模具初始设置和分型设计等创建好模具型腔后，为检验型腔的创建效果，便可以利用【模具开模】工具模拟模具型腔和型芯等元件仿真打开操作，同时可在检测模具体积块时进行必要的干涉和拔模检测，从而检查设计的准确性和适用性，效果如图 12-7 所示。

### 3. 模具操作环境

Pro/E 中主要有模具和铸造两个模块用于模具的设计和制造。其中模具模块主要用于塑料模块和压铸模具的设计；铸造模块主要用于浇注模具的设计。

单击【新建】按钮，在打开的【新建】对话框中分别选择【制造】和【模具型腔】单选按钮。然后输入模具名称，并指定模板即可进入注塑模环境，效果如图 12-8 所示。

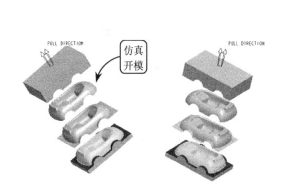

图 12-7　仿真开模　　　　　　　　图 12-8　模具操作环境

## 12.2 模具设计入门

模具设计的首要环节是模具的初始设置。模具的初始设置是指从产品调入模具环境到分型之前的设置过程,包括创建模具模型、插入参照模型、设置型腔布局、收缩率和创建成型工件等操作。

### 12.2.1 创建模具模型

创建模具模型是进行模具设计的前提,将参照零件复制到模具环境中,同时进行必要的初始设置,如设置型腔布局和调整模具坐标系等操作。此时系统将自动创建一个包含构成模具所必需的模具装配结构。

#### 1. 新建模具文件

启动 Pro/E 软件后,首先就要设置工作目录,否则将会在设计之后出现缺少文件的现象。选择【文件】|【设置工作目录】选项,在打开的对话框中指定目录路径,则创建的模具文件所对应的所有子文件将保存在该文件夹中。

接下来便是新建模具文件。单击【新建】按钮 ,在打开的【新建】对话框中选择对应的单选按钮、指定模板和输入文件名称。然后单击【确定】按钮,即可进入模具设计环境,效果如图 12-9 所示。

#### 2. 创建参照模型

模具设计的所有环节都是围绕参照模型进行的。参照模型是在设计模型装入模具模型后,由系统自动创建的零件。参考模型将替代设计模型,成为模具装配件的元件。

在【模具】工具栏中单击【模具型腔布局】按钮 ,在打开的【打开】对话框中指定参照模型文件。然后在打开的【创建参照模型】对话框中指定参照模型的类型,单击【确定】按钮即可,效果如图 12-10 所示。

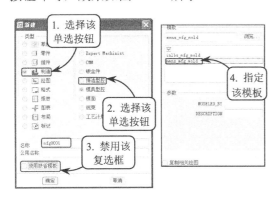

图 12-9 新建模具文件

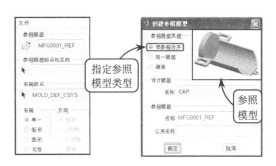

图 12-10 创建参照模型

【创建参照模型】对话框包括多个单选按钮。选择【按参照合并】单选按钮，则参考模型的基准平面将无法编辑；选择【同一模型】单选按钮，参考模型的基准平面将放入层中，并将其隐藏。

### 3．设置模具坐标系

在模具环境中指定模具布局起点和方向是指定模具开启方向、进行浇注和冷却等部件定位的关键。开模方向设置的正确与否，直接影响后续的模具设计外观和质量。

在【布局】对话框中的【参照模型起点与定向】选项区中，单击【设置参照模型起点】按钮，将打开【坐标系类型】菜单和【参照模型】预览窗口，效果如图12-11所示。

在【坐标系类型】菜单中选择【动态】选项，即可在打开的【参照模型方向】对话框中对模具的开模方向进行设置。图12-12所示为将参照模型的坐标系沿X轴旋转90°的效果。在【参照模型方向】对话框中坐标系移动或旋转的各选项含义介绍如下。

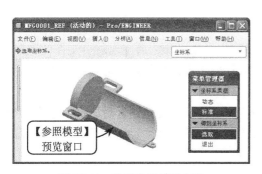
图12-11 设置参照模型方向

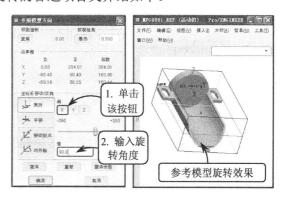
图12-12 将参照模型沿X轴方向旋转

- **旋转坐标系**

旋转坐标轴到指定位置。单击该按钮，并在右侧的【轴】选项组中单击任意一轴按钮，确定旋转的坐标轴。然后输入旋转角度，按回车键将坐标系旋转指定角度。

- **平移坐标系**

平移坐标轴到对应位置。单击该按钮，并在右侧的【轴】选项组中单击任意一个按钮，输入平移距离参数，按回车键即可将坐标系平移到指定位置。图12-13所示为将坐标系沿X轴平移80。

- **移动到点**

将坐标系移动到对应点位置处，单击该按钮，并单击【从模型选取点】按钮。然后选取一点，按回车键后坐标系将移动到对应点位置处，效果如图12-14所示。

- **对齐轴**

将指定的坐标轴与模具坐标系的对应轴相一致。单击该按钮，并在【轴】选项组中单击任意一个按钮。然后在绘图区选取指定的轴，按回车键即可将坐标系移动到指定位置处。

### 4．设置型腔布局

型腔布局指模具中型腔的个数及其排列方式，用于确定每个零件对应成型工件的定位方式。对于体积小且造型简单的产品，为了节省模具成本，在确认单一的拆模无误的情况下，便可采用一模多穴的型腔布局方法。

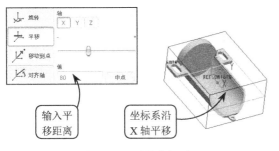

图 12-13 平移坐标系

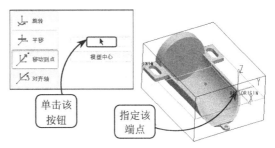

图 12-14 将坐标系移动到一点

❑ **矩形布局**

使用该布局方式，可将复制成型工件沿任意方向移动或旋转。该布局方式适用于每个型腔型芯都使用同种浇道、浇口、冷却管道和拐角倒圆的情况。

在【布局】对话框的【布局】选项组中，选择【矩形】单选按钮。在其右边的【定向】选项组中提供了【恒定】、【X 对称】和【Y 对称】3 种可用的定向方式。图 12-15 所示为选择【Y 对称】单选按钮，并设置 X 和 Y 轴增量值，单击【确定】按钮，即可获得矩形布局效果。

❑ **圆形布局**

使用该布局方式，模腔将围绕布局中心作圆周状均匀分布，同时模腔也会绕自身的工作坐标系作选择调整，使得模腔上的浇口位置到布局中心的距离相等。

选择【圆形】单选按钮，在右边的【定向】选项组中选择【径向】单选按钮，并设置型腔数目、半径值和增量角度，单击【确定】按钮，即可获得如图 12-16 所示的圆形布局效果。

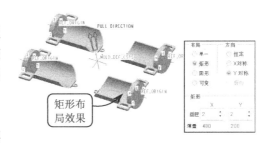

图 12-15 设置矩形布局

❑ **可变布局**

当以上两种布局方式无法满足型腔布局要求时，可自定义多模腔对应的各个型腔的旋转和移动参数。

选择【可变】单选按钮，并在下方打开的【可变】列表框中分别设置各个型腔不同的旋转角度数值，单击【确定】按钮，即可获得如图 12-17 所示的可变布局效果。

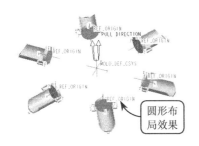

图 12-16 设置圆形布局

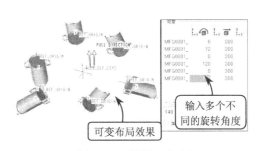

图 12-17 设置可变布局

### 12.2.2 设置收缩率

当塑料制品经成型而获得制品从热模具中取出来后，由于冷却和其他原因会引起制件体积收缩。此时在设计这些塑料产品的模具时，就要考虑其收缩率，用于补偿塑料产品模型冷却后的收缩变化。

#### 1．按尺寸收缩

该方法是指为所有模型尺寸设置一个系数，并为单个尺寸设置收缩系数。系统将把该收缩应用到设计模型中，进而应用到参照模型中。

单击【按尺寸收缩】按钮，在打开的【确认】菜单中选择【确认】选项，将打开【按尺寸收缩】对话框，效果如图12-18所示。

在该对话框的【公式】选项组中可以指定用于计算收缩的公式。然后在【收缩率】列表框的【比率】选项中输入收缩率的值，并单击【应用】按钮，即可将收缩应用到零件中。如果不希望将收缩应用到设计零件中，可以禁用【更改设计零件尺寸】复选框。该对话框中各按钮的含义介绍如下。

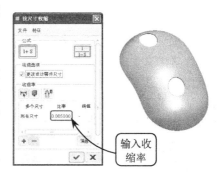

图12-18 【按尺寸收缩】对话框

- **将选定的尺寸插入表中** 可以选取要应用收缩的零件尺寸，所选尺寸将会作为表中的新行插入。同时在表中的【比率】列中为尺寸指定一个收缩率S，或在【终值】列中指定希望收缩尺寸所具有的值。
- **将选定特征的所有尺寸插入表中** 选取应用收缩的零件特征，所选特征的全部尺寸将会分别作为独立的行插入表中。在【比率】列中为尺寸指定一个收缩率S，或在【终值】列中，指定希望收缩尺寸所具有的值。
- **在尺寸值和名称间切换** 在显示尺寸的数值或符号名称间进行切换。

#### 2．按比例收缩

该方法是指相对于一个坐标系来按比例收缩零件几何，可以为每一个坐标指定不同的收缩因数。该收缩方式只有在【模具】或者【铸造】模式中进行设置，才会影响参照模型。

单击【按比例收缩】按钮，在打开的对话框的【公式】选项组中指定要用于计算收缩的公式，并单击【选取坐标系】按钮，指定模具的坐标系为参照坐标系。然后在【收缩率】文本框中输入收缩率的值，并单击【应用】按钮，即可将按比例收缩应用到零件中。此时系统会重新计算零件几何，输入负值将收缩零件，输入正值将展开零件，效果如图12-19所示。

在【类型】选项组中各选项的含义介绍如下。

- **各向同向** 启用该复选框可对X、Y和Z方向均设置相同的收缩率。相反，禁用该复选框可对X、Y和Z方向指定不同的收缩率。
- **前参照** 启用该复选框进行收缩，不会创建新几何，但会更改现有几何，从而使全部现有参照继续保持为模型的一部分。而禁用该复选框，系统会为要在其上应用收缩的零件创建新几何。

### 12.2.3 创建成型工件

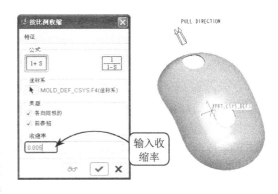

图 12-19 【按比例收缩】对话框

工件是模具元件几何体和铸件几何体的总和，即通常所说的毛坯。成型工件的大小决定了型腔和型芯的大小。此外成型工件能够直接参与熔融材料成型，通过后续的分型工具加以分割后，即可获得模具的型芯和型腔。可以使用以下两种方法创建成型工件。

**1. 自动创建工件**

自动创建工件可根据参照模型的大小和位置自动创建工件。其中自动创建的工件样式有 3 种：矩形工件、圆柱形工件和定制工件。

单击【自动工件】按钮，在打开的【自动工件】对话框中的【模具原点】选项区中，单击【选取组件级坐标系】按钮，选取坐标系并设置偏移值，效果如图 12-20 所示。

在【自动工件】对话框的【偏移】选项组中，所设置参照模型的 X、Y、Z 偏移坐标值将决定工件位置。其中只有 Z 坐标具有正负值。此外用户也可以在该对话框的【平移工件】选项组中拖动滚轮，以相对于模具组件坐标系移动工件坐标系。图 12-21 所示为分别拖动滚轮进行 X 方向或者 Y 方向的平移。

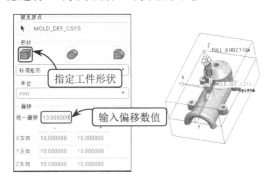

图 12-20 选取坐标系设置偏移值

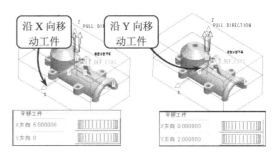

图 12-21 平移工件

> **提示**
> 矩形工件使用其边界框的中心作为中心；圆柱形工件使用所选的坐标系作为中心。而工件的方向由模具模型或模具组件坐标系（模具原点）决定。

**2. 手动创建工件**

手动创建工件是指自定义成型工件的各个参数所创建的工件。要注意的是所创建的工件要将参考模型完全包含在内。

在【模具】菜单中选择【模具模型】|【创建】|【工件】|【手动】选项，并在打开的对话框中输入工件的名称，单击【确定】按钮。然后在打开的【创建选项】对话框中指定创建方法。图 12-22 所示为通过定位基准的方法创建。

接下来在绘图区选取模具坐标系，并在打开的【实体】菜单中选择【实体】|【伸出项】|【完成】选项。然后在打开的【实体选项】菜单中选择【拉伸】|【实体】|【完成】选项，将打开【拉伸】操控面板。此时便可以按照在零件建模环境下创建拉伸实体的方法创建成型工件，效果如图 12-23 所示。

 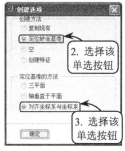 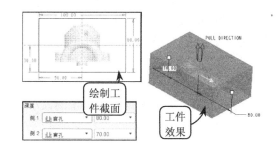

图 12-22　创建工件　　　　　　　　　　图 12-23　手动创建工件效果

> 提　示
>
> 通常在创建参照模型的工件时选择自动方法创建工件，这样可以减少中间过程的选项设置。而手动创建工件主要用于创建造型复杂的工件。

## 12.3　浇注与冷却系统

浇注系统是指模具中由注塑机喷嘴到型腔之间的进料通道，主要由主流道、分流道、浇口和冷料穴等结构组成，其作用是输送流体和传递压力。而冷却系统是指在模具模腔以外的工件之内创建水线，以冷却熔融材料。

### 12.3.1　创建浇注系统

浇注系统具有传质、传压和传热等功能，其设计合理与否将直接影响模具整体机构和工艺操作的难易程度。在设计浇注系统时，要求充模过程快而有序、压力损失小、热量散失少、浇注系统凝料与制品分离容易。

**1．创建流道**

流道是用于分布熔融材料以填充模具的组件级特征。流道的截面必须是恒定不变的，且流道有主流道和分流道之分，系统提供的流道截面形状主要有倒圆角、半倒圆角、六角形、梯形和倒圆角梯形 5 种。

❑ **创建主流道**

主流道是指从注射机喷嘴出口到分流道入口的一段流道。它是塑料熔体首先经过的通道，并且与注塑机喷嘴处于同一条轴线上。其形状与尺寸对塑料熔体的流动速度和充模时间有较大影响。因此必须尽量减少熔体的温度降低和压力损耗。

在【模具】菜单中选择【特征】|【型腔组件】选项，并在打开的【特征操作】菜单中选择【实体】|【切减材料】选项。然后即可在打开的【实体选项】菜单中选择对应的选项创建去除材料特征。图 12-24 所示为绘制草图截面创建旋转剪切特征。

在【模具】菜单中选择【特征】|【型腔组件】|【模具】|【流道】选项。然后在打开的【形状】菜单中选择【倒圆角】选项，并输入流道直径。接着在打开的【流道】菜单中选择【草绘轨迹】选项，并指定草绘平面，利用【直线】工具绘制流道轮廓线。最后在打开的【相交元件】对话框中启用【自动更新】复选框，即可获得如图 12-25 所示的直流道效果。

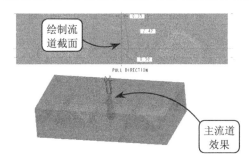

图 12-24 创建主流道

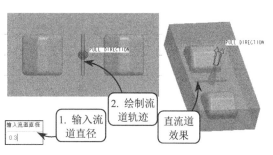

图 12-25 创建直流道

❑ **创建分流道**

分流道是指从主流道末端至浇口的整个通道，其作用是使熔体过渡和转向。设置分流道可以改变熔体的流向，使其以平稳的流态均衡地分配到各个型腔。设计分流道时，应使熔体较快地充满整个型腔，以便使流动阻力变小，并且使流动中温度尽可能降低。

在【模具】菜单中选择【特征】|【型腔组件】|【模具】|【流道】选项。然后在打开的【形状】菜单中选择【倒圆角】选项，并输入流道直径数值。接着在打开的【流道】菜单中选择【草绘轨迹】选项，并指定草绘平面绘制分流道轮廓线，效果如图 12-26 所示。

退出草绘环境后，在打开的【相交元件】对话框中启用【自动更新】复选框，并在【流道】对话框中单击【确定】按钮，即可获得如图 12-27 所示的分流道效果。

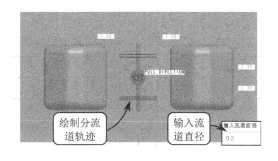

图 12-26 绘制分流道轮廓线

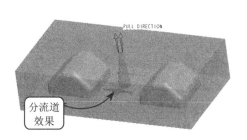

图 12-27 创建分流道

## 2. 创建浇口

浇口又称为进料口，是连接分流道与型腔的通道，也可以说是塑料熔体进入型腔的阀门。因而在指定浇口位置时，尽可能将其设置在制品不重要的位置处。浇口的类型、尺寸、位置和数量对塑件性能和质量都具有很大的影响。

在【模具】菜单中选择【特征】|【型腔组件】|【实体】|【切剪材料】选项。然后在打开的【实体选项】菜单中选择【拉伸】|【实体】|【完成】选项，将打开【拉伸】操控面板。接着指定草绘平面，利用【圆】工具绘制两个圆作为浇口截面，效果如图 12-28 所示。

接下来设置分别拉伸至左右零件的两个端面，并单击【拉伸】操控面板中的【应用】按钮。然后选择【实体选项】菜单中的【完成/返回】选项，即可创建浇口特征，效果如图 12-29 所示。

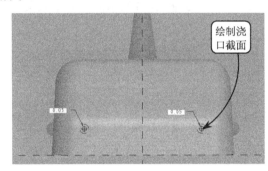
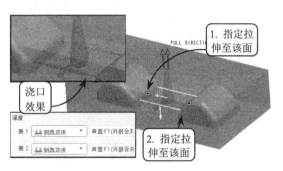

图 12-28　绘制浇口截面　　　　　　图 12-29　创建浇口

### 12.3.2　创建冷却系统

在模具设计时模具的温度直接影响塑件的填充和注塑制品的质量。设置良好的冷却水路，以保持模具温度在一定范围之内，是缩短成型周期、提高生产效率的最有效方法。如果不能实现均一的快速冷却，塑件内部将产生应力，导致产品变形或开裂。

#### 1. 创建直等高线

直等高线是指等高线末端无特殊处理的等高线。创建该类型等高线的关键是绘制等高线轮廓。

选择【插入】|【等高线】选项，将打开【等高线】对话框，并输入等高线圆环直径。然后指定草绘平面进入草绘环境，利用【直线】工具绘制等高线轮廓，效果如图 12-30 所示。

接下来退出草绘环境，在打开的【相交元件】对话框中启用【自动更新】复选框，并在【等高线】对话框中单击【确定】按钮，即可获得如图 12-31 所示的冷却等高线效果。

#### 2. 创建沉孔等高线

沉孔等高线是指模架与模具型腔冷却系统接触的位置，在这些接触的位置必须将等高线加工为沉孔特征，有利于等高线的疏通。

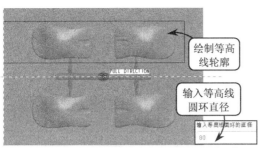

图 12-30　创建等高线

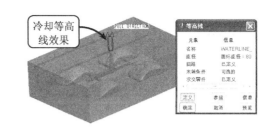

图 12-31　冷却等高线效果

在【等高线】对话框中选择【末端条件】选项，并单击【定义】按钮。然后在打开的【尺寸界线末端】菜单中选择【选取末端】选项，按住 Ctrl 键选取等高线两个末端，效果如图 12-32 所示。

单击【选取】对话框中的【确定】按钮，将打开【规定端部】菜单。然后选择【通过 w/沉孔】|【完成/返回】选项，设置两个末端的沉孔直径和深度均为 160 和 80。接着单击【确定】按钮即可在等高线末端添加沉孔，效果如图 12-33 所示。

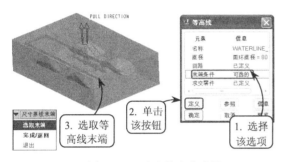

图 12-32　选取等高线末端

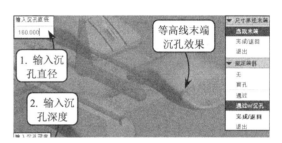

图 12-33　在等高线末端添加沉孔

### 3．创建盲孔等高线

在设置冷却系统的过程中，为了更好地实现冷却效果，通常在草绘的等高线相交处增加盲孔等高线。

创建盲孔等高线，可选取相交等高线的交点，并单击【选取】对话框中的【确定】按钮。然后在打开的【规定端部】菜单中选择【盲孔】|【完成/返回】选项，并输入多余钻孔的扩展孔数值，在【等高线】对话框中单击【确认】按钮即可，效果如图 12-34 所示。

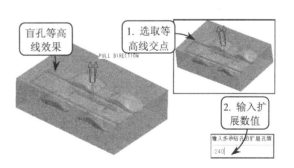

图 12-34　设置盲孔等高线

## 12.4　创建模具型腔

模具的初始设置、创建浇注和冷却系统均是创建模具型腔的辅助操作。除此之外还需要创建分型面作为分割工件的刀具，以将工件分割成多个模具体积块。然后通过这些体积块创建模具元件，并进行模拟开模仿真。

## 12.4.1　创建分型面

分型面是一组由分型线向模坯四周按照一定方式扫描、延伸和扩展而形成的一组连续封闭曲面，可以用来分割工件或者已存在的体积块。分型面的选择受塑件形状、壁厚、成型方法和后处理工序等的影响。

### 1．分型面的设计原则

以塑料注塑模为例，选择分型面的原则是：塑件脱出方便、模具结构简单、型腔排气顺利、确保塑件质量、无损塑件外观和设备利用合理。

❑ **塑件脱模顺利**

这是首要原则。设计分型面的目的就是为了能够顺利地从型腔中脱出制品。因此分型面应首选在塑料制品最大的轮廓线上，并最好在一平面上，而且该平面与开模方向垂直。

❑ **不影响塑件的外观质量**

在塑件脱模后，分型面的位置均会留有一圈毛边，称为飞边。即使将这些毛边割除，也会在塑件上留下痕迹，影响塑件外观。故应避免在塑件光滑表面上设计分型面。

❑ **保证型腔浇注、溢流、排气顺利**

分型面应有利于浇注系统、溢流系统和排气系统的布置。特别是型腔气体的排除，除了利用顶出元件的配合间隙外，主要靠分型面，排气槽也都设在分型面上。因此分型面应该选择在熔体流动的末端。

### 2．创建分型面的方法

创建分型面的方法可以分为两大类：一是采用曲面构造工具设计分型面，如复制参考零件上的曲面、草绘剖面进行拉伸或旋转，以及采用其他高级曲面工具创建分型面；二是采用光投影技术创建分型面，如阴影分型面和裙边分型面等。

❑ **复制分型法**

该方法是以参照模型为基础，直接复制参照模型上的曲面来创建分型面。其操作过程一般均是先利用【复制】工具复制模型曲面，然后利用【延伸】工具将其外边界延伸到工件边界，即可创建分型面。

单击【分型曲面】按钮，进入分型面操作界面。然后按住 Ctrl 键依次选取零件的对应表面，并单击【复制】按钮。然后单击【粘贴】按钮，即可将模型上的曲面复制为新的曲面，效果如图 12-35 所示。

复制曲面后，选取所复制的曲面，并选择【编辑】|【延伸】选项。然后选取一条边界，并在【延伸】操控面板中单击【将曲面延伸至平面】按钮，选取工件的端面为延伸目标面。接着将其他边线延伸到相应的侧面，将工件遮蔽，观察创建的分型面，效果如图 12-36 所示。

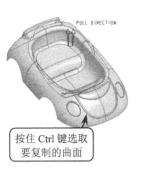

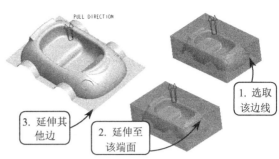

图 12-35　复制曲面　　　　　　　　图 12-36　创建延伸曲面

❑　**裙边分型法**

裙边曲面是沿着参考模型的侧面影像曲线所创建的裙边曲面片，是一种填补破孔曲面。该曲面不包含参考模型的曲面。

❑　**创建侧面影像曲线**

侧面影像曲线是模具分型时的分模线，是在视觉方向上参考模型的轮廓曲线。该曲线通常包括数个封闭的内环和外环。其中内环用于封闭分型面上的孔；外环用于延伸曲面边界到工件的边界。

单击【侧面影像曲线】按钮，在打开的对话框中选择【方向】选项，并单击【定义】按钮。然后在打开的【选取方向】菜单中选择【平面】选项，指定如图 12-37 所示的平面，设置方向为向上。接着单击【预览】按钮，并将工件和模型遮蔽，查看创建的分型线，可发现其并不完整。

在【侧面影像曲线】对话框中选择【环选取】选项，并单击【定义】按钮。然后在打开的【环选取】对话框中切换至【链】选项卡，分别将模型中自动分型线断口的位置通过选择【上部】和【下部】选项，将其连接起来，单击【确定】按钮，即可创建完整的分型线，效果如图 12-38 所示。

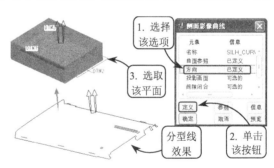

图 12-37　创建侧面影像曲线

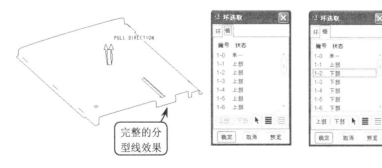

图 12-38　修正分型线

提　示

　　裙边分型面使用由侧面影响曲线特征创建的基准曲线作为先决条件。必须在之前创建侧面影响曲线，并且整个曲线都位于参照模型上。该曲线必须由几个封闭环组成（包括内环）。如果某些侧面影响曲线段不产生所需的分型面几何或引起分型面延伸重叠，可将其排除并手工创建投影曲线。

❑ **创建裙边曲面**

裙边曲面是指沿着分型曲线，自动创建从参照模型延伸到工件的分型面，并且自动填充任何内部环。

创建侧面影像曲线后，单击【分型曲面】按钮，进入分型面操作界面。然后单击【裙边曲面】按钮，将打开【裙边曲面】对话框。然后全选之前创建的侧面影像曲线，并选择【链】菜单中的【完成】选项，效果如图 12-39 所示。

在【裙边曲面】对话框中选择【延伸】选项，并单击【定义】按钮。然后在打开的【延伸控制】对话框中切换至【延伸方向】选项卡，并单击下方的【添加】按钮，按住 Ctrl 键选取延伸方向箭头不对的点。接着选取如图 12-40 所示的平面，调整这些箭头的方向为垂直于该平面向外。

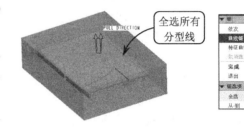

图 12-39　指定分型曲线

接下来继续调整其他点的延伸方向，并单击【确定】按钮，即可创建裙边曲面，效果如图 12-41 所示。最后利用【延伸】工具将裙边曲面分别延伸到对应的工件表面，即可创建分型面。

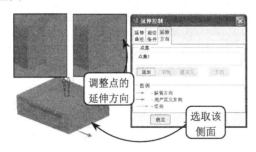

图 12-40　调整点的延伸方向

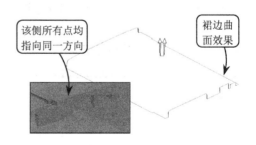

图 12-41　创建裙边分型曲面

提　示

　　使用裙边曲面创建分型面，必须将之前遮蔽、隐藏或隐含的成型工件显示。否则进入分型操作界面后，【裙边曲面】工具将无法激活。

❑ **阴影分型法**

阴影曲面又称为着色曲面，其原理是当一个光源（其方向与开模方向相反）照射在参考模型上时，系统复制参考模型上受到光源照射到的曲面部分而创建一个阴影曲面主体，并将曲面上的孔填补。然后自动将其外部边界延伸到所要分割工件的表面，创建一个覆盖型的阴影分型面。

首先确认成型工件和模型均处于显示状态，单击【分型曲面】按钮，进入分型面操作界面。然后选择【特征】|【型腔组件】|【完成】选项，在打开的【特征操作】菜单中选择【曲面】|【着色】|【完成】选项，将打开【阴影曲面】对话框，效果如图12-42所示。

在【阴影曲面】对话框中选择【方向】选项，并单击【定义】按钮。然后选取工件底面为投影目标面，投影方向向下。接着单击【确定】按钮，即可获得投影至该平面的分型面，效果如图12-43所示。

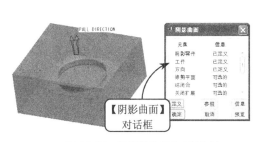

图12-42 【阴影曲面】对话框

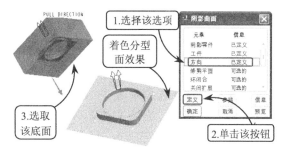

图12-43 创建着色分型面

## 12.4.2 分割模具体积块

分割模具体积块，即是以分型面为分割刀具，将工件分割为多个模具体积块。当指定一分型面用于分割时，系统会计算材料总体积，并将所有用于创建浇注和冷却系统的材料体积块从总体中裁剪出去。然后以分型面为分割面将工件分割为位于分型面两侧的不同体积块。

单击【体积块分割】按钮，打开【分割体积块】菜单。在该菜单中可以选择将工件或者现有模具体积块分割为一个体积块或者两个体积块，效果如图12-44所示。

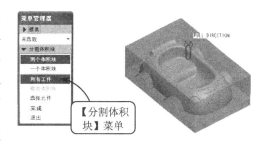

图12-44 【分割体积块】菜单

### 1．分割为一个体积块

当只需创建一个模具体积块时，可以在菜单中选择【一个体积块】选项，并指定分型面进行分割操作。由于分割操作实际上至少创建两个不同的体积块，因此选择该选项进行分割操作时，系统将打开【岛列表】菜单，可以用于选取和取消选取体积块岛。

当在岛选项上拖动光标时，模具上相应的体积块将被加亮显示。图12-45所示为选取的岛包含在第一个体积块内；取消选取的岛在第二个体积块内。

### 2．分割为两个体积块

当需要创建两个独立的体积块时，即可选择【两个体积块】选项。指定分型面进行分割操作后，系统将创建两个模具体积块，效果如图 12-46 所示。

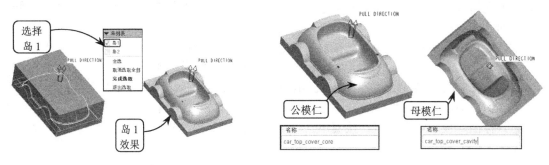

图 12-45 选择的岛　　　　　　　　　　图 12-46 分割出的两个体积块

在【分割体积块】菜单中其他 3 个选项的含义介绍如下。
- **所有工件**　选择该选项，模具中的所有工件都将被分割。
- **选择元件**　选择该选项，可以选择将被分割的工件。
- **模具体积块**　选择该选项，可以将现有的模具体积块分割成较小体积块。

### 12.4.3 创建模具元件

当分割体积块后，毛坯工件虽然被分割为凸、凹模（或其他），但仍然是只有体积没有质量的三维曲面模型，而不是实体零件。因此必须将这些体积块提取使之成为实体模型，这样才能使用实体材料将抽取后的空腔全部填充，从而获得产品模具型腔。

使用分割工具创建出模具体积块后，就可以从工件中抽取它们，以创建模具元件。单击【模具元件】按钮，在打开的【模具元件】菜单中选择【抽取】选项，将打开【创建模具元件】对话框，效果如图 12-47 所示。

当前的模具体积块列于该对话框的顶部，可以单个选取也可以选取全部体积块。如果选取全部体积块，可单击该对话框下方的【选取全部体积块】按钮，则全部体积块将显示在【高级】下拉列表框中。此时单击【确定】按钮，即可完成抽取操作，并且在模型树中显示所抽取的体积块特征，效果如图 12-48 所示。

 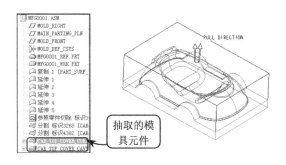

图 12-47 【创建模具元件】对话框　　　　图 12-48 创建模具元件

**提　示**

抽取模具体积块之前，必须将工件、零件和分型面遮蔽，再进行抽取操作。抽取后创建的模具元件只存储在进程中的内存中，直到模具文件被保存到磁盘时，才会随模具文件保存在一起。

## 12.4.4　模具开模分析

为检验模具型腔、型芯、滑块和斜销等模具体积块的设计效果，以及浇注冷却系统的效果，可分别执行创建铸件和开模检测操作。其中如果模具中已包含浇注系统，则创建的铸件中包含浇注特征。而开模检测是将模具元件沿一定参照方向移动。

### 1．创建铸件

铸件是指模拟材料通过注入口、流道和浇口来填充模具型腔，从而创建出成品件。要创建铸件，只有在创建了抽取模具元件后才能进行。通过减去抽取部分后的工件剩余体积来创建铸模元件。

在【模具】菜单中选择【制模】选项，并在打开的【铸模】菜单中选择【创建】选项。然后输入铸模零件名称，即可创建出实体零件，效果如图 12-49 所示。

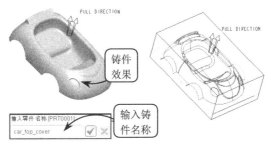

图 12-49　创建铸件

### 2．仿真开模

通过仿真开模，不仅可以模拟模具型腔和型芯等元件打开的操作，同时可在检测模具体积块时进行必要的干涉和拔模检测，从而检查设计的准确性和适用性。

单击【模具开模】按钮，将打开【模具孔】菜单，效果如图 12-50 所示。然后便可以依次指定移动对象、选取移动参照，并输入移动距离来进行仿真开模。此外在移动过程中还可以进行干涉和拔模检测。

❑　定义间距

定义间距即是选取元件按照指定方向移动，使原来在一起的元件通过移动放置在指定的位置，有效模拟模具的开模效果。其中可以移动的对象包括模具环境中的任何元件。

在【模具孔】菜单中选择【定义间距】选项，并在打开的【定义间距】菜单中选择【定义移动】选项。然后选取要移动的对象，效果如图 12-51 所示。

接着指定移动的参照，如平面、边线、轴或点。图 12-52 所示为以所选边线为移动的方向参照，并输入沿该边线方向的移动距离。最后选择【完成】选项，即可获得模具的开模效果。

如果定义的移动距离不符合设计要求，可在【模具孔】菜单中选择【修改尺寸】选项。然后选取移动的元件并重新输入移动距离，效果如图 12-53 所示。如果要取消之前的模拟移动设置，可在【模具孔】菜单中选择【删除】选项，选取移动元件即可恢复到原来状态。

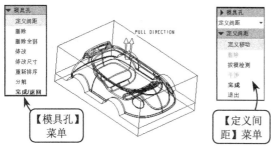
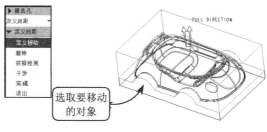

图 12-50　【模具孔】菜单　　　　　　　图 12-51　选取移动对象

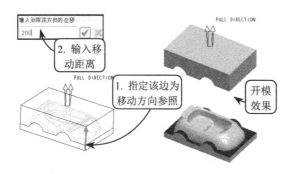
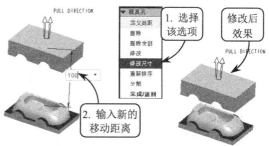

图 12-52　模具开模效果　　　　　　　图 12-53　修改模具上模仁的移动距离

❑ 干涉检测

当指定移动元件和参照后，可对该元件进行必要的干涉或拔模检测。图 12-54 所示为选择【干涉】|【移动 1】选项，分别选取参照元件和固定元件，系统将执行干涉检查，并将分析结果显示在信息栏中。

❑ 拔模检测

通过拔模检测可以确定制品是否被适当拔模，以使塑件能够干净彻底地取出。拔模检测基于用户定义的拔模角度和拖动方向。

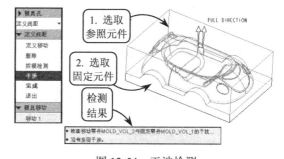

图 12-55 所示为选择【拔模检测】|【完成】选项，并选取体积块的顶部表面，设置拔模方向。然后选取要拔模的对象，系统将自动进行拔模检测计算，其结果将以色阶分布图的形式在模型上显示，同时还将打开一颜色范围对照窗口供比较验证。

图 12-54　干涉检测

## 12.5　典型案例 12-1：卡通车壳模具设计

本例创建一卡通车壳模具，效果如图 12-56 所示。为体现卡通车新潮、美观的突出特点，同时减小磕碰对车体所造成的损害，在对该外壳设计时全部采用曲面特征创建，并在多个部位增加圆弧特征，这样使整个车身呈现流线形的美感。

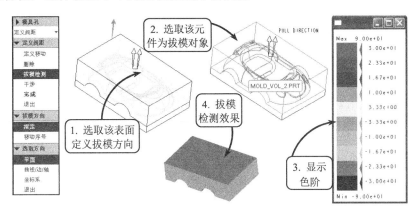

图 12-55　拔模检测

创建该卡通车壳模具，由于其车身包含多个凸出或凹陷的曲面，如果采用裙边分型，则需要编辑的曲线较多，且调整裙边曲面方向也较烦琐，因此可以利用【复制曲面】工具创建分型面，将车壳外表面全部复制，并将曲面的边界链延伸至相应平面，即可获得完整封闭的分型曲面。

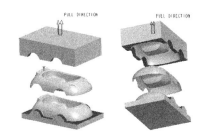

图 12-56　卡通车壳模具效果

### 操作步骤

① 新建一名称为"car.mfg"的模具文件进入制模环境。然后单击【模具型腔布局】按钮，打开配套文件"car_top_cover.prt"，效果如图 12-57 所示。

② 在【布局】对话框的【参照模型起点与定向】选项组中，单击【选取或创建坐标系】按钮，并在打开的【坐标系类型】菜单中选择【动态】选项，分别执行旋转和移动到点操作来定义坐标系位置，效果如图 12-58 所示。

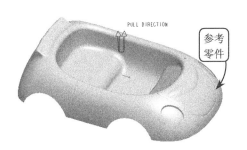

图 12-57　进入制模环境

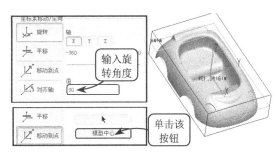

图 12-58　定义坐标系位置

③ 单击【按比例收缩】按钮，选取如图 12-59 所示的模具坐标系，并设置收缩率为 0.015。

④ 单击【自动工件】按钮，选取如图 12-60 所示坐标系定义模具原点，并输入统一偏距为 10，单击【确定】按钮，即可完成自动工件的创建。

⑤ 在【模具】菜单中选择【特征】|【型腔组件】|【实体】|【切剪材料】选项。然后选择【旋转】|【实体】|【完成】选项，选取 MOLD_FRONT 平面为草绘平面，绘制如图 12-61 所示为草图截面。

 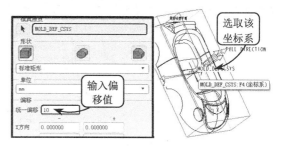

图 12-59　设置收缩率　　　　　　　　　图 12-60　自动工件的创建

⑥ 绘制完草图后，单击【应用】按钮✓，退出草绘环境。然后指定旋转剪切的方向，创建流道特征，效果如图 12-62 所示。

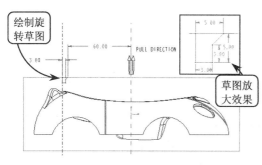 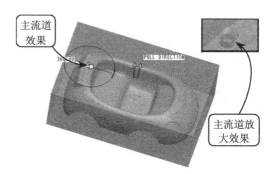

图 12-61　绘制草图　　　　　　　　　图 12-62　创建流道特征

⑦ 选择【插入】|【拉伸】选项，选取创建的流道圆柱孔底部端面为草绘平面，绘制与该截面孔直径完全相同的圆。然后设置拉伸深度为【拉伸至选定的曲面】，并选取如图 12-63 所示曲面为拉伸终止面，创建浇口特征。

⑧ 在【模具】菜单中选择【特征】|【型腔组合】|【曲面】|【复制】|【完成】选项，按住 Ctrl 键依次选取零件的所有外表面，效果如图 12-64 所示。

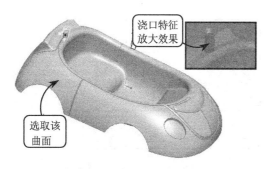 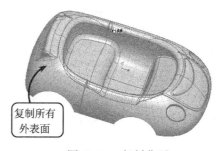

图 12-63　创建浇口特征　　　　　　　　图 12-64　复制曲面

⑨ 选择【曲面】|【延伸】选项，并在打开的操控面板中单击【将曲面延伸到参照平面】按钮。然后在【参照】面板中单击【细节】按钮，按住 Ctrl 键选取如图 12-65 所示曲线为延伸边界链，并选取工件端面为延伸目标面，创建延伸曲面。

⑩ 按照同样的方法，选取零件其余各边界链，使其延伸到工件对应的侧面位置处，即可完成分型面的创建，效果如图 12-66 所示。

# 第12章 模具设计

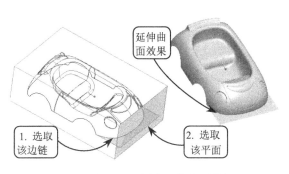
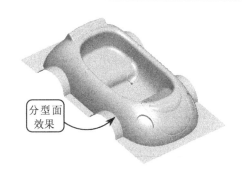

图 12-65　创建延伸曲面特征　　　　　　图 12-66　创建分型面

⑪ 单击【体积块分割】按钮，并在打开的【模具】菜单中选择【两个体积块】|【所有工件】|【完成】选项。然后选取如图 12-67 所示的分型面，单击【确定】按钮，即可完成分割模具操作。

⑫ 单击【型腔插入】按钮，在打开的【创建模具元件】对话框中，选取所有模具体积块，并单击【确定】按钮，在模型树中即出现两个新的模具元件，效果如图 12-68 所示。

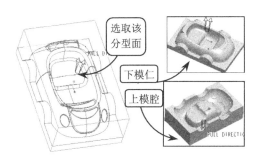
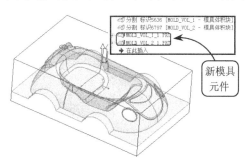

图 12-67　分割模具体积块　　　　　　　图 12-68　抽取模具体积块

⑬ 在【模具】菜单中选择【制模】|【创建】选项，并输入零件名称为"car"，单击【应用】按钮，即可创建铸造模具，效果如图 12-69 所示。

⑭ 单击【模具开模】按钮，在【模具孔】菜单中选择【定义间距】|【定义移动】选项。然后选取上模体积块，选取一竖直边线为分解方向，输入偏移距离为 80，即可定义上模。接着按照同样的方法定义下模，效果如图 12-70 所示。

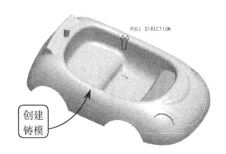
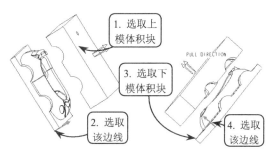

图 12-69　创建铸模　　　　　　　　　　图 12-70　定义上下模

333

## 12.6 典型案例 12-2：电吹风壳体模具设计

本例创建一电吹风壳体模具，效果如图 12-71 所示。电吹风是一种理发工具，主要用于头发的干燥和整形，也可供实验室、理疗室，以及工业生产和美工等方面作局部干燥、加热和理疗之用。该电吹风外壳由手柄和壳身组成。其中壳身侧面为可旋转的圆形调风罩，旋转该调风罩调节进风口的截面大小，就可以调节输送的风速和热风的温度。

图 12-71　电吹风壳模具效果

创建该电吹风壳体模具，首先利用【复制曲面】工具复制壳体表面，并填补壳身上的圆形调风罩。然后将所复制曲面的两个端口边界，分别延伸至工件的对应侧面。接着创建一拉伸平面，并将其壳体曲面进行合并，即可创建好分型面。最后利用【分割体积块】工具分割出上下模仁，并利用【型腔插入】工具抽取模具体积块即可。

**操作步骤**

① 新建一名称为"chui_feng_ji.mfg"的模具文件进入制模环境。然后单击【模具型腔布局】按钮，打开配套文件"dian-chui-feng.prt"，效果如图 12-72 所示。

② 在【布局】对话框的【参照模型起点与定向】选项组中，单击【选取或创建坐标系】按钮，并在打开的【坐标系类型】菜单中选择【动态】选项，执行旋转操作来定义坐标系位置，效果如图 12-73 所示。

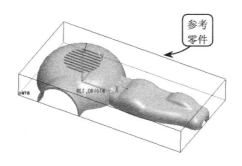

图 12-72　进入制模环境

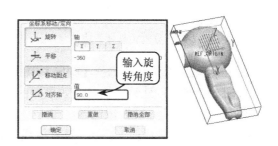

图 12-73　定义坐标系位置

③ 单击【按比例收缩】按钮，选取如图 12-74 所示的模具坐标系，并设置收缩率为 0.005。

④ 将 TOP 平面向上平移 30，创建一基准平面。然后选择【模具模型】|【创建】|【工件】|【手动】选项。接着在打开的菜单中选择【实体】|【伸出项】|【拉伸】|【实体】|【完成】选项，选取该基准平面为草绘平面绘制草图，效果如图 12-75 所示。

⑤ 退出草绘环境，并输入拉伸深度为 85。然后单击【应用】按钮，即可手动创建工件，效果如图 12-76 所示。

⑥ 在【模具】菜单中选择【特征】|【型腔组合】|【曲面】|【复制】|【完成】选项，按住 Ctrl 键依次选取零件的所有外表面。然后在【选项】下滑面板中选择【排除曲面并填充孔】

单选按钮，选取如图12-77所示的表面为要排除的面，进行复制曲面操作。

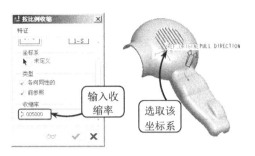

图12-74　设置收缩率

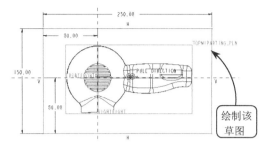

图12-75　绘制草图

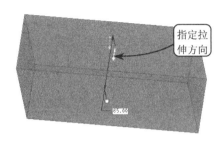

图12-76　创建工件

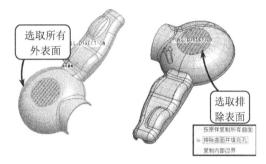

图12-77　复制曲面

⑦ 选择【曲面】|【延伸】选项，并在打开的操控面板中单击【将曲面延伸到参照平面】按钮，然后在【参照】面板中单击【细节】按钮，按住Ctrl键选取如图12-78所示曲线为延伸边界链，并选取工件端面为延伸目标面，创建延伸曲面。

⑧ 按照同样的方法，选取电吹风下端边界链，使其延伸到工件对应的侧面位置处，即可完成另一曲面的延伸，效果如图12-79所示。

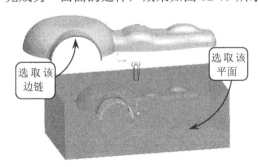

图12-78　创建延伸曲面特征

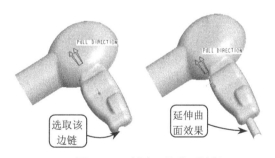

图12-79　创建延伸曲面特征

⑨ 在【模具】菜单中选择【特征】|【型腔组件】|【曲面】|【新建】|【拉伸】|【完成】选项，选取如图12-80所示的工件侧面为草绘平面，绘制一条直线。然后设置拉伸距离为150，创建拉伸曲面特征。

⑩ 按住Ctrl键选取复制的曲面和上步创建的拉伸曲面，并选择【编辑】|【合并】选项。然后选择合并方式为【相交】，并指定合并的方向，进行合并曲面操作，效果如图12-81所示。

⑪ 单击【体积块分割】按钮，并在打开的【模具】菜单中选择【两个体积块】|【所有工件】|【完成】选项。然后选取如图12-82所示的分型面，并单击【确定】按钮，即可完

成分割模具操作。

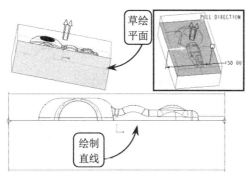
图 12-80 创建拉伸曲面特征

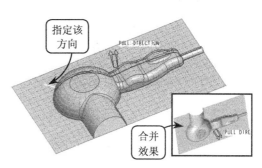
图 12-81 合并曲面

⑿ 单击【型腔插入】按钮，在打开的【创建模具元件】对话框中选取所有模具体积块，并单击【确定】按钮。此时在模型树中即出现两个新的模具元件，效果如图 12-83 所示。

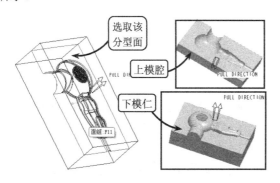
图 12-82 分割模具体积块

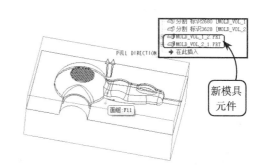
图 12-83 抽取模具体积块

⒀ 在【模具】菜单中选择【制模】|【创建】选项，输入零件名称为"chui_feng_ji.prt"，创建铸造模具，效果如图 12-84 所示。

⒁ 单击【模具开模】按钮，在【模具孔】菜单中选择【定义间距】|【定义移动】选项。然后选取上模体积块，并选取一竖直边线为偏移参照，输入偏移距离为 80，即可定义上模。接着按照同样的方法定义下模，效果如图 12-85 所示。

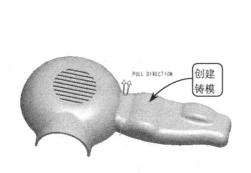
图 12-84 创建铸模

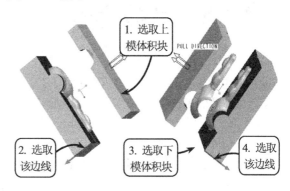
图 12-85 定义上下模

## 12.7 上机练习

### 1. 创建收音机壳体模具

本练习创建一收音机壳体模具,效果如图 12-86 所示。收音机又名无线电或广播,是用电能将电波信号转换为声音,收听广播电台发射的电波信号的机器。该收音机壳体为长方体造型。其中左侧为按钮区,各个按钮多为矩形凹槽;右侧为网状的扬声器区,上面均布着多个小圆孔。

创建该收音机壳体模具,关键是设计分型面。首先利用【填充】工具修补右侧的圆形扬声器,并通过复制曲面填补孔的方法,修补左侧的各个凹槽。然后利用【填充】工具创建壳体边界至工件的曲面。接着将这几个曲面合并,即可创建好分型面。最后利用【分割体积块】工具分割出上下模仁,并利用【模具元件】工具抽取模具体积块即可。

### 2. 创建读卡器壳体模具

本练习创建一读卡器壳体模具,效果如图 12-87 所示。读卡器是一种可移动存储器。其上一端有插槽,将适合的存储卡插入插槽,并将另一端口与计算机相连,即可通过读卡器读写存储卡中的内容。该读卡器壳体弧形端部的槽特征即为插槽,另一侧的圆形端口则连接计算机。

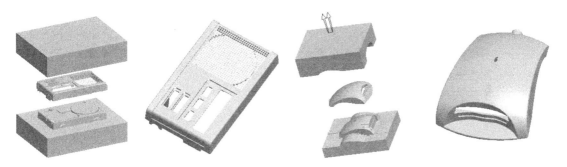

图 12-86 收音机模具结构效果　　　　图 12-87 读卡器壳体模具结构效果

创建该读卡器壳体模具,首先利用【复制曲面】工具复制壳体上表面,并利用【延伸】工具将复制曲面的边界延伸到对应的工件端面。其中壳体前端的延伸曲面,还需要创建填充曲面、拉伸曲面来修补一些缺口,并将这些曲面合并。然后创建边界曲面修补壳体顶部的圆孔,即可创建好分型面。接着分割模具体积块并抽取即可。

# 第 13 章

# 机构运动仿真

运动仿真能够模拟真实环境中模型的工作状况,从而可以对其进行分析和判断,检验机构可能存在的机械干涉,尽早发现设计中的缺陷和潜在产品质量问题。因此可以提前对模型进行完善,以避免设计后期对模型反复的修改,进而缩短产品设计周期,并降低生产成本,以更好地完成产品的前期设计和后期检测。

本章将详细介绍机械运动仿真模块中连接、运动副和机构运动环境的设置方法,以及机构的运动仿真分析和分析结果的输出方法。其中连接和运动副的设置方法是本章应掌握的重点。

**本章学习目的:**
- 了解运动仿真的基本概念
- 掌握连接的设置方法
- 掌握伺服电机和运动副的设置方法
- 熟悉运动环境的设置方法
- 了解机构运动分析和分析结果的输出方法

## 13.1 运动仿真概述

机构运动仿真模块是一个集运动仿真与机构分析于一体的功能强大的模块。利用该模块可以将原来在二维图纸上难以表达的运动,以动画的形式表现出来,并可以以参数形式输出。然后根据输出的结果便可以判断机构之间是否存在干涉,进而不断进行修改,优化机构设计。

### 13.1.1 机构设计的基本知识

当各个零部件通过装配模块组装成一个完整的机构后,便可以在机构运动分析模块中根据设计意图定义机构中的连接、设置伺服电机。然后运行机构分析，观察机构的整体运动轨迹和各零件之间的相互运动，以检验机械的干涉情况。

**1．运动仿真的特点**

在机构运动分析模块中，设计者可以对机构添加运动副、驱动器使其运动起来，从而实现运动仿真效果。由于机构仿真与零件装配都是将单个零件或组件装配成一个完整的机构模型，因此它们之间存在很多相似之处，两者间的比较如下。

❑ 两者相似点

两者皆在装配环境中创建，并且在【元件放置】操控面板中设置连接或安装零部件。另外装配和子装配之间的关系相同，系统将连接信息保存在装配文件中，这意味着父装配继承了子装配中的连接定义。

❑ 两者不同点

创建机构是通过定义连接类型来连接机构中的各个元件，并且连接得到的机构之间，只有在添加伺服电机等动力装置之后，才可以产生一定的相对运动进行运动仿真。而零件装配是直接通过定义装配约束来安装各个零部件，并且各个零部件间没有相对运动。

**2．运动仿真基本流程**

要实现运动仿真效果，就必须对组件进行多个流程的操作。其基本流程介绍如下。

❑ 创建连接

在装配环境中创建机构所必须的连接方式，即指定各个元件在装配件中保留某些自由度不被限制，连接方式有销钉、圆柱、滑动杆、平面和球连接等。

❑ 建立伺服电动机

伺服电动机是仿真运动的动力源。在机构环境中可以利用【伺服电动机】工具指定元件的移动或旋转动作，从而由该元件的运动带动整个机构进行仿真运动。

❑ 创建运动副

在机构环境中为组件中某两个相连接的元件设置相对运动。根据机构中元件连接方式的不同，可以设置齿轮运动副、凸轮运动副或带传动副，使各个构件的运动都具有必要的限制。

❑ 设置运动环境

在机构环境中可以通过增加重力、执行电动机、弹簧、阻尼器和力/扭矩等因素，为运动组件设置模拟的运动环境，以满足不同仿真运动的要求。

❑ 进行运动分析

创建完成运动模型和设置好运动环境后，可以利用【机构分析】工具对机构的各个连接和运动副进行分析，并设置起始时间、终止时间、帧频和帧数等参数，以将分析的结果输出为影片。

## 13.1.2 运动仿真专业术语

在机构运动仿真过程中经常碰到一些术语，对这些专业名称含义的了解有助于掌握机构运动仿真。这些术语的含义介绍如下。

- ❑ **放置约束** 向组件中放置元件并限制该元件是否运动的操作。
- ❑ **自由度** 指元件所具有独立运动的数目（或是确定元件位置所需要独立参考变量的数目）。一个不受任何约束的自由主体，在空间运动时具有 6 个独立运动自由度，即沿 X、Y 和 Z 这 3 个轴的独立移动和绕 X、Y 和 Z 这 3 个轴的独立旋转。
- ❑ **主体** 一个元件或彼此间没有相对运动的一组元件，主体内自由度为 0。
- ❑ **连接** 它可以约束元件之间的相对运动，减少机构的总自由度。
- ❑ **基础** 即大地或者机架。它是一个固定的参照，其他元件相对于基础运动。在一个运动仿真机构中，可以定义多个基础。
- ❑ **伺服电机** 定义一个主体相对于另一个主体运动的方式，可以在连接轴或几何图元上放置伺服电机，并指定主体之间的位置、速度或加速度。

### 13.1.3 运动仿真操作界面

在装配环境中建立元件与组件的连接方式后，选择【应用程序】|【机构】选项，即可进入运动仿真操作环境，效果如图 13-1 所示。

图 13-1 运动仿真操作界面

## 13.2 连接与连接类型

在进行运动仿真分析之前，首先要在装配环境中创建零件间的连接关系。即通过设置连接方式保证元件与组件间只保持某种运动方式。

### 13.2.1 连接

要使机构运动，首先要按照一定的方式将零件装配起来，和普通装配的"约束"所不同的是运动件的装配要保留某些所需的自由度，即所谓的连接。

在装配环境中添加元件时，在【元件放置】操控面板的【使用约束定义约束集】下拉列表中提供了11种不同的连接类型，效果如图13-2所示。

每一种连接类型均有指定的约束方式，并且每个约束都与指定的自由度相关联。表 13-1 是这几种连接类型的自由度对比。

图 13-2 【元件放置】操控面板

表 13-1　不同连接的对比

| 连接类型 | 自由度 | | 约束 | 描述 |
| --- | --- | --- | --- | --- |
| | 平移 | 旋转 | | |
| 刚性 | 0 | 0 | 自动 | 完全固定不动 |
| 销钉 | 0 | 1 | 轴对齐；平面匹配/对齐或点对齐 | 围绕指定轴旋转 |
| 滑动杆 | 1 | 0 | 轴对齐；平面匹配/对齐或点对齐 | 沿轴平移 |
| 圆柱 | 1 | 1 | 轴对齐 | 沿指定轴平移并绕该轴旋转 |
| 平面 | 2 | 1 | 平面匹配/对齐 | 在一指定平面内平移，并绕该平面的法向进行旋转 |
| 球 | 0 | 3 | 点与点对齐 | 沿 3 个轴向任意旋转 |
| 焊接 | 0 | 0 | 坐标系对齐 | 两个连接粘接在一起 |
| 轴承 | 1 | 3 | 点与边或轴线对齐 | 任意旋转，并沿指定的轴反向平移 |

## 13.2.2　连接类型

Pro/E 提供了多种连接类型，连接类型的选择直接决定了装配体中元件和其他元件间按照何种方式进行运动。因此选择正确的连接类型，是机构连接运动仿真的关键一环。

**1．刚性**

该连接方式是指元件的 6 个自由度被完全限制，并且受刚性连接的元组件属于同一主体。选择该连接方式后，可以选择任意的约束类型来约束插入的元件。

**2．销钉**

销钉连接仅有一个旋转自由度，是将元件连接到参照轴上，使元件只能绕指定轴线方向旋转。该连接方式主要用于元件在机构中的单一旋转运动。

选择该选项后，在【放置】面板中选择【轴对齐】选项，依次选取元件轴线和组件轴线，即可获得轴对齐效果，如图 13-3 所示。

使用轴对齐约束将限制元件的两个旋转自由度。然后选择【平移】选项，依次选取元件的端面和组件的端面，以限制元件沿各方向的移动自由度。至此完成销钉连接定义，该元件只能绕指定轴旋转，效果如图 13-4 所示。

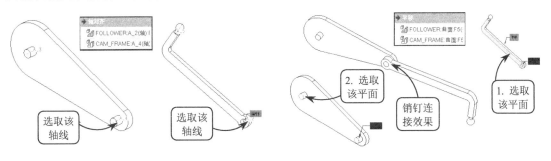

图 13-3　设置轴对齐约束　　　　　　图 13-4　设置平移约束

### 3. 滑动杆

滑动杆连接又称为滑块连接，指仅有一个沿轴向的平移自由度，其他 5 个自由度将被限制。这就像滑块一样，只能在滑槽内移动。

选择该选项后，在【放置】面板中选择【轴对齐】选项。然后依次选取元件轴线和组件轴线，即可获得轴对齐效果，如图 13-5 所示。

使用轴对齐约束将限制元件的两个旋转自由度。然后选择【旋转】选项，依次选取元件的基准平面和组件的基准平面，以限制元件沿各方向的移动自由度。至此完成滑动杆连接定义，该元件只能沿指定轴向移动，效果如图 13-6 所示。

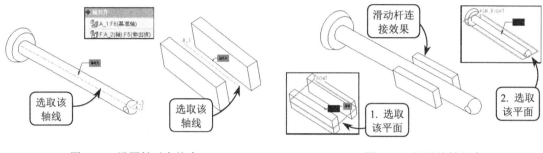

图 13-5　设置轴对齐约束　　　　　　　　图 13-6　设置旋转约束

### 4. 圆柱

该连接方式只具有一个旋转自由度和一个沿轴向的平移自由度。主要通过【轴对齐】约束限制其他 4 个自由度。

选择该选项后，在【放置】下滑面板中选择【轴对齐】选项。然后选取元件轴线（或弧形面）和组件轴线（或弧形面），即可创建圆柱连接，效果如图 13-7 所示。

### 5. 平面

平面连接是指限制元件只能在指定的平面上移动或旋转。因此该连接方式具有两个平移自由度和一个旋转自由度。

选择该选项后，在【放置】面板中选择【平面】选项。然后选取元件的平面，并选取组件的对应平面，即可创建平面连接，效果如图 13-8 所示。

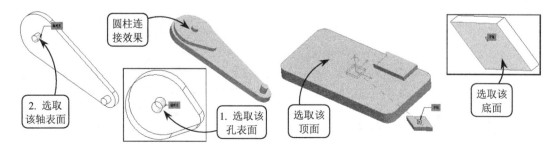

图 13-7　创建圆柱连接　　　　　　　　图 13-8　创建平面连接

此时可在【放置】面板中选择【新建集】选项,选取元件的平面,并选取组件的对应平面,则新载入的元件将沿指定的平面移动,效果如图 13-9 所示。

### 6. 球

球连接在指定元件与组件的对应点后,元件将沿该点任意旋转。该方式具有 3 个旋转自由度,主要用于绕一个节点的任意旋转运动。

选择该选项后,在【放置】面板中选择【点对齐】选项。然后依次选取元件和组件的对应点,即可创建球约束,效果如图 13-10 所示。

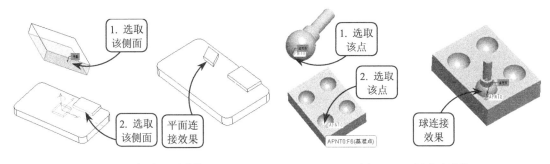

图 13-9　创建平面连接　　　　　　　　　图 13-10　创建球连接

### 7. 焊缝

焊接连接是指选取元件和组件的坐标系来约束元件。连接后元件的 6 个自由度将被完全限制,并且元件与组件成为一个主体,相互之间不能旋转或移动,效果如图 13-11 所示。该连接方式常用于机构中两元件装配后不能随便拆卸的元件。

### 8. 轴承连接

轴承连接具有 3 个旋转自由度和 1 个沿点或线的平移自由度,相当于在球连接的基础上再加一个平移自由度。

选择该选项后,在【放置】面板中选择【点对齐】选项。然后依次选取元件和组件上对应的点和线,即可创建轴承约束,效果如图 13-12 所示。

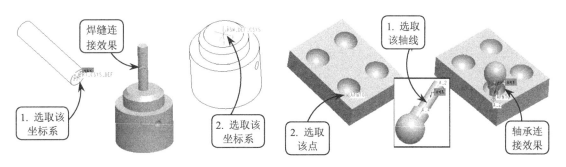

图 13-11　创建焊缝连接　　　　　　　　　图 13-12　创建轴承连接

#### 9. 槽

槽连接通过【点与曲线】约束来连接元件与组件。即元件上一点沿着组件上的一条 3D 曲线（该曲线既可以开放也可以封闭）在三维空间中进行运动。

创建该连接，需要指定一点和槽曲线。图 13-13 所示为选择该选项后，在【放置】面板中选择【直线上的点】选项。然后依次选取元件和组件上对应的点和槽曲线。

接下来选择【槽轴】选项，并在其右侧的面板中输入当前的位置距离，以控制元件沿曲线运动的初始位置，效果如图 13-14 所示。

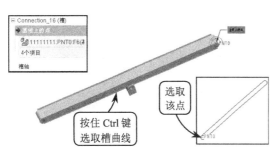
图 13-13 指定点和槽曲线

图 13-14 设置当前位置

## 13.3 创建运动模型

仅仅设置元件与组件的连接约束，只能使元件在组件中保留部分自由度，但元件仍然无法移动或旋转。此时需要对该连接组件的元件添加伺服电动机以赋予动力，才能使元件作仿真运动。而使用运动副可实现机构中两构件互作一定运动的活动连接。

### 13.3.1 伺服电动机

伺服电动机能够为机构提供驱动，而驱动就是机构的动力源。通过设置伺服电动机可以实现旋转及平移运动，并且能以函数的方式定义运动轮廓。

当在装配环境中设置完连接后才能创建伺服电动机。选择【应用程序】|【机构】选项，进入运动仿真环境。然后单击【伺服电动机】按钮，打开【伺服电动机定义】对话框，效果如图 13-15 所示。在该对话框中可定义伺服电动机的类型和轮廓等参数。

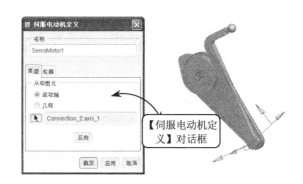
图 13-15 【伺服电动机定义】对话框

## 1．伺服电动机名称

系统默认伺服电动机名称为"ServoMotor+阿拉伯数字"。为区分不同的伺服电动机，可根据需要赋予伺服电动机其他名称。

## 2．伺服电动机类型

选取从动图元以确定伺服电机所作用的主体，以使主体产生旋转或平移等运动。其中从动图元包括以下两种类型。

❑ 运动轴

该类电动机用于定义某一旋转轴的旋转运动。该类伺服电动机只需要选定一个事先由连接（如销钉连接）所定义的旋转轴，并指定方向即可。该类伺服电动机还可用于运动分析。图 13-16 所示为选取销钉连接的旋转轴，以添加伺服电动机。

❑ 几何

该类电动机用于创建复杂的运动如螺旋运动。创建该类伺服电动机需要选取从动件上的一个点或平面，并选取另一个主体上的一个点或平面作为运动的参照，确定运动的方向及种类。该类伺服电动机不能用于运动分析，效果如图 13-17 所示。

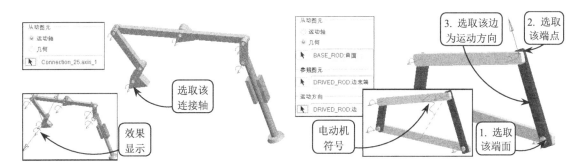

图 13-16　指定运动轴添加伺服电动机　　　图 13-17　指定几何对象添加伺服电动机

## 3．设置电动机轮廓

在该选项卡中可以定义运动的方式，包括伺服电动机的位置、速度和加速度这 3 种时间的函数。其值的大小可通过模量来定义。而模可以选择常数、斜坡多种。

切换至该选项卡，并单击【规范】选项组中的【定义运动轴设置】按钮，便可在打开的【运动轴】对话框中定义运动轴，效果如图 13-18 所示。

在【定义运动轴设置】下拉列表中包括【位置】、【速度】和【加速度】3 个选项，可以设置电动机运动的 3 种不同类型。其中选择【速度】或【加速度】选项均可以对旋转主体指定起始角度。此外单击【图形工具】按钮，还可以以图形形式显示各参数随时间变化的规律，效果如图 13-19 所示。

图 13-18 【伺服电动机定义】对话框

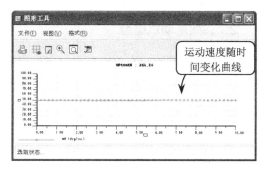

图 13-19 【图形工具】对话框

## 13.3.2 运动副

运动副是指两构件直接接触所组成的可动连接,它能够限制两构件之间的部分运动。机构的重要特征就是构件之间具有确定的相对运动,为此必须使用运动副对各个构件的运动加以必要的限制。

### 1. 凸轮副

该运动副就是用凸轮的轮廓去控制从动件的运动规律。创建凸轮运动副的对象为平面凸轮,但为了形象创建凸轮后,都会让凸轮显示出一定的厚度(深度)。

在装配环境设置连接后才能创建运动副。首先选择【应用程序】|【机构】选项,将进入运动仿真环境。然后单击【凸轮】按钮,将打开【凸轮从动机构连接定义】对话框,效果如图 13-20 所示。

❑ **设置凸轮 1 参数**

要创建凸轮副,首先需要分别指定两个凸轮的曲面或曲线。在【凸轮 1】选项卡的【曲面/曲线】选项组中,单击【选取凸轮曲线曲面】按钮,即可选取一个凸轮的曲面或曲线,来

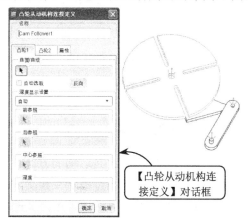

图 13-20 【凸轮从动机构连接定义】对话框

确定凸轮的工作区域。此时系统会以法向的紫色箭头表示将作用于曲面的哪一侧,单击【反向】按钮可以切换方向,效果如图 13-21 所示。

❑ **设置凸轮 2 参数**

选取一个凸轮曲面或曲线后,切换至【凸轮 2】选项卡。然后选取另一个凸轮曲面或曲

线。如果启用【自动选取】复选框，选取一个曲面后，系统会自动选取包含该曲面在内的所有相切曲面，效果如图 13-22 所示。

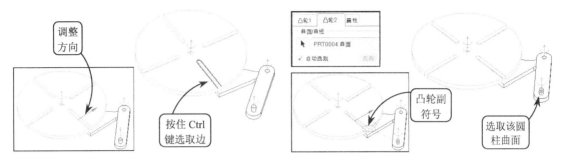

图 13-21  选取第一个凸轮　　　　　图 13-22  设置凸轮副

❑ **设置凸轮副属性**

在【属性】选项卡中可定义两凸轮是否完全接触。如果启用【启用升离】复选框，从动件可离开主动件；禁用该复选框，则从动件始终与主动件接触。此外还可以设置两凸轮间的摩擦系数。其中 $u_s$ 表示静摩擦系数，$u_k$ 表示动摩擦系数，效果如图 13-23 所示。

**2．齿轮副**

使用齿轮副可以控制两个齿轮连接轴之间的速度关系，用以模拟齿轮系统的仿真运动。该运动副最大的特点是两个元件之间

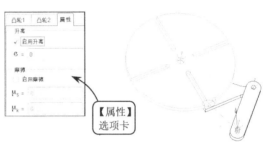

图 13-23  【属性】选项卡

并不一定需要相互接触，这更有利于对模型的变更。

进入运动仿真环境后，单击【齿轮】按钮，打开【齿轮副定义】对话框，效果如图 13-24 所示。齿轮副中的每个齿轮都需要定义两个主体和一个连接。其中第一主体指定为托架，通常保持静止，第二主体能够运动。

❑ **一般齿轮副**

该齿轮副类型为定义两个标准齿轮的齿轮副。需要对每一个齿轮选择连接轴（通常多为销钉连接），并分别指出相对于连接的两个主体中的齿轮和托架（指相对静止不动的元件）。

选择该齿轮副类型，单击【选取一个运动轴】按钮，选取标准齿轮的运动轴，系统将自动指定该齿轮和定位齿轮的托架，并在齿轮下方显示齿轮图样，效果如图 13-25 所示。其中托架用来安装齿轮的主体，它一般是静止的。如果这两者间选反了，可单击【反向】按钮，将齿轮和托架交换。

切换至【齿轮 2】选项卡，选取第二个齿轮轴。此时在该齿轮下方显示齿轮图样，并显示方向箭头，效果如图 13-26 所示。

切换至【属性】选项卡定义齿轮比。其中在【齿轮比】下拉列表中提供了节圆直径和用户定义两种方式，选择【节圆直径】选项，可返回到【齿轮 1】和【齿轮 2】选项卡中，分别输入两个齿轮的节圆（分度圆）直径；选择【用户定义的】选项，可直接在下方输入齿轮比，

效果如图 13-27 所示。

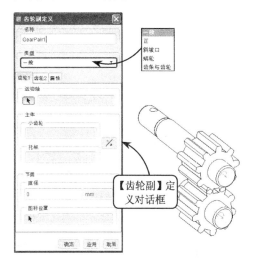

图 13-24 【齿轮副定义】对话框

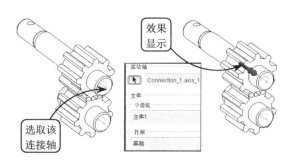

图 13-25 选取第一个齿轮

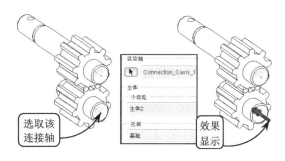

图 13-26 选取第二个齿轮

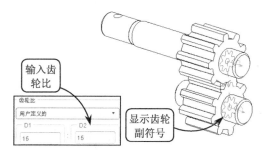

图 13-27 设置齿轮比

> 提 示
>
> 齿轮比指齿轮旋转一周时齿条平移的距离。两齿轮的速度比为节圆直径比的倒数：齿轮 1 速度/齿轮 2 速度 = 齿轮 2 节圆直径/齿轮 1 节圆直径 = $D2/D1$。

❑ **齿轮与齿条**

该齿轮副是定义一个小齿轮和一个齿条。其中齿轮（或齿条）由两个主体和这两个主体之间的一个旋转轴构成。该齿轮副也可用于锥齿轮连接。

选择该齿轮副类型，齿轮的定义方法和【一般】类型相同。选取由接头连接定义与齿轮本体相关的旋转轴，系统将自动创建这根轴的两个主体为齿轮和托架，效果如图 13-28 所示。

切换至【齿条】选项卡，选取齿条的移动轴。此时系统将自动创建这根轴的两个主体为齿轮和托架。齿轮与齿条的传动比也可分为【节圆半径】和【用户定义】两种。当使用用户定义方式时，需要设置齿轮旋转一周齿条前进的距离（In/rev），即可完成齿轮与齿条运动副的设置，效果如图 13-29 所示。

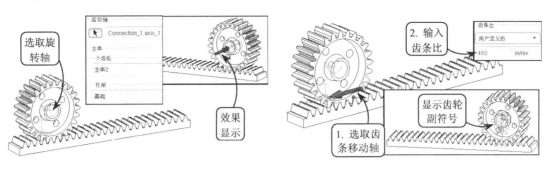

图 13-28　选取齿轮旋转轴　　　　　　　　图 13-29　选取齿条移动轴

❑ 蜗轮齿轮副

蜗轮蜗杆传动用于两轴交叉成 90º，并且彼此间既不平行又不相交的蜗轮蜗杆机构中。通常蜗杆是主动件，而蜗轮是从动件。图 13-30 所示为选择该齿轮副类型，选取由连接定义的与蜗轮本体相关的旋转轴，系统将自动创建这根轴的两个主体为齿轮和托架。然后输入该蜗轮的节圆直径为 80。

切换至【轮盘】选项卡，选取轮盘的运动轴。此时系统将自动创建这根轴的两个主体为齿轮和托架，并自动计算该轮盘的节圆直径。至此，即可通过节圆直径之比计算该蜗轮副的齿轮比，效果如图 13-31 所示。

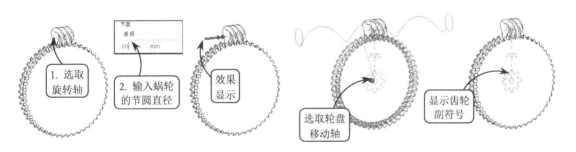

图 13-30　选取蜗轮运动轴　　　　　　　　图 13-31　选取轮盘运动轴

### 3．带传动

该运动副可以模拟输送带的仿真运动。为两元件之间添加该运动副，需要指定两个滑轮，以确定带传动的中心距。然后指定与两滑轮相配合的传送带，并设置皮带的杨氏模量，以确定皮带的极限抗变形张力。

单击【传动带】按钮，在打开的【传动带】操控面板中展开【参照】下滑面板。然后按住 Ctrl 键依次选取滑轮的两个表面，系统将自动创建滑轮主体和托架主体，效果如图 13-32 所示。

在【参照】面板中单击激活【带平面】收集器，选取一皮带表面。然后在操控面板中输入 $E*A$ 的参数值。其中字母 $E$ 指皮带的弹性杨氏模量；字母 $A$ 指皮带的横截面面积。这两个参数的乘积即为皮带所承受的应力数值，即可完成该传动带运动副的设置，效果如图 13-33 所示。

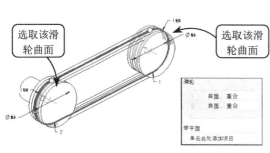
图 13-32　指定两个滑轮

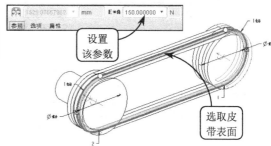
图 13-33　传送带运动副

> **提示**
> 杨氏模量是材料力学中的名词，是指在弹性限度内物质材料抗拉或抗压的纵向物理量。即在弹性限度内，应力与应变的比值。该比值的大小标志了材料的刚性，值越大，材料越不容易发生变形。

### 13.3.3　拖动和快照

拖动是在允许的范围内移动元组件；快照能保存当前机构的运动状态。使用拖动和快照可以验证运动关系是否正确，有利于添加其他的运动关系，以及作为分析的起始点。

#### 1．拖动

拖动是在允许的范围内移动机构元组件。使用拖动可以调整机构中各零件的具体位置，初步检查机构的装配与运动情况。

在【视图】菜单栏中单击【拖动元件】按钮，在打开的【拖动】对话框上方包括【点拖动】按钮和【主体拖动】按钮。其中使用点拖动方式，主体既可以进行平移，也可以进行自身的旋转。而主体拖动是指主体只能发生平移运动，而不能自身旋转，效果如图 13-34 所示。

【点拖动】是系统默认的拖动方式。使用该方式进行拖动，只需选取零件上一点拖动，即可进行平移旋转，效果如图 13-35 所示。【拖动】对话框中各选项的含义介绍如下。

❑ 【高级拖动选项】选项组

在该选项组中列出了各种不同的拖动方式，包括 3 个坐标方向的平移和旋转等。使用这些高级拖动方式，可以更方便地控制主体在某个特定方向上的平移或旋转，效果如图 13-36 所示。

❑ 【约束】选项卡

在该选项卡中可以通过选择不同的约束，对拖动过程进行进一步的限制，使拖动更有目的性，效果如图 13-37 所示。在该选项卡左侧的各功能按钮中，前 3 个按钮的用法与装配中的选项一样。其他各个功能按钮的含义介绍如下。

图 13-34 【拖动】对话框　　　　　　　　　　图 13-35 点拖动

图 13-36 沿 X 轴拖动主体　　　　　　　　　图 13-37 【约束】选项卡

> **运动轴约束** 设置相对于在机构中定义的连接轴的角度值。
> **主体-主体锁定约束** 可以在拖动的过程中临时创建锁定。锁定的主体会一起进行平移或旋转。
> **启用/禁用连接** 单击该按钮,可以使设置了连接的主体让其连接失效,进而脱离连接轴设置可以随意拖动。

2. 快照

快照是对机构某一特殊状态的记录。当将机构中的元件拖动至所需位置后,需要保存当前的位置状态,可将其保存为快照,并用于后续的分析定义中,也可用于绘制工程图。

在【拖动】对话框中单击【拍下当前配置的快照】按钮,即可将当前位置状态保存为快照,并显示在【快照】列表框中,效果如图 13-38 所示。【快照】列表框左侧各个功能按钮的含义介绍如下。

❑ **显示选定快照** 用来在当前窗口中显示所指定的快照,效果如图 13-39 所示。
❑ **从其他快照中借用零件位置** 允许当前快照从其他快照中复制主体的位置。
❑ **更新快照配置** 用来把当前屏幕上各主体的位置更新为所选快照的位置。
❑ **使选定快照可用于绘图** 把当前快照转化为工程图中可添加的视图。
❑ **删除选定的快照** 可以删除所指定的快照。

图 13-38　拍下快照　　　　　　　　图 13-39　显示指定的快照

## 13.4　设置运动环境

在机构运动仿真过程中，不仅要建立伺服电动机，设置齿轮或凸轮等运动副，还需要设置运动环境，例如增加重力、执行电动机、弹簧、阻尼器、力/扭矩和质量属性等因素，以满足结构不同的模拟仿真要求。

### 13.4.1　重力

重力是一个物体拉向另一物体的物理力。为组件添加重力载荷，即对模型自身所受的重力加速度和方向进行设置，可以模拟模型在重力环境下的仿真运动。整个组件应当使用一个统一的重力。

单击【重力】按钮，将打开【重力】对话框。然后在该对话框的【模】文本框中输入重力参数，并在【方向】选项组中输入参数对方向进行调整，绘图区将实时显示重力的方向调整效果，效果如图 13-40 所示。该对话框中各选项的含义介绍如下。

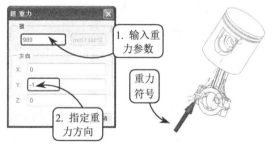

**1．模**

在该文本框中可输入重力的单位。其默认值是以系统默认的单位表示的引力常数。距离单位取决于为组件所选的单位。

图 13-40　【重力】对话框

**2．方向**

在该选项组中可输入 X、Y 和 Z 方向的坐标值，以定义重力加速度的向量。默认方向是系统坐标系的 Y 轴负方向，效果如图 13-41 所示。

**3．编辑重力**

在机构树中选择【重力】选项，单击右键，在打开的快捷菜单中选择【编辑定义】选项，即可重新定义重力的模和方向。

在默认情况下，重力并未被启用。而分析过程中欲使组件模拟真实的重力环境，需要在【分析定义】对话框的【外部载荷】选项卡中启用【启用重力】复选框，效果如图13-42所示。

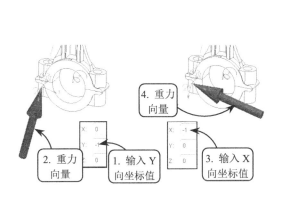

图13-41　设置重力方向　　　　　　　　　图13-42　【分析定义】对话框

### 13.4.2　执行电动机

使用执行电动机可向运动机构施加特定的负荷，从而在两个主体之间、单个自由度内产生特定类型的负荷。该工具只能在机构的动态分析中使用。

单击【定义执行电动机】按钮，将打开【执行电动机定义】对话框。与伺服电动机类似，执行电动机也需要选取连接轴以施加作用。而完成后的执行电动机在结构环境中，其符号显示为蓝色，伺服电动机则呈红色显示，效果如图13-43所示。

图13-43　添加执行电动机

电动机通过对平移或旋转连接轴施加力而引起运动，可在一个模型上定义任意多个执行电动机。其与伺服电动机的不同点是后者定义的是驱动轴的运动规律，包括位置、速度和加速度，而执行电动机定义的是驱动轴的负荷力规律。

### 13.4.3　增加弹簧

通过弹簧可以在运动机构中产生线性弹力。该力可使弹簧回复到平衡（松弛）位置处，弹力的大小与距离平衡位置的位移量成正比。

进入仿真运动环境后，单击【弹簧】按钮，在打开的操控面板中提供了延伸/压缩和扭转弹簧两种类型，效果如图13-44所示。

1. 延伸/扭转弹簧

该类型弹簧是指选取两个点作为参照图元，将弹簧应用在两个未通过装配相连接的主体之间。

在【参照】面板中选择【选取项目】选项，并按住 Ctrl 键依次指定弹簧的起始点和终止点。然后在【选项】面板中输入弹簧直径数值，效果如图 13-45 所示。

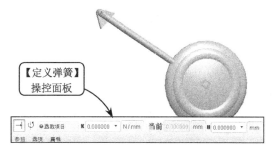

图 13-44　【定义弹簧】操控面板　　　　图 13-45　定义弹簧位置

无论创建哪一种弹簧，都必须设置弹簧刚度系数。弹力大小的公式是"弹簧力＝k*(x-U)"，其中 k 为弹簧的刚度系数，而 U 为弹簧拉伸时的长度。当输入 k 值为 120 时，U 值为 200.5343，即可获得如图 13-46 所示的弹簧设置效果。在设置弹力大小的公式中，各符号的具体含义介绍如下。

- k　弹簧刚性系数。该系数通常由生产商提供，或采用经验数据，必须为正值。
- U　指弹簧既未被拉伸也未被压缩时的长度。
- x　指在机构运动中弹簧被拉伸或被压缩时的长度。

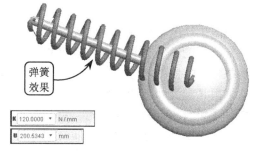

图 13-46　创建弹簧

2. 扭转弹簧

该类型弹簧是指选取一个旋转连接轴为参照图元，在该连接轴上所创建的弹簧。在此时的弹力公式中，U 指在弹簧既未被拉伸也未被压缩时，从连接轴零位计算的弹簧角度位置；x 指弹簧被拉伸或被压缩时，从连接轴零位计算的弹簧角度位置。

### 13.4.4　设置阻尼器

阻尼器是一种负荷类型，可利用它模拟机构上的真实力。与弹簧不同，阻尼器产生的力会消耗运动机构的能量并阻碍其运动。它可作用于连接轴、两个主体之间。

单击【阻尼器】按钮，将打开【阻尼器定义】操控面板，效果如图 13-47 所示。该面板提供了平移和旋转参照两种阻尼器类型。

## 1. 平移阻尼器

使用该方式可以创建点至点的阻尼力。该力将阻碍两点之间的相对运动。如果运动使两点相互分离，则两点间的点至点阻尼力将阻碍其分离。如果运动使两点相互靠近，则点与点阻尼力将阻碍其靠近。

创建平移阻尼器，可在【参照】面板中选择【选取项目】选项。然后按住 Ctrl 键选取两个点，并输入阻尼系数 $C$ 的数值，阻尼器效果如图 13-48 所示。

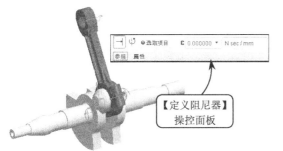

图 13-47　【定义阻尼器】操控面板

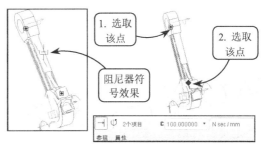

图 13-48　平移阻尼器

## 2. 旋转阻尼器

使用该方式可以创建沿平移连接轴的线性阻尼力，或绕旋转连接轴的扭转阻尼力。该力作用方向和运动方向相反，故消耗能量，效果如图 13-49 所示。

### 13.4.5　力/扭矩

力一般表现为推力或拉力，它可改变对象的运动。而扭矩是一种旋转力或扭曲力。【力/扭矩】表示机构与另一主体的动态交互作用，并且是在机构零件与机构外部实体接触时产生的，可以通过它来模拟机构运动的外部环境。

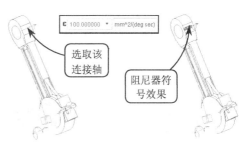

图 13-49　旋转阻尼器

单击【定义力/扭矩】按钮，将打开如图 13-50 所示的【力/扭矩定义】对话框。该对话框的【类型】下拉列表中提供了 3 种类型。

图 13-51 所示为指定力/扭矩的类型为【主体扭矩】，单击【主体】选项组中的【选取一个主体】按钮。然后选取活塞曲轴，屏幕上将显示力/扭矩符号。此时设置模常数和力/扭矩方向，即可完成力/扭矩的定义。

### 13.4.6　初始条件

一个机构如果不设置其初始位置，系统会自动以当前的位置为初始位置进行运动仿真。

但实际上机构的当前位置只是在组装时设置的大略位置，因此还需要设置机构的初始条件。

图 13-50 【力/扭矩定义】对话框　　　　图 13-51 设置力/扭矩

初始条件包括初始位置和初始速度两个方面，单击【初始条件】按钮，将打开【初始条件定义】对话框。初始位置的确定需要借助快照功能，从事先创建好的快照得到主体的位置，效果如图 13-52 所示。

对于初始速度，由于速度为矢量，所以在指出模的同时还要指出其矢量方向。图 13-53 所示为单击【定义点的速度】按钮，选取连杆上一点，并设置该点的运动速度数值。然后指定 Y 轴方向为运动方向，即可创建机构的初始速度。

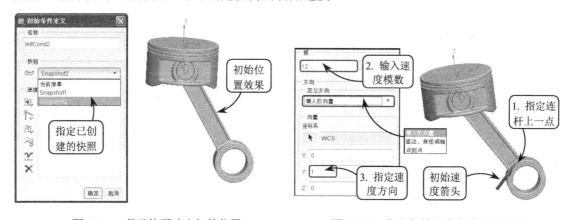

图 13-52 借助快照确定初始位置　　　　图 13-53 指定初始速度的大小和方向

> **提示**
> 指定速度的矢量方向，既可以指定一坐标轴的轴向，也可以选取一直线、曲线、轴或指定两点来确定速度方向。

### 13.4.7 质量属性

运动模型的质量属性包括密度、体积、质量、重心和惯性矩。对于不需要考虑"力"的情况，可以不用设置质量属性。

单击【质量属性】按钮，将打开【质量属性】对话框，效果如图 13-54 所示。在该对话框中可以为零件和组件设置相应的质量属性或密度。

图 13-55 所示为依次为活塞机构组件和连杆零件分别设置不同的密度，这样在启用重力环境的动态分析中即可运行该活塞机构。

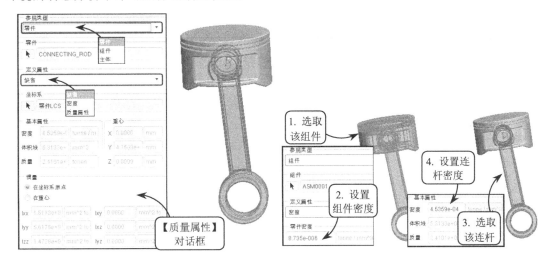

图 13-54 【质量属性】对话框　　　　图 13-55 分别对组件和零件设置密度属性

> 提—示
> 
> 主体是指内部没有自由度的运动单元，可以是零件也可以是组件。对于主体不能设置其质量属性，只能进行查看。

## 13.5 定义分析

当完成运动模型的创建和运动环境的设置后，便可以对机构所设置的各种连接与运动副进行分析，并通过模拟机构运动来查看仿真运动效果。

单击【机构分析】按钮，将打开如图 13-56 所示的【分析定义】对话框。在该对话框的【类型】下拉列表中提供了以下 5 种分析类型。

### 1．运动学

机构中除了初始质量和力之外的所有方面均属于运动分析的范畴。运动分析会模拟机构的运动，使机构与伺服电动机一起移动，并且在不考虑作用于系统上的力的情况下分析其运动。

运动分析不考虑受力，因此不能使用执行电动机，也不必为机构指定质量属性。此外，模型中的动态图元，如弹簧、阻尼器、重力、力/扭矩和执行电动机等，都不会影响运动分析。

在不考虑力、质量和惯性的情况下，仅对机构进行运行分析时，【外部载荷】选项卡处于灰显状态，只有【优先选项】和【电动机】选项卡处于可编辑状态。这两个选项卡中各选项的含义介绍如下。

❏ 【优先选项】选项卡

该选项卡包括【图形显示】选项组和【锁定的图元】选项组。其中在【图形显示】选项组中可定义显示运动图形的时间、帧数和帧频等，效果如图13-57所示。而在【锁定的图元】选项组中可定义元件或者连接的锁定。

❏ 【电动机】选项卡

在该选项卡中可以为所有的分析类型添加或删除电动机。对于不同的分析类型，各功能按钮的用法也不相同。其中单击【添加新行】按钮，可以添加电动机；单击【删除加亮的行】按钮，可以删除所选的电动机；单击【添加所有电动机】按钮，可以添加所有的电动机，效果如图13-58所示。

当定义完成后，在【分析定义】对话框中单击【运行】按钮，系统会根据运动模型和运动环境对机构进行分析，并将结果用*.pbk的文件放置在内存之中，以便使用其输出分析结果。

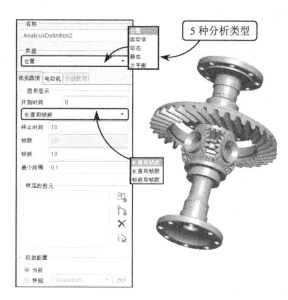

图13-56　【分析定义】对话框

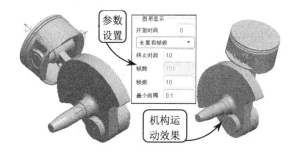

图13-57　运动分析

2．动态

在考虑力、质量和惯性等外力作用的情况下，对机构进行分析可以使用【动态】类型。选择该类型后，对话框下方的【初始配置】选项组变为【初始条件】选项组，可以直接选取已设置好的初始条件，而不

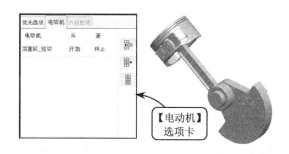

图13-58　定义电动机

是像运动学及重复组件一样采用快照作为初始状态，效果如图13-59所示。

3．静态

静态分析用于研究机构中主体平衡时的受力状况，在计算中不考虑速度及惯性，因此其比动态分析能更快地找到平衡状态，也无需对起始和终止时间进行设置。

图13-60所示为在重力环境下四杆机构处于非平衡状态。然后建立静态分析，并在【外

部载荷】选项卡中启用【启用重力】复选框。接着单击【运行】按钮，系统将进行静态分析，至此，四杆机构处于平衡状态，并打开【图形工具】对话框，显示静态分析过程。

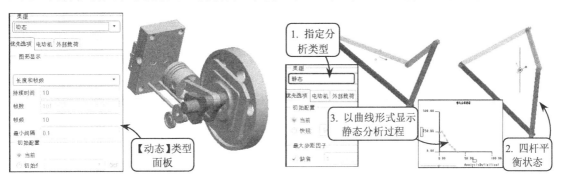

图 13-59　动态分析　　　　　　　　　图 13-60　静态分析

其中【最大步距因子】能够改变静态分析中的缺省步长，它是一个处于 0 到 1 的常数。当分析具有较大加速度的机构时，推荐减小该值。此外由于静态分析是按照一定步距进行的，有时运行一次分析并不能达到理想的平衡状态，建议进行 2～3 次得到精确的结果。

**4．力平衡**

力平衡分析是一种逆向的镜像分析，用于分析机构处于某一形态时为保证其静平衡所需施加的外力。选取该分析类型后，将打开如图 13-61 所示的对话框。

由于进行平衡分析需要使机构保持 0 个自由度，即机构完全定位。所以需要借助连接锁定和在两个主体间锁定，使机构在添加测力计锁定后，自由度减为零。可以单击自由度右侧的【评估】按钮，进行自由度的检测。

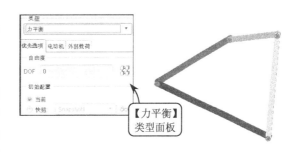

图 13-61　力平衡分析

**5．位置**

位置分析是由伺服电动机驱动的一系列组件分析，可以模拟机构运动来满足伺服电动机轮廓和任何接头、凸轮从动件、槽从动机构，以及齿轮副连接的要求，并记录机构中各组件的位置数据。在进行分析时不考虑力和质量，因此不必为机构指定质量属性。

## 13.6　获得分析结果

当对机构指定了运动分析形式，并通过对运动分析过程的控制，可以直观地以运动动画的形式输出运动模型的不同运动状况，便于用户比较准确地了解所设计的运动机构实现的运动形式。

## 13.6.1 回放分析

通过回放分析可以查看机构中零件的干涉情况,将分析的不同部分组合成一段影片,并显示力和扭矩对机构的影响,以及在分析期间跟踪测量的值。可以将运动分析结果输出为 MPEG 动画文件和一系列的 JPG、TIFF 和 BMP 文件。

单击【回放】按钮,将打开【回放】对话框,效果如图 13-62 所示。在该对话框中单击【保存】按钮,即可将当前分析的结果集保存到磁盘上;单击【打开】按钮,则可以打开已存在的运动分析结果;单击【删除】按钮,则可以删除当前的运动分析结果集。此外在【结果集】下拉列表中可以选择将用于回放的运动分析(或重复组件分析)结果集。该对话框中其他选项的功能介绍如下。

**1.播放当前结果集**

通过播放机构的运动分析动画,可以详细查看机构的运动仿真整个过程是否符合设计要求。

单击【播放当前结果集】按钮,将打开【动画】对话框,效果如图 13-63 所示。对运动过程的控制功能主要通过对运动选项的控制来实现。该对话框中各个运动控制选项按钮的含义介绍如下。

- ❏ **播放** 单击该按钮可以查看运动模型在设定的时间和步骤内的整个连续运动过程,并在绘图区以动画形式输出。
- ❏ **停止** 暂停当前运动分析结果的播放,单击【播放】按钮可继续。
- ❏ **向后播放** 将当前的运动帧数倒退着动画形式输出。

图 13-62 【回放】对话框

- ❏ **显示下一帧** 单击该按钮可以使运动模型在设定的时间和步骤范围内向前运动一步,方便用户查看运动模型下一个运动步骤的状态。
- ❏ **显示前一帧** 单击该按钮可以使运动模型在设定的时间和步骤范围内向后运动一步,方便用户查看运动模型上一个运动步骤的状态。

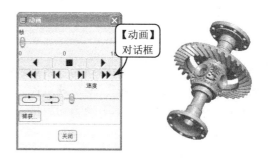

图 13-63 【动画】对话框

- ❏ **播放到结束** 单击该按钮可以使运动模型的运动步骤直接到最后一帧。
- ❏ **重置到开始** 单击该按钮可以使运动模型的运动步骤返回到播放前的开始状态。

❑ **重复动画** 单击该按钮可以使运动模型在播放完一个运动动画循环后，继续自动重新播放。

❑ **在结束时反转方向** 单击该按钮可以使运动模型在播放至最后一帧时，自动倒退播放。

❑ **速度** 拖动该按钮可以调整每帧的运动速度。

❑ **捕获** 单击该按钮，在打开的【捕获】对话框中可以将运动分析结果输出为 MPEG 动画文件和一系列的 JPG、TIFF 和 BMP 文件。如果启用【照片级渲染帧】复选框，则输出结果的图片质量会比较高，效果如图 13-64 所示。

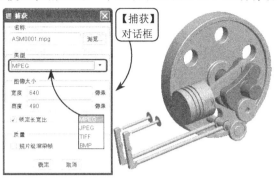

图 13-64 【捕获】对话框

### 2．碰撞检测设置

该选项用于检测整个机构的机械干涉状况。在【回放】对话框选择该选项，将打开【碰撞检测设置】对话框，效果如图 13-65 所示。该对话框提供了 3 种干涉检查模式。

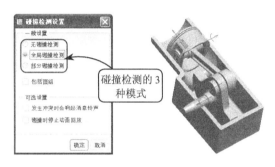

图 13-65 【碰撞检测设置】对话框

❑ **无碰撞检测** 选择该单选按钮，即指不检查干涉。

❑ **全局碰撞检测** 指检查所有零件的所有干涉类型。选择该单选按钮后，将激活对话框下方的多个复选框。如果启用【包括面组】复选框，则曲面也将参与干涉检查。此外在【可选设置】选项组中还可以设置一旦检查到碰撞，则响起铃声或直接停止回放。

❑ **部分碰撞检测** 指选取指定的对象进行碰撞检测。

### 3．影片进度表

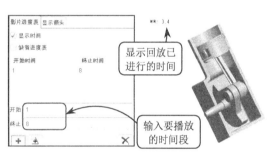

图 13-66 设置播放的时间段

在该选项卡中可以设置回放的结果片断。其中启用【显示时间】复选框，则回放时会在屏幕左上角显示回放已进行的时间。启用【缺省进度表】复选框，则回放整个结果集。而如果禁用该复选框，则可以在其下方打开的时间段列表框中输入要播放的时间段，效果如图 13-66 所示。如果输入多个时间段，则按从上到下的次序依次播放，同一时间段可多次输入，以实现该小段的重复播放。

> **提 示**
>
> 如果某时间段的"开始"时间大于"结束"时间，则该段将反向播放。如果要修改某一时间段的起止时间，可以先在列表框中选择该时间段，再输入新的开始、结束时间，并单击【更新—影片段】按钮，确认修改即可。

### 4．显示箭头

回放分析结果时，可显示代表与分析相关的测量、力、扭矩、重力和执行电动机的大小和方向的三维箭头。在该选项卡中可以使用显示箭头查看负荷对机构的相对影响。

在【显示箭头】选项卡的【测量】列表框中，列出了所选结果集中所有可用箭头显示的测量；在【输入载荷】列表框中列出了所选结果集中所有可用箭头显示的负荷，效果如图 13-67 所示。其中，对于力、线性速度和线性加速度矢量显示单头箭头；对于力矩、角速度和角加速度矢量显示双头箭头。

箭头的颜色取决于测量或负荷的类型，并且箭头方向随计算矢量方向而改变。回放分析结果时，箭头的大小也将改变，以反映测量值、力或扭矩的计算值。

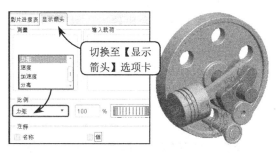

图 13-67　显示箭头

### 5．回放文件保存

回放文件可以保存为两种格式，一是单击【保存】按钮，将当前的分析结果集（含所作的设置）保存为 .pbk 文件（机构回放文件）；二是单击【将结果导出到*.fra 文件】按钮，将当前分析结果集保存为 .fra 文件（框架文件、帧文件），效果如图 13-68 所示。

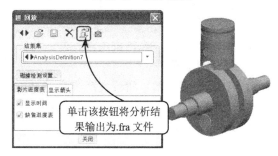

图 13-68　保存分析结果集

## 13.6.2　分析测量结果

该工具用来分析系统在整个运动过程中的各种具体参数，如位置、速度和力等，为改进设计提供资料。创建分析之后即可创建测量，但查看测量结果则必须有一个分析的结果集。此外与动态分析相关的测量，一般应在运行分析之前创建。

单击【测量】按钮，在打开的【测量结果】对话框中可以新建、编辑、删除和复制测量。图 13-69 所示为单击【打开】按钮，载入一个结果集。然后选择该结果集，可查看所创建的测量在该结果集的结果。

如果要新建一测量，可在【测量】列表框的左侧单击【新建】按钮，在打开的【测量定义】对话框中指定一测量类型，并指定模型上的一连接轴，单击【确定】按钮，创建的指定测量将显示在【测量】列表框中。同样单击【编辑选定的测量】按钮可以返回到【测量定义】对话框中对测量类型进行编辑，效果如图 13-70 所示。

在【测量结果】对话框中选择一测量和结果集，并单击【绘制选定的结果】按钮，系统将在打开的【图形工具】对话框中，以曲线图表示所选测量在当前结果集中的结果，如图 13-71 所示。如果在该对话框的【文件】下拉菜单中选择【导出Excel】选项，可以直接将数据结果转化为Excel 文档。

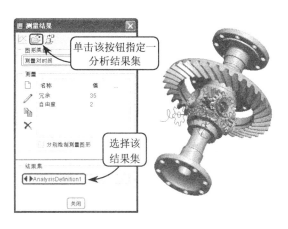

图 13-69　【测量结果】对话框

图 13-70　新建一测量

## 13.7　典型案例 13-1：棘轮机构仿真运动

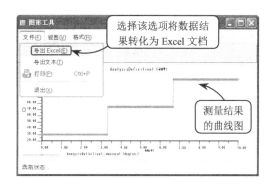

图 13-71　以曲线图表示所选测量的结果

本例进行一棘轮机构运动仿真分析，效果如图 13-72 所示。棘轮机构常用在各种机床的间歇进给或回转工作台的转位上。该棘轮机构是由棘轮和棘爪组成的一种单向间歇性运动机构，能将连续转动或往复运动转化成单向步进运动。

在创建该机构仿真运动之前，首先使用各种连接方式将各个元件装配到组件环境中。然后创建各个棘轮槽和棘轮爪之间的凸轮副连接，并为棘爪手柄赋予伺服电动机动力。接着进行必要的分析操作，只要通过棘爪旋转带动其他元件被迫运动，即可获得棘轮机构仿真运动分析。

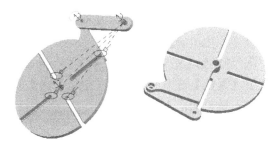

图 13-72　棘轮结构运动仿真

### 操作步骤

① 新建一名为 "ratchet_wheel_motion.asm" 的组件进入装配环境。然后单击【将元件添加到组件】按钮，打开配套光盘

文件"prt0001.prt",并设置该元件的约束方式为【缺省】,即可定位该零件,效果如图13-73所示。

② 单击【将元件添加到组件】按钮,打开配套文件"prt0002.prt"。然后在【元件放置】操控面板中选择【销钉】列表项,依次选取如图13-74所示的轴线和平面,分别设置【轴对齐】和【平移】约束,创建销钉连接。

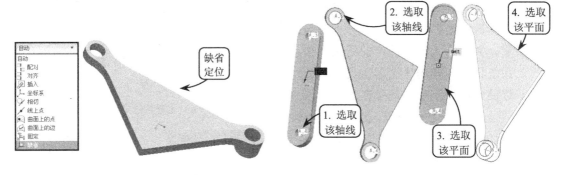

图13-73　定位零件1　　　　　　　图13-74　设置销钉连接

③ 单击【将元件添加到组件】按钮,打开配套文件"prt0002.prt"。然后依次选取如图13-75所示的轴线和平面,分别设置【轴对齐】和【平移】约束,创建销钉连接。

④ 单击【将元件添加到组件】按钮,打开配套文件"prt0003.prt"。然后依次选取如图13-76所示的轴线和平面,分别设置【轴对齐】和【平移】约束,创建销钉连接。

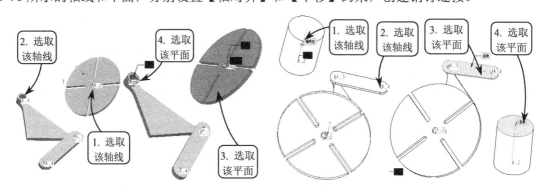

图13-75　设置销钉连接　　　　　　图13-76　设置销钉连接

⑤ 选择【应用程序】|【机构】选项,进入机构运动仿真环境。然后单击【定义凸轮连接】按钮,按住Ctrl键依次选取如图13-77所示的3条曲线。接着单击【选取】对话框中的【确定】按钮确认操作。

⑥ 切换到【凸轮2】选项卡,并启用【自动选取】复选框,选取零件4的外表面。然后切换到【属性】选项卡,启用【启用升离】复选框,并单击【确定】按钮,即可创建第一个凸轮副,效果如图13-78所示。

⑦ 继续利用【定义凸轮连接】工具,按照上面的方法,分别定义凸轮副2、凸轮副3和凸轮副4,效果如图13-79所示。

⑧ 单击【定义伺服电动机】按钮,选取如图13-80所示连接轴为运动轴。然后在【轮

廓】选项卡中设置【模】类型为【常数】，输入参数值为 36，单击【确定】按钮，完成伺服电动机的定义。

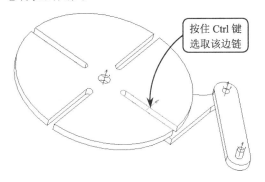

图 13-77　定义凸轮 1

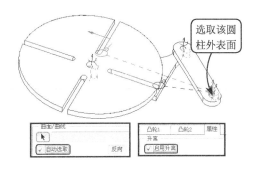

图 13-78　定义凸轮 2

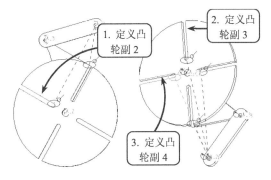

图 13-79　定义凸轮连接效果

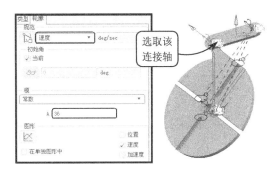

图 13-80　定义伺服电动机

⑨ 单击【机构分析】按钮，在打开的对话框中设置分析类型为【位置】，时间类型为【长度和帧频】。然后按照如图 13-81 所示设置各参数，并单击【运行】按钮，执行棘轮机构的运动仿真。

## 13.8　典型案例 13-2：活塞机构仿真运动

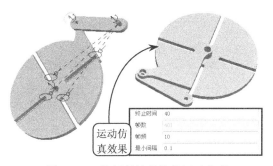

图 13-81　执行棘轮机构的运动仿真

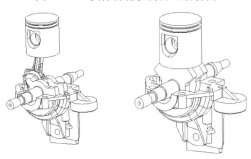

图 13-82　活塞机构仿真运动

本例进行一活塞机构运动仿真分析，效果如图 13-82 所示。该活塞机构是汽车内燃机的主要组成部分，通过与气缸的紧密配合，可将燃料的内能转化为动能。该机构主要由壳体、曲轴、连杆和活塞 4 部分组成。其运动效果是曲轴连续转动进而

365

带动活塞作直线往复运动。

创建该机构仿真运动，首先在装配环境中利用【销钉】和【滑动杆】连接将各个元件装配到一起。然后赋予连杆与曲轴的连接轴以伺服电动机动力。接着进行运动仿真分析，会出现曲轴转动带动连杆，连杆拉动活塞作直线往复运动的效果。最后利用【回放】工具对机构进行全面的碰撞检测，以分析运动过程中曲轴和活塞可能出现的干涉区域。

### 操作步骤

①　新建一名为"piston_motion.asm"的组件进入装配环境。然后单击【将元件添加到组件】按钮，打开配套光盘文件"block_botom.prt"，并设置该元件的约束方式为【缺省】，即可定位该元件，效果如图 13-83 所示。

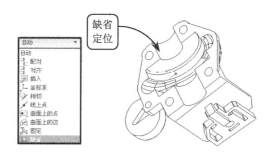

图 13-83　定位零件 1

②　单击【将元件添加到组件】按钮，打开配套文件"crank_shaft.prt"。然后在【元件放置】操控面板中选择【销钉】列表项，依次选取如图 13-84 所示的轴线和平面，分别设置【轴对齐】和【平移】约束，创建销钉连接。

③　单击【将元件添加到组件】按钮，打开配套文件"connecting.prt"。然后依次选取如图 13-85 所示的轴线和平面，分别设置【轴对齐】和【平移】约束，创建销钉连接。

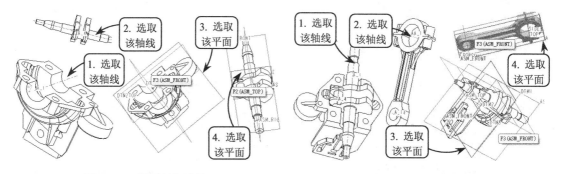

图 13-84　设置销钉连接　　　　　　图 13-85　设置销钉连接

④　单击【将元件添加到组件】按钮，打开配套文件"piston.prt"。然后选取如图 13-86 所示的轴线，设置【轴对齐】约束。

⑤　继续上步操作，分别选取如图 13-87 所示的平面，设置【平移】约束，创建销钉连接。

⑥　在【放置】下滑面板中选择【新建集】选项，并指定连接方式为【滑动杆】。然后分别选取如图 13-88 所示的轴线，设置【轴对齐】约束。

⑦　继续上步操作，分别选取如图 13-89 所示的平面，设置【旋转】约束，创建滑动杆连接。

⑧　单击【定义伺服电动机】按钮，选取如图 13-90 所示连接轴为运动轴。然后在【轮廓】选项卡中设置【模】类型为【常数】，输入参数值为 36，并单击【确定】按钮，即可完成伺服电动机的定义。

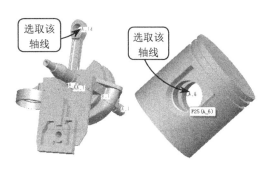

图 13-86　设置轴对齐约束

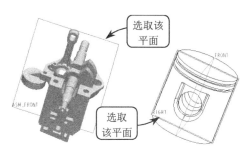

图 13-87　设置平移约束

图 13-88　设置平移约束

图 13-89　创建滑动杆连接

⑨ 单击【机构分析】按钮，在打开的对话框中设置分析类型为【位置】，时间类型为【长度和帧频】。然后按照如图 13-91 所示设置各参数，并单击【运行】按钮，执行活塞机构的运动仿真。

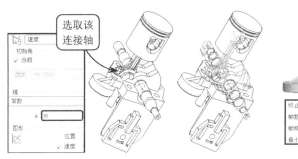

图 13-90　定义伺服电动机

图 13-91　执行活塞机构运动仿真

⑩ 单击【回放】按钮，在打开的【回放】对话框中单击【碰撞检测设置】按钮。然后在打开的对话框中指定检测方式为【全局碰撞检测】，并启用下方的【碰撞时停止动画回放】复选框，效果如图 13-92 所示。

⑪ 返回到【回放】对话框，并单击【播放当前结果集】按钮。然后在打开的【动画】对话框中单击【播放】按钮，机构将进行仿真运动，并在干涉位置自动停止。此时系统将以红色显示干涉的区域，效果如图 13-93 所示。

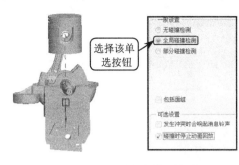
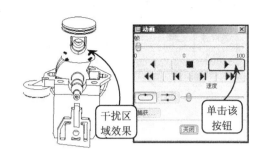

图 13-92　设置碰撞检测方式　　　　　图 13-93　碰撞干涉检查效果

## 13.9　上机练习

### 1．牛头刨机构运动仿真

本练习进行牛头刨机构运动仿真分析，效果如图 13-94 所示。该机构是模拟机械设备中牛头刨床机构进行设计的，也称为曲柄滑块机构。通过圆盘曲柄的旋转运动带动摇杆和滑块元件，从而使元件的旋转运动转换为直线往复运动。

在创建该机构运动仿真之前，首先使用各种连接方式将各元件装配到组件环境中。然后为曲柄元件赋予伺服电动机动力，并进行必要的分析操作。这样通过曲柄旋转带动其他元件运动，即可获得牛头刨机构运动仿真效果。

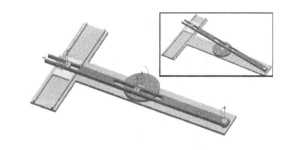

图 13-94　牛头刨机构运动仿真

### 2．插齿机机构运动仿真

本练习创建插齿机主运动机构，效果如图 13-95 所示。该机构是模拟机械设备中齿轮加工机床而设计的。其主要结构包括左侧的基座和连杆，以及右侧的滑杆。通过左侧基座上的连杆旋转运动带动右侧槽中间的滑杆，作近似匀速的伸出和快速收回直线往复运动。

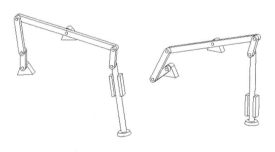

图 13-95　插齿机机构运动仿真

在创建该机构运动仿真之前，首先使用各种连接方式将各元件装配到组件环境中。然后为左侧基座上的连杆赋予伺服电动机动力，并进行必要的分析操作。这样通过连杆旋转带动其他元件运动，即可获得插齿机运动仿真效果。